Bues/Schwarz • Reisemobil-Praxisbuch

Claus-Detlev Bues
Hans F. Schwarz

# Das Reisemobil-

## Praxisbuch

### Kaufberatung – Reise – Zubehör – Selbstbau

Einbandgestaltung: Dos Luis Santos

Bildnachweis: Archiv MOBIL TOTAL / Autoren

ISBN: 978-3-613-02991-0

1. Auflage 2009

Sie finden uns im Internet unter www.motorbuch-verlag.de

Lektorat: Martin Gollnick
Innengestaltung: Anita Ament, 71229 Leonberg
Druck und Bindung: Conzella, 85609 Aschheim-Dornach
Printed in Germany

# Inhalt

# Inhalt

■ **Wolfgang Liebscher.**

# Vorwort

### Liebe Leserin, lieber Leser,

Fahrzeugkauf ist Vertrauenssache. Dieser Satz gilt insbesondere, wenn es um den Kauf eines Wohnmobils geht.

Die zahlreichen Grundrisse, die verschiedenen Basisfahrzeuge und die umfangreiche technische Ausstattung an Bord der Fahrzeuge sorgen heute dafür, dass in Sachen Komfort und Sicherheit keine Wünsche offen bleiben. Allerdings, wer ein Wohnmobil erwirbt, sollte sich vorher über seine Bedürfnisse und die Anforderungen, die an das mobile Zuhause gestellt werden, im Klaren sein. Um es an einem Beispiel zu verdeutlichen: Wer im Winter mit dem Wohnmobil zum Skifahren will, muss unter anderem darauf achten, dass Isolierung und Heizung dafür ausgelegt sind, damit die Freude am mobilen Urlaub nicht durch kalte Füße oder eingefrorene Wasserleitungen getrübt wird. Genügend Stauraum für die Skiausrüstung oder im Sommer für die Tauch- und Surfausrüstung sowie die Fahrräder, sollte ebenfalls vorhanden sein. Damit verbunden stellt sich dann auch gleich die Frage nach dem für den Verwendungszweck geeigneten zulässigen Gesamt-gewicht des Fahrzeugs.

Bereits die beispielhafte Darstellung der zahlreichen Aspekte, die es beim Kauf eines Wohnmobils zu berücksichtigen gilt, zeigt, dass ein Leitfaden, wie Sie ihn mit diesem Buch in Händen halten, wertvolle Hinweise für den Wohnmobilkauf – sei es neu oder gebraucht – und für Umbauten und Nachrüstung von Zubehör geben kann.

Fachkundige Beratung finden insbesondere Einsteiger in die mobile Freizeit darüber hinaus im Caravaning-Fachhandel. Kompetente und erfahrene Mitarbeiter ermitteln im Gespräch mit dem Kunden das Anforderungsprofil an das Fahrzeug, das den Bedürfnissen des Kunden entspricht. Auf Grund des breiten Angebots an Neufahrzeugen mit unterschiedlichsten Ausstattungsmerkmalen, das der Fachhandel stets bereit hält, können unterschiedliche Grundrisse unmittelbar verglichen und verschiedene Basisfahrzeuge Probe gefahren werden. Entspricht ein gebrauchtes Fahrzeug in einem oder mehreren Details nicht ganz den Vorstellungen des Kunden, ist der Fachhandel mit seinem umfangreichen Zubehörangebot und seinen geschulten Servicemitarbeitern in der Lage, Nachrüstungen und Umbauten vorzunehmen.

Ein wichtiger Aspekt gerade beim Gebrauchtkauf ist der Zustand des konkret in Frage kommenden Fahrzeugs. Unentdeckte Mängel am und im Wohnmobil, unerkannte technische Defekte sowie Undichtigkeiten am Aufbau trüben schnell die Freude an der mobilen Freizeit. Um dem vorzubeugen, prüft der Fachhandel seinen Gebrauchtwagenbestand auf Beschädigungen, Defekte und Undichtigkeiten. Festgestellte Schäden werden beseitigt. Und sollte ein Fahrzeug bei der Auslieferung wider Erwarten eine Funktionsstörung aufweisen, greift – im Gegensatz zum Privatkauf – die mindestens einjährige gesetzliche Gewährleistung. Darüber hinaus stattet der Fachhandel seine gebrauchten Fahrzeuge teilweise zusätzlich mit einer Gebrauchtwagengarantie aus. Und nicht zu Letzt steht der Fachhandel im Schadensfall mit seinen Werkstätten als zuverlässiger Partner für Reparaturen und Instandsetzungen zur Verfügung.

Um es auf den Punkt zu bringen: Der Käufer eines Wohnmobils braucht zwei Dinge. Zuverlässige Informationen und einen verlässlichen Partner. Ersteres bietet dieses Buch – Letzteres der Caravaning-Fachhandel vor Ort.

In diesem Sinne wünsche ich Ihnen viel Vergnügen bei der Lektüre.

*Wolfgang Liebscher*
Präsident des Deutschen Caravaning Handels-Verbandes e. V. (DCHV)

# Teil I: Grundsätzliches

## Einleitung

### Umweltgerechte Mobilität

Das Reisemobil gehört heute zum Straßenbild wie Pkw, Bus und Lkw. Urlaub mit dem Reisemobil – das ist die rasante Erfolgsgeschichte einer jungen Tourismusart. Der Reisemobil- und Caravan-Tourismus – heute als Kunstwort aus Wohnwagen und Reisemobil nur »Caravaning« genannt – ist aber auch Motor für die erstaunliche Wandlung einer ganzen Branche vom mittelständischen Handwerksbetrieb hin zum management-geführten, europaweit agierenden Industriebetrieb mit zertifizierter Großserienfertigung. Zudem entstehen völlig neue Industriezweige und neue Berufsbilder wie beispielsweise das lukrative Vermietgeschäft mit Reisemobilen und als gesuchter Ausbildungsberuf der »Caravan-Techniker«. Welchen Stellenwert die Caravaning-Branche mittlerweile auch wirtschaftlich hat, machen Zahlen (Quelle: CIVD Statistikband 2008) deutlich: 5,59 Milliarden Euro setzte die Branche im Jahr 2007 in Deutschland um, 3,17 Milliarden Euro bei Neufahrzeugen, 1,88 Milliarden Euro bei Gebrauchtfahrzeugen und 539 Mio. Euro beim Zubehör. Wobei die »touristischen« Einnahmen aus Übernachtung am Stell- oder Campingplatz, Verpflegung, Unterhaltung und Nutzung kultureller Angebote vor Ort noch mit etwa 1,53 Milliarden Euro Umsatz zusätzlich berücksichtigt werden müssen.

### Der Ansatz für das Reisemobil-Praxisbuch

### Wissen schützt vor Fehlern

Moderne Reisemobile aus der Serienproduktion sind überwiegend mit bekannten und erprobten Markengeräten für Wohnraum, Schlafzimmer,

Küche, Heizung, Bad und Toilette ausgerüstet. Das Praxisbuch hilft hier – auch dank der entsprechenden Experten von marktführenden Herstellerfirmen – mit Rat, Tat und wertvollen Tipps zu Einbau, Bedienung, Pflege, Nachrüstung und der Praxis bei diesen Standardgeräten weiter. Serienmobil heißt aber auch Lieferung mit Grundausstattung. Bis so ein Mobil zum persönlich konfigurierten Reisebegleiter wird, ist oft noch viel Arbeit und Zubehör nötig. Auch hier kann das Praxisbuch mit wertvollen Tipps, Adressen und Reportagen aus dem Zubehörbereich – von A wie Abfallbehälter bis Z wie Zuladung – weiterhelfen.

■ **Das schätzen Urlauber nach einer Studie der CC-Bank am Caravaning.**

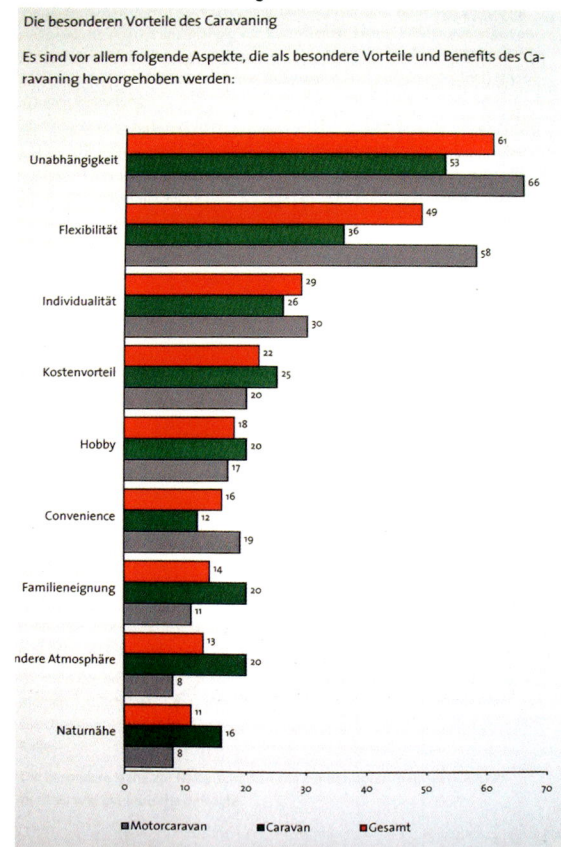

Die besonderen Vorteile des Caravaning

Es sind vor allem folgende Aspekte, die als besondere Vorteile und Benefits des Caravaning hervorgehoben werden:

# Caravaning als Urlaubsform

## Das Reisemobil der Zukunft wird vielseitig und automotiv

### Ein Interview mit dem Präsidenten des Caravaning Industrie Verband Deutschland

Die Interessenvertretung der Hersteller von Freizeitfahrzeugen sowie deren Zulieferer und Dienstleister in Deutschland heißt Caravaning Industrie Verband Deutschland (CIVD). Wir sprachen mit dem Präsidenten Klaus Förtsch über die Entwicklung der Caravaning-Branche.

**Bues/Schwarz:** Herr Förtsch, Sie sind im August 2008 zum zweiten Mal als Präsident wiedergewählt worden und bestimmen seit 2003 die Geschicke des CIVD. Was sehen Sie als weitere wichtige Schwerpunkte Ihrer künftigen Verbandsarbeit?

**Förtsch:** Das Thema Umwelt, Entsorgung und Energieeffizienz ist sicher eines, das die erhöhte Aufmerksamkeit der Branche verdient. Zudem wird eine der Hauptaufgaben darin bestehen, die Urlaubsform Caravaning noch stärker in das öffentliche Bewusstsein zu bringen. Erfreulich ist die gute Zusammenarbeit der drei Industrieverbände in der Caravaning-Branche, CIVD, DCHV und BVCD. Auch hier gilt es, diese Zusammenarbeit im Sinne aller Beteiligten weiter auszubauen.

**Bues/Schwarz:** Die Saison 2007/08 war für Hersteller und den Handel ein schwieriges Geschäftsjahr mit stagnierenden Verkäufen in ganz Europa. Auch für 2009/2010 scheinen die Rahmenbedingungen nicht sonderlich besser, Stichworte Finanzkrise, rückläufige Konjunktur und ähnliches. Wie schätzen Sie die weitere Entwicklung der Caravaningbranche ein?

**Förtsch:** Angesichts der gesamtwirtschaftlichen Unwägbarkeiten ist ein weiterer Rückgang des Absatzes von Caravans und Reisemobilen in

■ Klaus Förtsch, Präsident des Caravaning Industrieverband Deutschland CIVD.

Europa im Jahr 2009 leider sehr wahrscheinlich. Als besonders exportorientierte Anbieter sind die deutschen Hersteller von Freizeitfahrzeugen von dieser Entwicklung stark betroffen. Daher muss sich die deutsche Caravaningindustrie auf ein schwieriges Jahr einstellen.

**Bues/Schwarz:** Das Thema Reisemobil-Tourismus mit speziellen Reisemobil-Stellplätzen und reisemobilfreundlichen Campingplätzen wurde vom CIVD als Herstellerverband bisher eher zurückhaltend behandelt. Was kann der CIVD zur weiteren Förderung des Reisemobil-Tourismus tun? Wo finden sich strategische Kooperationen mit anderen nationalen und internationalen Organisationen?

**Förtsch:** Der CIVD – damals noch VDWH – hat bereits Ende der 80er Jahre das erste Verzeichnis von Reisemobilstellplätzen in Deutschland veröffentlicht. Wir engagieren uns seither kontinuierlich für die Verbesserung der Infrastruktur für Reisemobile. Jedoch besteht die Gemeinde der Caravaning-Fans ja nicht nur aus Reisemobiltouristen sondern auch aus zahlreichen Caravanern. Der CIVD ist daher schon seit geraumer Zeit bemüht, für ein Nebeneinander von Reisemobilstellplätzen und Campingplätzen zu werben. Der CIVD-Geschäftsführer Hans-Karl Sternberg ist derzeit ebenso stellvertretender Vorsitzender des DTV-Fachbereichs »Camping und Caravaning«, in dem er sich gemeinsam mit Vertretern des ADAC, DCHV und des BVCD für die Belange der Freizeitform Caravaning in Deutschland stark macht.

**Bues/Schwarz:** Der CIVD hat die Zusammenarbeit mit anderen Verbänden der Branche wie dem Handelsverband DCHV und dem Bundesverband der Campingplatzunternehmer BVCD intensiviert. Dennoch klagen viele Kunden über mangelnden Service im After-Sales-Bereich oder über »reisemobiles« Unverständnis von Campingplatzunternehmern. Eine Herausforderung für den CIVD, seine Mitglieder und seine Partner?

**Förtsch:** In der Tat richten einige Campingplatzunternehmer ihr Angebot immer noch ausschließlich an dem längerfristigen Aufenthalt von Caravans aus und haben die enorme Entwicklung des Reisemobiltourismus noch nicht ausreichend berücksichtigt. Jedoch bemüht sich nicht nur der CIVD, die Qualität unserer Freizeitform zu verbessern. Auch von DCHV und BVCD gibt es nachhaltige Anstrengungen in diese Richtung. Wir wissen alle, dass unserer Urlaubsform nur dann Erfolg beschert ist, wenn die gesamte Kette – vom Fahrzeug über den Service bis zum konkreten Urlaub – den Kunden überzeugt. Sicher gibt es in allen Bereichen noch viele verbesserungswürdige Details. Die Kooperation der drei Verbände muss jetzt effektiv weitergeführt werden.

**Bues/Schwarz:** Herr Förtsch, aktuelle Einflüsse wie die hohen Kraftstoff-Preise erfordern in ganz Europa von den Hersteller Innovationen für leichte und spritsparende Reisemobile. Wie ist die Branche für diese Herausforderungen in den nächsten Jahren gerüstet?

**Förtsch:** Zum Thema Sparsamkeit und Umweltverträglichkeit macht sich die Caravaningindustrie vor dem Hintergrund der aktuellen Energiepreisentwicklung verstärkt Gedanken. Bereits seit vielen Jahren bietet die Branche sparsame und umweltfreundliche Lösungen zur Stromerzeugung im Wohnbetrieb an. Die dafür geeigneten bewährten Solaranlagen werden immer leistungsstärker, und seit kurzem ergänzen Brennstoffzellen die hierfür zur Auswahl stehenden Technologien. Erstmals gibt es auch Studien von Fahrzeugen mit Autogasantrieb. Technisch sind solche Lösungen möglich. Lediglich die flächendeckende Versorgung mit Autogas über ein dichtes Tankstellennetz in einigen Urlaubsländern und -regionen kann derzeit noch schwierig sein.

**Bues/Schwarz:** Herr Förtsch, vielen Dank für das Gespräch.

# Die Entwicklung des Reisemobils: ein Ausflug in die Geschichte

### Urlaub mit dem Reisemobil: eine neue Form des Tourismus entsteht

Länder und Leute kennenlernen, Natur unmittelbar erleben und dabei nicht an Ort und Zeit gebunden zu sein, sich erholen, ohne auf den gewohnten Komfort zu verzichten: Diese Größen werden heute mit Reisemobilurlaub verbunden. Ganz gleich, ob Serienreisemobil oder selbstausgebauter Kastenwagen: Reisemobil-Touristen möchten unabhängig und individuell reisen, weg von festgelegten Routen, ohne einen Terminplan und den Zeitdruck einer Pauschalreise. Die Sozialisierung auf die Ziele der Ur-Camper-

■ **Das vermutlich älteste Reisemobil Europas stammt aus England und wurde 1927 in London vorgestellt.**

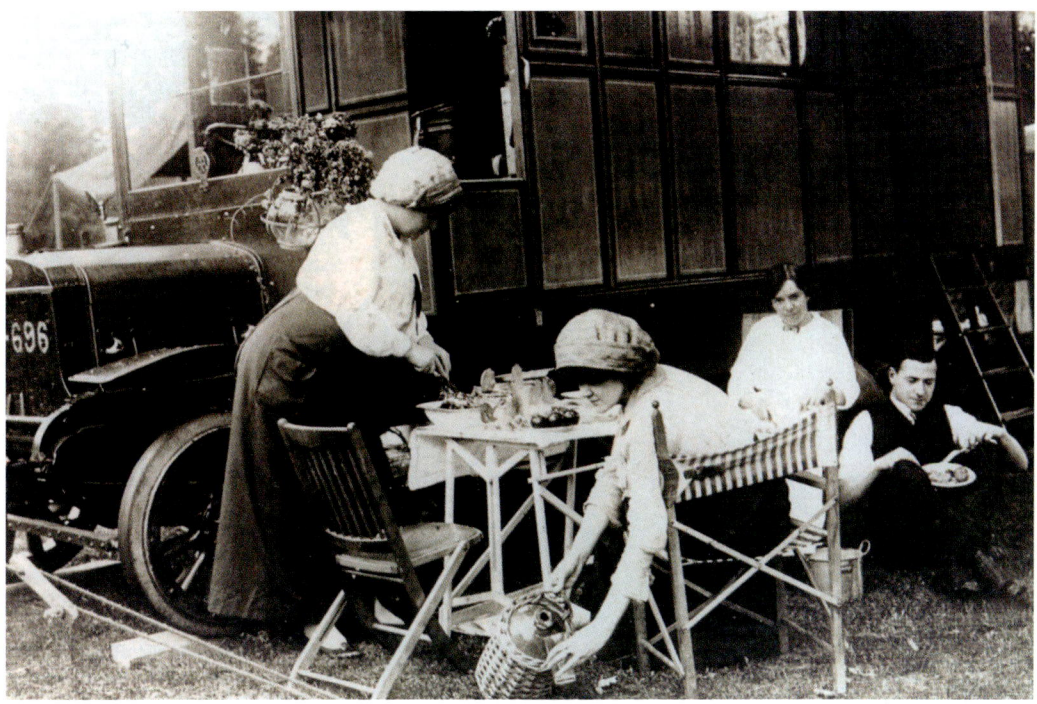

So sah Caravaning im Jahr 1923 aus.

bewegung – Kamerad voraus mit Klampfe und Erbswurst – wurde in Deutschland mit zunehmender Motorisierung und dem Wirtschaftswunder durch ein völlig neues Urlaubsverhalten ersetzt. Eine andere, mobilere Art des Reisens, der Camping-Tourismus als »Fernreise mit dem Wohnwagengespann«, abseits von Bus und Bahn erfuhr in den Zeiten des Nachkriegs-Wirtschaftswunders eine explosionsartige Verbreitung. Interessanter sozialer Aspekt nebenbei: Der neue Camping-Tourismus erfasste anfangs alle Gesellschaftsschichten gleicher-maßen, die Klassenunterschiede wurden nur am Prestigewert des Zugfahrzeugs sowie der Größe und Marke des Wohnanhängers deutlich. Mit dem Reisemobil als »Caravan mit Motor« erwuchs dem Wohnanhänger ab 1975 eine ernstzunehmende Konkurrenz. In nur knapp zwanzig Jahren entstand – erneut – eine völlig neue Art des Reisens, spontan und individuell, unabhängig von Campingplätzen und festen Routen – der Weg wird das Ziel der Reise. Viele Reisemobilisten sind heute Neueinsteiger ohne Campererfahrung und haben daher eine höhere Distanz zum klassischen Camping. Campingplätze werden deshalb nicht als adäquates soziales Umfeld für die Urlaubsgestaltung angesehen, eher als notwendige Station zur Ver- und Entsorgung. Das belegt auch eine aufwändige Grundlagenstudie der CC-Bank Mönchengladbach zum Thema Caravaning aus dem Jahr 2000, die über die Jahre nur wenig an Aktualität verloren hat. Auch als Rückbesinnung nach den Terror-Anschlägen vom 11. September 2001 lässt sich zur Zeit ein deutlicher Trend zu »erdgebundenen« Reisen feststellen. Die dadurch gestiegene Attraktivität von europäischen Nahzielen kommt dem Caravaning-Tourismus – speziell auch dem Vermietgeschäft – sehr entgegen. In Zeiten knapper Kassen durch gestiegene Lebenshaltungskosten und hohe Kraftstoffpreise wie im Jahr 2008 wird zwar die Kauflust vieler Deutscher massiv gebremst, der Urlaub mit dem Reisemobil blieb dagegen weiter hoch im Kurs und konnte sogar kräftige Zugewinne verbuchen. Der Freizeit mit dem Reisemobil bedeutet heute kaum noch Verzicht auf Urlaubsqualität und Komfort. Großzügige Küchen mit Kocher, Backofen, Spüle und Kühlschrank, ein Sanitärraum mit Spültoilette und einer Warmwasserdusche sowie komfortable Schlafmöglichkeiten zeichnen moderne Reisemobile aus. Durch die Entwicklung hin zu PKW-ähnlichen Basisfahrzeugen mit kräftiger und sparsamer Motorisierung und immer komfortableren Wohnausstattungen, steht das Reise-mobil in der Urlaubsgestaltung mittlerweile ganz vorne und kommt dem veränderten Freizeitverhalten der Deutschen mit einem Bedürfnis nach spontaner und individueller Freizeitgestaltung erheblich näher als mancher Last-Minute-Pauschalurlaub.

■ Tempo Campingbus mit Laternendach, Baujahr 1952.

### Freizeit mit dem Reisemobil heißt Land und Leute »erfahren«

Vielleicht noch der klassische Rucksack-Urlaub per pedes, heute neudeutsch Trekking, oder der fast ausgestorbene Tramper ist näher an Land und Leuten als der Reisemobil-Tourist. Kein anderes Reisemedium erlaubt dem Urlauber auf komfortable Weise Land und Leute so hautnah und direkt zu »erfahren«.

### Die Entwicklung des Reisemobils: ein großer Erfolg in kurzer Zeit

Ende der fünfziger Jahren kamen auch bei uns erste Versuche auf den Markt, Zugfahrzeug und Caravan zu einem selbstfahrenden »Wohnmobil« zu vereinen. So präsentierte im Jahr 1951 Westfalia in Rheda-Wiedenbrück die »Camping-Box«, einen kastenartigen Kompakteinsatz für das Volumenmodell Volkswagen Transporter, bekannt als der legendäre VW-Bulli.

■ Erwin Hymer an seinem ersten »Caravano« aus dem Jahr 1961.

■ VW Bulli, Lagerfeuer und Zelt: Camping 1967.

**Westfalia Campingbus VW T1 um 1965.**

Daraus entwickelte sich in den folgenden Jahren eine eigenständige Reisemobilmarke in Serienfertigung mit hohen Stückzahlen und einem imposanten Exportgeschäft in die USA. Bekannte Westfalia-Typen wie der Joker auf VW Transporter, aktuell der Ford Transit Nugget, der James Cook und Marco Polo auf Mercedes-Benz sind bis heute noch das Maß aller Dinge im Kompaktmobilbau. Und Fahrzeugmulti Volkswagen pflegt mit dem legendären California noch heute das Image mit einer eigenen Reisemobil-Baureihe auf dem Transporter. Erwin Hymer aus Bad Waldsee plante 1961 in Zusammenarbeit mit dem Mindener Hersteller Mikafa bis zum frühen Borgward-Konkurs mit dem »Caravano« auf einem Borgward-Kleinbus B 611 sein erstes Reisemobil und baute ab 1970 erfolgreich Reisemobile auf Bedford-Basis. In den Essener Messehallen fand im Herbst 1962 der 1. Caravan Salon statt. 61 Aussteller mit etwa 150 Fahrzeugen beschickten vier Messehallen dieser ersten Ausstellung, die sich mittlerweile zur weltgrößten Schau für die mobile Freizeit entwickelt hat. Zwar waren alle wichtigen deutschen Hersteller vertreten, dennoch galten die ersten Caravan Salons als »Importeurs-Messen«, denn die Idee einer Herbstmesse im Ruhrgebiet war von einigen wichtigen Importeuren initiiert worden. Große Importeure wie Dr. Gustav Fetten aus dem Rheinland verkauften zu dieser Zeit jährlich über 1000 »Volks-Caravans« der englischen Marke Sprite, was mehr als der gesamten damaligen Jahresproduktion von Kiel, Tabbert, Westfalia, und Wilk zusammen entsprach.

■ **1962 fand der erste Caravan Salon in Essen statt.**

Der Bestand an Caravans betrug 1962 25.296 Stück in Deutschland und wuchs auf gut 48.000 im Jahre 1965. Ölkrise und Sonntagsfahrverbot sorgten Anfang der 70er Jahre für eine wirtschaftliche Verunsicherung, unter der auch die Wohnwagenbranche zu leiden hatte. Nach den erfolgreichen Jahren 1970 bis 1973 verringerte sich die deutsche Produktion 1974 um knapp 27 Prozent. Reisemobile hatten zu dieser Zeit keinerlei Marktbedeutung. Das änderte sich erst Anfang der 80er Jahre.

■ **Schickes Mikafa-Reisemobil auf Tempo Matador aus Minden.**

■ Die ersten Alkovenmobile entstanden in den USA als Pick Up-Absetzkabinen schon um 1950, während in Europa erst ab 1975 Alkovenmobilen gebaut wurden.

■ Das Heli-Home von Winnebago: Kuriose Kombination von Helikopter und Wohnmobil aus dem Jahr 1967.

■ Skurriles Mobil: Citroën Acadiane Paguro von 1979.

■ Erste Mobile mit richtig Komfort: Der Tabbert Imperator 700 von 1979 und das Hymermobil 900.

■ Tabbert baute in Deutschland mit der Condor-Serie die ersten vollintegrierten Reisemobile ab 1979.

Ein völlig neues Erfolgskapitel wurde im Jahr 1982 mit der Präsentation des Fiat Ducato als Basisfahrzeug aufgeschlagen. Die Kooperation von Peugeot, Fiat und Citroën, das Euro-Chassis, legte als preisgünstige und robuste Basis für Auf- und Ausbaufahrzeuge einen Siegeszug ohnegleichen hin und kann bis heute mit einem Marktanteil von über 60 Prozent im deutschen Reisemobilsektor glänzen. So gab es Mitte der 80er Jahre keine deutschen Hersteller mehr, der nicht als zweites Standbein die Produktion von Reisemobilen in sein Programm aufnahm.

Die Zahlen sprachen für sich: Während im Jahr 1968 gerade einmal 301 Reisemobile in Deutschland neu zugelassen wurden, waren es im Jahr 1988 bereits über 10.000 Neuzulassungen bei einem Bestand von knapp 193.000 Fahrzeugen. Der Boom des Reisemobils schlug sich auch im »Blätterwald« nieder: Folgerichtig zur rasanten Entwicklung kam im April 1983 mit der Zeitschrift »Promobil« aus Königswinter die erste lupenreine Reisemobil-Fachzeitschrift auf den Markt.

■ Das erste Reise-
mobil auf Fiat
Ducato kam 1980
von Dethleffs und
hieß Pirat.

## Neuartige Werkstoffe schaffen neue Fahrzeuggattungen

Neue Typengattungen wie integrierte und teilintegrierte Fahrzeuge oder das Alkovenmobil,
siehe Typologie Seite (...), entstanden, innovative Werkstoffe wie glasfaser-verstärkte Kunststoffe ermöglichten den Herstellern völlig ungeahnte Gestaltungsmöglichkeiten.

## Von der Jaffakiste zum Profi-Bausatz: Der Selbstbau von Reisemobilen wird zur echten Alternative

Reisemobile in den unteren Preisklassen führten
in dieser »mobilen Aufbruchszeit« eher ein
Schattendasein. Sie entstanden hauptsächlich
aus preisgünstigen (Selbst-) Umbauten von Kastenwagen, ehe sich große Caravanhersteller
ernsthaft dem Thema »Wohnmobil« widmeten.
Viele Firmen begannen den Reisemobilbau mit
einer simplen Kombination von Pritschenwagen
und aufgebocktem Caravan.

Entsprechend seltsam sahen diese »selbstfahrenden Urlaubsmaschinen« dann auch aus – im
Look der Wohnanhänger, traurig-trist in beige-
braun mit klassischem Hammerschlagdesign.
Diese einfache Art, an ein Reisemobil zu kommen, war auch die preiswerteste Selbstbau-Va-
riante der damaligen Zeit: Einen preisgünstigen
Lkw kaufen und einen gebrauchten Caravan
mehr oder weniger kunstvoll auf der Pritsche
platzieren – fertig war das Reisemobil.

■ Aufgesetzt: Das erste Hymer Reisemobil war ein
aufgesetzter Caravan.

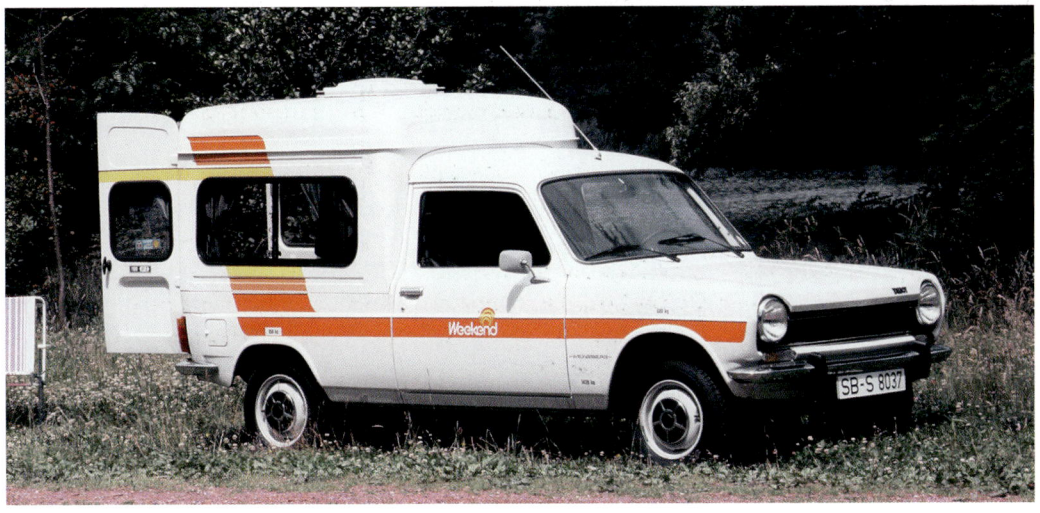

■ Die Anfänge bei preiswerten Minimobilen: Der Simca-Talbot Citylaster Weekend.

Der Selbstbau von Reisemobilen galt lange Zeit mangels ausreichender Finanzkraft der Bauherren als belächelte Spar-Version zu Serienmobilen. Die typischen Studenten- und WG-Mobile, meist entstanden aus billigen, altersschwachen Transportern mit windigen Sperrholz-Einfachausbauten diente zur großen Fahrt nach Torremolinos, in die Toskana oder die Provence. Der Durchbruch kam Ende der siebziger Jahre durch professionell gefertigte Teile- und Ausbausätze. Sie entwickelten sich zu einer echte Alternative. So konnte auch mit wenig handwerklichem Geschick entweder nach Bauplänen oder mit einem komplett vorgefertigten Bausatz der Traum vom eigenen Reisemobil kostengünstig verwirklicht werden. Der Pionier von Selbstbauplänen und Bausätzen war Bernd Koch aus Göttingen, der schon 1978 die legendären, fast handgemalten Syro-Koch Do-it-yourself-Baupläne für viele gängige Transporter

im Eigenverlag herstellte und später mit der Firma Syro im großen Stil Bausätze und Reisemobilzubehör bundesweit vertrieb. Eine ganze Generation von Selbstausbauern bediente sich seiner Ausbaupläne, Teile oder Bausätze. Später folgten Firmen wie Westfalia mit dem bekannten Mosaik-Bausatzprogramm, Reimo, FFV-Futura, Binder oder Top Travel. Zubehör-Läden, Händler und Hersteller von Bausätzen schossen wie Pilze aus dem Boden. Parallel dazu entstand ein ganz neuer Herstellerbereich, der Kastenwagenausbau. Mit Bausätzen, Bauteilen oder später einer eigenen Schreinerei wurden nun Kastenwagen in Kleinserie ausgebaut. Die Industrie gab den Ausbauern zusätzlich mit neuen Fertigungstechniken und -materialien im Kunststoffbau sowie innovative Klebe- und Dichttechnik und modernen GfK-Dächern in vielen Formen ungeahnte Möglichkeiten an die Hand.

■ **Liebevoll restauriert: Die Fachzeitschrift *Mobil Total* und der Hersteller haben den ersten Festaufbau von Bimobil auf Peugeot 504 Pick Up aus dem Jahr 1981 komplett neu aufgebaut.**

### Überleben in der Gruppe

Was in den Achtzigern schon begann, setzte sich in den Neunzigern verstärkt fort: Überlebenschancen durch Gruppenbildung um den immer robuster werdenden Marktanforderungen zu trotzen. So entstehen am Ende des Jahrtausends in Deutschland drei Firmengruppen mit folgenden Caravan-Marken: 1. Hymer mit Bürstner, Dethleffs, Eriba-Hymer, Laika, Niesmann + Bischoff, LMC und T.E.C. 2. Knaus-Tabbert Group mit Eifelland, Knaus, T@B, Tabbert, Wilk und Weinsberg. 3. Hobby mit Fendt. Im Ausland formieren sich die französische Trigano-Gruppe mit Marken wie Chausson, Sterckemann, Eura, Karmann und die italienischen Marken der Ci-Gruppe. Dazu kommt die Tirus Group in den Niederlanden und die italienische SEA-Gruppe, die ebenfalls stark expandierten.

### Erstes echtes Reisemobil-Chassis

In den 80er Jahren waren die Fahrgestelle der damaligen Reisemobile Leiterrahmen mit Starrachsen und Blattfedern. Der Fahrwerksspezialist Alko, bekannt durch seine Wohnwagen-Fahrgestelle, befasste sich schon seit 1979 mit der Veredlung von Reisemobilen und baute entsprechende Fahrwerkslösungen. Und schafft 1985 mit einem innovativen Chassis, dem amc-Chassis, für den brandneuen Fiat Ducato den Durchbruch. Das Fahrwerk baut hinten breiter und bietet damit dem Aufbauhersteller mehr Raum in der Wohnkabine. Obendrein ergibt sich eine bessere Straßenlage und eine geringere Seitenwindanfälligkeit. Dem Komfort diente die aus dem Pkw-Bau entlehnte Einzelradaufhängung. Das Alko-Chassis gehört heute zu den Standards im Reisemobilbau.

Marktführer Hymer startet mit dem Hymermobil den industriellen Serienbau von Reisemobilen.

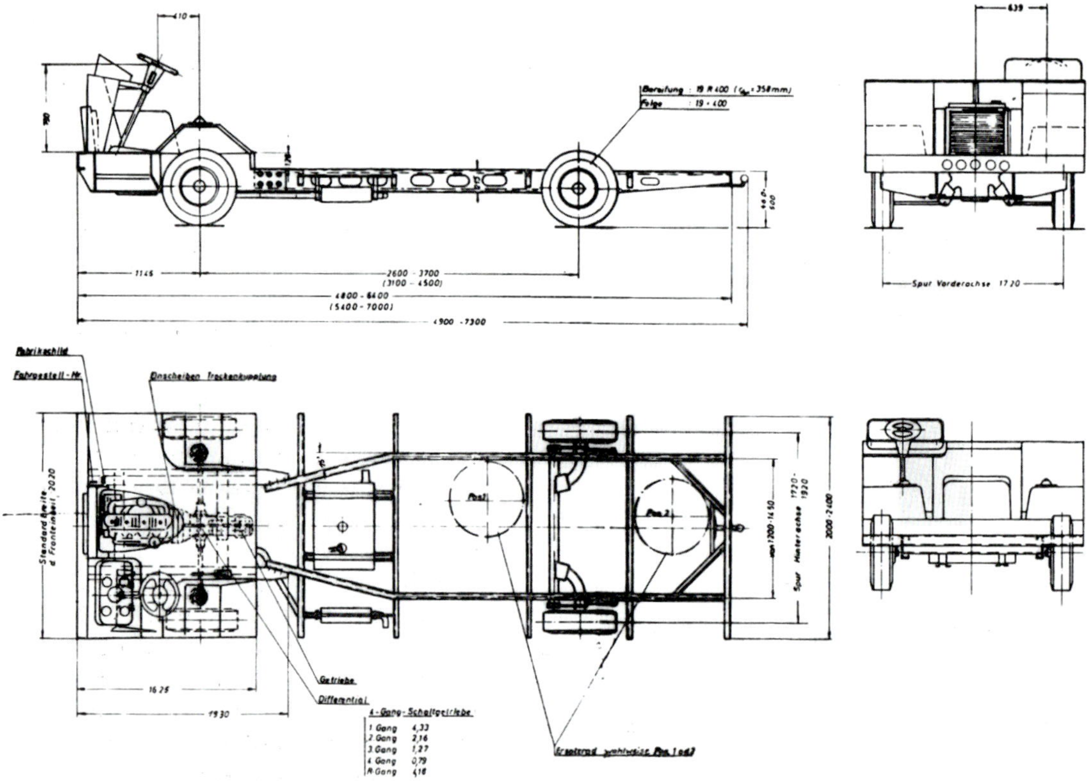

■ Planskizze und erster Prototyp eines echten Reisemobilfahrgestelles von Alko im Jahr 1985.

■ Neuer Fahrzeugtyp: Bürstner stellte 1985 das erste teilintegrierte Reisemobil in Deutschland vor.

## Ölkrise und preiswerte Flugreisen bremsten den Höhenflug

1988 dann ein weiterer Meilenstein in der Reisemobilgeschichte: Deutschlands größter Automobilhersteller Volkswagen präsentierte als erster Pkw-Hersteller ein hauseigenes Reisemobil. Zwei Typen, beide vom schon leicht kränkelnden Branchenprimus Westfalia in Auftragsarbeit produziert, wurden auf den Caravan Salon 1988 in Essen vorgestellt.

■ **VW bietet ab 1988 als erster Fahrzeughersteller ein eigenes Reisemobilprogramm mit dem California an.**

Konsolidierung und Produktion auf bescheidenem Niveau war bis zum erneuten Hoch im Jahr 1991 mit einem Produktions- und Zulassungsrekord angesagt. Über 21.000 Reisemobile wurden 1991 in Deutschland neu zugelassenen, 1993 überstieg der Bestand hierzulande erstmals die magische Marke von 300.000 zugelassenen Reisemobilen. Mitte der 90er Jahre traf die Branche durch eine schwache Inlandsnachfrage und der Rezension auf wichtigen Exportmärkte in Skandinavien, Frankreich und Großbritannien erneut eine schwere Absatzkrise, die zur weiteren Konzentration und Marktbereinigung führte. Der deutsche Markt-

führer Hymer vereinigte einige Reisemobilmarken im Inland unter dem Konzerndach der Hymer-Gruppe und wurde Europas unangefochtener Spitzenreiter. Erst 1999 setzte wieder eine gesunde Konjunktur mit normalen Zuwachszahlen ein, im Jahr 2001 wurden laut Kraftfahrtbundesamt und Herstellerverband CIVD erstmals wieder über 18.500 Reisemobile in Deutschland neu zugelassen.

### Erster Crash-Test mit einem Reisemobil

Reisemobile sind sichere Urlaubsfahrzeuge. Eine relativ geringe Jahreskilometerleistung, der meist sehr gute Pflegezustand des zweiten Wohnzimmers und erfahrene Autofahrer am Steuer sowie die Einführung der Gurtpflicht für eingetragenen Sitzplätze im Wohnraum 1993 drückten in der Unfallstatistik die Wohnmobilunfälle in die Promillgrenze. Ein erster echter Crash-Test des ADAC mit einem Dethleffs-Alkovenmobil fiel 1997 allerdings nicht besonders zufriedenstellend aus, erst 2002 konnten Wohnmobile mit Aufbau (ADAC) und ein Hymer-Vollintegrierter im Jahr 2006 (BaSt) in weiteren Tests ihre relative Unfallsicherheit beweisen.

### Tempo-Grenzen fallen

Im Rahmen der Neuregelung der EU-Fahrzeugklassen wurden Reisemobile der M-Klasse zugeschlagen. So fielen für Reisemobile bis 3,5 t zulässiger Gesamtmasse ab Oktober 1997 die bisherigen Geschwindigkeitsbeschränkungen weg, die verkehrsrechtliche Trennung »bis und über 2,8 t« wurde damit hinfällig, freie Fahrt auf Autobahnen und Schnellstraßen war für dies Mobile nun angesagt. Am 30. März 2005 wurde Tempo 100 km/h für Motorcaravans von 3,5 bis 7,5 Tonnen Gesamtmasse eingeführt. Dem voraus ging eine Studie zur Ermittlung des Kraftstoffverbrauchs der Reisemobile durch die Bundesanstalt für Straßenwesen (BASt). Bisher durften Motorcaravans dieser Gewichtsklasse lediglich 80 km/h auf Autobahnen und Schnellstraßen fahren. Die Übergangsregelung betraf einen Gesamtbestand von etwa

53.000 Fahrzeugen in diesem Marktsegment und wurde zunächst bis zum 31. Dezember 2009 befristet.

### 2007: Erstmals mehr Reisemobile als Caravans zugelassen

Das Jahr 2007 markierte eine historische Entwicklung für den deutschen Caravaning-Markt: Erstmals in der Geschichte des Caravaning wurde mehr Reisemobile (19.655) als Wohnwagen (19.067) neu zugelassen. Bis zum Jahr 2008 folgte wieder ein regelrechter Höhenflug der Branche mit regelmäßig zweistelligen Zuwachsraten, an dem die Produktion von Reisemobilen und der Export einen wichtigen Anteil hatte. Neu an dieser Entwicklung war die starke Fokussierung auf den Export in die benachbarten EU-Länder. Eine Exportquote von fast 55 Prozent kennzeichnete 2007 diese – nicht ganz ungefährliche – Lage der deutschen Hersteller. Die Inlandsnachfrage kam Die Branche expandierte in dieser Zeit ungehemmt, schaffte große Überkapazitäten und wurde von der Weltfinanzkrise sowie der stagnierenden Wirtschaft 2008/2009 fast unvorbereitet überrascht. So musste Ende 2008 mit der Knaus Tabbert Group (Marken Knaus, Tabbert, T@b, Weinsberg, Eifelland, Wilk) ein Großer der Branche (etwa 30 Prozent Marktanteil) Insolvenz anmelden und wurde an einen niederlän-

dischen Investor verkauft. Für das Geschäftsjahr 2009 standen deshalb bei allen Herstellern Produktionskürzungen, Kurzarbeit und Entlassungen auf dem Programm, um eine Konsolidierung der Branche durchzuführen. Der Bestand liegt bundesweit zur Zeit bei etwas über 450.000 Mobilen, etwa knapp 20.000 Reisemobile werden jedes Jahr in Deutschland neu zugelassen.

### Die Zukunft des Reisemobils – Automotives Außendesign, viel Komfort und Technik im Wohnraum

Die Designer haben Reisemobil und Caravan als Herausforderung entdeckt: Viele Hersteller lassen mittlerweile ähnlich wie in der PKW-Branche ihre neuen Reisemobile von Designerfirmen zeitgerecht innen und außen »durchstylen«. Visionär Erwin Hymer machte gleich wieder Nägel mit Köpfen und gründete mit dem Design-Center IDC in Pforzheim unter Leitung von Professor Tomforde ein firmeneigenes Zentrum für Entwicklung und Design, das auch an den Neuentwicklungen der Hymer-Gruppe und Hymer-Firmen kräftig Hand anlegte. Eindeutiger Trend für die kommenden Jahre: Eine Entwicklung hin zum automotiven Außendesign in Verbindung mit der Nutzung moderner, gewichtssparender Werkstoffe. Dies ist gerade in Zeiten hoher Kraftstoffpreise besonders wichtig.

■ Die aktuelle Typenpalette: Ausgebauter Kastenwagen von Pössl, teilintegriertes Mobil von Dethleffs, Alkovenmobil von Hymer und ein Vollintegrierter von Concorde.

In Sachen alternative Antriebe hat die Branche, speziell die Hersteller der Basisfahrzeuge, die Entwicklung regelrecht verschlafen. Hoffnung machte da ein Projekt des Zubehörspezialisten Goldschmitt, der einen Autogasumbau für Dieselmotoren zur Serienreife entwickelt hat. Hymer zeigt in der Studie Innovison (siehe unten) ein Reisemobil mit LPG-Antrieb und Bürstner, TEC und LMC haben sich (Gewicht- und) Kraftstoffsparen mit aerodynamischem Aufbau oder Möbel-Leichtbau auf die Fahnen geschrieben. Auch das Thema autarke Energieversorgung wird mit der Erforschung von leistungsstarken, mobilen Brennstoffzellen seitens namhafter Zubehörherstellern wie Truma zur Serienreife vorangetrieben. Das ermöglicht zukünftig eine ganzjährige, relativ autarke – auch wintersichere – Nutzung mit viel Lebensraum, hohem Komfort und technisch anspruchsvoller Ausstattung, gleichsam die Anforderungen an das Reisemobil der Zukunft. Innovationen wie der wintersichere Doppelboden, luxuriöse und pfiffige Detaillösungen wie der flexible Sanitärraum bei Hymer Integrierten oder die geplante Umset-

zung des lang gehegten Traums eines markenneutralen, speziellen Reisemobil-Chassis zeigen, wie man den Reisemobilbau weiter voranbringen kann. Aber auch gewichtssparende Möbelbau-Konzepte wie sie der italienische Marktführer Tecnoform oder aktuell Hersteller wie TEC und LMC präsentieren, beweisen, dass moderner Möbelbau nicht nur schön anzuschauen ist, sondern auch gewichtsreduziert, praktisch, stabil und langlebig sein kann. Weiteres Beispiel zum Thema Kraftstoffsparen: Das IDC-Designcenter um Professor Tomforde hat in Zusammenarbeit mit Hersteller Bürstner ein teilintegriertes Reisemobil entwickelt, das durch eine besonders aerodynamische Formgebung und leichten Auf- und Möbelbau bis zu zwanzig Prozent an Kraftstoff einsparen soll. Dazu wird die Integration von moderner Kommunikations- und Navigationstechnik in das Reisemobil, die mit Computer, Telefon-, Fax- und Internetanschluss über Satellit, Sat- und GPS-Anlagen einen multifunktionalen Standard schaffen wird, der die enge Abgrenzung von Freizeit-, Büro- oder Reisemobil aufheben kann.

■ **Marktführer Hymer will mit der Studie Hymer-Innovision wieder Trends in der Branche setzen.**

### Marktführer blickt mit der Hymer-Innovision in die Zukunft

Im Jahr 2008 hat Hymer unter Reisemobilisten einen Ideenwettbewerb für die Konzeption eines Reisemobils der Zukunft ausgeschrieben. Aus den zahlreichen Konzeptvorschlägen hat Hymer 50 Ideen ausgewählt. Daraus entstand bei Hymer eine Studie, gespickt mit pfiffigen Detaillösungen: Hymer-Innovision. Das Basisfahrzeug der Hymer-Innovision ist ein Hymermobil B-Klasse SL mit einer Aufbaulänge von 6,36 Meter. Das Fahrzeug basiert auf einem Fiat-Alko-Chassis mit zusätzlicher »Goldschmitt«-Vollluftfederung für die Vorder- und die Hinterachse, um ein sicheres Fahrverhalten zu gewährleisten und eine individuelle Fahrzeugnivellierung sowie Höhenverstellung zu ermöglichen. Weitere praktische Zusatzleistungen sind eine Trittstufe am Bug zur problemlosen Scheibenreinigung wie auch eine Anhängekupplung am Bug, die das einfache Rangieren von (Boots-)Anhängern ermöglicht.

### Antrieb mit Autogas

Vor dem Hintergrund ständig steigender Kraftstoffpreise hat man sich für den Antrieb mittels Autogas entschieden. Autogas (LPG, kein Erdgas) ist für den Zwei-Liter-Motor mit 120 PS Leistung mit einem Durchschnittsverbrauch von 12,5 Liter in vielen europäischen Ländern flächendeckend verfügbar. In Deutschland gibt es bislang zirka 4.000 Autogas-Tankstellen. Zusätzlich wird das umweltfreundliche Autogas für den Betrieb von Heizung, Kocher, Kühlschrank und für eine von Truma in der Konzeption befindliche Gas-Brennstoffzelle (220–250 Watt) eingesetzt. Mit dieser Energieart können alle Energieverbraucher betrieben werden mit dem Vorteil niedriger Kosten und leichteren Gewichts, da keine zusätzlichen Gasflaschen und Gasflaschen-Stauräume notwendig sind. Der Einsatz von Erdgas wurde verworfen, da zum einen die Verfügbarkeit über das Tankstellennetz und auch die Reichweite wesentlich geringer ist. In punkto Sicherheit präsentiert die Hy-mer-Innovision neben den gängigen, auch einige besondere Einrichtungen. Fahrer- und Beifahrersitz sind durch Seitenairbags zusätzlich gesichert. Die Reifendruckkontrolle gewährleistet ebenso zusätzliche Sicherheit wie die Tote-Winkel-Kamera, deren Display in das neue Hymer-Digital-Tachodisplay integriert ist. Eine weitere Kamera deckt den Innenraum ab und ist über Handy (Analog-Webcam) bedienbar. Ebenfalls über das Handy können die Heizung und die Klimaanlage gesteuert werden. Das Fahrzeug verfügt außerdem über ein Notrufsystem mit Crash-Sensor.

### Bemerkenswertes Innenraumkonzept

Für die Bereiche Ausstattung und Komfort sind wirklich bemerkenswerte Verbesserungen umgesetzt worden. Mittig hinter Fahrer- und Beifahrersitz wurde ein dritter Sitz mit Sicht auf die Straße positioniert. Alle drei Sitze sind natürlich mit Drei-Punkt-Gurten ausgestattet. Der hintere Sitz kann zudem quer zur Fahrtrichtung verstellt und in einer Schiene auch verschoben werden. Außerdem verfügt dieser Sitz über eine Relax- und Massagefunktion. Entspannen kann man auch auf dem seitlichen Sofa, das sowohl in normaler Sitzfunktion als auch durch Erweiterung der Sitzfläche zum Wohlfühlen einlädt. Zur ausgiebigen Regeneration sind Schlafplätze für drei Personen vorgesehen. Zum einen bietet ein ausziehbares Hubbett genügend Platz für zwei Personen, die dort komfortabel in Fahrtrichtung schlafen können. Die dritte Person findet bequem im Heckbett Platz. Der gesamte Heckbereich verdient erhöhte Aufmerksamkeit. Multifunktional beherbergt er Garage, Dusche und Bett. Das bedeutet: Das Bett fährt zusammen, die Duschwanne klappt nach unten und die hinterleuchtete Nasszellenwand schwenkt automatisch als Trennwand für die Dusche in die Garage. Die Hauptfunktionen des Bades sind in einer zusammen mit der Firma Stengele entwickelten Sanitärsäule untergebracht. In dieser Säule befinden sich ein Waschbecken, eine Ablage sowie die Toilette. Die Toilette besitzt

mit einem Dometic Keramik-Inlay haushaltsübliche Qualität. Alle drei Teile lassen sich je nach Bedarf stufenlos zur Seite schwenken. Zur Seite schwenken lässt sich – durch das Küchenfenster – auch die Küche mit Wasserhahn, Spüle und Kochfeld, sodass dieser Bereich ebenso im Freien benutzt werden kann. Entsprechend ist der Kühlschrank sowohl von innen als auch von außen nutzbar. Damit bietet der gesamte Küchenbereich eine 100-prozentige Mehrnutzung. Besondere Highlights sind die sogenannte Privacy-Verglasung oder auch das spezielle Abwasserkonzept. Bei der Privacy-Verglasung werden alle Scheiben mittels Knopfdruck undurchsichtig. Beim Hymer-Innovision-Abwasserkonzept werden die Fäkalien von einem Aqualizer zu Grauwasser umgewandelt, womit eine Kassettenfunktion entfällt.

Hohe Multifunktionalität und Komfort prägen die Innengestaltung der Studie Hymer Innovision.

# Wie ein Reisemobil gebaut wird

### Handarbeit am Fließband

Die Herstellung von Freizeitfahrzeugen unterscheidet sich deutlich vom Automobilbau. Das fängt bei den Produktionszahlen und der Fertigungstiefe an, geht über die Typenvielfalt und endet an einem Fließband, an dem man vergeblich funkensprühende Roboter sucht.
Reisemobilbau ist trotz notwendiger Rationalisierung und aktueller Produktionsmethoden mit modernsten Produktionsstraßen zum größten Teil immer noch Handarbeit – Handarbeit am Fließband. Grund sind die »systembedingten« Eigenarten dieser Fahrzeuggattung und die mittlerweile hohen Anforderungen der Kunden an Modellvielfalt, Komfort und Qualität. Reisemobile sind kleine Häuser auf Rädern mit Wohnraum, Schlafzimmer, Küche und Bad. Die Ein- und Aufbauten dafür erfordern eine aufwändige Vormontage und Fertigung sowie eine komplette »Haus-Technik im Kleinen« mit Elektro-, Gas- und Wasserinstallationen. Die vielfältigen Wünsche der Kunden schlagen sich in jeder Menge Baureihen mit oft 20–30 verschiedenen Grundrissvarianten, diversen Aufbaulängen, vielen Möbel-, Dekor-, Polster- und Ausstattungsversionen und einer langen Zubehörliste nieder. Wir haben die Produktion von Reisemobilen vor Ort mitverfolgt.

### Neue Materialien bestimmen die Fertigungstechnik

Reisemobile sehen sich auf den ersten Blick heutzutage sehr ähnlich. Bei einem Blick unter die Haut werden jedoch bei Aufbautechnik und Materialien große Unterschiede deutlich. So gehen Hersteller bei Boden-, Wand- und Dachaufbau und deren Verbindung miteinander oft unterschiedliche Wege. Die Palette reicht da vom klassischen – und immer noch weit verbreiteten – Holzgerippeaufbau mit Styropor-Isolierung und Aluminium- oder GfK-Haut bis hin zu hochfesten und leichten Sandwichlösungen ohne Stützgerippe aus modernsten Kunststoffen. Die aus den ersten Tagen des Reisemobil- und Caravanbau stammende Gerippebauweise ist heute – weil auch sehr preiswert – immer noch Stand der Technik: Ein verklebtes oder getackertes Holzgerippe als tragende Konstruktion wird wie ein Fachwerk mit Isolationsmaterial – meist Styropor oder Hartschaumteile – ausgefacht. Danach erhält es eine Außenhaut aus Aluminium oder GfK und eine Innenverkleidung aus Sperrholz aufgeklebt. In einer Presse wird das gesamte Teil dann mit Druck zusammengepresst, es entsteht ein »Sandwich«. Die selbsttragenden Sandwichwänden aus Kunststoff wurden für Kühlfahrzeuge entwickelt und werden vorwiegend im Bereich von Reisemobilen der Oberklasse eingesetzt. Wichtiger Aspekt aller Konstruktionen: Material und Aufbauart bestimmen in großem Maße das Leergewicht

■ Reisemobile werden heute ausschließlich am Computer geplant.

und die daraus resultierende Zuladung, die Isoliereigenschaften, Dichtheit und Dauerfestigkeit des Aufbaus. Drei Trendrichtungen sind zu beobachten: Automotives Design steht heute im Vordergrund der Konstruktion von neuen Reisemobilen. Dazu soll schon am Computer die Möglichkeit der späteren unweltgerechten Entsorgung der Wohnaufbauten bedacht werden. Weiterhin spielt die Frage des Leichtbaus und der Aerodynamik eine immer wichtigere Rolle an den CAD-Anlagen der Konstrukteure.

## Basisarbeit

Basis des Reisemobils ist das Fahrgestell. Je nach Mobiltyp kommt ein Windlauf (Fahrgestell ohne Fahrerhaus – für vollintegrierte Mobile), ein Fahrgestell mit Fahrerhaus (für teilintegrierte und Alkovenmobile) oder ein kompletter Kastenwagen (für Ausbaumobile) zum Einsatz. Als Option setzen Hersteller zusätzlich spezielle Fahrgestellversionen von Zubehörfirmen ein, die als Original nicht lieferbar sind: Tiefrahmenchassis, Chassis mit verlängertem Radstand, verlängertem Überhang, erhöhter Tonnage oder als Mehrachsversionen.

■ **Das Basisfahrzeug wird für den Aufbau vorbereitet.**

Das Fahrgestell wird gereinigt und für den Aufbau vorbereitet. Bei herkömmlicher Bauweise kommen in die Zwischenräume des Fahrgestells Abwassertanks, Sprit-Zusatztank oder auf Wunsch ein Gastank. Manche Hersteller bauen in die Chassiszwischenräume von außen zugängliche Tiefbodenfächer, teilweise auch als Auszugsboxen, ein. Moderne, winterfeste Fahrzeuge haben einen durchgehenden Doppelboden. Das Chassis ist hier meist tiefergelegt, ein sogenanntes Tiefrahmenchassis, um die Zusatzhöhe auszugleichen.

■ **Die Bodenplatte wird auf dem Chassis installiert.**

Auf das Chassis wird nun eine gut isolierte, 30–40 mm starke Bodenplatte aus Sperrholz oder Sandwich montiert, die schließlich den gesamten Kabinenaufbau verkraften muss. Darauf kommen die »Steher«, senkrecht stehende Fachbretter, die bei einem Doppelboden dann darauf die Bodenplatte für den Wohnraum – mit Isolierung, technischen Einbauteilen und dem Bodenbelag – aufgesetzt bekommen. Der Raum zwischen den beiden Bodenplatten wird mit Warmluft beheizt, steht als Stauraum zur Verfügung und hier sind Tanks und Leitungen frostsicher untergebracht. Bei einem einfachen Boden werden zuerst Leitungen der Elektrik, Schläuche für Wasser und Heizung sowie die technischen Geräte dazu auf der Bodenplatte montiert. Danach werden bei einem Alkovenmobil die Bodenplatte des Alkoven über dem Fahrerhaus und die Wandteile zum Führerhaus befestigt.

Vorgefertigte Möbelelemente, beispielsweise der komplette Küchenblock oder Schränke werden nun auf der Bodenplatte befestigt und Geräte wie Kühlschrank, Kocher, Heizung oder die Toilette eingebaut. Jetzt bietet es sich auch an, die massiven Metallgestelle für Sitzbänke mit Dreipunktgurten am Chassis zu befestigen. Am noch offenen Fahrzeug haben die Monteure optimal Platz, um die Möbel zu setzen und alle Aggregate zu verkabeln, die Wasseranlage zu verrohren, die gesamte Elektrik zu verlegen und die Gasanlage zu installieren. Bevor »der Kasten« zugemacht wird, finden gleichsam am offenen Herzen die ersten Checks der einzelnen Versorgungsanlagen statt, um etwaige grobe Mängel oder Lecks noch einfach beseitigen zu können. Jedes Fahrzeug wird von der »Kiellegung« bis zur letzten Inspektion vor der Jungfernfahrt mit einer Checkliste begleitet, auf der alle Daten vermerkt sind.

■ Die Technik, hier die Wasseranlage, wird eingebaut.

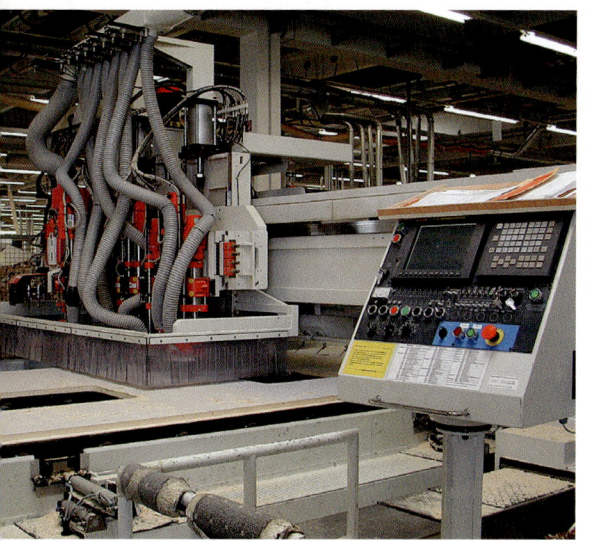

■ Währenddessen werden die Sandwichteile für Wand und Dach hergestellt.

■ Die Wand- und Heckteile werden montiert.

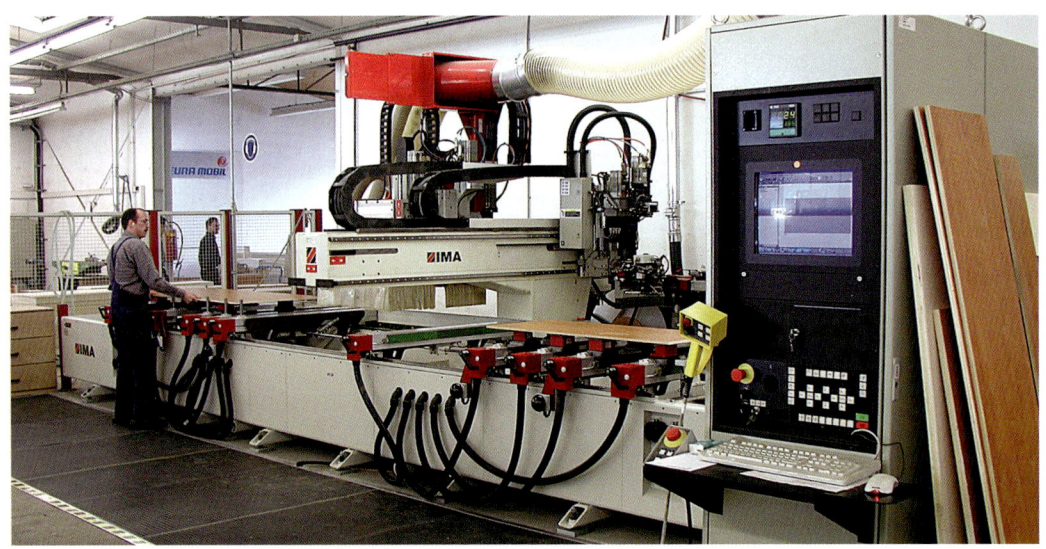

■ Je nach Fertigungstiefe werden die Möbel an der CNC-Fräse ausgesägt und anschließend zusammengebaut.

■ Vorgefertigte Möbelteile wie Oberschränke oder komplette Küchen werden in das noch offene Fahrzeug montiert.

Nach dem Innenausbau, welcher der gesamten Aufbaukonstruktion konstruktiv wichtige Festigkeit und Stabilität gibt, werden die Seitenwände, der Alkoven und das Heck auf Stoß oder mit Aluminium-Eckprofilen verschraubt, verklebt und verfugt. Jetzt erst bekommt der Aufbau seine endgültige Festigkeit. Die Seitenwände sind mit allen Ausschnitten für Fenster, Türe, Klappen und Außenöffnungen vorgefertigte, verpresste Sandwichplatten. Wird in klassischer Gerippebauweise gearbeitet, muss der Konstrukteur je nach Modelltyp die Anordnung von Fenster, Türen und Klappen sowie Befestigungspunkte von Möbel, Türen, Fenster oder Zubehörteilen so legen, dass sie auf tragende Rahmenhölzer treffen. Das Heck und teilweise auch komplette Alkoven oder ganze Dachpartien werden als fertige GfK-Fertigteile aufgesetzt, verschraubt und verklebt. Im herkömmlichen Verfahren wird der Alkoven, dessen Form rechts und links durch die Seitenwände vorgegeben ist, als Gerüst aufgebaut und zusammen mit der Dachplatte mit Alublech von der Rolle bezogen. Alle Fugen werden nochmals mehrfach abgedichtet und außen an den Stoßkanten mit Profilen abgeschlossen.

■ Deckel zu: Das Dach wird mit Alublech von der Rolle als Außenhaut geschlossen.

Jetzt nimmt das Mobil so langsam Formen an, der Rohbau ist bedacht, Zeit für ein Richtfest gibt es aber nicht. Fleißige Hände passen im Innenraum Oberschränke, Klappen und die Beleuchtung ein, komplettieren Türen, Raumteiler und die Sanitärzelle, die Elektroinstallation wird fertig verkabelt und getestet.

Draußen werden derweil Außen- und Stauklappen, ggf. die Klappen der Heckgarage und die Serviceöffnung der Cassetten-Toilette sowie weitere Aufbauöffnungen für Heizung, Kühlschrank und den Frischwasserzulauf installiert. Danach werden die Wasseranlage, Heizung und die Gasversorgung fertig gestellt und getestet. Die Wasseranlage wird befüllt, entlüftet und getestet, Bad und Dusche werden verfugt, die Gasanlage wird auf Dichtigkeit abgedrückt und abgenommen, Heizung, Kühlschrank und Kocher bekommen eine ersten Probelauf.

■ Verfugen und abdichten ist dann die wichtigste Aufgabe am Mobil.

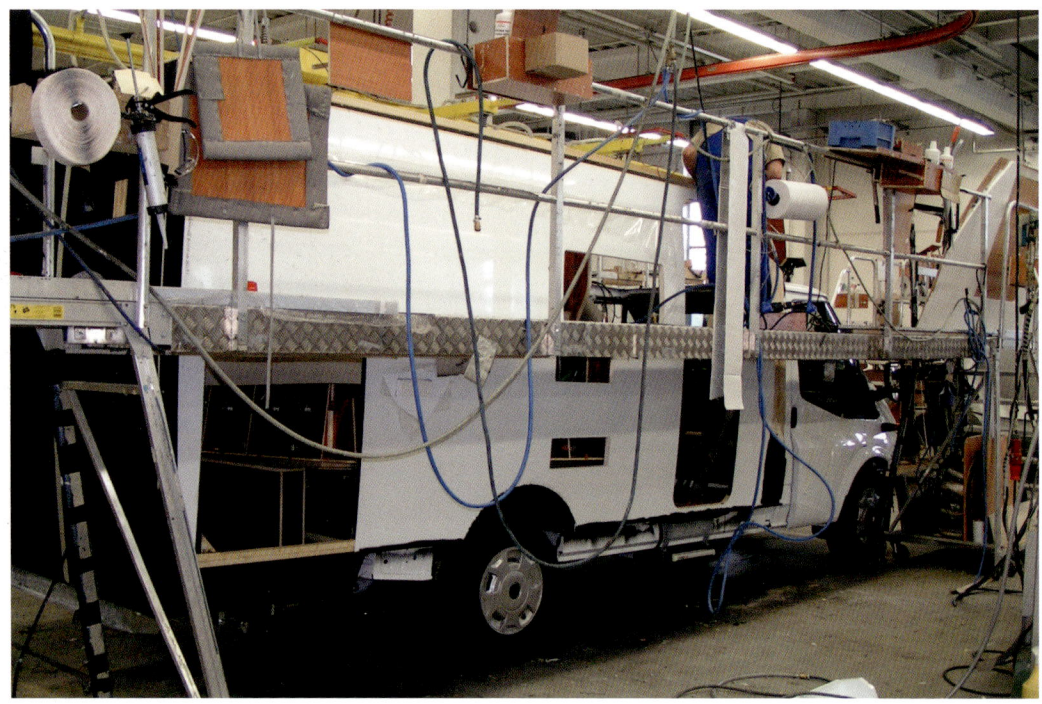

Fenster, Klappen und Anbauteile wie eine Dachreling werden montiert.

Ein Dachfenster wird installiert.

Jetzt folgt der Einbau von Dachluken, Fenster und Leuchtenträger sowie ganz zum Schluss – nach einer ausführlichen Endreinigung – die Wohnraumtür. Nun kommt das Finish für den gemütlichen Teil: Gardinen, Polster und Teppichboden schaffen aus dem Rohbau ein wohnliches Ambiente. Das Außendesign erfährt die Endmontage mit Dachgalerie, Heckleiter und einer letzten Verfugung. Die Montage von Sonderzubehör und Farbapplikationen schließen die Produktion ab, bevor eine gründliche Endabnahme nach Checkliste für die Qualitätskontrolle- und sicherung stattfindet. Mit einem großen »OK« wartet das Mobil dann auf den Abtransport zum Händler und Endkunden.

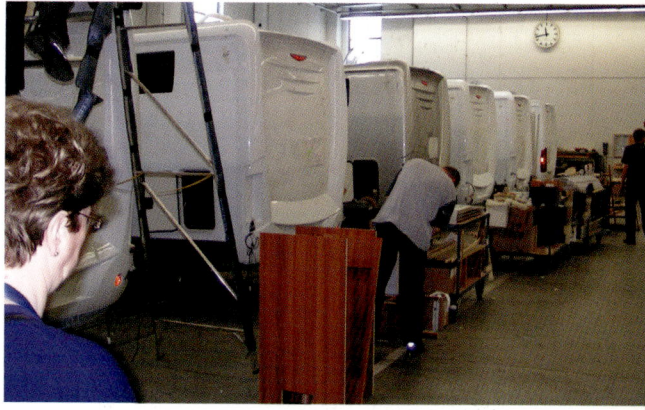

■ Der Innenausbau wird komplettiert und Probeläufe der Technik finden statt.

■ Nach einer aufwändigen Endkontrolle und einer gründlichen Endreinigung verlässt das Mobil die Werkhalle in Richtung Kunde.

# Teil II: Kaufberatung

## Reisemobil-Typologie: Vom Mini-Mobil zum Luxus-Liner

Das scheinbar unübersichtliche Angebot der verschiedenen Reisemobiltypen auf dem Markt untergliedert sich bei näherem Hinsehen eigentlich sehr einfach in zwei große Gruppen. Da sind einerseits Wohnmobile, die durch den Ausbau eines Kastenwagens unter Beibehaltung der Serienkarosserie entstehen und deshalb Ausbaufahrzeuge genannt werden. Auf der anderen Seite sind all jene Fahrzeuge, die auf ihr Fahrgestell – mit oder ohne Fahrerhaus – einen eigenen Aufbau bekommen und so zum Wohnmobil werden. Diese Mobile typisiert man als Aufbaufahrzeuge.

### Ausbaufahrzeuge sind alltagstauglich und liegen im Trend

Die ausgebauten Kastenwagen sind schon urlaubstaugliche Mobile und basieren meist auf leichten Transportern wie dem Ford Transit, VW T 5 und LT, Mercedes-Benz Sprinter, Renault Master oder dem neuen Fiat Ducato und seinen nahen Verwandten von Peugeot und Citroën. Je nach gewähltem Basisfahrzeug – kurzer, mittlerer oder langer Radstand – beanspruchen diese Fahrzeuge mehr oder weniger Platz

im bewegten und ruhenden Verkehr, bieten dementsprechend auch mehr oder weniger Lebensraum im Inneren. Heute garantieren moderne Transporter-Chassis annähernd Pkw-artige Fortbewegung und Fahrkomfort. Unbestreitbarer Vorteil von Kastenwagen: Die Basisfahrzeuge haben mit ihrer Ganzstahl-Karosserie einen crashgetesteten Unfallschutz, aktive und passive Sicherheit kommen nahe an den Pkw-Standard heran.

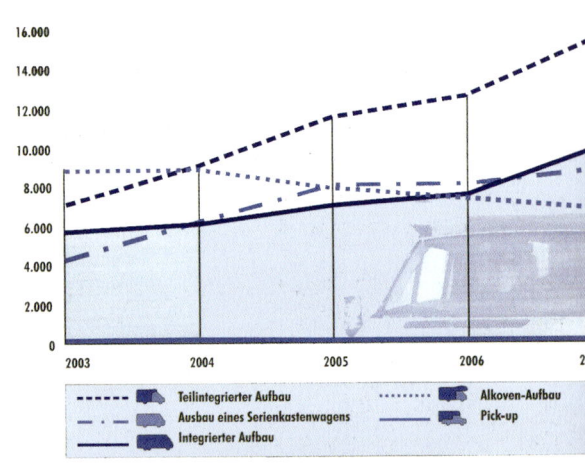

**REISEMOBIL-PRODUKTION NACH AUFBAUARTEN IN DEUTSCHLAND 2003–2007**

- - - - Teilintegrierter Aufbau
- · - · Ausbau eines Serienkastenwagens
- ▬▬ Integrierter Aufbau
- · · · · · Alkoven-Aufbau
- ▬▬ Pick-up

■ So stellte sich 2008 die Reisemobilproduktion nach den verschiedenen Klassen dar. (Quelle: CIVD)

■ Die Branche bietet ein breites Angebot für jeden Kundenwunsch.

### Der Einstieg in mobile Freizeit: Multifunktionale Minimobile für Wochenend- und Kurzurlaub sind alltagstauglich wie ein Pkw

Winzig, witzig und originell: So lebt eine schon fast in Vergessenheit geratene Idee eindrucksvoll wieder auf: Der zum Freizeit- und Reisemobil ausgebaute Minitransporter feiert eine Renaissance. Für die aktuelle Neuauflage des Kleinst-Wohnmobils aus den Siebzigern sollte – zumindest im Wohnbereich – ein gewisser Hang zum Purismus mitgebracht werden. Dennoch, an der Basis und damit auch am Preis der tollen Kisten hat sich gegenüber damals einiges getan. Ob der VW Caddy, der Citroën Berlingo, der Fiat Scudo oder der Renault Kangoo, zwischen Kleinwagen und Familien-Van hat sich eine interessante Klasse von multifunktionellen Mini-Transportern mit komfortablen Pkw-Eigenschaften etabliert, die durchaus als Freizeit- und Urlaubsmobil nutzbar sind. Reisemobilurlaub mit mehr als zwei Personen ist einem derartigen Mini-mobil natürlich nicht drin. Der Blick auf das maximal 1,10 Meter breite »Doppelbett« und den Lebensraum von ausgebauten Mini-Transportern erregt unterwegs regelmäßig mitleidige Blicke. Die Zielgruppe ist damit klar definiert: Vor allem jüngere Leute, die zur Ausübung ihres sportlichen Hobbys ein schnelles, handliches Fahrzeug suchen, in dem man auch einmal für ein Wochenende übernachten kann. Zwei Grundelemente der rollenden Studentenbude machen die Transporter zum Freizeitmobil: Eine umklappbare Sitzbank und eine Kücheneinrichtung mit Kühlbox, Kocher und Spüle sowie dem Wasser- und Gasvorrat, WC gibt es nicht, die Katzenwäsche findet in der Spüle statt. Komplettiert wird die Ausstattung durch einen Tisch, der Platz für Mahlzeiten bietet. Ganz so preiswert wie in den 68er Jahren gibt es das Minimalisten-Reisen nicht mehr: ab 18.000,- Euro werden solche Minis angeboten.

### Voll urlaubstauglich: Ausgebaute Kastenwagen mit kurzem Radstand

Wird etwas mehr an Platz und Bewegungsfreiheit gewünscht, sind ausgebaute Kastenwagen aus Kombi- oder Busversionen der Kleintransporter die nächst größere Klasse. Sie hat in den letzten zwei Jahren einen regelrechten Boom zu verzeichnen, da fast jeder Hersteller heute Kastenwagen im Programm führt und ein ganze Reihe Spezial-Anbieter sehr preiswerte Komplettmobile anbieten. Entsprechend viel wird auch in die früher eher spartanischen Gefährte reingepackt: Multifunktionale »Eierlegende Wollmilchsäue« mit Vielfachnutzen, als Einzelbetten-Varianten mit zusätzlich vier weiteren Schlafplätzen, dazu Klimaanlage und riesiger Kühl-Gefrierkombination bis hin zu einer Queensbett-Version sollen jede nur erdenkliche Marktnische mit einem Kastenwagen belegen. Kastenwagen-Pioniere wie Pössl, Adria, Bavaria-Camp, Burow oder La Strada können bald auf eine 30-jährige Erfahrung im Kastenwagenbau zurückblicken. Kastenwagenmobile mit kurzem Radstand verfügen entweder über ein Aufstelldach, ein Serien-(hoch)dach oder ein aufgesetztes Kunststoff-Hochdach, als Schlafstatt dient entweder die Klapp-Sitzbank und/oder das Bett im Dach.

■ Der VW Caddy wird in der Version Tramper als Minimobil für Zwei angeboten.

■ **Kastenwagen mit Aufstelldach wie der Mercedes-Benz Marco Polo bleiben tiefgaragentauglich.**

Ablagekästen, Stauschränke und ein Küchenblock machen das Mobil für zwei Personen reisetauglich. Ganz so preiswert wie früher ist das Reisevergnügen mit einem komplett ausgestatteten Kastenwagen nicht mehr: Hier hat die Euroumrechnung auch Faktor 1:1 betragen, ab etwa 30.000,- Euro kosten heute preiswerte Kastenwagenmobile, die, das muss allerdings zur Ehrenrettung gesagt werden, heutzutage sehr komplett ausgestattet sind. Unter dem Aufstell- oder Hochdach kann der Reisende selbst in ausgebauten Kastenwagen wieder den aufrechten Gang pflegen und muss nicht mehr ständig den Kopf einziehen. Positiver Effekt: ein zusätzliches Doppelbett im Dachbereich macht das Mobil familientauglich. Wobei man sich darüber im Klaren sein muss, dass auch ein Hochdach aus einem Kleintransporter noch kein Raumwunder macht.

Einige Tage Dauerregen im schottischen Hochland während der Urlaubsreise einer vierköpfigen Familie in einem solchen Fahrzeug setzen schon ein gehöriges Maß an Verständnis und Rücksichtnahme voraus. Die Vorteile des Aufstell- oder Schlafdachsdachs, eine der Dachform angepasste, isolierte Kunststoffschale mit seitlichen Zeltwänden, liegen in den kaum veränderten Abmessungen des Basisfahrzeugs. Tiefgaragen können – je nach Modell – benutzt werden, Fährpassagen bleiben preiswert, die Anfälligkeit für Seitenwind und der Kraftstoffverbrauch erhöhen sich, wenn überhaupt, nur unwesentlich. Weitere Vorteile sind das großes Dachbett mit viel Raumgefühl, große Fenster- und Belüftungsflächen und ein herrlicher Blick aus erhabener Höhe. Die Nachteile: Um im Stand Stehhöhe zu erreichen, muss während jeder Rast das Dach auf- und bei Weiterfahrt wieder zugeklappt werden. Die Klappmühen erspart das Hochdach, dessen Vorteile allerdings mit völlig garagenuntauglicher Höhe, gesteigerter Seitenwindanfälligkeit und teilweise skurrilem Aussehen erkauft werden. Für Reisen auch während der kälteren Jahreszeit sind Hochdächer jedoch eindeutig die günstigere Lösung, da ihre Isolationswerte erheblich besser sind als die der Aufstelldächer mit ihren Zeltbahnen, die nur einen bedingten Schutz bieten. Kinder lieben das kuschelige Bett im Hochdach, das meist eine lichte Höhe von 50-60 Zentimeter bietet. Beide Varianten haben aber ein isolationsarmes Fahrerhaus mit der Originalverglasung gemein. Deshalb sollten wenigstens im Wohnbereich Campingfenster mit Doppelverglasung vorhanden sein, wie sie von den meisten Herstellern bereits serienmäßig angeboten werden. Preiswerte Komplett-Mobile auf Markenbasis gibt es ab 30.000,- Euro Einstiegspreis, andere Fabrikate liegen da schon bei 40.000,- Euro.

### Mehr Komfort im Kastenwagen durch langen Radstand

Um zusätzlich noch einen Sanitärraum mit Dusche, Waschbecken und WC in einem Kastenwagen unterzubringen, bedarf es schlicht eines größeren Basisfahrzeugs mit längerem Radstand. So halten neuerdings pfiffige Grundrisslösungen mit festen Querbetten, Etagenbetten oder umbaubaren Rundsitzgruppen Einzug in den Kastenwagenbereich. Sie ersparen den Kunden die manchmal abenteuerlichen »Klapp-, Schiebe-, Drück- und Zerr-Lösungen«, da die Versuche einiger Hersteller, aus beschränkter Grundfläche ein Ein-Zimmer-Appartement mit Küche und Dusche/WC auf Rädern zu bauen, oft wenig praxistauglich sind. Beste Grundregel beim Kauf: Wenn alles, also vier Betten, vertretbar große Küche, Dusche und WC drin sein

■ Pössl hat mit preiswerten Großserien den Kastenwagenmobilen in Deutschland zu neuer Blüte verholfen.

soll, lieber eine Nummer größer kaufen. Ein Luxus-Kastenwagen mit langem Radstand und Hochdach kostet dann so ab etwa 35.000,- Euro aufwärts. Dafür kann er aber den Zweit-Pkw ersetzen, da er noch einigermaßen stadttauglich ist.

■ Kastenwagen mit langem Radstand bieten mehr Komfort und sind bei allen gängigen Marken zu haben.

■ High-End-Kastenwagenausbau der Luxusklasse: Der Klassiker James Cook von Westfalia auf dem Mercedes-Benz Sprinter.

### Neue Klasse mit Van-Charakter

Mit dem Exsis hat Europas Marktführer Hymer versucht, eine neue Fahrzeugklasse zu schaffen. Diese kompakten Aufbaufahrzeuge sind eine Mischung zwischen Kastenwagen und teilintegriertem Reisemobil, kaum breiter als zwei Meter und meist nur sechs Meter lang. Sie kommen dem Wunsch vieler Kunden nach einem kurzen, wendigen – und auch fährentauglichen – Reisemobil mit den Ausmaßen eines Kastenwagens entgegen, das den Komfort eines großen Reisemobils anbietet. Der Erfolg des Exsis war mäßig, die Idee hat natürlich sofort erfolgreichere Nachahmer gefunden. So präsentieren Hymer mit dem Hymer Van auf Ford Transit, Bürstner mit dem Megavan auf Renault Master und Dethleffs mit dem Globebus und dem Globevan ähnliche Konzepte von Kompaktmobilen. Die Grundrisse halten sich an bekannte Raumaufteilungen aus dem Kastenwagenbereich, gestatten aber mehr Bewegungsfreiheit durch ein größeres Raumangebot und sind in der Hauptsache für das allein reisende ältere Paar gedacht. Sie beziehen mit einer Halbdinette meist das Fahrerhaus in den Wohnraum mit ein und bieten einen komfortablen Schlafplatz mit festem Heckdoppelbett.

■ Eine neue Fahrzeugklasse: Mit den Vans – hier ein Dethleffs – stellen die Hersteller kompakte Reisemobile mit den Maßen eines Kastenwagens vor.

## Aufbaufahrzeuge werden in drei Klassen aufgeteilt

Reisemobile mit Aufbau lassen sich in drei Klassen unterteilen: Alkovenmobile, teilintegrierte und vollintegrierte Reisemobile. Während kleine Alkovenmobile bis 5,50 m noch einigermaßen alltagstauglich erscheinen, leiden bei großen Alkoven- sowie teil- und vollintegrierten Fahrzeugen konstruktionsbedingt Fahreigenschaften und die Handlichkeit. Als grobe Faustregel kann gelten: Je mehr Wohnkomfort – und damit in der Regel auch: je länger die »Landyacht« –, desto geringer die Handlichkeit.

## Die Familienpackung: Alkovenmobile

Alkovenmobile haben einen Wohnaufbau, der fest auf dem Basischassis montiert ist. Die wegen des über dem serienmäßigen Fahrerhaus thronenden Überbaus, dem Alkoven, auch »Nasenbären« genannten Fahrzeuge bieten reichlich Wohn- und Stauraum, einen groß bemessenen Küchenbereich und außerdem eine Sitzgruppe für vier oder mehr Personen. Gut isolierte und optimal beheizbare Wohnkabinen erlauben – frostsicher eingebaute Frisch- und Abwassertanks vorausgesetzt – selbst Winter-

camping. Beliebteste Variante auf dem Markt sind die familientauglichen Alkovenmobile. Der Nachwuchs schläft im Alkoven, die Eltern nächtigen auf der umgebauten Sitzgruppe oder in zusätzlichen Betten im Heck des Mobils. Eine Nasszelle mit Dusche, Waschbecken und WC ist ebenso selbstverständlich wie heißes Wasser oder das Eisfach an Bord. Die Zahl der Grundrissversionen für Alkovenmodelle ist riesig. Beliebte Familienmobile sind die Versionen mit Sitzgruppe und Küche im vorderen Teil sowie Nasszelle und ggf. Stockbetten im Heck. Die ältere Generation schätzt Modelle mit fest eingebauten Betten (Einzel- oder Doppelbetten) im Heck, kinderreiche Familien greifen gerne auf Lösungen mit zusätzlichen Etagenbetten zurück, mit deren Hilfe sich bei großen Mobilen bis zu acht Schlafplätze realisieren lassen. Wichtiges Thema gerade bei Nasenbären ist neben dem Platz für die ganze Familie Stauraum und die Zuladung. Auch bei den Alkovenmobilen gibt es preisgünstige Einsteigermobile in einer Länge ab 5,50 m, die bei einem Kaufpreis von etwa 35.000,- Euro liegen. Familienmobile der Mittelklasse sind ab 45.000,- Euro erhältlich.

■ Urlaub im Kreis der Lieben: Alkovenmobile wie der Hymer Camp sind prädestiniert für den Familienurlaub.

■ Kurz und knackig: Der Eura Profila Alkoven 560 bleibt unter sechs Meter Länge.

■ Extravagantes Alkovenmobil: Der Karmann Colorado auf VW T 5.

■ Italienisches Design für die ganze Familie: Der Laika Kreos aus Italien.

■ Familienpackungen: Der Knaus Sun-Traveller auf Fiat Ducato und der Hobby Siesta auf Ford Transit.

■ Die große Alkovenklasse wie der Dethleffs XXL und der Bürstner Argos bieten Platz für vier bis sechs Personen.

### Die sportlichen Flachmänner: Teilintegrierte Reisemobile

Stetige Zunahmen in der Zulassungs-Statistik können die schnittigen Verwandten der Nasenbären, die Teilintegrierten in den letzten Jahren verbuchen. Sie basieren ebenfalls auf einem Fahrgestell mit Fahrerhaus, der Überbau über den Frontsitzen fällt allerdings deutlich kleiner aus als bei den Nasenbären. In diesem Bereich gibt es also keine zusätzlichen Schlafplätze, sondern lediglich Stauraum, oft ein Fernsehfach oder einen vergrößerten Durchgang zwischen Fahrerhaus und Wohnbereich. So geraten die Teilintegrierten deutlich flacher als Alkovenmodelle, wirken dadurch lang gestreckt und flach. Zusätzlich verstärkt wird dieser Effekt durch die hier oft verwendeten Tiefbett-Chassis, deren Rahmen deutlich niedriger als bei serienmäßigen Fahrgestellen liegt. Dadurch gibt es einen bequemen, niedrigen Einstieg in den Wohnraum und nebenbei fällt durch den heruntergesetzten Schwerpunkt meist ein optimales Fahrverhalten ab. Durch den Wegfall der Alkovenbetten dienen die meisten Teilintegrierten als reine Zwei-Personen-Mobile, die gerne von der älteren Generation bewegt werden. Die Hersteller haben sich mit ihren Grundrissen – feste Betten im Heck oder Hubbetten unter dem Dach sind in vielen Teilintegrierten zu finden – auf die besonderen Ansprüche dieser Klientel an mobilen Komfort eingestellt. Ab 40.000,- Euro sind Teilintegrierte zu bekommen.

■ Bürstner – hier ein Solano – gilt als Erfinder der teilintegrierten Reisemobile.

■ Weg vom Einheitsweiß: Die farbig designte Fortero-Serie von Dethleffs.

■ Teilintegrierter aus dem hohen Norden: Hobby Siesta T 650.

■ Automotives Design bestimmt den Trend: Der Knaus Sun Ti auf Renault.

**Die Königsklasse: Integrierte Mobile**

Die integrierten Reisemobile gelten als Königsklasse im Reisemobilbau. Der Name kommt von der Art des Aufbaus aus glasfaserverstärktem Kunststoff (GFK) oder Sandwichplatten, die das Fahrerhaus voll in den Wohnraum mit einbezieht, also integriert. Zum Einsatz kommen Chassis ohne Fahrerhaus, sogenannte Windläufe, die aus dem Transporter- oder dem Reisebus-Bau stammen. Ohne konstruktiv vom Basisfahrzeug vorgegebene Sachzwänge entstehen in dieser Klasse individuell gezeichnete Mobile, die das luxuriöse Reisen mit dem Wohnmobil schlechthin verkörpern. Ihre markanten Merkmale sind das Fahrerhaus mit einer riesigen, Reisebus-ähnlichen Frontscheibe, eine ungewöhnlichen Position von Fahrer- und Beifahrersitz sowie die riesige Ablage über dem Armaturenbrett. Im Wohnbereich fällt sofort das Hubbett über den Köpfen von Fahrer und Beifahrer als klassenübliches Standarddetail auf. Ansonsten sind dem Komfort, der Ausstattung sowie dem Platzangebot in dieser Klasse keine Grenzen gesetzt, dem Preis allerdings auch nicht. Zielgruppe ist, trotz der meist imposanten Größe der Fahrzeuge, das alleinreisende Paar. Deshalb sind statt des klassischen Front-Hubbetts nun Grundrisse mit festem Bett oder getrennten Schlafplätzen als Einzelbetten im Heck im Angebot der Hersteller, die zudem mit gemütlichen Bar- oder Seitensitzgruppen vorne aufwarten. Statt schnödem Kunststoff und Schichtplatte herrschen in der Luxusklasse edle Hölzer und hochwertige Stoffe vor, die Nasszelle mutiert zum Bad mit getrenntem Dusch- und Toilettenraum, die Küche reicht bequem auch für jedes Einfamilienhaus aus. Neuester Trend im Bereich der Integrierten: Kurze, kompakte Mobile in der Sechs- bis Sieben-Meter-Klasse wie der Knaus C-Liner, die aber allen erdenklichen Luxus bieten. Zielgruppe sind ältere Paare, die keine Riesenschiffe mehr chauffieren möchten, aber auf den Luxus eines integrierten Reisemobils nicht verzichten wollen. Ab 65.000,- Euro fängt das Vergnügen mit dem rollenden Luxus an, für Luxusliner auf Bus-Chassis wie Mobile von Niesmann, TSL oder Vario, die sogar einen Kleinwagen im Heck transportieren können, muss der Kunde schon den Gegenwert eines kleinen Einfamilienhauses berappen.

■ Die vollintegrierte B-Klasse von Hymer gilt als Synonym für hochwertige Serienproduktion in dieser Fahrzeuggattung.

■ Neuer Trend 2009 für das allein reisende, ältere Paar: Kurze, wendige Integrierte in auffälligem Design wie der Knaus Sun Liner.

■ Der Liner von Niesmann & Bischoff ist seit 20 Jahren Vorbild für den Bau von Luxusmobilen.

■ Luxus-Integrierte wie der Concorde Liner (l. o.), Carthago Megaliner , der Dethleffs Premium Liner (l. u.), der Hymer Liner (ganz oben) oder der Vario Star (oben) werden vielfach auf Kundenwunsch gefertigt.

■ Deutsch-Amerikanische Freundschaft: TSL Landsberg baut Luxus-Liner mit Fahrzeuggarage für einen Kleinwagen im amerikanischen Stil als Einzelanfertigungen auf Kundenwunsch in Deutschland.

### Die Exoten: Pick-ups und Expeditionsfahrzeuge

#### Pick-ups: Wandelbare Kleinlaster

Hierzulande – bisher – wenig verbreitet sind Pick-up-Fahrzeuge mit abnehmbarer Wohnkabine. Als Träger- oder Zugfahrzeuge dienen meist allradgetriebene Kleinlaster wie der Marktführer Nissan Navarra, der Mitsubishi L 200, Toyota Hilux, oder der Ford Ranger. Die Basisfahrzeuge sind als Einfach-, Anderthalb – oder Doppelkabiner zu bekommen und bieten im Fahrerhaus Sitzplätze für zwei bis sechs Personen. Auch in diesem Bereich hat der Komfort Einzug gehalten: waren die Pick-up-Fahrzeuge früher nur »ungehobelte Lasesel« in Heavy-Duty-Ausführung, so glänzt die heutige Generation der Allradler mit Pkw-ähnlichen Ausstattungen und Fahreigenschaften und kann dank kräftiger Commonrail-Motoren (Nissan Navarra 128 kW / 174 PS) durchaus mit den Basisfahrzeugen der Reisemobile mithalten. Soll der Kleinlaster zum Freizeitmobil mutieren, wird auf der Ladefläche eine Alkoven-Wohnkabine aufgebaut, die je nach Größe auch einer kleinen Familie Lebensraum im Urlaub bietet. Die Kabine kann am Urlaubsort oder daheim abgesetzt werden, damit steht das Basisfahrzeug für Ausflugsfahrten oder den täglichen Weg zur Arbeit bereit.

Eine überlegenswerte Kombination für alle, die ein ausgefallenes Mobil auch einmal abseits der asphaltierten Strecke bewegen wollen und im Alltag einen Lastesel für Beruf oder Hobby benötigen, der sich am Wochenende oder für den Jahresurlaub in wenigen Minuten zum Wohnmobil verwandeln lässt. Vernünftig ausgestattete Wohnkabinen, wie sie die Firmen Tischer, Nordstar oder Bimobil anbieten, sind ab etwa 18.000,- Euro zu bekommen.

■ **Winterfest: Die Nordstar-Pick-up-Kabinen kommen aus Schweden.**

■ Bimobil baut seine Wohnkabinen direkt auf das Chassis des Pick-ups.

■ Einer der Pioniere der Pick-up-Szene: Tischer-Wohnkabinen sind für alle gängigen Basisfahrzeuge zu haben.

### Expeditionsmobile: Robuste Allradmobile für das pure Abenteuer

Plagt das Fernweh noch etwas mehr und soll statt der romantischen Alleenstraße eine afrikanische Wellblechpiste unter die Räder genommen werden, so sind Expeditionsmobile, die härtesten Vertreter unter den Wohnmobilen, gefragt. In enger Zusammenarbeit mit dem Kunden werden die Mobile von Spezialisten zunächst aufwendig geplant, ehe die meist monatelange Bauphase beginnt.

Vom anvisierten Reiseziel, von Dauer und Jahreszeit der Reise, Zahl und den Ansprüchen der Mitreisenden hängen die technische Ausstattung, die verwendeten Materialien und der gewählte Grundriss ab. Daher basieren die kleineren Mobile, tauglich für zwei bis drei Personen, basieren in der Regel auf erprobten und bewährten Geländewagen wie etwa dem altgedienten Land Rover Defender, dem Merce-

des-Benz G, Toyota Land Cruiser oder ähnlichen Fahrzeugen. Für größere Mobile im Heavy-Duty-Segment der Expeditionsboliden kommen mehrachsige Lkw-Spezialfahrgestelle von Mercedes-Benz oder MAN oder extrem geländetaugliche Unimogs zum Einsatz, die vier, sechs oder gar acht angetriebene Räder vorweisen können. Mobile auf dieser Basis liegen dann preislich schon im Bereich eines kleinen Einfamilienhauses und können eine vielköpfige Expeditionscrew mehrere Wochen lang völlig autark durch die wildesten Gebiete der Welt befördern.

Bei der gigantischen, qualitativ hochwertigen Auswahl, die deutsche Hersteller an Fahrzeugtypen, Grundrissvarianten und Ausstattungsversionen bieten, sollte es eigentlich leicht sein, für jeden Zweck das richtige Mobil zu finden. In jeder Größe und für – fast – jeden Geldbeutel ist da etwas dabei.

■ Wüstenschiffe wie dieses Expeditionsmobil von Action-Mobil sind autarke Extremfahrzeuge für Einsätze rund um die Welt.

# Raumplanung:
# Der richtige Grundriss

Beim Reisemobil ist der passende Grundriss mit entscheidend für das Wohlbefinden aller Mitreisenden. Möbelrücken ist nicht drin, deshalb muss vor der Anschaffung die Anordnung der einzelnen Funktionsbereiche den eigenen Bedürfnissen möglichst optimal angepasst werden.

Ein Reisemobil durchschnittlicher Größe bietet eine Grundfläche, auf der in der häuslichen Wohnung gerade mal eben ein Badezimmer untergebracht wird. Die Forderung, Wohn-, Schlaf-, Kinder-, Ess- und Badezimmer, WC, Küche, Flur und Fahrerhaus auf schmächtigen sechs bis acht Quadratmetern unterzubringen, erfordert viel Überlegung und tiefe Griffe in die Trickkiste.

»Multifunktion« heißt das Schlüsselwort, das scheinbar Unmögliches erst möglich macht. Nur durch Vielfachnutzung möglichst vieler Einrichtungteile kann im kleinen Reisemobil häusliches Wohnen geboten werden. Das Bett wird zur Bank, der Tisch nachts zum Bett. Niemand darf sich daran stören, wenn auf dem Esstisch geschlafen wird oder das »Töpfchen« ausziehbar im Kleiderschrank untergebracht ist. Die Decke entpuppt sich bei näherem Hinsehen als absenkbares Doppelbett, die Rückenlehne der Hecksitzgruppe wird, hochgeklappt, zum Etagenbett für den Nachwuchs.

Für die Anordnung der Möbel im Fahrzeug haben sich im Laufe der Zeit in den einzelnen Größenklassen typische Standardgrundrisse herauskristallisiert, die von fast jedem Hersteller, mehr oder weniger abgewandelt, angeboten werden. Je nach Verwendungszweck und Zahl der Mitreisenden kann so jeder den für sich günstigsten Grundriss aussuchen. Wichtig für die richtige Wahl sind dabei die folgenden Kriterien, die jeder für sich selbst gewichten muss, um danach dann seinen Grundriss auswählen zu können:

■ **Kommunikation ist wichtig und sollte an Bord jederzeit möglich sein.**

## Personenzahl

■ Wie viele Personen fahren überwiegend mit und schlafen im Mobil?

■ Bei geplanter Nutzung durch Senioren: Benutzen auch die Kinder mit ihrer Familie das Fahrzeug, soll es deshalb kindergeeignet sein?

■ Wie lange noch fahren die Kinder mit?

■ Soll das Fahrzeug anschließend weiter in der Familie bleiben?

■ Soll das Reisemobil zusätzlich vermietet werden?

■ Wird ein Wohnmobil für das alleinreisende Paar gesucht?

■ Wie steht es mit behindertengerechten Grundrissen für barrierefreies Reisen im Mobil?

## Schlaf- und Lebensgewohnheiten

■ Wie wichtig ist ein festes Doppelbett gegenüber Umbau-Sitzgruppe?

■ Werden Einzelbetten einem Doppelbett vorgezogen?

■ Wie wichtig ist räumliche Distanz zwischen Eltern- und Kinderbetten?

■ Sollen die Kinder sehr viel früher ins Bett und bleiben die Eltern dann gerne noch im Fahrzeug sitzen oder sitzen sie eher draußen?

■ Steigt Abend für Abend im Fahrzeug eine Party mit Freunden in großer Runde oder wird die romantische Lesestunde zu zweit in bequemen Sesseln bevorzugt?

- Wird die Küche nur zum Frühstück und dem kalten Abendessen benutzt oder für das große Menü?
- Wird täglich frisch eingekauft oder sollen Vorräte gebunkert werden?
- Wird grundsätzlich auf dem Campingplatz übernachtet oder auf freien Plätzen?
- Welche Ansprüche werden an den Sanitärraum, die Dusche und das WC gestellt?

### Einsatz

Unterschiedliche Einsatzgebiete erfordern im Prinzip auch unterschiedliche Einrichtungslösungen. Für eine Reise in die einsame Tundra Nordlapplands ist es sicher zweckmäßig, reichlich Stauraum für eine großzügige Bevorratung zur Verfügung zu haben, schließlich gibt es dort nicht an jeder Ecke einen Supermarkt. Beim Aufenthalt in warmen Gefilden Europas zählt dies weniger, ein großer Kühlschrank für den Zweitagesbedarf und gute Lüftungs- und Kühlmöglichkeiten sind hier wichtiger. Da die meisten Reisemobile jedoch universell eingesetzt werden, müssen zwischen den Extremen bestmögliche Kompromisse gewählt werden.

### Gewichtsverteilung

Ein Grundrisstest sollte nicht nur damit enden, dass man im Geist durch das Fahrzeug geht und sich dabei vorstellt, wie dies an einem sonnigen Frühlingstag an einem einsamen Strand sein könnte, es sollte auch ein Blick in die Stauräume geworfen werden. Schon bei der Grundrissplanung müssen einige Regeln beachtet werden, damit eine ungünstige Gewichtsverteilung das Fahrverhalten nicht negativ beeinflusst. Nicht alle Hersteller beachten diese wichtige Sicherheitsvorkehrung im Interesse des Kunden. Schwere Einbauteile wie Wassertanks, Küchenblocks und Sitzgruppen mit Stauraum gehören zwischen die Achsen, bei frontgetriebener Basis möglichst weit nach vorne. Dies erhöht die Traktion. Gewicht in geringer Höhe zwischen den Achsen verbessert aber auch die Straßenlage durch den tief liegenden Schwerpunkt. Positive Folgen: bessere Kurvenstabilität, geringere Seitenneigung und größere Unemp-

findlichkeit gegen Seitenwind. In den Hecküberhang gehören bei Fronttrieblern nur leichtgewichtige Einbauten wie Sanitärräume, Zusatzbetten oder Kleiderschränke. Insbesondere dann, wenn sich zusätzlich auf einem Heckträger Fahrräder oder gar ein Motorroller breit und schwer machen werden.

### Kommunikation

So gemütlich es sich in fröhlicher Runde um den Tisch einer Hecksitzgruppe sitzt, für den Reiseurlaub mit Kindern ist dies die denkbar schlechteste Grundrisslösung und heute so gut wie nicht mehr gebräuchlich. Hier eignet sich eine Mittelsitzgruppe besser. Während der Fahrt sind die jungen Kabinenpassagiere vom Fahrerhaus aus besser im Blick und sie können sich am Gespräch beteiligen. Auch der Magen verträgt größere Strecken im gefederten Raum zwischen den Achsen besser und rebelliert nicht so leicht wie im Auf und Ab des Hecküberhangs. Bei ausreichender Innenraumlänge sind getrennte Sitzgruppen in der Mitte und eine kleine Dinette seitlich im Heck gerade für Familien mit Kindern vorteilhaft. Während der Fahrt funktioniert die Kommunikation in der Mitte, im Stand können die Kinder am eigenen Hecktisch spielen, ohne jedes Mal das Spielzeug abräumen zu müssen, wenn gegessen werden soll. Auch für Reisen zu zweit bietet diese Lösung durchaus ihre Vorteile. Das Doppelbett im Heck kann tagsüber gemacht bleiben, das abendliche Bettenpuzzle entfällt. Der Tisch in der Mitte bleibt aufgebaut und kann auch dann zum Frühstück gedeckt werden, wenn noch jemand in den Federn liegt. Fahren die erwachsenen Kinder mit den Enkeln damit in Urlaub, ist trotzdem genügend Platz für alle. Werden diese Punkte mit in die Überlegungen zur Grundrissauswahl einbezogen, kann eigentlich nichts mehr schief gehen. Trotzdem wird geraten, vor einer Neuanschaffung den ins Auge gefassten Grundriss bei einem Kurzaufenthalt mit einem Mietmobil dieses Typs kritisch zu prüfen.

## Grundriss 1

In den frühen 70er Jahren waren Kleinfahrzeuge wie die ausgebaute Kastenente als Studentenkutsche sehr beliebt, verschwanden dann fast vollständig von der Bildfläche. Erst in den letzten Jahren erlebten die Minimobile als Ausbau des Fiat Scudo, Citroën Berlingo, Peugeot Expert, Renault Kangoo VW Caddy oder Ford Connect eine Renaissance. Mit minimalen Bettgrößen und eigentlich keinem Platz im Inneren ein Schlaffutteral für anspruchslose Abenteurer und Alleinreisende.

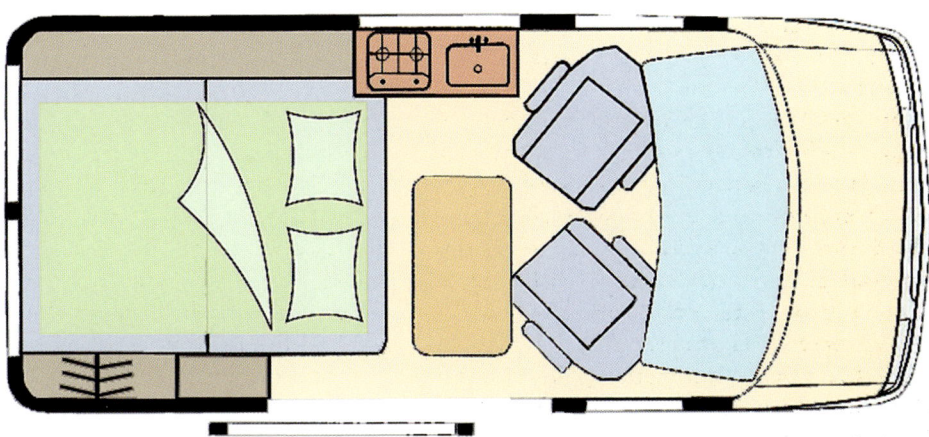

Grundriss 1.

Leben und Wohnen auf kleinstem Raum im Minimobil.

**Grundriss 2**

Typischer Campingbus-Grundriss. Bei fast uneingeschränkter Alltagsnutzung bietet er dem alleinreisenden Paar genügend Wohnraum für den Kurzurlaub oder die Reise mit Übernachtung auf Campingplätzen wegen fehlender Sanitärausstattung. Das Bett wird meist aus der umbaubaren Klappsitzbank hergerichtet.

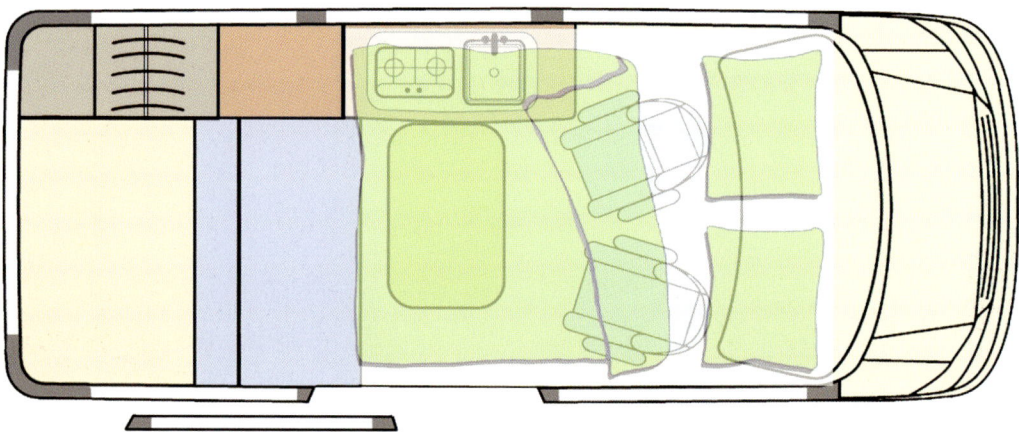

■ Grundriss 2.

■ Eine verschiebbare Klappsitzbank, die zum Bett umgebaut wird, ist das Herzstück der kleinen Campingbusse.

### Grundriss 3

Größere Kastenwagenausbauten warten bereits mit einem Sanitärraum auf. Trotz Seitenküche und einer Mittel- oder Hecksitzgruppe ist genügend Bewegungsraum gegeben. Bei einer Mittelsitzgruppen-Lösung ermöglicht eine umlegbare Rückenlehne der Dinette allen Passagieren Sitzplätze in Fahrtrichtung. Neuer Trend im Bereich langer Kastenwagen sind fest eingebaute Doppelbetten im Heck, die quer eingebaut sind und darunter viel Stauraum bieten.

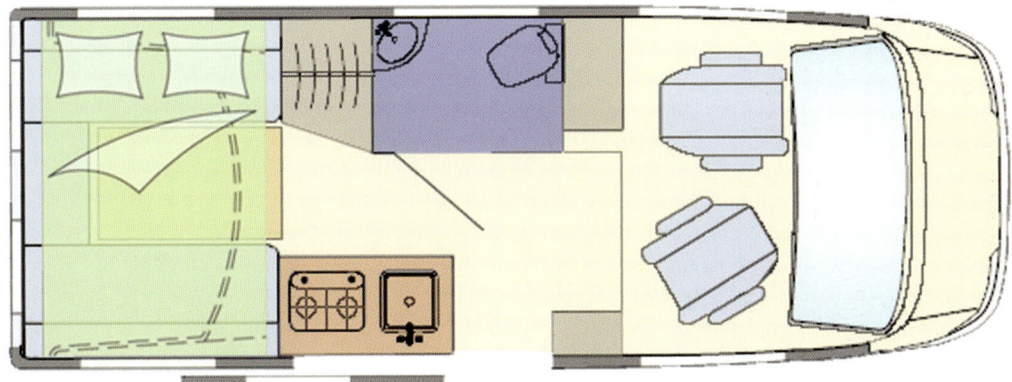

■ Grundriss 3.

■ **Mittelsitzgruppe oder wie hier eine umbaubare Hecksitzgruppe, oft auch ein festes Heckbett und schon eine richtiger Sanitärraum zeichnen Kastenwagen mit langem Radstand aus.**

### Grundriss 4

Sondergrundriss für einen »langen« Kastenwagen mit Hochdach: Eine quer liegende Nasszelle im Heck und die davor angeordnete Küche wird möglich durch eine Heckverlängerung, die sich harmonisch dem Fahrzeug anpasst. Geschlafen wird entweder im Hochdach oder auf der ausgezogenen Mittelbank, die Füße ruhen unter der Spüle.

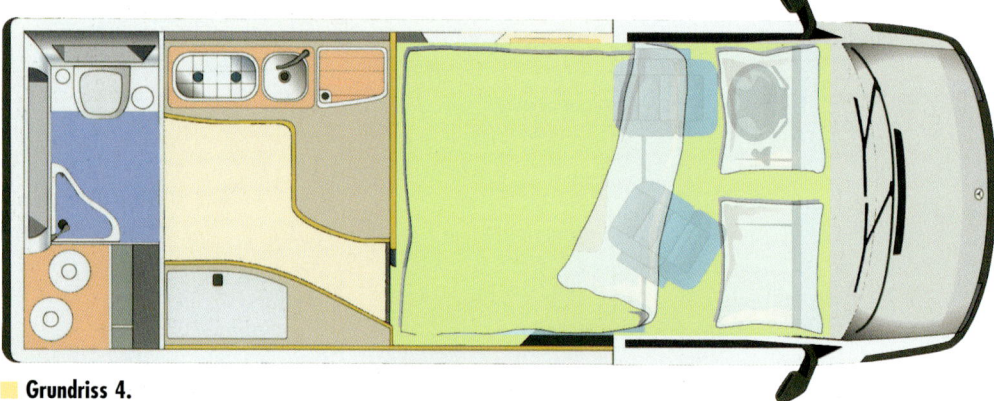

■ Grundriss 4.

■ Klappsitzbank, Querküche und Sanitärraum im Heck: Der Mercedes-Benz James Cook ist ein besonderer Kastenwagenausbau.

### Grundriss 5

Gegenüber etwa gleichlangen Kastenwagen bieten Alkovenkabinen durch ihre größere Breite und das Doppelbett über dem Fahrerhaus wesentlich mehr Wohnraum. Alkovenbett und Mittelsitzgruppe eröffnen vier Personen Schlafmöglichkeit und genügend Bewegungsraum auch für längeren Aufenthalt.

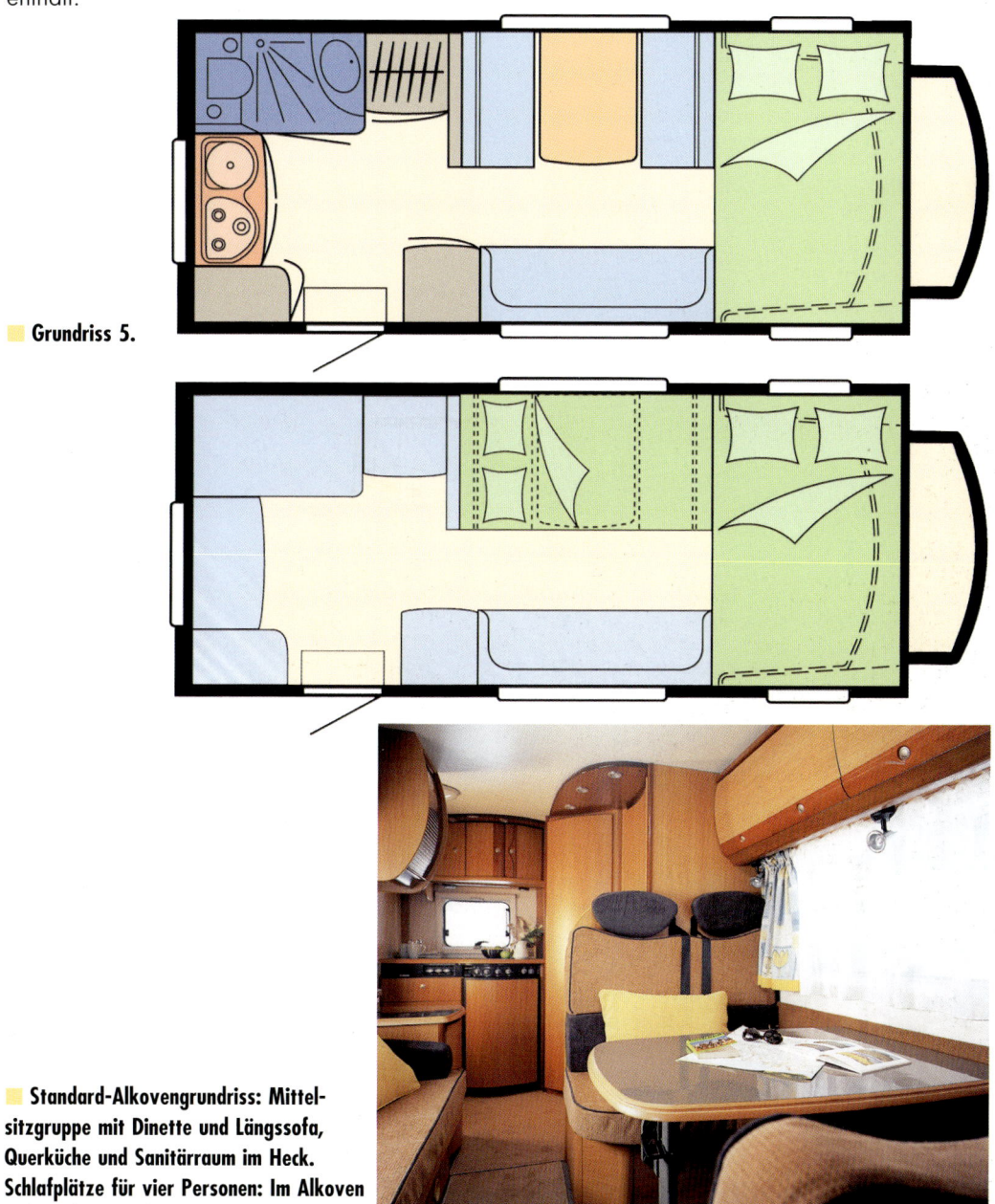

◾ Grundriss 5.

◾ **Standard-Alkovengrundriss: Mittelsitzgruppe mit Dinette und Längssofa, Querküche und Sanitärraum im Heck. Schlafplätze für vier Personen: Im Alkoven und an der umgebauten Sitzgruppe.**

### Grundriss 6

Ganz im Trend zum Raumsparen liegen die Grundrisse mit Halbdinette, bei denen das Fahrerhaus auch im Alkovenmobil in die Sitzgruppe mit einbezogen wird. Das ergibt mehr Wohnraum, hat aber den Nachteil, dass das nicht isolierte Fahrerhaus als »Dauerkältebrücke« fungiert.

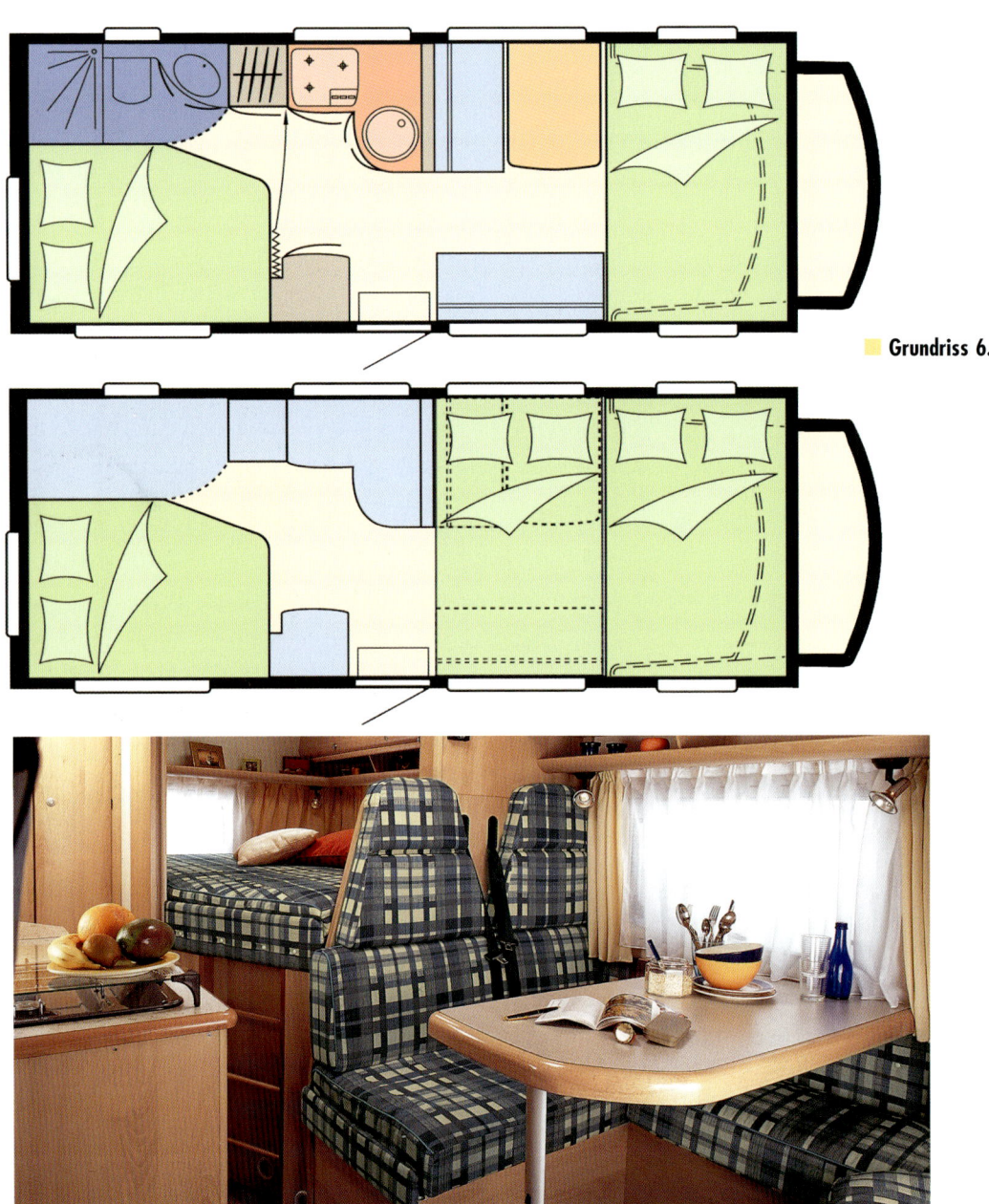

■ Grundriss 6.

■ Durch das Mehr an Wohnraum kann oft auch ein komfortables Heckbett in Fahrtrichtung realisiert werden.

**Grundriss 7**

Abweichende Variante der Halbdinetten-Lösung: Die Sitzgruppe wird durch ein großes Längssofa erweitert. Gespräche in der Runde und Kommunikation während der Fahrt ermöglicht die Halbdinette mit seitlichem Längssofa und Heckbett. Für das Mittagschläfchen steht darüber hinaus ein Einzelbett zur Verfügung, ohne dass der Tisch umgebaut werden muss.

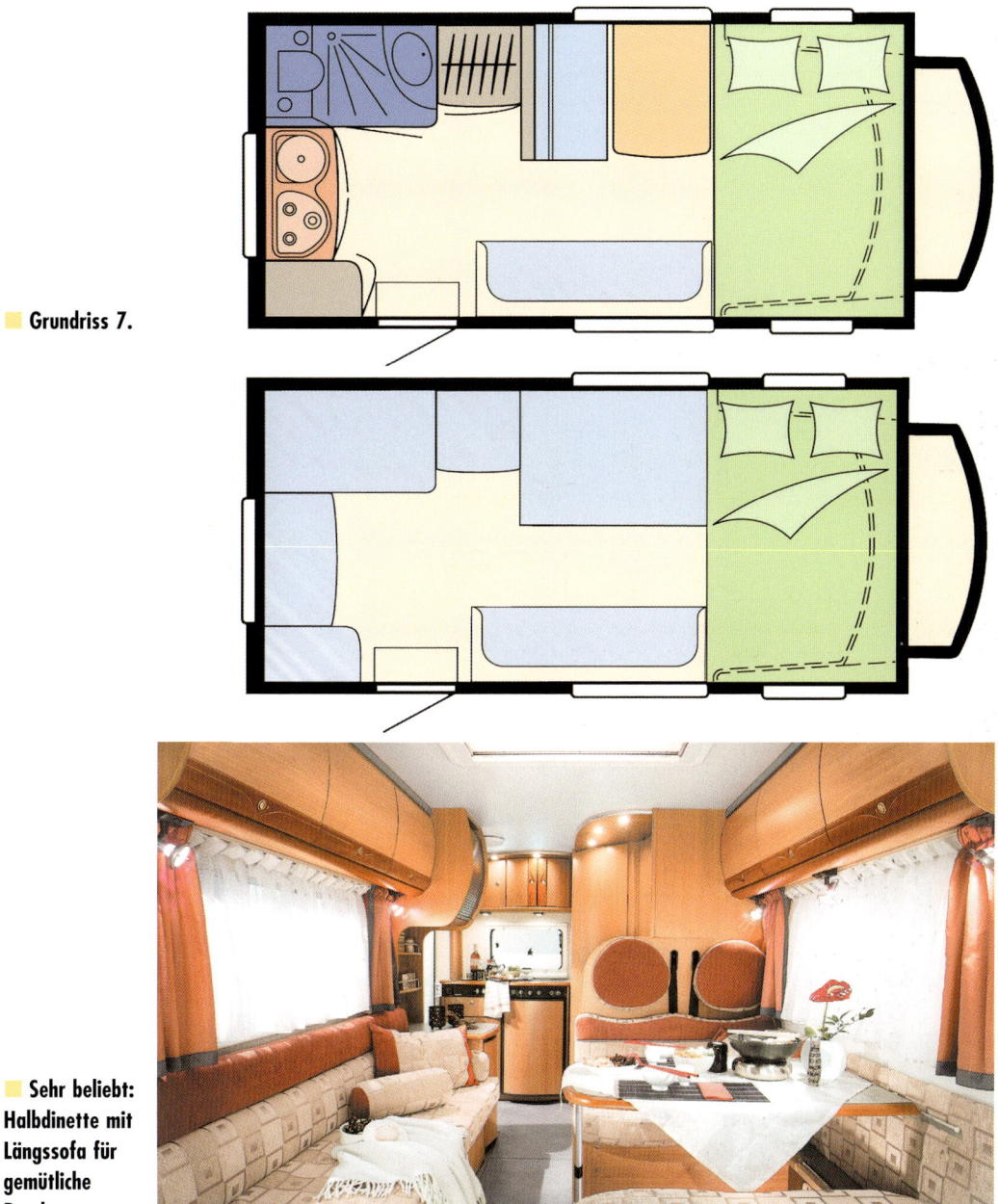

■ Grundriss 7.

■ **Sehr beliebt: Halbdinette mit Längssofa für gemütliche Runden.**

**Grundriss 8**

Ein Komfortgrundriss mit festem Heckbett, geräumigem Sanitärraum mit getrennter Dusche und großer Sitzgruppe im vorderen Teil. Mit diesem Grundriss ist auch ein Langzeitaufenthalt für das alleinreisende Paar möglich. Das feste Bett kann ergonomisch auf gutes Liegen mit Lattenrost und Feder-
kernmatratze ausgestattet werden. Wird es erhöht eingebaut, ergibt sich darunter ein von außen
zugänglicher Riesenstauraum oder eine Rollergarage.

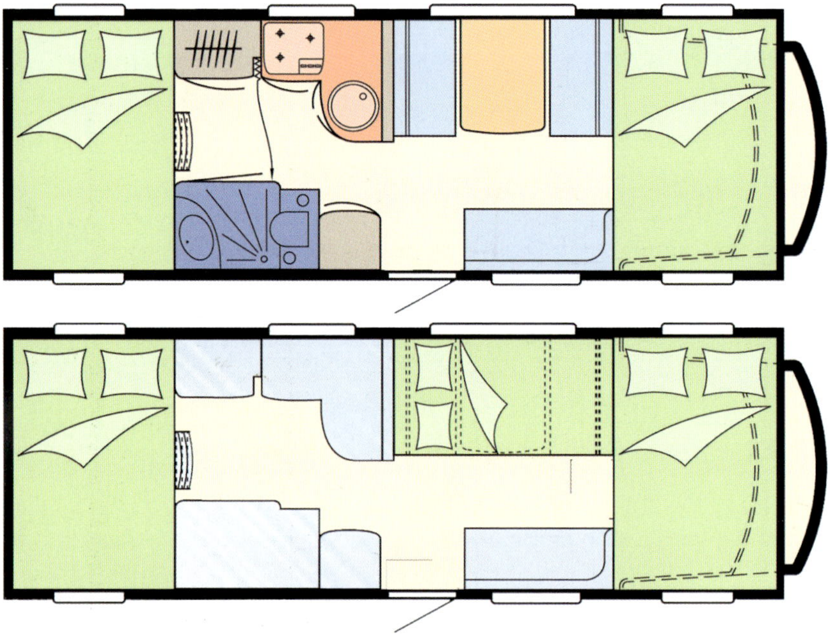

■ Grundriss 8.

■ Vier bis sechs Personen können
in so einem komfortablen Reisemobil
Urlaub machen. Unter dem festen
Heckbett – hier quer angeordnet –
ergibt sich ein großer Stauraum
für Fahrräder, Motorroller oder
Campingutensilien.

## Grundriss 9

Typischer Familiengrundriss im Alkovenmobil: Zusätzliche Etagenbetten oder getrennte Sitzgruppen sind vorteilhaft für Familien mit Kindern. Ist eine Schiebetür zwischen Nasszelle und Kleiderschrank vorhanden, bleibt das Schlafgemach tagsüber unsichtbar.

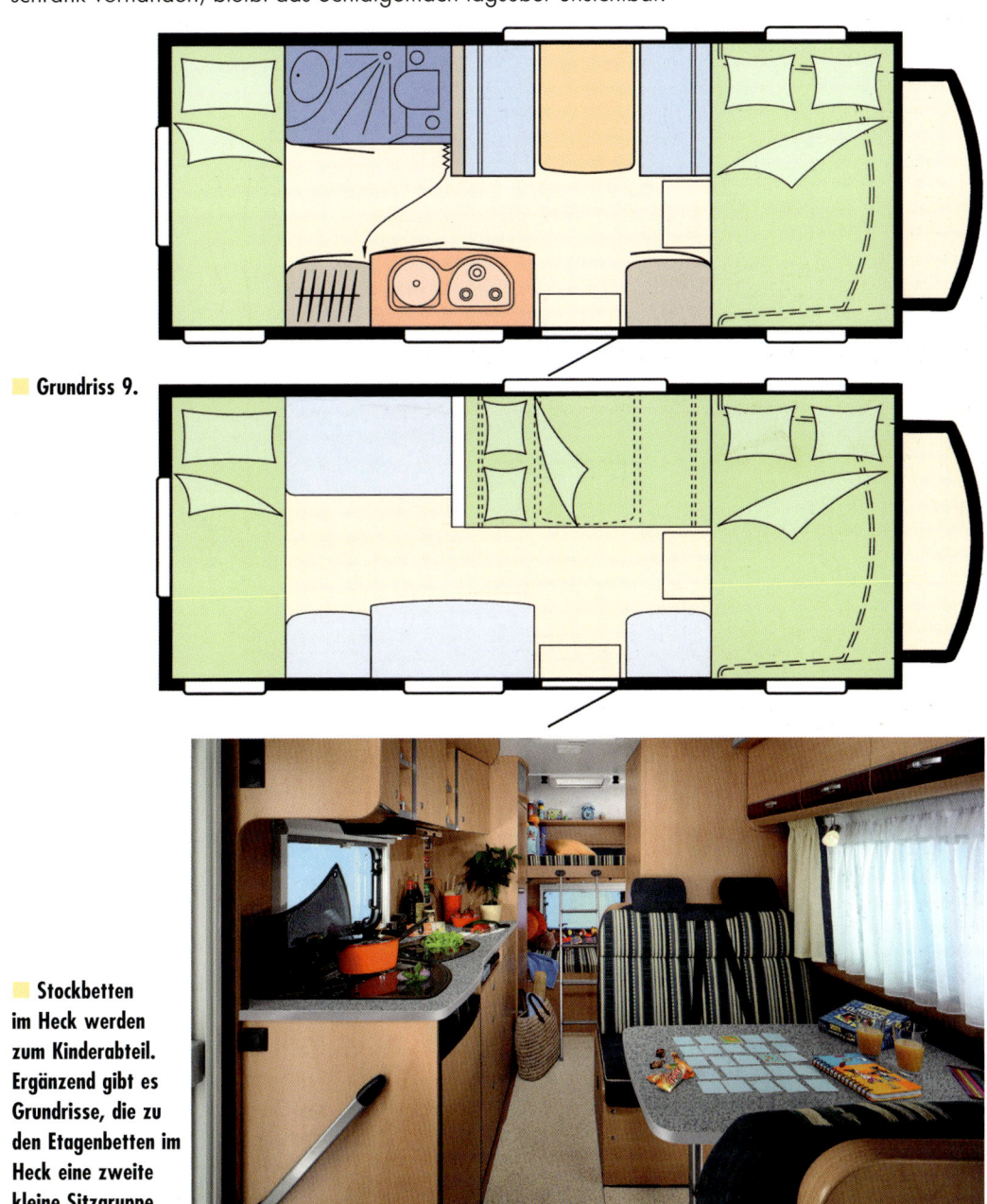

■ Grundriss 9.

■ Stockbetten im Heck werden zum Kinderabteil. Ergänzend gibt es Grundrisse, die zu den Etagenbetten im Heck eine zweite kleine Sitzgruppe für Kinder anbieten.

## Grundriss 10

Immer beliebter werden kurze Teilintegrierte mit festem Bett im Heck, oft mit darunter liegender Garage und vorderer Halbdinette, welche die Fahrerhaussitze mit in die Sitzgruppe integrieren. Ein wendiges Fahrzeug mit fährenfreundlicher Länge unter sechs Metern.

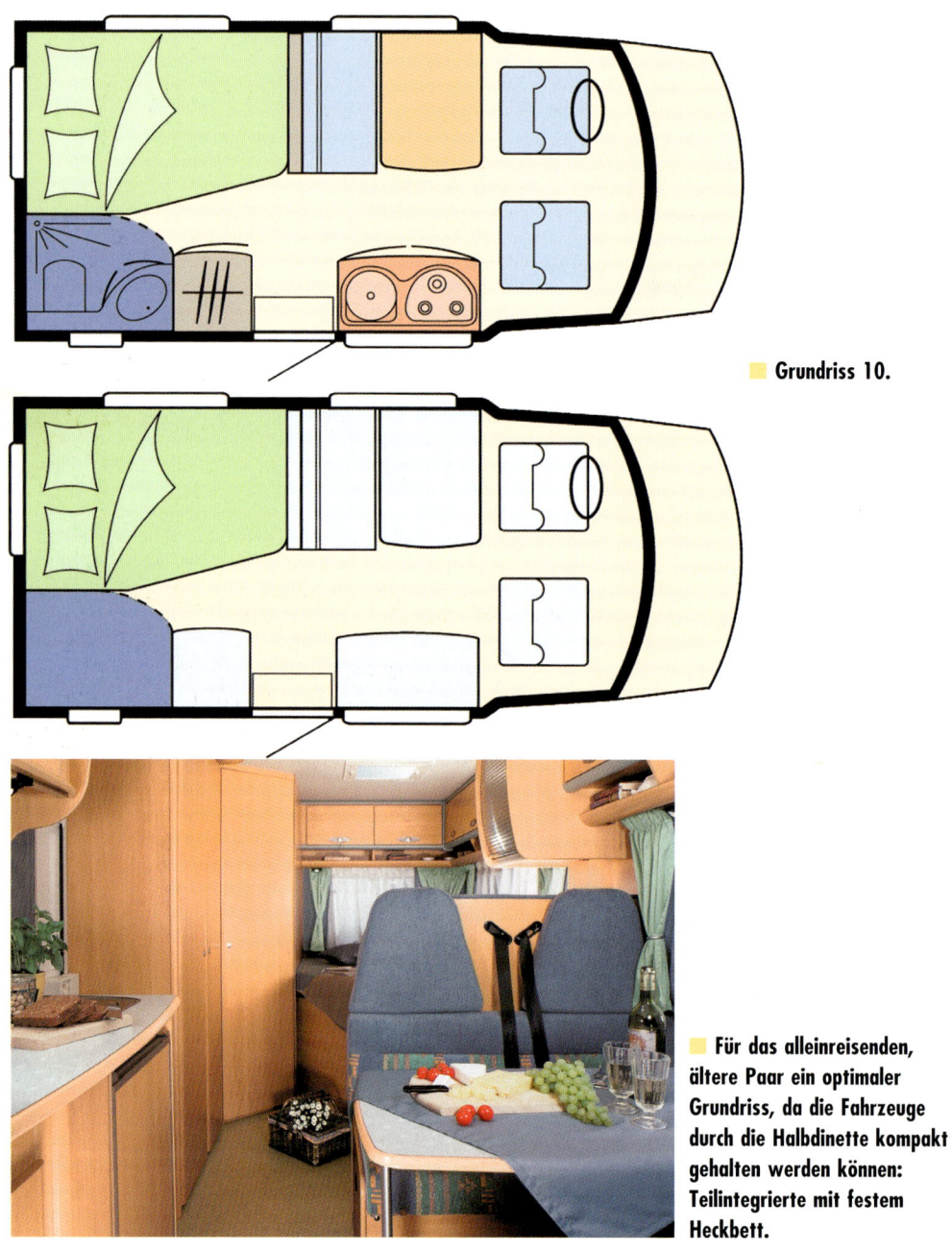

■ Grundriss 10.

■ Für das alleinreisenden, ältere Paar ein optimaler Grundriss, da die Fahrzeuge durch die Halbdinette kompakt gehalten werden können: Teilintegrierte mit festem Heckbett.

**Grundriss 11**

Das gleiche Prinzip, jedoch mit mehr Länge und festen Einzelbetten im Heck mit Zwischengang. Hier kann ohne Mühe nachts das Bett verlassen werden, ohne den Partner zu stören. Ein beliebter Grundriss für ältere Mobilisten.

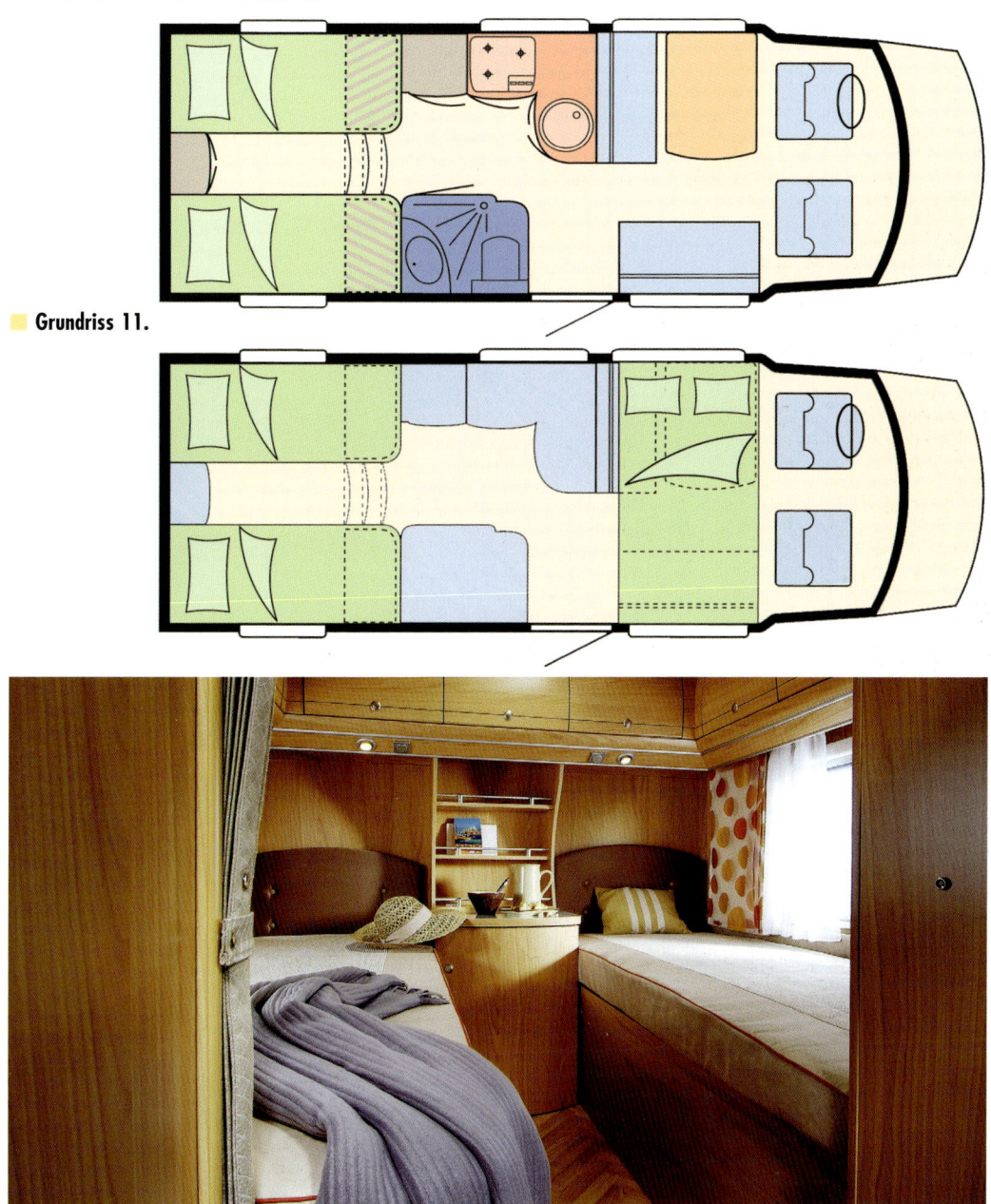

■ Grundriss 11.

■ **Ein beliebter Grundriss für ältere Menschen: Einzelbetten im Heck mit Zwischengang.**

## Grundriss 12

Geänderte Wünsche der Käufer nach Betten für zwei, die nachts problemlos verlassen werden können, führten zum Grundriss mit Queensbett, einem freistehenden Doppelbett im Heck. So werden alle Schlafwünsche unter einen Hut gebracht.

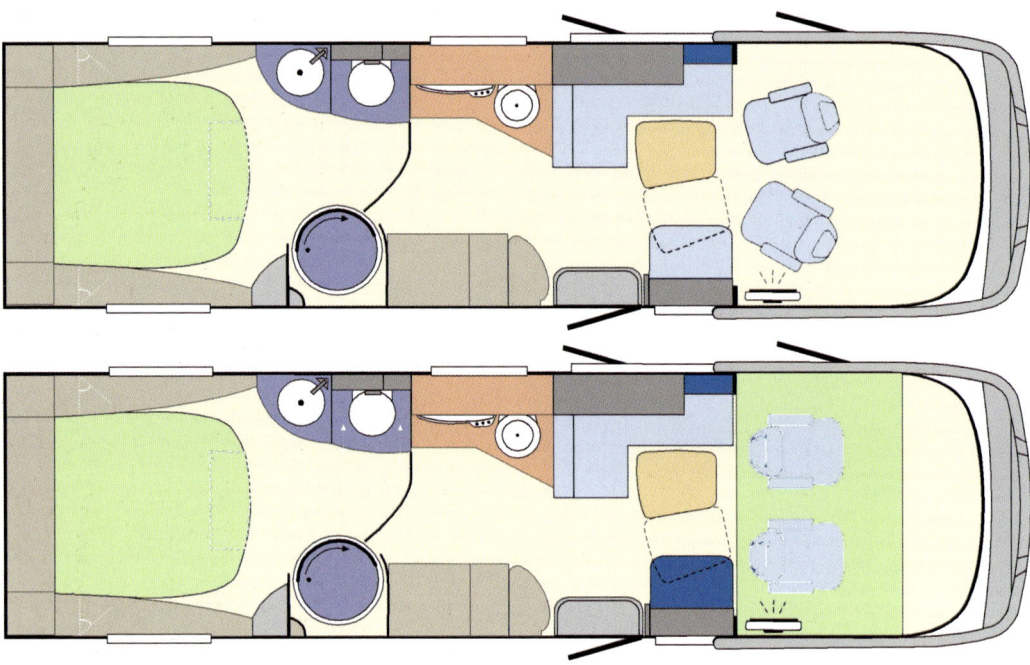

■ Grundriss 12.

■ Queensbetten mit freiem Zugang zu beiden Seiten werden immer beliebter.

**Grundriss 13**

Teilintegrierte mit ausreichend Platz und voller Einbeziehung des Fahrerhauses in den Wohnraum werden immer beliebter. Das Schlafzimmer im Heck, vorzugsweise über einer geräumigen Fahrrad- oder Rollergarage angeordnet, ist auch für längeren Aufenthalt geeignet und bei entsprechend guten Matratzen ein vollwertiger Ersatz für das häusliche Bett. Das aus der Halbdinette entstehende Bett ist für gelegentliche Mitfahrer geeignet.

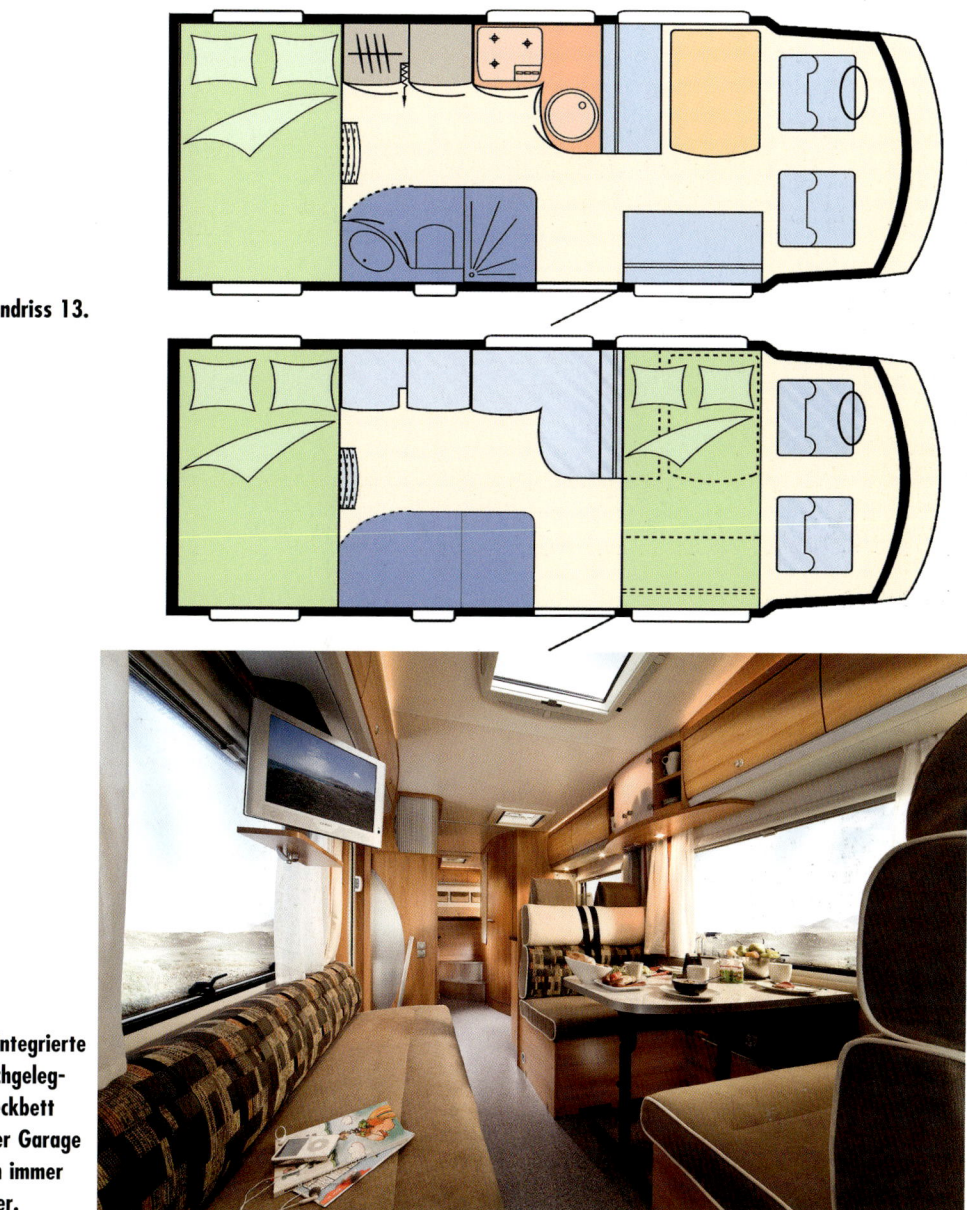

■ Grundriss 13.

■ **Teilintegrierte mit hochgelegtem Heckbett über der Garage werden immer beliebter.**

### Grundriss 14

Besonderer Luxus-Grundriss im vollintegrierten Reisemobil mit einer ausgeprägten Polsterlandschaft an der Sitzgruppe. Die üppige Dinette ist als Winkelcouch gebaut, eine Seitencouch und die Fahrerhaussitze ergänzen die Sitzgruppe, wobei der Tisch variabel verstell- und ausziehbar ist.

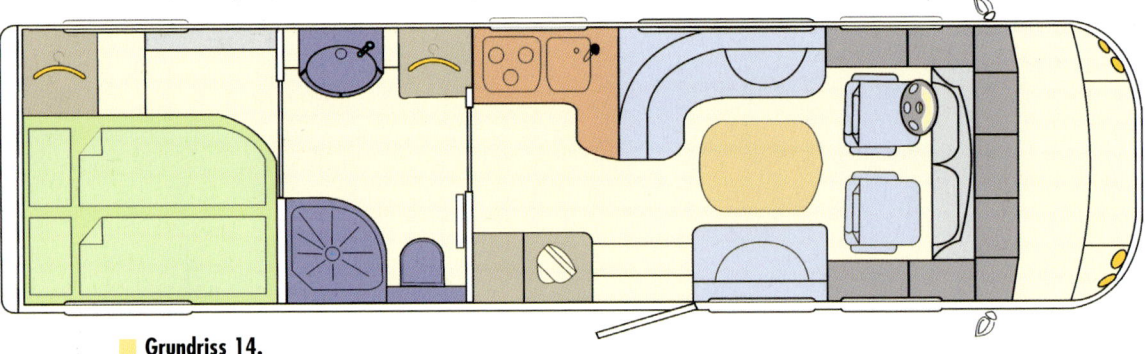

■ Grundriss 14.

■ **Bei dieser luxuriösen Grundrisslösung wird das Fahrerhaus in die Sitzgruppe einbezogen und die eigentliche Dinette als Winkelcouch wird durch eine Längscouch ergänzt.**

**Grundriss 15**

Pick-up-Kabinen gelten als Sondergrundrisse, da sie vielfach nur eine Schlafmöglichkeit im Alkoven anbieten. Sie werden entweder mit Seiteneinstieg oder – gerade für die Absetzkabinen optimal – mit Heckeinstieg angeboten. Diese verbreitete Grundrisslösung bietet viel Stellfläche an den Seitenwänden. Selbst bei kurzem Radstand kann zur Dinette-Sitzgruppe eine Nasszelle und ein geräumiger Küchenblock vorgesehen werden. Drei bis vier Schlafplätze bieten sich aus der Dinette und dem Alkoven an.

Grundriss 15.

Bei Absetzkabinen sind aufgrund der mobilen Bauart meist nur wenige Grundrissvarianten im Angebot.

## Grundriss 16

Auch für Menschen mit Handikap bieten einige Hersteller barrierefreie Grundrisse an, damit auch diese Gruppe Touristen mit ihrer eingeschränkten Mobilität in den Genuss eines Reisemobilurlaubs kommt. Dabei sind die rollstuhlgerechten Grundrisse entweder für Selbstfahrer (mit und ohne Begleitung) oder für passiv reisende Behinderte mit Begleitung ausgelegt.

■ Grundriss 16.

■ Rollstuhlgerechter Grundriss heißt nach DIN 18025 (Rollstuhlgerechter Wohnraum) möglichst viel Selbständigkeit und damit Türlift, viel Bewegungsraum in Wohn-, Schlaf- und Sanitärraum, Unterfahrbarkeit – wie hier bei der Küche – und zugriffsgerechte Möbel.

# Kaufberatung: Neue und gebrauchte Reisemobile

Der Kauf eines Reisemobils ist eine recht kostspielige Angelegenheit und will deshalb sorgfaltig durchdacht sein. Laut ADAC rentiert sich der Kauf nur dann, wenn es mehr als drei Wochen im Jahr genutzt wird. Es gibt nicht nur erstklassige Neufahrzeuge, sondern auch prima erhaltene Reisemobile aus zweiter Hand. Deshalb wird die Frage nach neu oder gebraucht meist durch einen raschen Blick auf den Kontoauszug beantwortet.

## Kriterien für den Reisemobilkauf

Erster Schritt vor dem Kauf eines Reisemobils ist in jedem Fall die Erstellung eines persönlichen Anforderungsprofils. Im Kreise der Lieben sollte man sich über die Art und Weise des mobilen Urlaubes klar werden, um das passende Reisemobil zu finden.

Hier sind die »Zehn Gebote«, zehn wichtige persönliche Kriterien, die auf jeden Fall vor einem Reisemobil-Kauf eingehend geprüft werden sollten:

1. **Der Preis:** In welcher Preisklasse soll das Reisemobil liegen? Wird ein Neu- oder Gebrauchtfahrzeug ins Auge gefasst? Barkauf oder Finanzierung? Viele Hersteller bieten günstige Konditionen für den Kauf, Miete oder Leasing an, die – selbst wenn das Kapital vorhanden ist – echtes Sparen bedeuten.

2. **Der Typ:** Wird ein alltagstaugliches Kastenwagenmobil, ein Familien-Alkovenmobil, ein klassisches Zweipersonenmobil oder ein Komfort- oder Luxus-Reisemobil gewünscht? (Siehe Kapitel »Reisemobil-Typologie«, S. xxx). Soll das Reisemobil ganzjährig genutzt werden?

3. **Die Größe:** Welche Urlaubsart wird bevorzugt? Autarkes Reisen auf Stellplätzen oder der Besuch von Campingplätzen?

■ Reisemobile sollte man bei einem seriösen Händler in der näheren Umgebung des Wohnorts erwerben. Der Handel offeriert auch gebraucht eine riesige Modellvielfalt für jeden Kundenwunsch.

4. **Der Grundriss:** Wie viele Personen machen in der Hauptsache Urlaub mit dem Reisemobil? Wie viele Schlaf- und Sitzplätze sind erforderlich, reicht die zulässige Gesamtmasse für die Crew mit Ausrüstung? Verreist eine Familie mit Kindern, muss das Urlaubsgefährt mit mehreren Schlafplätzen größer ausfallen, etwa Stockbetten für die Kinder haben. Für das allein reisende Paar kann ein kompaktes Kastenwagenmobil oder ein kleiner Teilintegrierter ausreichen.

5. **Das Urlaubsziel:** Wohin geht die Reise? Welche Urlaubsregionen werden wie lange besucht? Längere Urlaubsreisen in nordisch-kalte Regionen erfordern eine andere Technik als der schnelle Wochenendtrip im Sommer. Möchte man weitgehend autark unterwegs sein, müssen Heizung und Versorgungselemente wie Frischwasser, Gasvorrat oder Energiebevorratung entsprechend ausgelegt sein.

6. **Die Ausstattung:** Wie wichtig ist Luxus? Tipp: »Funktion vor Optik«. Je geringer der Wohnraum, desto größer die Mobilität. Wer viel fährt, sollte den Raumkomfort einschränken. Werden Luxus-Campingplätze mit eigenem Vier-Sterne-Restaurant bevorzugt, oder wird im Reisemobil regelmäßig gekocht? Sind Dusche und Toilette verzichtbarer Luxus oder unabdingbarer Bestandteil für das eigene Wohlbefinden? Wird ein festes Doppelbett oder werden Einzelbetten gewünscht? Benötigt man Ausstattungsdetails wie Backofen, TV-Sat-Anlage oder Mikrowelle?

7. **Die Zuladung:** Welche Sport- oder Hobbygeräte werden mitgenommen? Wird eine Variante mit Heckgarage benötigt, ist ein Lastenträger erwünscht, braucht man vergrößerten Stauraum?

8. **Das Zubehör:** Welches Zubehör benötige ich für das Reisen? Klar ist, dass ab Werk bestellte Zubehörteile dort einfacher zu montieren und dann auch preisgünstiger sind. Viele Hersteller bieten für die entsprechenden Bedürfnisse komplette Zubehörpakete wie ein Luxus- oder Winterpaket preisgünstig ab Werk an.

9. **Der Park- oder Stellplatz:** Nicht unwichtig: Wo und wie kann ich mein Reisemobil abstellen, gibt es – kostengünstige – Park-, Abstell- oder Unterstellmöglichkeiten für das (im Winter abgemeldete) Reisemobil in der Nähe der Wohnung?

10. **Der Händler:** Habe ich einen vertrauenswürdigen Händler, eine Fachwerkstatt in erreichbarer Nähe, der/die mein Fahrzeug professionell betreut?

All diese Punkte lassen sich natürlich problemlos noch um individuelle Bedürfnisse erweitern. Dennoch sollte man diese Checkliste genau durchdenken und für sich beantworten, bevor es auf die Suche geht. Die Hersteller bieten de facto für jedes Bedürfnis einen entsprechenden Fahrzeugtyp mit spezieller Grundrisslösung an. Aber ganz recht wird man es Keinem machen können, es bleibt beim Kauf immer noch der eine oder andere Kompromiss übrig. Gerade bei der angepeilten Größe des Reisemobils wird aus Kostengründen oft am falschen Ende gespart, ein Fehler, der sich – von einem verlustreichen Verkauf aus Enttäuschung einmal abgesehen – dann gerade an verregneten Urlaubstagen mit Familien- oder Beziehungsstress bitter rächen kann. Ein weiterer Vorteil des präzisen Benutzerprofils: Der in Betracht kommende Kreis der Wunschmobile reduziert sich erheblich, die Auswahl wird einfacher.

Vor dem Kauf sollten Sie das ausgesuchte Reisemobil ausgiebig »Probefahren und Probewohnen«. Optimal ist natürlich, die mobile Urlaubsart und das Reisemobil durch einen längeren Trip praxisnah, also mit Fahren, Wohnen, Kochen und Schlafen kennen zu lernen. Seriöse Händler bieten mit eigenen Mietfahrzeugen dazu die Gelegenheit. Kann der Händler keinen Mietmobil zur Verfügung stellen, ist es immer noch preiswerter, sich eine ähnliches Fahrzeug bei einer Vermiet-Station zu besorgen (Mittelklas-

■ Internationale Fachmessen wie die CMT in Stuttgart bieten eine gute Gelegenheit, das gesamte Sortiment auf dem Markt in Augenschein zu nehmen.

se-Wohnmobil etwa ab 80,- Euro pro Tag) und ausgiebig zu testen, als einen teuren Fehlkauf zu machen. Dies ist gerade Neu-Einsteigern in die mobile Freizeit in jedem Fall anzuraten.

## Gebrauchtkauf ist Vertrauenssache

Das Kraftfahrtbundesamt meldete für das Jahr 2008 in der Bundesrepublik einen Bestand von rund 435.000 zugelassenen Einheiten, dazu kommen etwa 19.500 Neufahrzeuge. Über 52.000 Reisemobile wechselten in dieser Zeit ihren Besitzer. Betrachtet man den Bestand an Reisemobilen nach dem Zulassungsjahr, fällt auf, dass die Nutzungsdauer im Vergleich zu anderen Fahrzeuggattungen recht lang ist. Der Herstellerverband CIVD berechnet das Durchschnittsalter aller registrierten Reisemobils mit 130 Monaten (Stand 2008). Die lange Lebensdauer der Reisemobile spiegelt sich auch in den Gebrauchtpreisen wieder.

Das heißt, junge Gebrauchte mit einem Alter von zwei bis fünf Jahren sind im Handel Mangelware und recht teuer, Reisemobile mit zehn und mehr Jahren auf dem Buckel sind preiswert zu haben. Zwei Wege stehen dem Kauf-Interessenten offen: Der Kauf beim Händler oder die Suche nach Privatangeboten. Sowohl Händler als auch Privatverkäufer bieten ihre Gebrauchten meist im Kleinanzeigenteil von Tageszeitungen und Anzeigenblättern oder bundesweit in Fachmagazinen und neuerdings in speziellen Internet-Börsen an.

## Beim Fachhandel auf der sicheren Seite

Neben ständigen Gebrauchtausstellungen bietet der Fachhandel die Fahrzeuge feil, die er beim Verkauf neuer Mobile in Zahlung genommen hat. Daher gleich ein Tipp: Wenn man nicht Reisemobil-Fachmann oder alter Hase mit jahrelanger Erfahrung ist, sollte man seinen Gebrauchten beim Händler kaufen. Der Grund ist einfach: Der Händler bietet die größere Auswahl, kennt den Wagen meist genau, kann informieren und beraten und hat oft ebenso günstige Angebote wie der Privatverkäufer, der sein Fahrzeug per Annonce offeriert. Zudem, und das ist ein ganz wichtiger Aspekt, muss der Händler im Gegensatz zum Privatmann die gesetzlich übliche Gebrauchtfahrzeug-Gewährleistung von einem Jahr gewähren. Viele Händler sind in Deutschland dem Deutschen Caravan Handelsverband DCHV angeschlossen. Dieser garantiert mit hohen Auflagen an Gebäude, Personal, Werkstatt und Beratung einen gesicherten Qualitätsstandard im Handel. Deshalb kann man sich bei einem DCHV-Betrieb relativ unbefangen nach einem Neu- oder Gebrauchtfahrzeug umsehen. Um sich Enttäuschungen zu ersparen, sollte sich der Käufer eines Reisemobils vorher auf einschlägigen Internet-Seiten von TÜV, Dekra, Camp24.com, Mobile.de, AutoScout24.de oder der »Schwacke-Liste« über den reellen Zeitwert des bevorzugten Reisemobils informieren und bei mehreren Händlern Preisvergleiche anstellen.

**Herbst und Winter sind klassische Schnäppchen-Zeiten**

Gerade in den kälteren Monaten des Jahres gehen versierte Gebrauchtwagenkäufer auf Schnäppchen-Jagd, purzeln dann doch die Preise für Reisemobile ebenso wie die Außentemperaturen. Wenn die Saison sich dem Ende zuneigt, werfen die großen Vermieter in beachtlicher Zahl gebrauchte Fahrzeuge auf den Markt. Auch viele Privatbesitzer, die ihr neues Reisemobil auf einer der großen Messen für das kommende Jahr schon geordert haben, wollen ihren bisherigen Reisebegleiter loswerden.

## Profi-Checks

*Das Prüfunternehmen Dekra (www.dekra.de) bietet an jeder Dekra-Station mit dem »Dekra Siegel« einen unabhängigen Gebrauchtwagen-Check für alle Arten von Fahrzeugen an. Dabei wird eine neue HU und AU erstellt, beispielsweise das Serviceheft auf Vollständigkeit überprüft und das Fahrzeug auf Unfall-Vorschäden gecheckt. Der Check mit dem Sachverständigen-Zertifikat ist absolut neutral und kostet etwa 120,- Euro. Der TÜV Rheinland (www.tuev-rheinland.de) wartet mit dem Zertifikat »autocert« in ähnlicher Weise bei Gebrauchtwagen auf und prüft über 200 Einzelpunkte am Fahrzeug. Auch der Händlerverband Intercaravaning (www.intercaravaning.de) bietet Käufern und Verkäufern eine ähnliche Gebrauchtexpertise mit Komplettcheck für etwa 90,- Euro bei seinen Mitgliedshändlern an.*

■ Dekra, TÜV und Händlerverbände wie Intercaravaning bieten Qualitäts-Zertifikate für Gebrauchtfahrzeuge an.

■ Neue Haupt- und Abgasuntersuchung sowie eine gerade erfolgte Gasprüfung können auf einen technisch einwandfreien Zustand hindeuten.

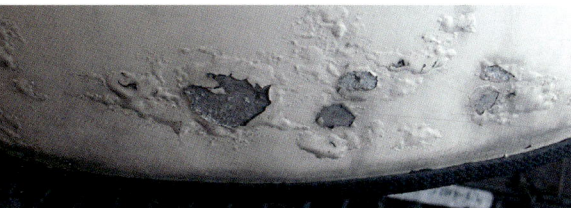

■ Alufraß, Verwitterung durch mangelhafte Pflege oder Wasserschäden sollten dem Interessenten bedeuten: Finger weg!

## Infos über gebrauchte Reisemobile

Infos und Angebote finden Sie unter anderem hier:

- ■ Anzeigenteil Tageszeitungen Mittwoch und am Wochenende
- ■ Anzeigenblätter
- ■ Anzeigenteile Fachmagazine
- ■ Webseiten Fachmagazine oder Autozeitschriften
- ■ Webseiten Prüfstellen von TÜV / Dekra / GTU / KÜS
- ■ Webseiten überregionaler Reisemobil-Händler
- ■ Webseite oder Liste von Gebraucht-Taxierern wie Schwacke
- ■ Gebrauchtfahrzeugbörsen beim örtlichen Reisemobil-Händlern
- ■ Gebrauchtbörsen bei großen Fachmessen wie Caravan Salon, CMT oder f.re.e.
- ■ Internet-Börsen wie Cara-World.de, AutoScout24.de, Mobile.de.
- ■ Auktionen wie ebay

## Wer schreibt, der bleibt: Der Kaufvertrag

Ist die Entscheidung für ein Mobil gefallen, geht es an die rechtlich verbindliche Art, den Kauf abzuschließen. Obwohl auch mündliche Abreden (unter Zeugen!) rechtlich verbindlich sind, sollte der Kauf generell schriftlich in einem Kaufvertrag festgehalten werden. Hersteller und Händler, aber auch Autoclubs bieten für den eigentlichen Kaufvertrag Muster- und Formverträge (www.adac.de, www.autorola.de) an, die spezielle Zusatzbedingungen und wichtige Fakten wie etwa vertragsmäßig garantierte zulässige Gesamtmasse, Achslasten und Garantien beinhalten. Dennoch der Tipp: Vertrag in Ruhe, gegebenenfalls zu Hause mit mehreren Vertrauten studieren und die Check-Liste abgleichen. Ein seriöser Händler hält sein »Superangebot« sicher ein paar Tage offen.

## Kaufvertrag über ein gebrauchtes Kraftfahrzeug

**Der Verkäufer**

| Name | Vorname | Geburtsdatum | Personalausweis-Nr. |

| Straße | PLZ Ort | Telefon privat | geschäftlich |

**Der Käufer**

| Name | Vorname | Geburtsdatum | Personalausweis-Nr. |

| Straße | PLZ Ort | Telefon privat | geschäftlich |

**Das Kraftfahrzeug**

| Hersteller/Typ | Fahrzeug-Ident-Nr. | Fahrzeugbrief-Nr. |

| Erstzulassung | TÜV gültig bis | AU gültig bis | bisheriges amtl. Kennzeichen |

MUSTER

Zubehör

Der Verkäufer verkauft das Fahrzeug unter Ausschluß jeglicher Gewährleistung. Von diesem Gewährleistungsausschluß sind folgende, vom Verkäufer zugesicherte Eigenschaften des Fahrzeugs ausgeschlossen: Das Fahrzeug wurde nicht gewerblich* (als Mietwagen, Fahrschulwagen, Taxi, Firmenwagen o.ä.) genutzt. Das Fahrzeug ist unfallfrei*. Das Fahrzeug ist während des Besitzes beim Verkäufer unfallfrei betrieben worden*. Das Fahrzeug hat folgende Unfallschäden* erlitten (Anzahl, Art und Umfang der Schäden, Reparaturkosten): *(*nicht zutreffendes bitte streichen)*

Die Gesamtfahrleistung des Fahrzeugs beträgt _____ km.
Das Fahrzeug hat einen Austauschmotor/gebrauchten Ersatzmotor*, der eine Betriebsleitung von_____ km aufweist. *(*nicht zutreffendes bitte streichen)*

Der Verkäufer verpflichtet sich vor Aushändigung des Fahrzeugs zur Beseitigung folgender Mängel auf eigene Kosten:

Der vereinbarte Kaufpreis beträgt_____DM, in Worten:_____.

sonstige Vereinbarungen:

Der Verkäufer erklärt, daß das Fahrzeug einschließlich aller Zubehörteile in seinem frei verfügbaren Eigentum steht. Der Käufer verpflichtet sich, daß Fahrzeug umgehend nach Übernahme, spätestens jedoch am dritten Werktag, beim Straßenverkehrsamt um- oder abzumelden. Wird das Fahrzeug vorher in einen Unfall verwickelt, so ersetzt der Käufer dem Verkäufer die Minderung des Schadenfreiheitsrabattes. Das Fahrzeug bleibt im Eigentum des Verkäufers bis zur vollständigen Bezahlung des vereinbarten Kaufpreises. Der Fahrzeugbrief wird erst nach vollständiger Zahlung des vereinbarten Kaufpreises ausgehändigt. Der Käufer erkennt an, daß das gekaufte Fahrzeug einschließlich aller Zubehörteile im Eigentum des Verkäufers bleibt, bis sämtliche Verbindlichkeiten, die aus diesem Kaufvertrag entstanden sind, vollständig beglichen wurden. Dieser Eigentumsvorbehalt gilt auch für Forderungen, die im Zusammenhang mit dem Fahrzeugkauf entstanden sind, bzw. entstehen.

| Ort, Datum | Unterschrift des Verkäufers | Unterschrift des Käufers |

**Ein ausführlicher Kaufvertrag mit verständlichen Formulierungen bringt Sicherheit für Käufer und Verkäufer.**

Beim Vertragsabschluss sollten folgende wichtige Punkte beachtet werden:

1. Jeden Zeitdruck beim Kauf vermeiden, sich in Ruhe informieren (lassen). Spontankäufe und angebliche Schnäppchen können teuer werden. Wenn möglich, wegen Service und Betreuung einen Händler vor Ort aussuchen. Eine Bedenkzeit nutzen, Kauf überschlafen: Vertrag vor der Unterschrift mit nach Hause nehmen und genau durcharbeiten.

2. Bei Abschluss des Kaufvertrages und beim Abholen des neuen Urlaubsgefährtes sollte eine fachkundige Person anwesend sein, die gegebenenfalls als Zeuge fungieren kann. Die Devise muss heißen: Alles schriftlich, einfach formulieren und nichts verschweigen!

3. Jedes besprochene Detail im Kaufvertrag festhalten. Beim Reisemobil ist der Begriff »Serienausstattung« nicht so genau gefasst wie bei einem Pkw. Selbst Handtuchhaken können bei einem 35.000,- Euro teuren Reisemobil zur Sonderausstattung gehören. Alles, was das neue Reisemobil haben soll, muss in den Kaufvertrag geschrieben werden, auch wenn der Verkäufer alles als »serienmäßig« abtut. Ein penibel erstellter Kaufvertrag, der selbstverständlich auch eine geleistete Anzahlung dokumentiert oder Zahlungsmodalitäten und den Preis oder die Art der Finanzierung enthält, kann dick gefüllte Ordner mit Prozessakten und jede Menge Ärger ersparen.

4. Der Kaufvertrag sollte mit dem Satz enden: »Dem Kaufvertrag liegen der Prospekt Nr. ..., die Ausstattungs- und Preisliste Nr. ..... sowie das besichtigte Fahrzeug mit der Fahrgestell-Nr. ... zugrunde. Technische und optische Abweichungen bedürfen der schriftlichen Genehmigung durch den Käufer.«

5. Beim Abholen das Fahrzeug zusammen mit der Vertrauensperson genauestens inspizieren. Und zwar komplett den versprochenen und abgemachten Vertragszustand überprüfen. Dazu gehört auch ein Besuch des Da-

**Die Kundenzufriedenheit steht und fällt mit dem Service des Händlers.**

ches (Hagelschäden!) oder genaue Blicke unter das Reisemobil. Ein Blick auf die DOT-Nummer (zum Beispiel DOT 106 = Herstellungszeit 10. Woche 2006) der Reifen kann das ungefähre Herstellungsdatum preisgeben. Die Abnahme eines Reisemobils kann, auch wenn der einweisende Händler drängt, gut einen halben Tag dauern.

6. Jede Abweichung von zugesicherten Eigenschaften schriftlich festhalten und sich vom Verkäufer gegenzeichnen lassen.

7. Sollten gravierende Mängel festgestellt werden, dann die Abnahme verweigern, auch dann, wenn ein geplanter Urlaub dadurch gefährdet wird. Achtung: Dem Händler steht nach § 326 BGB eine Entschädigung bei nicht begründeter Abnahmeverweigerung zu. Will der Händler die Abnahme eines mangelhaften Fahrzeuges erzwingen, müsste er klagen und die bei einer eventuellen Wandlung anstehenden Kosten gehen erst einmal zu seinen Lasten.

8. Sicher ist sicher, vorbeugen noch besser: Wenn eine Rechtschutzversicherung besteht, vor dem Kauf nachfragen, ob Rechtsstreitigkeiten aus Kaufverträgen in der Police enthalten sind, gegebenenfalls die Police vorher erweitern lassen.

9. Auf einer umfassenden Einweisung in das Reisemobil mit allen Funktionen und Geräten bestehen und bei Unklarheiten ständig nachfragen, auch wenn die Frage noch so dumm erscheint. Fehlbedienungen und Ärger können damit verhindert werden.

10. Überprüfen, ob alle erforderlich Anleitungen und Garantieurkunden vom Fahrzeug und den technischen Geräten an Bord sind.

### Expertentipp: Garantie und Gewährleistung

■ **Rechts-Experte Thomas Scholz ist als Rechtsanwalt mit den Interessenschwerpunkten Vertrags-, Verkehrs- und Familienrecht im rheinland-pfälzischen Kruft tätig.**

Hubert K. ist stolzer Besitzer einen neuen Reisemobils. Nach langer Informationsphase, diversen Kassenstürzen und ernsten Gesprächen mit der Hausbank hat sich Familie K. aus Preisgründen für ein importiertes Alkovenmobil entschieden. Aber schon nach der ersten Wochenend-Tour fallen Hubert erste kleine Mängel auf, nach dem Jahresurlaub ist eine mehrseitige Liste von Mängeln entstanden. Was tun? Der Gesetzgeber hat in solchen Fällen für einen klaren Ablauf mit genau definierten Ansprechpartnern gesorgt. Das neue Recht gilt nach dem Schuldrechtsmodernisierungsgesetz für alle Verträge, die nach dem 1. Januar 2002 zustande gekommen sind. Wichtigste Änderungen betreffen die Wandelung, die es nicht mehr gibt, sowie für den Endverbraucher die geänderten Gewährleistungsfristen und das neue Schadensersatzrecht.

## Garantie/Gewährleistung

*Zur Info nochmals die Unterschiede zwischen Garantie und Gewährleistung. Gewährleistung und Garantie werden häufig verwechselt, sind aber grundverschiedene rechtliche Konstellationen.*

*Gewährleistung (Sachmängelhaftung) beim Gebrauchsgüterkauf bezieht sich auf die Mängelfreiheit der Sache. Sie ist normiert, also gesetzlich festgeschrieben, gilt zwei Jahre ab Kaufdatum und richtet sich an den Hersteller der Sache. Für den Fahrzeugbereich hat vor allem das Gewährleistungsrecht Bedeutung.*

*Garantie ist eine freiwillige Leistung (... entgeltliches oder unentgeltliches freiwilliges Einstehenwollen des Herstellers oder Händlers ...) vom Hersteller oder Händler der Sache. Sie ist in Ausführung und Zeit frei formulierbar und kann an bestimmte Bedingungen geknüpft werden. Beispiel: Die Dichtigkeitsgarantie des Herstellers ist an eine regelmäßige Inspektion in der Fachwerkstatt geknüpft.*

*In der Regel gelten folgende Gewährleistungs- oder Garantiefristen:*
1. *Dichtigkeit Aufbau: 2-10 Jahre (Garantie)*
2. *Fahrgestell/Basisfahrzeug: 2 Jahre (Gewährleistung + Garantie)*
3. *Möbelbau: 3 Jahre (Gewährleistung + Garantie)*
4. *Technische Geräte wie Heizung, Kocher, Backofen, Kühlschrank: 2 Jahre (Gewährleistung + Garantie)*
5. *Toilette, Wasseranlage: 2 Jahre (Gewährleistung + Garantie)*
6. *Elektrik / elektr. Geräte: 2 Jahre (Gewährleistung + Garantie)*
7. *Zubehör: 2 Jahre (Gewährleistung + Garantie)*

### Das neue Recht in der Praxis

Hat ein neues, beim Händler gekauftes Reisemobil einen Mangel, gilt in der Regel Folgendes: Die Leistungspflicht des Verkäufers ist auf die Vermittlung einer Kaufsache, die frei von Sach- und Rechtsmängeln ist, gerichtet. Das heißt der Verkäufer liefert ein Reisemobil mit den im Vertrag beschriebenen Eigenschaften an den Käufer und garantiert dafür, dass die zugesicherten Eigenschaften des Fahrzeugs vorhanden sind. Vertragspartner sind also der Käufer und der Reisemobilhändler. Die Verletzung dieser entscheidenden Vertragspflicht gilt rechtlich als eine Pflichtverletzung. Zur »Beseitigung« dieser Pflichtverletzung ist die sogenannte »Nacherfüllung« vorgesehen. Die Nacherfüllung verschafft dem Käufer, nicht dem Verkäufer, ein Wahlrecht, ob er die Lieferung einer mangelfreien Sache oder die Beseitigung des Mangels verlangt. In der Regel gilt die Nacherfüllung als gescheitert, wenn zwei Nachbesserungen fehlgeschlagen sind. Der Verkäufer hat alle für die Nacherfüllung notwendigen Kosten zu tragen, wie Transport-, Wege-, Arbeits- und Materialkosten. Der Verkäufer kann die Wahl des Käufers ablehnen, wenn beispielsweise die Reparatur einen unverhältnismäßigen Aufwand bedeuten würde; zum Beispiel verlangt der Käufer eine Reparatur eines billigen Artikels, wobei die Ersatzlieferung einer anderen mangelfreien Sache wesentlich preiswerter wäre. Das Recht zur Nacherfüllung ist in § 439 BGB neue Fassung geregelt.

Gelingt die Nacherfüllung, ist der Fall erledigt. Gelingt die Nacherfüllung aber nicht, passiert Folgendes: Erst nach der gescheiterten oder abgelehnten Nacherfüllung hat der Käufer ein Recht auf Rücktritt oder Minderung und zusätzlich einen Anspruch auf Schadensersatz. Nach der aktuellen BGH-Entscheidung vom Juni 2006 kann auch die Lieferung eines Ersatzstückes verlangt werden, allerdings in der Regel nur bei Neufahrzeugen.

### Umtausch des Reisemobils

Voraussetzung für diese Ansprüche auf Rücktritt, Minderung und Schadensersatz ist in jedem Fall, dass dem Verkäufer eine angemessene Frist zur Nacherfüllung gesetzt wurde. Dies ergibt sich aus dem neuen Grundsatz, dass der Verkäufer ein »Recht der zweiten Andienung« haben soll. Was eine angemessene Frist ist, hängt vom Einzelfall ab. Die Frist muss solange sein, dass der Verkäufer praktisch die Möglichkeit hat, den Mangel abzustellen oder eine Ersatzlieferung vorzunehmen. Eine wichtige Änderung liegt hier darin, dass zukünftig zusätzlich zu Rücktritt oder Umwandelung Schadensersatz verlangt werden kann. Früher schloss der Rücktritt oder die Wandelung den Schadensersatz aus. Hat der Käufer also eine Frist zur Nacherfüllung gesetzt, war diese Frist auch angemessen und scheitert die Nacherfüllung, so leben nun die Ansprüche auf Rücktritt, Minderung und eventuell bei Verschulden auch auf Schadensersatz auf.

### Rücktritt vom Kauf

Im Falle des Rücktritts sind die empfangenen Leistungen zurückzugewähren, also Ware zurück und Geld zurück. Die bisher gezogenen Nutzungen sind vom Käufer zu erstatten. Beim Fahrzeug sind das die schon bekannten Beträge für gefahrene Kilometer, beim Kaufgeld sind es die Zinsen.

### Garantie gegen den Hersteller oder Nacherfüllung gegen den Verkäufer

Nach Einführung des neuen Schuldrechts macht sich eine Unsitte breit, die besonders beachtet werden sollte. Bei einem Verbrauchsgüterkauf, also der Endverbraucher kauft bei einem Unternehmer, können die weitreichenden Sachmängelansprüche durch allgemeine Vertragsbedingungen nicht eingeschränkt oder ausgeschlossen werden. Bei neuen Fahrzeugen (oder anderen Sachen) gilt dies für zwei Jahre und bei gebrauchten Fahrzeugen für mindestens ein Jahr. In jüngster Zeit ist es gängige Praxis geworden, dass seitens der Hersteller keine Garantien mehr gegeben werden. Vielmehr gehen die Hersteller und Händler inzwischen dazu über, Nacherfüllungsansprüche am Fahrzeug mit dem Hinweis darauf abzulehnen, dass sie für konstruktionsbedingte Mängel nichts könnten und man sich an den Hersteller oder den Lieferanten des Basisfahrzeugs zu halten habe. Deshalb: Immer seinen Anspruch an den Händler oder Verkäufer geltend machen, der ist Vertragspartner! Also nicht einfach vom Verkäufer abwimmeln und sich an den Hersteller verweisen lassen. Ansprechpartner ist der Verkäufer und nicht der Hersteller. Hat der Hersteller eine eigene Garantie zugesagt, kann man allerdings den Hersteller parallel sogleich mit in Anspruch nehmen. Dann macht man zwei Ansprüche gleichzeitig geltend, aus dem Kaufvertrag den Nacherfüllungsanspruch gegen den Verkäufer und aus dem selbständigen Garantievertrag den Garantieanspruch gegen den Hersteller.

## Fazit

Der Kunde hat für sein gutes Geld beim Kauf Anspruch auf Lieferung einer einwandfreien Sache, sprich auf ein Reisemobil, wie es ihm vertraglich zugesagt und im Prospekt beschrieben wurde. Dennoch: Kleine Mängel müssen nicht immer bei Gericht landen! Auch jede Mängelrüge muss nicht zwangsläufig vor dem Kadi entschieden werden: Obwohl Deutschland das »Klageland Nr. 1« ist, kann man auf dem Wege des vernünftigen Kompromisses viele Mängelrügen mit Nacherfüllung oder passender Ersatzlieferung erledigen. Schließlich soll der Händler das Gebrauchtfahrzeug samt Kunden auch weiterhin vertrauensvoll betreuen! Hilft das alles nicht, sollte mit juristischem Beistand der oben erwähnte Ablauf eingehalten werden, um sein Recht durchzusetzen.

## Expertentipp: Wenn's mal Probleme gibt ...

■ **Ulrich Kalabis ist Freier Sachverständiger für Reisemobil und Caravan.**

Die Statistik sagt, es passiert jedem Autofahrer alle 11,3 Jahre – der Unfall. Die Statistik sagt auch, dass wir Reisemobilisten nicht gerade den risikofreudigsten Verkehrsteilnehmern zuzuordnen sind, was sich bei den Versicherungen in einer günstigen Typklasse auswirkt. Die Statistik sagt nicht, wem es häufiger und wem seltener passiert. Ausschließen können wir aber alle den möglichen Crash nicht. Gerade weil es (Gott sei Dank) nicht so häufig passiert, sind wir in der Unfallsituation hilflos und erinnern uns nur bruchstückhaft an das, was uns der Fahrlehrer vor (wie vielen?) Jahren dazu gesagt hat. Hinzu kommt meist noch eine gewisse Schockwirkung – auch wenn es sich »nur« um einen harmlosen Blechschaden handelt.

Tipps zum Verhalten am Unfallort gibt es in übersichtlicher Form bei den Automobilclubs und beim Autor (mit Freiumschlag anfordern). Sie sollten in keinem Handschuhfach fehlen.

## Schadensregulierung

Um den »Fremdschaden«, das heißt den Schaden am unfallgegnerischen Fahrzeug oder andere Sachschäden infolge des Unfalls, kümmert sich meine Haftpflichtversicherung. Dort muss ich nur den Unfall umgehend melden und den Unfallmeldebogen gewissenhaft ausfüllen. Die Haftpflichtversicherung lässt gegebenenfalls die Schuldfrage klären und ›reguliert‹.

Um den »Schaden am eigenen Fahrzeug« muss ich mich zunächst selbst kümmern. Ist die Schuldfrage unklar, sollte umgehend ein Anwalt beauftragt werden. Ist die Schuldfrage klar – das heißt mein Unfallgegner hat den Unfall schuldhaft verursacht – handelt es sich um den sogenannten »Haftpflichtschaden« und ich habe »Schadensersatzforderungen« gegen ihn bzw. die gegnerische Versicherung geltend zu machen. Auch in diesem Fall ist die Einschaltung eines Anwaltes empfehlenswert, da die Versicherungen erfahrungsgemäß maximal das regulieren, was geltend gemacht wird. Neben den Reparaturkosten können das beispielsweise Mietwagenkosten, Aufwandsentschädigung, Verdienstausfall und mehr sein. Die Honorarkosten des Anwaltes trägt die gegnerische Versicherung.

Als Geschädigter habe ich gemäß BGB ein »Recht auf freie Wahl eines unabhängigen Gutachters«. Vorsicht: Häufig sagt die gegnerische Versicherung, »wir schicken Ihnen einen Gutachter«. Die Unabhängigkeit dieses Gutachters darf bezweifelt werden. Es kann sein, dass er bei der Versicherung angestellt ist oder dass ein Kooperationsvertrag besteht. Wichtiger noch ist – beim Reisemobil – die Qualifikation des Sachverständigen. Ein Kfz-Sachverständiger muss nicht zwingend über Sachverstand bezüglich Reisemobilaufbauten verfügen. Bei Schäden am Aufbau sollte das im Vorfeld abgeklärt werden.

Achtung: Bei sogenannten Bagatellschäden kann die Versicherung die Übernahme der Kosten für das Gutachten verweigern. Die Bagatellschadengrenze liegt bei ±750,- Euro – je nach Gerichtsbezirk. Da ein Laie kaum in der Lage ist, die Reparaturkosten im Grenzbereich richtig abzuschätzen, ist hier der seriöse Sachverständige gefragt.

Habe ich den Unfall selbst verschuldet und besteht eine Kaskoversicherung, handelt es sich beim Schaden am eigenen Fahrzeug um den sogenannten »Kaskoschaden«. In diesem Fall definiert sich die Versicherung als »Geschädig-

te«. Grundlage dafür sind die »Allgemeinen Bedingungen für die Kraftfahrtversicherung« (AKB). Als Geschädigte nimmt die Versicherung das »Recht auf die Wahl des Gutachters« für sich in Anspruch. Bei Schäden am Aufbau ist es empfehlenswert, vor Bestellung des Gutachters auf die erforderliche spezielle Sachkunde hinzuweisen.

Habe ich dennoch Zweifel am Ergebnis des Gutachtens, kann ich (zunächst auf eigene Kosten) ein zweites Gutachten in Auftrag geben und damit das »Sachverständigenverfahren« gemäß § 14 AKB in Gang setzen.

### Beweissicherung nach dem Unfall

Seit 1993 nimmt die Polizei nach einem Verkehrsunfall meist nur noch eine Beweissicherung vor, wenn Personen verletzt oder gar getötet wurden oder der Verdacht einer Straftat besteht (minimale Unterschiede zwischen den Bundesländern) – nicht mehr bei reinen Sachschäden. Habe ich Zweifel am Unfallgeschehen (Beispiel: ich vermute, der Unfallgegner hat die vorgeschriebene Geschwindigkeit überschritten und den Unfall dadurch verursacht oder zumindest mitverschuldet), kann ich einen dafür ausgebildeten Sachverständigen beauftragen, eine qualifizierte Beweissicherung am Unfallort bzw. an den Fahrzeugen vorzunehmen. Neben dem Autor gibt es bundesweit über 400 Kfz-Sachverständige, die diese Qualifikation aufweisen.

### Mängelgutachten/Gerichtsgutachten

Im Zusammenhang mit dem seit 1. Januar 2002 geänderten Schuldrecht (BGB) ergeben sich für Verbraucher und Unternehmer neue Perspektiven. Gewährleistung, Sachmangelhaftung Beweisumkehr, Rücktritt, Wandlung und Minderung sind die Schlagworte, die wir seitdem kennen. Experten erwarten einen Anstieg der Rechtsstreitigkeiten. Um hier die Verhältnismäßigkeit zu wahren, hat der Autor Reisemobilhändlern empfohlen, bei Sachmangelstreitigkeiten »außergerichtlich« bereits den Sachverständigen einzuschalten. Es wurde die Aufnahme einer entsprechenden Vereinbarung in die AGBs empfohlen. Dies ist weitgehend vergleichbar mit dem Schiedsgutachterverfahren in den AGBs der Pkw-Händler. Ist der Rechtsweg nicht zu vermeiden, wird der Richter in Ermangelung eigener technischer Sachkenntnis einen Sachverständigen mit der Erstellung eines »Beweissicherungsgutachtens« beauftragen.

### Checkliste Mietfahrzeug und Gebrauchtkauf

Diese Checkliste kann bei der Besichtigung eines Gebrauchtmobils zu Rate gezogen werden. Im Gegensatz zum routinemäßigen Frühjahrscheck des eigenen Fahrzeugs sollte dabei zwischen den Zeilen gelesen werden. Heißt es in der Checkliste zum Beispiel »Unterbodenschutz kontrollieren« sollte bei Stellen mit nachgebes-

sertem oder neuem Unterbodenschutz nachgefasst werden. Hier kann schlimmstenfalls eine Durchrostung verschleiert worden sein.

Dies gilt auch beim Kontrollpunkt »Modergeruch im Innenraum feststellen«. Hier ist bereits Misstrauen angesagt wenn das Fahrzeug zum vereinbarten Besichtigungstermin gut vorbereitet mit offenen Fenstern Lichtkuppeln und Türen den Kaufinteressenten empfängt. Soll hier Modergeruch überspielt werden? Wachsam in nicht so gut lüftbare Ecken wie z. B. den Alkoven schnuppern hilft hier oftmals, den Grund für den offenherzigen Empfang zu finden. Bei einem Kauf beim Händler, bei dem vorher kein Termin vereinbart werden muss, hilft bereits ein Besuch morgens zur Ladenöffnung, bevor die Gebrauchtfahrzeuge geöffnet werden. Der erste Eindruck des Riechorgans ist hier für den Zustand des Innenraums entscheidend.

## Fahrzeug außen

### Reifen
- ☐ Luftdruck prüfen, auch Reserverad
- ☐ Profil auf Tiefe und Auswaschungen kontrollieren
- ☐ Abrieb auf Gleichmäßigkeit überprüfen

### Radhäuser
- ☐ Rostansatz Lackabblätterungen
- ☐ Unterbodenschutz, Innenkotflügel
- ☐ Federbeine, nässende Stossdämpfer

### Schürzen
- ☐ Risse oder Dellen
- ☐ Fremdkörper hinter den Schürzen
- ☐ Keder oder Abdichtung rissefrei und unbeschädigt
- ☐ Eintrittstufe leichtgängig, Schalter der Kontrollleuchte gangbar

### Aufbau, Alkoven, Dach
- ☐ Risse oder Dellen in der Außenhaut
- ☐ Kantenprofile festsitzend und rissefrei
- ☐ Versiegelung an den Anschlüssen zum Fahrerhaus nicht porös oder rissig
- ☐ Versiegelung der Fenster und Dachluken einwandfrei
- ☐ Dachgalerie und Heckleiter festsitzend Dachbelag ohne Blasen
- ☐ Versiegelung des Laufbelages einwandfrei

- [ ] Applikationen auf festen Sitz prüfen
- [ ] Kennzeichen auf Befestigung und Gültigkeit der Zulassungsstempel TÜV-, Gas- und AU-Marken prüfen

## Fenster, Dachluken, Stauräume

- [ ] Scheiben dicht anliegend und rissefrei, kein Kondenswasser zwischen den Scheiben
- [ ] Klappen und Stauraumtüren dicht schließend, Schlösser leichtgängig und nicht korrodiert Dichtungen einwandfrei
- [ ] Bodenlüftung des Gaskastens frei, Gasflaschenhalterung einwandfrei
- [ ] Kiemenbleche des Gaskastens und der Kühlschranklüfter frei von Insekten und Verschmutzung
- [ ] Eingangstür dicht schließend Schloss leichtgängig, Verriegelung der Tür in beiden Schließstellungen sicher, Stalltürbeschläge in Ordnung
- [ ] Tankdeckel für Frischwasser und CEE -Einspeisedose gangbar rissefrei und dicht
- [ ] Aussenklappe der Cassettentoilette gangbar, dicht schließend und schließbar
- [ ] Cassette leicht entnehmbar, Verriegelung prüfen, Deckel auf guten Sitz prüfen

## Beleuchtung, Spiegel

- [ ] Rück- und Bremslichtkontrolle Blinker hinten, Rückfahrscheinwerfer Umrissleuchten, Kennzeichenbeleuchtung, Nebelschlussleuchte, Vorzeltleuchte
- [ ] Scheinwerfer, Standlicht, Blinker vorne, Zusatzscheinwerfer
- [ ] Rückspiegelglas rissefrei und klar, Verstellung einwandfrei und nicht zu leichtgängig Spiegelbefestigung prüfen

## Motorraum, Basistechnik

- [ ] Sichtkontrolle des Motorraums und Reserverades
- [ ] Ölstandskontrolle Flüssigkeitsstand im Kühler-Ausgleichsbehälter Scheibenwaschwasser und Bremsflüssigkeitsbehälter
- [ ] Undichtigkeiten an Motor und Nebenaggregaten Leckstellen
- [ ] Öltropfen unter dem Fahrzeug im Winterquartier
- [ ] Sichtkontrolle auf der Hebebühne von unten an Auspuff Bremsen Gasrohren Abwasserleitungen und sonstigen Rohren und Zügen
- [ ] Unterbodenschutz auf Schadstellen untersuchen
- [ ] Kundendienstfälligkeit prüfen

# Innenraum, Stauräume, Caravantechnik

## Innenraum allgemein

- [ ] Modergeruch beim Betreten feststellen, gegebenenfalls Ursache suchen
- [ ] Schimmelbelag an Wand- und Dachverkleidung sowie im Sanitärraum prüfen
- [ ] Feuchtflächen nach der Außenreinigung im Innenraum feststellen
- [ ] Fensterbeschläge dicht schließend und leicht bedienbar
- [ ] Kombirollos leichgängig und Rastung funktionsfähig

- [ ] Teppichboden herausnehmen und Untergrund prüfen
- [ ] Alkoven auf Feuchtigkeit prüfen
- [ ] Schieberost im Alkoven auf Gängigkeit prüfen

### Stauräume, Technik

- [ ] Wassereinbruch, Kondenswasser, Schimmelbildung kontrollieren
- [ ] Scharniere und Verschlüsse kontrollieren
- [ ] Heizung prüfen einschl. Batterie der Zündautomatik falls vorhanden.
- [ ] Alle technischen Geräte Armaturen Leuchten und Bedienknöpfe auf Funktion prüfen
- [ ] Akkus einbauen lassen, falls im Winter entfernt, sonst falls möglich Flüssigkeitsstand kontrollieren

### Möbel, Polster, Vorhänge

- [ ] Alle Schränke innen auf Feuchtigkeit und Modergeruch prüfen
- [ ] Beschläge Auszüge und Verschlüsse kontrollieren
- [ ] Tischhalterung auf Festigkeit prüfen
- [ ] Umleimer und Hohlkammerprofile auf Beschädigung oder lose Stellen prüfen
- [ ] Polsterbezüge auf Schimmel prüfen
- [ ] Reißverschlüsse der Polster prüfen
- [ ] Vorhänge auf Gängigkeit und Schimmel prüfen, Gardinenröllchen und Haltebänder prüfen

### Sanitärraum

- [ ] Wände Decke und Objekte auf Schimmel und Modergeruch prüfen
- [ ] Armaturen Schlauchschellen und Schläuche auf Gängigkeit und Leckstellen prüfen
- [ ] Verfugung der Duschwanne und sonstige Verfugungen auf Rissefreiheit und Haftung prüfen
- [ ] Spiegelschrank kontrollieren Spiegel auf Blindstellen und stabilen Sitz prüfen
- [ ] Toilette, Tankanzeige kontrollieren, Zustand Außenklappe und ggf. Entlüftung und Geruchsfilter prüfen

### Küche

- [ ] Herd alle Brennstellen Funktion prüfen
- [ ] Funktion Zündsicherung prüfen, dazu brennende Herdflamme ausblasen, Gas darf nicht nachströmen
- [ ] Festigkeit und Funktion der Bedienknebel prüfen
- [ ] Abdeckung und Flammschutz auf Festigkeit und Gangbarkeit prüfen
- [ ] Spüle Wasser- und Abwasseranschluss prüfen
- [ ] Dichtigkeit zwischen Spüle und Unterschrank prüfen
- [ ] Kühlschrank auf Schimmel Modergeruch und Verfärbungen prüfen
- [ ] Funktion der Zündung bei Gasbetrieb prüfen
- [ ] Betriebskontrolle bei allen Energiearten
- [ ] Verschluss und Öffnungssicherung prüfen
- [ ] Unterschränke und Schubkästen auf Schimmel Modergeruch prüfen
- [ ] Gangbarkeit der Beschläge und Schlösser prüfen

# Teil III: Technik im Reisemobil

## Fahrzeug

### Basisfahrzeuge und Chassis

Das Basisfahrzeug stellt wie ein solides Fundament beim Hausbau die Grundlage des mobilen Lebens mit dem Reisemobil dar. Die Auswahl an Fahrzeugen ist überschaubar und bietet durch viele Versionen für alle Bedürfnisse das richtige Fahrgestell.

Die Entscheidung für ein Reisemobil-Basisfahrzeug wird von bestimmten technischen und persönlichen Faktoren bestimmt: Von der Antriebsposition, den werksseitig lieferbaren Radständen, dem Angebot an Komfort- und Sonderausstattungen und natürlich auch vom Image der Marke. Obwohl mit dem Ford Transit, dem Mercedes-Benz Sprinter, dem VW T5, VW Crafter, dem Renault Master sowie der Iveco-Transporterpalette nun mehrere gleichwertige Basis-Fabrikate zur Auswahl stehen, heißt in Deutschland und Europa die Reisemobilbasis zum überwiegenden Teil (2008: knapp 50 Prozent Marktanteil bei Reisemobilen in Deutschland) einfach nur Fiat Ducato. Ohne Ausnahme kommen alle in Europa verwendeten Basisfahrzeuge aus dem Nutzfahrzeugbereich, abstammend von Kleinbussen, leichten und schweren Transportern oder Reisebusbereich. Weitgehend annehmbare Alltagstauglichkeit bieten Reisemobile auf dem Fiat Ducato, dem Mercedes-Benz Sprinter, dem Ford Transit und dem Volkswagen mit den Modellen T5 und Crafter. Luxusmobile in der Gewichtsklasse über 7,5 t finden sich auf schwerer Lkw-Basis wie der Mercedes-Benz Vario, Atego und Actros oder der Iveco-Daily-Reihe 50–65. Absolute Oberklasse stellen die Niederflurchassis von MAN und Volvo aus dem Reisebusbereich dar. Pick-up-Fahrzeuge als Basis für abnehmbare Wohnkabinen stammen vorwiegend aus Fernost. Sie sind mit mittlerweile zeitgemäßer Motorisierung wie bei Ford, Mazda, Mitsubishi, Nissan oder Toyota in Deutschland dennoch ein Nischenmarkt mit etwa 0,5 Prozent Marktanteil.

■ Unbeschwertes Reisen braucht ein solides Basisfahrzeug.

## Gretchenfrage: Front- oder Heckantrieb?

Zum Grundsätzlichen gehört die Antriebs-Position wie Front- oder Heck- oder Allradantrieb. Eindeutig bevorzugt wird – mehr bei den Herstellern als bei den Endkunden – der Frontantrieb, weil er im meist ebenen und nicht durch Kardan- und Antriebskonstruktion beeinträchtigten Ladebereich den Aufbauern relativ freies Spiel in der Gestaltung des Wohnaufbaus zugesteht. Nachteile: Die Hecklastigkeit durch die Aufbauten nimmt der Vorderachse bergauf einiges an Traktion, der Wendekreis fällt erheblich größer aus als beim Hecktriebler. Vorteil aber auch: Die Geradeauslauf-Eigenschaften sind meist besser als bei einem Hinterachsantrieb. Durch den dominanten Marktanteil des Fiat Ducato hat sich im Reisemobilbau der Frontantrieb durchgesetzt, obwohl heckgetriebene Mobile wie auf Basis des Mercedes-Benz Sprinter, des Ford Transit oder des Iveco Daily deutliche Vorteile bei der Traktion und Handling bieten.

■ Die am häufigsten verwendete Basis baut auf Frontantrieb: Der Fiat Ducato.

■ Klassisches Hecktriebler-Fahrgestell von Alko am Mercedes-Benz Sprinter.

■ Spezialfahrgestell von Alko als Dreiachser für schwere Reisemobile.

Für den Reisemobil-Selbstbau eignen sich besonders die Kastenwagen-Varianten und Fahrgestelle von leichten Transportern. Häufigste Basis ist sicher die Kastenwagenversion, Eigenaufbauten mit Leerkabinen oder eigener Kabinenbau auf Fahrgestellen haben einen verschwindend kleinen Anteil am Selbstbau. Wenn man an ein älteres Basisfahrzeug denkt – oder dieses aus Kostengründen in Betracht ziehen muss – sollte man beachten, dass die technische Entwicklung der leichten Transporter hin zu handlichen, laufruhigen und sparsamen Fahrzeugen mit fast Pkw-ähnlichen Fahreigenschaften – gerade im Motorenbereich – in den letzten Jahren einen gewaltigen Sprung gemacht hat. Dies gilt explizit für die aktive und passive Sicherheit bei Fahrzeugen ab Baujahr 1996. Basisfahrzeuge dieser Altersklassen haben meist wichtige Sicherheitsmerkmale in der Konstruktion von Karosserie und Fahrwerk, wurden erfolgreich crashgetestet und sind mit serienmäßig eingebauten Airbags, ABS, ESP oder ähnlichen Ausstattungsmerkmalen wesentlich sicherer als Fahrzeuge der Vorgenerationen. Deshalb erscheint es gerade aus Sicherheitsgründen wenig sinnvoll – es sei denn man ist ein Oldie-Fan –, sich ein neues Reisemobil auf einer veralteten, technisch überholten Basis auf- oder auszubauen.

## Ergonomie, Design, Komfort und Ökologie sind wichtige Kaufargumente

Ein nicht unwichtiger Punkt ist die Ergonomie, die im Fahrerhaus herrscht. Der Arbeitsplatz beim Transporter wird immer mehr die gute Stube beim Freizeitfahrzeug. Ohne Ausnahme kommen alle in Europa verwendeten Basisfahrzeuge aus dem Nutzfahrzeugbereich, abstammend von Kleinbussen, leichten und schweren Transportern oder Reisebusbereich. Im Nutzfahrzeugbereich gelten andere Kriterien als im Pkw-Bau, dennoch geht der Trend der aktuellen Basisfahrzeuge eindeutig zur Pkw-ähnlicher Anmutung in Design, Ausstattung und letztlich auch im Sicherheitsstandard. Viele Reisemobilhersteller gleichen konstruktiv bedingte Defizite der Transporter an Stabilität und Fahrkomfort mit bewährten Spezialfahrgestelle wie dem Alko amc-Chassis aus, das einen niedrigeren Schwerpunkt, bessere Fahreigenschaften und höhere Traglasten gegenüber dem Serienfahrgestell ermöglicht. Ganz wichtig, besonders zu Zeiten der hohen Kraftstoffpreise und der Umweltzonen, sind heute der Verbrauch und die Schadstoffklasse der Basisfahrzeuge. So kommen viele Basisfahrzeuge mit sparsamen Diesel-Common-Rail-Motoren, Oxikat und Partikelfilter auf den Markt oder führen moderne Filtertechnik in der Optionsliste. Dies ist besonders wichtig, da nach Plänen der Bundesregierung ab Mitte 2009 die Kfz-Steuer nach Hubraum und $CO_2$-Ausstoß eingeführt wird.

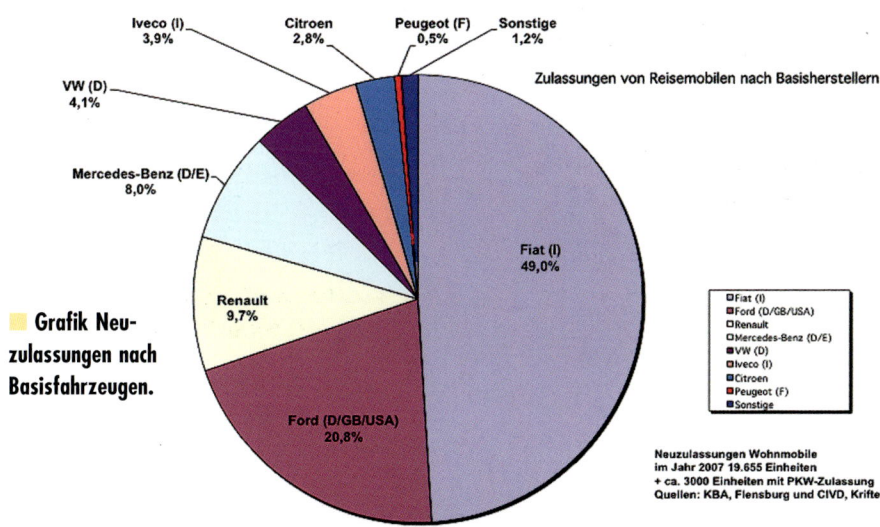

Grafik Neuzulassungen nach Basisfahrzeugen.

Zulassungen von Reisemobilen nach Basisherstellern

Iveco (I) 3,9%
Citroen 2,8%
Peugeot (F) 0,5%
Sonstige 1,2%
VW (D) 4,1%
Mercedes-Benz (D/E) 8,0%
Renault 9,7%
Fiat (I) 49,0%
Ford (D/GB/USA) 20,8%

Fiat (I)
Ford (D/GB/USA)
Renault
Mercedes-Benz (D/E)
VW (D)
Iveco (I)
Citroen
Peugeot (F)
Sonstige

Neuzulassungen Wohnmobile
im Jahr 2007 19.655 Einheiten
+ ca. 3000 Einheiten mit PKW-Zulassung
Quellen: KBA, Flensburg und CIVD, Kriftel

### Die wichtigsten Basisfahrzeuge im Überblick
### *Fiat Ducato / Citroën Jumper / Peugeot Boxer*

Das Euro-Chassis – eine Gemeinschaftsproduktion des PSA-Konzerns Citroën und Peugeot mit Fiat – ist unbestritten die Nummer eins unter den Reisemobil-Basisfahrzeugen. Die Nutzfahrzeuge Ducato, Jumper und Boxer waren in zwei Serien auf dem Markt: Die erste Modellreihe wurde zwischen 1981 und 1993 produziert, die zweite X 240 lief bis Mitte 2006 vom Band. Ab Herbst 2006 ging die dritte Serie X 250 des Ducato in Produktion. Mit einem Marktanteil von mehr als 50 Prozent bei den Reisemobilen ist der Fiat Ducato auch im Jahr 2008 der absolute Verkaufsrenner unter den Basisfahrzeugen, seine Markenbrüder treten in diesem Bereich nicht groß in Erscheinung. Seinen Erfolg verdankt der Ducato sowohl seiner robusten Bauart, als auch den effektiven Marketing-Strategien von Fiat im Sektor der leichten Nutzfahrzeuge.

Mit dem aktuellen Ducato knüpft Fiat als federführender Hersteller der Euro-Chassis an die Erfolge der beiden ersten Ducato-Serien an. Der neue Ducato wird voluminöser, das Fahrerhaus deutlich größer und höher als beim Vorgänger. Gleichzeitig hat man in Sevel den Weg eindeutig zum Pkw-ählichen Interieur eingeschlagen. Für die Reisemobilhersteller hat Fiat zwei spezielle Chassisvarianten mit besonderen Ausstattungsmerkmalen und technischen Besonderheiten sowie einer verstärkten Motorenversion

Multijet 130 im Angebot. Die französische Firma Dangel bietet auch für das aktuelle Euro-Chassis X 250 einen 4x4-Umbau an.

### *Lieferbare Motoren*

Multijet 100, Turbodieselmotor, Common-Rail, Vierzylinder-Reihe 2,2 l, Hubraum 2.198 ccm, Leistung 74 kW / 100 PS bei 3.500 U/min, max. Drehmoment 250 Nm bei 1.500–2.700 U/min. Schafstoffklasse Euro 4.

Multijet 120, Turbodieselmotor, Common-Rail, Vierzylinder-Reihe 2,3 l, Hubraum 2.287 ccm, Leistung 88 kW / 120 PS bei 2.000 U/min, max. Drehmoment 320 Nm bei 2.000–2.800 U/min. Schafstoffklasse Euro 4.

Multijet 130, Spezielle Version für Reisemobil-Chassis, Turbodieselmotor, Common-Rail 2.3 l, Vierzylinder-Reihe, Hubraum 2.287 ccm, Leistung 94 kW / 127 PS bei 3.600 U/min, max. Drehmoment 300 Nm bei 1.800 U/min. Schafstoffklasse Euro 4.

Multijet 160 Power, Turbodieselmotor, Common-Rail 3,0 l Power, Vierzylinder-Reihe, Hubraum 2.999 ccm, Leistung 116 kW / 157 PS bei 3.500 U/min, max. Drehmoment 400 Nm bei 1.700–2.500 U/min. Schafstoffklasse Euro 4.

Natural Power, Methan/Benzin, 3,0 l 16 V, Vierzylinder-Reihe, Hubraum 2.999 ccm, Leistung 100 kW / 136 PS bei 2.750–3.500 U/min, max. Drehmoment 350 Nm bei 1.500 U/min. Schafstoffklasse Euro 4.

■ Die leichten Transporter von Citroën, Peugeot und Fiat werden gemeinsam im Werk Sevel gefertigt.

### Lieferbare Versionen

Ducato 30 (3,0 tzG), 33 (3,3 tzG), 35 Maxi (3,5 tzG). Triebkopf, Windlauf, Fahrgestell mit Einfach- und Doppelkabine, Kastenwagen, Kastenwagen als Allrad-Version (Dangel), Kombi und Bus, Pritsche mit Einfach- und Doppelkabine, vier Radstände Fahrgestelle: 3.000, 3.450, 3.800 (fällt bei Kastenwagen weg) und 4.035 mm, Kastenwagen mit drei Dachvarianten: H1 Flachdach, H2 Serienhochdach, H3 Superhochdach. 5 Gang-Schaltgetriebe (Multijet 100) und 6 Gang-Schaltgetriebe, automatisiertes Schaltgetriebe Comfort-Matic (nur für Multijet 160).

### Ford Transit

Im Jahr 2008 wurden 4.566 Reisemobile mit Transit-Basis in Deutschland neu zugelassen. Das in den USA konstruierte und in der Türkei hergestellte Fahrzeug konnte damit einen Marktanteil von 24 Prozent erreichen und sicherte sich Platz 2 der Zulassungsstatistik. Der Ford Transit baute und baut als bisher einziger Hersteller auf das duale Antriebskonzept und kann eine 4x4-Version anbieten.

■ **Der Ford Transit hat sich in den letzten Jahre zur Nummer 2 im Reisemobilmarkt entwickelt.**

Mit innen und außen überarbeitetem Design startete der Transit Mitte 2006 in ein neues Kapitel seiner langen Geschichte. Und dazu bekam er eine ganze Reihe von Innovationen und Verbesserungen mit auf den Weg. Wohl mit zu den wichtigsten zählen sieben neue, nach Euro 4 eingestufte Motoren. Außerdem gibt es ein optimiertes Fahrwerk mit Pkw-vergleichbaren Fahreigenschaften und eine aufgewertete Basisausstattung. Allen Modellen gemeinsam ist das neu gestaltete Armaturenbrett. Am auffälligsten ist beim neuen Außendesign die neu gestaltete Frontpartie mit markanter Drei-Leisten-Kühlergrill und den neuen, vertikal angeordneten Doppelstock-Scheinwerfern mit Klarglas-Optik.

In der jüngsten Transit-Generation bietet Ford sechs Diesel mit Common-Rail-Technologie und einem Hubraum von 2,2 beziehungsweise 2,4 Liter sowie einen Benziner an. Der 2,2 Liter-Diesel ist ein komplett neues Aggregat, das von Ford in Kooperation mit dem französischen PSA-Konzern entwickelt wurde. Der 2,4 Liter-Selbstzünder basiert technisch auf diesem neuen 2,2 Liter-Motor. Neu ist ab Ende 2007 der mächtige 3,2 l Fünfzylinder Diesel mit 174 kW / 200 PS für die heckgetriebenen Modelle und ab 2008 eine 4x4-Version. Alle Dieselmotoren erfüllen, wie auch der Benziner, die Euro 4-Abgasnorm, ein Dieselpartikelfilter ist für alle Dieselmotor auf Wunsch lieferbar.

### Lieferbare Motoren für Modelle mit Frontantrieb

Turbodiesel-Common-Rail Duratorq 2,2 l TDCi, Vierzylinder-Reihe, Oxikat, Hubraum 2.198 ccm, Leistung 63 kW / 85 PS bei 3.300 U/min, max. Drehmoment 250 Nm bei 2.250 U/min.

Turbodiesel-Common-Rail Duratorq 2,2 l TDCi, Vierzylinder-Reihe, Oxikat, Hubraum 2.198 ccm, Leistung 85 kW / 115 PS bei 4.000 U/min, max. Drehmoment 3o0 Nm bei 1.800 – 2.000 U/min.

Turbodiesel-Common-Rail Duratorq 2,2 l TDCi, Vierzylinder-Reihe, Oxikat, Hubraum 1.198 ccm, Leistung 103 kW / 140 PS bei 4.000

U/min, max. Drehmoment 275 Nm bei 1.800 – 2.400 U/min.

### Lieferbare Motoren für Modelle mit Heckantrieb

Turbodiesel-Common-Rail Duratorq 2,4 l TDCi, Vierzylinder-Reihe, Oxikat, Hubraum 2.398 ccm, Leistung 85 kW / 115 PS bei 3.500 U/min, max. Drehmoment 285 Nm bei 2.000 U/min.

Turbodiesel-Common-Rail Duratorq 2,4 l TDCi, Vierzylinder-Reihe, Oxikat, Hubraum 2.398 ccm, Leistung 74 kW / 100 PS bei 3.500 U/min, max. Drehmoment 375 Nm bei 2.000 U/min.

Turbodiesel-Common-Rail Duratorq 2,4 l TDCi, Vierzylinder-Reihe, Oxikat, Hubraum 2.398 ccm, Leistung 103 kW / 140 PS bei 3.500 U/min, max. Drehmoment 375 Nm bei 1.800 – 2.400 U/min.

Ab Ende 2007: Common-Rail-Diesel TDCi: Turbodiesel-Direkteinspritzer Duratorq TDCi, Fünfzylinder-Reihe, Oxikat, Hubraum 3.189 ccm, Leistung 147 kW / 200 PS bei 4.000 U/min, max. Drehmoment 470 Nm bei 1.700 – 2.500 U/min.

Benzin Duratec-DOHC, Vierzylinder-Reihe, wahlweise als LPG/NTG-Gasmotor, Hubraum 2.261 ccm, Leistung 107 kW / 145 PS (Super / LPG), 100 kW / 136 PS (Erdgas) bei 3.500 U/min, max. Drehmoment 203 Nm bei 4.000 U/min /Benzin) 200 Nm bei 4.000 U/min (Erdgas NTG) 193 Nm bei 4.00 U/min (Flüssiggas LPG).

### Lieferbare Versionen

Triebkopf, Windlauf, Fahrgestell, Kastenwagen, Kombi und Bus, Pritsche mit Einfach- und Doppelkabine, drei Radstände: Kombi und Kasten: 2.930, 3.330, 3.750 mm, Fahrgestelle 3.137, 3.504, 3.954 mm, Gewichtsklassen (tzG) 2,8 t, 3,0 t, 3,3 t, 3,5 t, 4,3 t, 4,6 t. Kastenwagen mit drei Dachvarianten: Flachdach, mittelhohes Dach und Serienhochdach.

### Ford Pick-up Ranger

Auf den ersten Blick scheint der Ford Pick-up Ranger das einzig deutsche Fahrzeug dieser Art auf dem fernost-bestimmten Markt zu sein. Er ist jedoch international: In Zusammenarbeit mit Mazda BT 50 wird der Ford in Thailand gefertigt. Der Ranger 4 x 4 verfügt über Hinterradantrieb mit zuschaltbarem Vorderradantrieb und einem zusätzlichem Reduktionsgetriebe, automatische Freilaufnaben an den Vorderrädern (Extra- und Doppelkabine). Hinterachsantrieb, Hinterachsdifferenzial mit begrenztem Schlupf (Einzelkabine). Eine zweitürige Einzelkabinen-Version ist ohne Allradantrieb weiter im Programm. Für den privaten Einsatz eignet sich die 2+2-sitzige Extrakabine (Super Cab), pfiffig sind die Doppelflügeltüren mit integrierter B-Säule, über die man auf die hinteren Sitzplätze gelangt.

Robuster Pick-up für Alltag und Freizeit: Der Ford Pick-up Ranger.

### Lieferbare Motoren

Turbodiesel 2,5 l Duratorq Common-Rail TDCi, Vierzylinder-Reihe, Oxikat, Hubraum 2.498 ccm, Leistung 105 kW / 143 PS bei 4.000 U/min, max. Drehmoment 330 Nm bei 1.800 U/min.

Turbodiesel 3,0 l Duratorq Common-Rail TDCi, Vierzylinder-Reihe, Oxikat, Hubraum 2.953 ccm, Leistung 115 kW / 156 PS bei 3.500 U/min, max. Drehmoment 380 Nm bei 1.800 U/min.

### Lieferbare Versionen

Einzelkabine Regular Cab (Radstand 2.985 mm / Leergewicht 1.525 / tzG 2.650 kg), Eineinhalb-Kabiner Extra Cab (Radstand 3.000 mm / Leergewicht 1.725 / tzG 2.930 kg) und Doppelkabiner Super Cab (Radstand 3.000 mm / Leergewicht 1.785 / tzG 2.845 kg) Luxus-Ausstattungsvariante XLT (+XLT limited) mit viel Chrom, Trittbrettern und Überrollbügel. Ausstattungsvariante Doppelkabiner Wildtrak.

### Iveco Daily

Das Daily-Transporterprogramm ist in drei Baureihen aufgeteilt: Die Einsteigerklasse, die L-Reihe (L wie Light, mit Typen 29 L 9 und 29 L 11 V) ist klein und wendig gehalten, gedacht für den Einsatz leichter Fahrzeuge von 2,8 bis 3,2 t zulässigem Gesamtgewicht. Mit der S-Reihe (S wie Service, mit Typen 35 S 9 – S 13 V) deckt Iveco ein breites Spektrum ab. Sie stellt den Schwerpunkt der Daily-Palette dar und ist ausschließlich als 3,5-t-Fahrzeug zu haben. Ab 3,5 t bis 6,5 t tzG rundet die C-Reihe das Angebot ab. Die Motorisierung wurde aktuell komplett auf sparsame und kräftige Turbodieselmaschinen mit Common-Rail-Technik angepasst. Airbags, das elektronische Stabilitätsprogramm ESP 8 (umfasst ABS, EBD, ASR) sind bis 3,5 t ab 2005 serienmäßig. Das automatisierte Sechsgang-Getriebe Agile ist für den Daily ab 2006 als Option erhältlich. Alle Dieselmotor erfüllen den Standard Euro 4. Ab 2007 ist eine 4x4-Version des Daily erhältlich. Elektro Daily nennt sich ein schon seriennaher Prototyp von Iveco. Durch den elektrischen Motor-Generator und das Natrium-Batteriesystem (NaNi/Cl$_2$) hoher spezifischer Energie stellt der Elektro-Daily die Iveco Lösung für die städtische Mobilität bei »Nullemissionen« dar. Angetrieben wird das Fahrzeug von einem invertergesteuerten Drehstrom-Asynchronmotor, der Energie beim Bremsen zurückspeist.

■ Iveco kann Basisfahrzeuge von 2,8 bis 6,5 t mit einer großen Modellvielfalt liefern.

### Lieferbare Motoren

CNG-Dieselmotor, Vierzylinder-Reihe, Kat, monovalenter Erdgasbetrieb, Hubraum 2.998 ccm, Leistung 100 kW / 136 PS bei 2.730–3.500 U/min, max. Drehmoment 350 Nm bei 1.500–2730 U/min.

Turbodieselmotor, Common-Rail 2,3 HPi, Vierzylinder-Reihe, Hubraum 2.287 ccm, Leistung 85 kW / 116 PS bei 3.900 U/min, max. Drehmoment 240 Nm bei 2.800 U/min.

Turbodieselmotor, Common-Rail 2,3 HPT, Vierzylinder-Reihe, Hubraum 2.287 ccm, Leistung 100 kW / 136 PS bei 3.100–3.900 U/min, max. Drehmoment 270 Nm bei 1.800–2.800 U/min.

Turbodieselmotor Common-Rail 3,0 HPi, Vierzylinder-Reihe, Oxikat, Dieselpartikelfilter DFP, Hubraum 2.998 ccm, Leistung 107 kW / 146 PS bei 3.000–3.500 U/min, max. Drehmoment 370 Nm bei 1.400–2.800 U/min.

Turbodieselmotor 3,0 HPT, Vierzylinder-Reihe, Oxikat, Dieselpartikelfilter DFP, Hubraum 2.998 ccm, Leistung 130 kW / 176 PS bei 3.000–3.500 U/min, max. Drehmoment 400 Nm bei 1.250–3.000 U/min.

### Lieferbare Versionen

Triebkopf, Windlauf, Fahrgestell mit Einfach- und Doppelkabine, Kastenwagen, Kombi, Pritsche mit Einfach- und Doppelkabine, sechs Radstände: Von 3.000 bis 4.750 mm, Gewichtsklassen (tzG) von 3,2 t, 3,5 t, 4,2 t, 4,6 t, 5,2 t, 6,5 t Kastenwagen mit drei Dachvarianten: Flachdach, mittelhohes Dach und Serienhochdach. Ab 2007 gibt es den 35 S 18 W und den 55 S 18 W in 4 x4 Version als Einzel- und Doppelkabiner mit 3,5 t und 5,5 t tzG.

### Mercedes-Benz Sprinter

Der Mercedes-Benz Sprinter löste 1995 die erfolgreiche Baureihe T1 nach annähernd zwei Jahrzehnten Bauzeit ab. Er deckt die Gewichtsklasse von 2,59 bis 6 t ab, drei verschiedene Radstände konnten geordert werden. Für die Diesel-Modelle 208-416 CDI sowie die Benziner Typ 214 – 414 Maschinen gab es als Option ein automatisiertes Sechsgang-Schaltgetriebe »Sprint-Shift« und eine Wandlerautomatik. 4x4-Versionen als zuschaltbarer oder permanenter Allrad waren lieferbar. Mitte 2006 wurde die aktuelle Version des Sprinters präsentiert. Völlig neu entwickelt ging der Sprinter nach zehn Jahren und etwa 1,3 Mio verkauften Einheiten in die zweite Runde. Der neue Sprinter

wurde vielseitiger, sicherer und komfortabler. Es gibt zahlreiche Karosserievarianten, zwei Allradmodelle, jede Menge Ausstattung und eine noch nie dagewesene Motorenpalette. Drei Radstände und vier Aufbaulängen von 5.243 bis 7.343 mm geben den Wohnmobilherstellern genügend Basisraum. Angesiedelt zwischen 3,0 und 5,0 t Gesamtgewicht kann er fast alle reisemobilen Anforderungen abdecken. Die modernen, kraftvollen CDI Dieselmotoren mit vier und sechs Zylindern und zusammen fünf Leistungsstufen zwischen 65 kW (88 PS) bis 135 kW (184 PS) lassen keine Wünsche offen, besondere Ansprüche an Komfort und Fahrleistungen erfüllt der mächtige V6-Benziner mit in dieser Klasse gigantischen 190 kW (258 PS). Sämtliche Euro 4 Dieselmotoren sind nun mit Partikelfilter ausgestattet. Zu den zahlreichen Innovationen rund um den neuen Sprinter gehört unter anderem eine Variante mit 4,6 t Gesamtgewicht und einer Platz sparenden Supersingle-Bereifung an der Hinterachse. Mitte 2009 erhält der Sprinter neue Motoren. Er wird speziell angepasste Versionen des neuen, aus der C-Klasse bekannten 2,1 l-CDI-Motor OM 651 (Einspritzdruck bis 2.000 bar und Piezo-Injektoren) bekommen, der vermutlich in drei Leistungsvarianten (100 / 120 / 150 kW) im Sprinter zum Einsatz kommen wird. Alle neuen Motoren erfüllen dann die Euro 5 Norm und sollen bis 30 Prozent Kraftstoff einsparen. Dafür fallen der V6-Benziner und die bisherigen Dieselmotoren weg. Die Erdgas-Variante NTG 316 wird dann von einem 4-Zylinder Benziner M 271 E 18 ML mit 115 kW / 156 PS übernommen, der als Seriemotor auch ohne Erdgasumrüstung in das Programm kommt. Neu ab 2008: ECO-Start, eine Start-Stopp-Anlage für den Sprinter.

### Lieferbare Motoren

Ottomotor 216 / 316, Vierzylinder-Reihe, G-Kat, Hubraum 1.796 ccm, Leistung 115 kW / 150 PS bei 5.000 U/min, max. Drehmoment 240 Nm bei 3.000–4.000 U/min.

■ Der Mercedes-Benz Sprinter wurde zum Synonym für eine gesamte Fahrzeuggattung.

Erdgasmotor 316 NTG, Vierzylinder-Reihe, monovalenter Erdgasbetrieb, Spezial G-Kat, Hubraum 1.796 ccm, Leistung 115 kW / 150 PS bei 5.000 U/min, max. Drehmoment 240 Nm bei 3.000–4.000 U/min.

Turbodiesel-Direkteinspritzermotor mit Ladeluftkühler 209 / 309 / 509 CDI, Vierzylinder-Reihe, Hubraum 2.148 ccm, Leistung 65 kW / 88 PS bei 3.800 U/min, max. Drehmoment 220 Nm bei 1.600–2.600 U/min.

Turbodiesel-Direkteinspritzermotor 211 / 311 / 411 / 511 CDI, Vierzylinder-Reihe, Hubraum 2.148 ccm, Leistung 80 kW / 109 PS bei 3.800 U/min, max. Drehmoment 280 Nm bei 1.600–2.400 U/min.

Turbodiesel-Direkteinspritzermotor 213 / 313 CDI, Vierzylinder-Reihe, Hubraum 2.148 ccm, Leistung 95 kW / 129 PS bei 3.800 U/min, max. Drehmoment 305 Nm bei 1.200–2.400 U/min.

Turbodiesel-Direkteinspritzermotor 215 / 315 / 415 / 515 CDI, Vierzylinder-Reihe, Hubraum 2.148 ccm, Leistung 110 kW / 150 PS bei 3.800 U/min, max. Drehmoment 330 Nm bei 1.200–2.400 U/min.

Turbodiesel-Direkteinspritzermotor 218 / 318 / 518 CDI, Sechszylinder, Hubraum 2.987 ccm, Leistung 135 kW / 184 PS bei 3.800 U/min, max. Drehmoment 400 Nm bei 1.600–2.600 U/min.

### Lieferbare Versionen

Triebkopf, Windlauf, Fahrgestell mit Einfach- und Doppelkabine, Kastenwagen, Kombi und Bus, Pritsche mit Einfach- und Doppelkabine, drei Radstände: 3.000, 3.550, 4.025 mm, Gewichtsklassen (tzG) von 2,59 t, 2,8 t, 3,2 t, 3,5 t, 4,6 t. Kastenwagen mit drei Dachvarianten: Flachdach, mittelhohes Dach und Serienhochdach. Zwei 4x4-Versionen (permanent und zuschaltbar) ab Werk möglich.

### Mitsubishi Pick-up L 200

Mit der Einführung des Mitsubishi Pick-up L 200 1993 begann der Pick-up-Boom in Europa, der robuste Japaner sprintete sofort auf Platz 1 der Verkaufszahlen und ließ sich bis heute davon nicht mehr verdrängen. Erstmals gelang es mit dem L 200 nicht nur Robustheit und Langlebigkeit zu dokumentieren, sondern auch Design und Komfort in ein reines Nutzfahrzeug zu integrieren. In der Version bis 2005 des 2,5 l-Turbodiesels wurde die mechanische Einspritzung durch eine elektronische ersetzt, was den Schadstoffausstoß senkt und etwas mehr Leistung (von 99 auf 115 PS) bringt. Meist verkauft war die schicke Ausstattungsvariante Magnum mit Zweifarblackierung, Kotflügelverbreiterung, Leichtmetallrädern und allerlei Extras. Mitte 2006 wurde ein komplett überarbeiteter, neuer L 200 auf den Markt gebracht, der erste Pickup auf dem Markt mit optionalem Permanent-Allradantrieb.

■ Ab Mitte 2006 kam der L 200 komplett überarbeitet nach Deutschland.

### Lieferbare Motoren

Common-Rail-Turbodiesel mit Ladeluftkühler 2,5 Di-D, Vierzylinder-Reihe, Oxikat, Hubraum 2.477 ccm, Leistung 100 kW / 136 PS bei 4.000 U/min, max. Drehmoment 314 Nm bei 2.000 U/min.

### Lieferbare Versionen

Einzelkabiner, Eineinhalb-Kabiner Club Cab (Radstand 2.950 mm / Leergewicht 1.795 /

tzG 2.830 kg) und Doppelkabiner DoKa (Radstand 2.950 mm / Leergewicht 1.820 / tzG 2.830 kg). Luxus-Ausstattungsvariante Magnum mit Automatik-Klimaanlage, viel Chrom und Kotflügelverbreiterung.

### Nissan Pick-up Navara

Im Design und Technik stark an den SUV Pathfinder angelehnt, gab es ab Ende 2005 den Nissan Pick-up in zwei Aufbau- und drei Ausstattungsvarianten. Der Navara, wie er jetzt heißt, verfügt über einen bärenstarken 2,5 l-Turbodiesel mit Direkteinspritzung, der 174 PS leistet und mit einem Drehmoment von 403 Nm glänzen kann. Nissan bietet den Navara als Eineinhalb- (King Cab) mit gegenläufig aufschwingende »Schmetterlingstüren« ohne B-Säule und als Doppelkabiner (Double Cab) mit klassisch vier Türen an. Der Navara fahrt auf der Straße mit Heckantrieb, der Frontantrieb kann auch während der Fahrt elektronisch zugeschaltet werden. Ein fünfstufiges Wandler-Automatikgetriebe ist optional zum manuellen Sechsganggetriebe erhältlich. Mit dem NP 300 hat Nissan 2008 das bis 2005 importierte Vorgängermodell des aktuellen Navara noch einmal als preiswerte »heavy duty«-Nutzfahrzeugvariante mit der zusätzlichen Version Einzelkabiner auf den europäischen Markt zurückgebracht.

■ Runder und noch stärker wurde der neue Nissan Pick-up Navara ab 2005.

### Lieferbare Motoren

Turbodiesel-Direkteinspritzer mit Ladeluftkühler 2,5 dCi, Vierzylinder-Reihe, Oxikat, Hubraum 2.488 ccm, Leistung 126 kW / 171 PS bei 4.000 U/min, max. Drehmoment 403 Nm bei 2.000 U/min.

### Lieferbare Versionen

Eineinhalb-Kabiner King Cab (Radstand 3.200 mm / Leergewicht 2.025-2.122 / tzG 2.805 kg) und Doppelkabiner Double Cab (Radstand 3.200 mm / Leergewicht 2.093-2.198 / tzG 2.805 kg).

### Nissan Pick-up NP 300

■ Alter Pick-up noch mal jung:
Die Nutzfahrzeugvariante Nissan NP 300.

### Lieferbare Motoren

Turbodiesel-Direkteinspritzer mit Ladeluftkühler 2,5 dCi, Vierzylinder-Reihe, Oxikat, Hubraum 2.488 ccm, Leistung 98 kW / 133 PS bei 3.600 U/min, max. Drehmoment 304 Nm bei 2.000 U/min.

### Lieferbare Versionen

Einzel-Kabiner Single Cab (Radstand 2.950 mm / Leergewicht 1.825-1.884 / tzG 2.860 kg), Eineinhalb-Kabiner King Cab (Radstand 2.950 mm / Leergewicht 1.840-1.940 / tzG

2.860 kg) und Doppelkabiner Double Cab (Radstand 2.950 mm / Leergewicht 1.875-1,975 / tzG 2.860 kg), Fahrgestell-Version für Aufbauer.

### Renault Master

Ein gefälliges, zeitgemäßes Design mit solider Technik darunter zeichnet den leichten Transporter von Renault aus, der aber technisch in die Jahre gekommen ist. Sein Nachfolger soll Ende 2009 präsentiert werden. Mit seiner funktionalen und kompletten Innenausstattung und einem problemlosen Handling lässt er sich fast wie ein Pkw chauffieren. Als Vollsortiment kann man das Karosserieangebot des Master bezeichnen. So stehen in den Gewichtsbereichen von 2,8, 3,3 und 3,5 t drei Radstände und im Kastenwagenbereich zusätzlich drei verschiedene Dachhöhen zur Verfügung. Die Motorenpalette besteht aus drei Dieselaggregaten mit Common-Rail-Technik, die mit dem 6-Gang-Quick-Shift-Automatikgetriebe ergänzt werden können. Im Jahr 2005 wurde der erfolgreiche Transporter einem leichten optischen und technischen Facelift unterworfen und konnte erfolgreich seinen Einstieg als Basisfahrzeug bei namhaften Reisemobilherstellern feiern.

■ **Der Renault Master hat sich erfolgreich im Reisemobilbereich behauptet.**

### Lieferbare Motoren

Turbodieselmotor mit Direkteinspritzung 2,5 dCi 100, Vierzylinder-Reihe, Oxikat, Hubraum 2.464 ccm, Leistung 74 kW / 101 PS bei 3.600 U/min, max. Drehmoment 290 Nm bei 1.600 U/min.

Turbodieselmotor mit Direkteinspritzung 2,5 dCi 120, Vierzylinder-Reihe, Oxikat, Hubraum 2.463 ccm, Leistung 88 kW / 120 PS bei 3.600 U/min, max. Drehmoment 300 Nm bei 2.000 U/min.

Turbodieselmotor mit Direkteinspritzung 2,5 dCi 130 FAP, Vierzylinder-Reihe, Oxikat, Hubraum 2.463 ccm, Leistung 107 kW / 146 PS bei 3.600 U/min, max. Drehmoment 290 Nm bei 2.000 U/min.

### Lieferbare Versionen

Windlauf, Fahrgestell mit Einfach- und Doppelkabine, Kastenwagen, Kombi und Bus, Pritsche mit Einfach- und Doppelkabine, drei Radstände 3.080, 3.580 und 4.080 mm, drei Höhen H1-H3, Gewichtsklassen 2,8 t, 3,3 t und 3,5 tzG und im Kastenwagenbereich zusätzlich drei verschiedene Dachhöhen: Normaldach, Serienhochdach, Maxihochdach.

### Toyota Pick-up Hilux

Stark, geländegängig, kompakt und sparsam in schickem Design, so stellte sich der Toyota Hilux 2002 neu dem Wettbewerb. Kein anderer Gelände-Laster kam mit so geringen Abmaßen aus, war so geländegängig und hatte so viel Platz zur Personenbeförderung wie der Doppelkabiner. Größer breiter und länger, das stand dem Toyota Hilux ab 2006 im Lastenheft. Die Designer von Toyota haben ganze Arbeit geleistet und einen schicken Pick-up mit fast amerikanischen Ausmaßen geschneidert, der gut einen halben Meter länger ist als sein Vorgänger. Davon profitiert sowohl der Innenraum als auch die Pritsche bei allen Versionen. Unter dem Blechkleid blieb außer der Vorderachse alles beim Alten, Getriebe und Verteilergetriebe stammen vom Vorgänger, der 102 PS starke

4D-Turbodiesel mit mageren 260 Nm Drehmoment erfährt zum Jahresende 2006 eine Kraftkur auf Euro 4 und 120 Pferdestärken. 2007 kommt ein bärenstarker 3,0 l Turbodiesel mit 171 PS als Motorenalternative hinzu.

■ Der Hilux ab 2006 ist in seinen Dimensionen kräftig gewachsen.

### Lieferbare Motoren

Turbodiesel-Direkteinspritzer Common-Rail mit Ladeluftkühler 2,5 D-4D, Vierzylinder-Reihe, Oxikat, Hubraum 2.494 ccm, Leistung 88 kW / 120 PS bei 3.600 U/min, max. Drehmoment 325 Nm bei 2.000 U/min.
Turbodiesel-Direkteinspritzer Common-Rail mit Ladeluftkühler 3,0 D-4D, Vierzylinder-Reihe, Oxikat, Hubraum 2.982 ccm, Leistung 126 kW / 171 PS bei 3.600 U/min, max. Drehmoment 360 Nm bei 2.000 U/min.

### Lieferbare Versionen

Single Cab 4 x 2 Radstand 2.850 mm / Leergewicht 1.485 / tzG 2.415 kg, Eineinhalb-Kabiner Xtra Cab Radstand 3.095 mm / Leergewicht 1.755 / tzG 2.515 kg und Doppelkabiner Double Cab Radstand 2.860 mm / Leergewicht 1.830 / tzG 2.515 kg. Luxus-Ausstattungsvariante Special mit viel Chrom, Leichtmetallrädern und Differenzialsperre an der Hinterachse.

### VW Transporter T5

Nach langen Anlauf präsentierte Volkswagen nun die fünfte Auflage des Erfolgsmodells Transporter, den VW T5. Mit dem schon über-

■ In Sachen Fahrwerkstechnik und Qualität unbestritten das Maß aller Dinge: Der VW Transporter T5.

fälligen Generationswechsel trennt Volkswagen Nutzfahrzeug die Modellreihen des T5 diesmal sehr präzise: Auf der einen Seite die Pkw-Versionen Multivan sowie die Freizeitmobil California und auf der anderen Seite die reinen Nutzfahrzeuge, genannt Transporter. Das Nutzlastangebot in den Kastenwagenversionen beträgt zwischen 1.000 und 1.200 kg, was bedeutet, dass VW erstmals auch einen 3-Tonner (tzG.) in das Rennen geschickt hat. Fünf Motoren – zwei Benziner- und drei Dieselmaschinen hält VW für den Multivan bereit, der Transporter bekommt als Einstiegsmotor einen leichten Diesel mit 61 kW / 84 PS. Bei den Getrieben werden 5-Ganggetriebe sowohl Schalter als auch Automaten angeboten, die Multivans mit Fünf- und Sechszylindermotoren erhalten erstmals ein Getriebe mit sechs Gänge – auch als Automatik. Ab 2006 bietet VW für den Transporter einen Allradantrieb 4Motion an, der mit einer Haldex-Kupplung eine permanente Kraftverteilung auf alle vier Räder vorsieht.

### Lieferbare Motoren

Ottomotor, Vierzylinder-Reihe, G-Kat, Hubraum 1.997 ccm, Leistung 85 kW / 115 PS bei 4.500 U/min, max. Drehmoment 200 Nm bei 2.200 U/min.
Ottomotor, Sechszylinder-V6, G-Kat, Hubraum 3.192 ccm, Leistung 170 kW / 230 PS bei 6.200 U/min, max. Drehmoment 250 Nm bei 2.500–5.500 U/min.

### Nutzfahrzeuge

Turbodiesel-Direkteinspritzer 1,9 TDI, Vierzylinder, Oxikat, Hubraum 1.861 ccm, Leistung 61 kW / 83 PS bei 3.500 U/min, max. Drehmoment 220 Nm bei 1.900–2.300 U/min.

### Multivans und Freizeitfahrzeuge

Turbodiesel-Direkteinspritzer 1,9 TDI, Vierzylinder, Oxikat, Hubraum 1.861 ccm, Leistung 77 kW / 104 PS bei 3.500 U/min, max. Drehmoment 240 Nm bei 1.900–2.300 U/min.
Turbodiesel-Direkteinspritzer 2,5 TDI, Fünfzylinder, Oxikat, Hubraum 2.461 ccm, Leistung 96 kW / 130 PS bei 3.600 U/min, max. Drehmoment 340 Nm bei 1.900–3.000 U/min.
Turbodiesel-Direkteinspritzer 2,5 TDI, Fünfzylinder, Oxikat, Hubraum 2.461 ccm, Leistung 128 kW / 174 PS bei 3.600 U/min, max. Drehmoment 400 Nm bei 2.000–3.200 U/min.

### Lieferbare Versionen

Fahrgestell, Kastenwagen, Multivan, Kombi und Bus, Pritsche mit Einfach- und Doppelkabine, als 4Motion mit Allradantrieb, zwei Radstände: 3.000 und 3.300 mm, Kastenwagen mit drei Dachvarianten: Flachdach, mittelhohes Dach und Serienhochdach.

### VW Crafter

VW startete ab 2006 in Zusammenarbeit mit Mercedes-Benz die dritte Generation des LT, der komplett bei Mercedes gefertigt wird. Um sich vom Mercedes Sprinter abzugrenzen, hat der Crafter ein eigenständiges Design und eigene Motoren. So spannt der 2,5 Liter großen Fünfzylinder-TDI-Motor je nach Ausführung einen Leistungsbogen von 65 kW (89 PS) über 80 kW (109 PS) und 100 kW (136 PS) bis hin zu 120 kW (164 PS). Allen ist ein hoher Drehmomentwert bei bereits geringer Drehzahl gemein. Das garantiert zusammen mit der modernsten Common-Rail-Technologie günstige Verbrauchswerte. Zudem kommt serienmäßig ein Dieselpartikelfilter (DPF) zum Einsatz. Den Crafter gibt es mit 6-Gang- oder Automatikgetriebe.

■ **Die dritte Generation des VW LT heißt Crafter und möchte auch bei den Reisemobilen kräftig punkten.**

### Lieferbare Motoren

Turbodieselmotor, Common-Rail 2,5 TDi, Fünfzylinder-Reihe, Hubraum 2.461 ccm, Leistung 65 kW / 889 PS bei 3.500 U/min, max. Drehmoment 220 Nm bei 2.000 U/min.
Turbodieselmotor, Common-Rail 2,5 TDi, Fünfzylinder-Reihe, Hubraum 2.461 ccm, Leistung 80 kW / 109 PS bei 3.500 U/min, max. Drehmoment 280 Nm bei 2.000 U/min.
Turbodieselmotor, Common-Rail 2,5 TDi, Fünfzylinder-Reihe, Hubraum 2.461 ccm, Leistung 100 kW / 136 PS bei 3.500 U/min, max. Drehmoment 300 Nm bei 2.000 U/min.
Turbodieselmotor, Common-Rail 2,5 TDi, Fünfzylinder-Reihe, Hubraum 2.461 ccm, Leistung 120 kW / 164 PS bei 3.500 U/min, max. Drehmoment 350 Nm bei 2.000 U/min.

### Lieferbare Versionen

Crafter 30, 35 und 50, Windlauf, Fahrgestell mit Einzel- und Doppelkabine, Kastenwagen, Kombi und Bus, Kipper, Pritsche mit Einfach- und Doppelkabine, drei Radstände: 3.000, 3.250, 3.550, 3,665, 4.025 und 4.325 mm, Kastenwagen mit zwei Dachvarianten: Flachdach und Serienhochdach.

### Expertentipp: Grundregeln der Fahrwerksoptimierung

▪ **Hans-Peter Kuhn war Geschäftsführer von Kuhn Autotechnik und gilt als anerkannter Fachmann in Sachen Fahrwerksoptimierung.**

Die drei Aufgaben der Optimierung sind
▪ federn,
▪ stabilisieren und
▪ dämpfen.

Sie müssen immer als eine Einheit betrachtet werden. Das heißt, dass eine Änderung in der Federung möglichst keine negative Auswirkung auf die Wankneigung, auf die Schwingungsdämpfung und natürlich auch nicht auf die Bremsenwirkung haben darf. Das Fahrverhalten muss sich verbessern.

Fahrwerksoptimierungen und Gewichtsauflastungen wirken sich aus in den Bereichen
▪ Straßenverkehrszulassungsrecht (StVZO),
▪ Kfz-Steuerrecht (KraftStG) und
▪ Straßenverkehrsordnung (StVO).

### Die Zusatzfeder

»Federverstärkung ist eine De-Stabilisierung!« Zusatzfedern sind nicht zum Stabilisieren, da sie den Aufbau anheben. Somit
▪ liegt der Schwerpunkt höher und
▪ es entsteht mehr Federweg (Bewegungsfreiheit). Deshalb
▪ ist größere Schräglage möglich, da die Gummipuffer später anschlagen,
▪ wird unter Umständen die Wank- und Nickbewegung gefördert, da Zusatzfedern häufig mehr nach innen oder vor die Hinterachse platziert werden,

▪ wird die Federung weicher, weil die Last sich auf die Originalfeder plus Zusatzfeder verteilt.

Im Allgemeinem gilt somit: Zusatzfedern sind zum Anheben der Karosserie / des Aufbaus da, während Stabilisatoren der Verringerung der Wankbewegung dienen.

### Stahl oder Luft?

Diese Frage stellt sich, wenn die Montage einer Zusatzfeder erfolgen soll. Die meisten Eigenschaften und Leistungen haben Stahl- und Luftfedern gemeinsam. Die zusätzlichen Eigenschaften der Luftfedern sind für die meisten Nutzfahrzeuge nicht entscheidend, hier stehen die Kosten im Vordergrund. Somit gilt allgemein folgender Merksatz:
▪ Zusatzstahlfedern sind gut für Nutzfahrzeuge,
▪ Zusatzluftfedern sind gut für Wohnmobile.
▪ Ideale sind natürlich Voll-Luftfederungen.

### Die Zusatzluftfederung

»Geteilte Last ist halbe Last.«
▪ Die großen Zweifaltenbälge sind superweich, da sie nur mit rund 2/7 ihrer Nennleistung arbeiten.
▪ Im 1-Kammer-(1-Kreis)-System ohne Drosselung der Luftleitung zwischen den Bälgen sind Zusatzluftfedern wirkungsvolle Wankneigungs-Verstärker.

Mit Luftfedern werden fahrbahnbedingte Erschütterungen der Achse deutlich geringer auf die Karosserie übertragen.

### Ausnahmen

Zusatzblattfedern sowie Rollbälge kleinen Durchmessers, welche mit hohem Luftdruck betrieben werden müssen, können eine Stabilisierungseigenschaft voll und ganz auf Kosten des Federungskomforts bewirken. Pirelli-Torpress-Zweifaltenbälge arbeiten so zäh, dass Sie als aufblasbare Gummipuffer zu betrachten sind. Diese Pirelli-Torpress-Bälge sind vor allem bei sehr weich gefederten Fahrzeugen und bei

Fahrzeugen mit Zwillingsbereifung empfehlenswert. Je nach Wahl des Luftfederbalgtyps kann somit eine weiche Federung härter oder eine harte Federung weicher gemacht werden. Wird aber die Federung weicher gemacht, ist sie auch weicher bei Kurvenfahrt oder bei Fahrten auf unebener Fahrbahn. Daher muss mit einem Stabilisator »gegengesteuert« werden.

### Zwillingsbereifte Fahrzeuge

Fahrzeuge mit einer zwillingsbereiften Hinterachse wirken superkräftig und stabil. Der Laie erwartet somit ein stabiles (= wenig wankendes) Fahrzeug. Doch das Gegenteil wird oft mit großer Enttäuschung festgestellt, denn der Rahmen des Fahrzeuges muss besonders schmal sein, damit die je zwei Räder Platz haben. Somit befinden sich die Federn und damit die Lagerung der Karosserie / des Aufbaus weiter in der Mitte. Der Drehpunkt verlagert sich also weiter zur Mittelachse des Fahrzeugs.

Um dieser verstärkten Wankneigung entgegenzuwirken, müssen diese Fahrzeuge besonders starke Stabilisatoren haben. Eine Zusatzfeder soll möglichst nicht wankneigungsverstärkend wirken.

| Fahrwerk-sonder-bauteil | hebt Aufbau stark an | zum Rangieren (Fähre) Aufbau weit angehoben werden | Seitenneigung wird ausgeglichen | bringt weichere Federung | reduziert Wank-bewegung und Seitenwind-dempfindlichkeit | erhöht das Eigengewicht |
|---|---|---|---|---|---|---|
| Zusatzfederblatt | ✓ | – | – | – | ✓[1] | ca. 20 kg |
| Zusatz-Stahl-druckfeder | ✓ | – | – | ✓ | – | ca. 6 kg |
| Zugfeder | ✓ | – | – | ✓ | – | ca. 6 kg |
| Zusatz-Luftfeder als Rollbalg | ✓ | ✓ | ✓[2] | ✓[3] | [4] | ca. 9 kg |
| Zusatz-Luftfeder als Zweifaltenbalg | ✓ | ✓[5] | ✓[2] | ✓ | [6] | ca. 10 kg |
| Voll-Luftfederung | ✓ | ✓[7] | ✓[2] | ✓ | ✓ | ±0 kg |
| Stabilisator | – | – | ✓[8] | – | ✓ | bis zu ca. 20 kg |
| Sonder-stoß-dämpfer | – | – | – | ✓[9] | ✓[9] | ±0 kg |
| Spurverbreiterung | – | – | – | – | – | ca. 2 kg |

▮ So wird das Fahrverhalten durch den Einbau von Fahrwerk-Sonderbauteilen beeinflusst.

❶ auf Kosten des Federungskomforts · ❷ Zusatzausstattung erforderlich · ❸ nur wenn Balgdurchmesser groß · ❹ nur wenn mit hohem Balgdruck gefahren wird, dann siehe ① · ❺ je nach Ausführung bis Anschlag in Stoßdämpfern möglich · ❻ nur Torpress-Bälge · ❼ auch Heckabsenkung möglich · ❽ wird unterdrückt ❾ verzögert das Ein- und/oder Ausfedern · **Allgemein:** Wenn Zusatzfedern außen neben den Originalfedern platziert werden, erfolgt eine Reduzierung der Wankbewegung. Müssen diese aber innen neben den Originalfedern platziert werden, so wird die Wankbewegung vergrößert, da der „Drehpunkt" (die Lagerung des Aufbaus) weiter nach innen kommt.

## Expertentipp: Richtige Sitze im Reisemobil

■ Peter Bartl war Geschäftsführer des Sitzherstellers Sportscraft und ist ausgewiesener Fachmann für Fahrzeugsitze.

Sitze sind das Verbindungsglied zwischen Mensch und Fahrzeug. Diese, so wichtige Erkenntnis wurde schon sehr früh in der Geschichte des Automobils gemacht, jedoch lange vernachlässigt. Erst seit erkannt wurde, dass Rückenschmerzen, steife Nacken und eingeschlafene Beine nicht unbedingt zur Fahrsicherheit beitragen bzw. sich die Wirbelsäulenerkrankungen bei Berufskraftfahrern häufen, wird gehandelt. Ausgefeilte Sitzsysteme stehen heute zur Verfügung, in die Entwicklung von praxisgerechten Sitzmöbel für Reisemobile hat Sportscraft mit wissenschaftlicher Unterstützung viel Geld und Know-how investiert. Gerade im Reisemobil, das für Langstreckenfahrten ausgelegt ist, bekommt gesunder Sitzkomfort einen hohen Stellenwert. Reisemobilfahrer sollten deshalb bei der Entscheidung, welchen Sitz sie einbauen, die folgenden Punkte beachten.

### Die Kopfstütze

Egal, ob im Sitz integriert oder verstellbar, muss sie in der Höhe mit der Oberkante des Kopfes abschließen (früher glaubte man, die Oberkante Augen- bzw. Ohrenhöhe sei ausreichend). Der Abstand von Kopfstütze zum Kopf soll in der Fahrposition möglichst gering sein (eine Handbreite beziehungsweise maximal drei Zentimeter). Eine richtig eingestellte Kopfstütze kann bei einem Crash das sogenannte Schleudertrauma wesentlich vermindern.

### Die Rückenlehne

Nicht zu unterschätzen ist hierbei auch die richtige Position der Rückenlehne. Diese sollte möglichst senkrecht eingestellt werden, damit die Wirbelsäule eine möglichst natürliche, belastungsarme Form behalten kann.

### Die Armlehne

Armlehnen sollten paarweise vorhanden und in der Position verstellbar sein – das entlastet die Arme bei Langstrecken und ist auch gemütlicher, wenn das Fahrzeug steht und die Sitze mittels Drehkonsole in den Wohnraum integriert werden können.

### Der Sitzbezug

Sitzbezüge beziehungsweise Polsterstoffe werden in der Regel vom Fahrzeughersteller bestimmt, man sollte aber auch hier auf eine gewisse Qualität achten. Einige Sitzhersteller verwenden ausschließlich atmungsaktive Stoffe, manche bauen sogar ein Ventilationssystem ein. Eine Sitzheizung ist vor allem bei Lederbezügen zu empfehlen und sollte im Sitz- und im Rückenteil eingebaut sein. Die Wohltat einer Sitzheizung wissen nicht nur »Laternenparker«, sondern auch Bandscheibengeschädigte sehr schnell zu schätzen.

### Die Sitzform

Die Sitzform sollte möglichst ergonomisch beschaffen sein. Wichtig ist dabei, dass Oberschenkel, Becken und Wirbelsäule gut anliegen. Vorhandene Seitenwangen sollen am Körper anliegen ohne ihn dabei einzuengen. Die Länge der Sitzfläche sollte so sein, dass die Pedale leicht erreichbar sind und bei voll durchgetretenen Pedalen kein zu starker Druck auf die Oberschenkel entsteht. Die Länge ist richtig, wenn der Abstand zwischen Kniekehle und Sitzkante etwa 2–3 Finger beträgt.

### Die Sitzeinstellungen

Lendenwirbelstützen, auch Lumbar- oder Lordosenstützen genannt, sollen zusätzlich die natürliche Form der Wirbelsäule unterstützen (meistens nur gegen Aufpreis erhältlich, lohnt sich jedoch). Die Einstellung sollte so gewählt werden, dass die S-Form der Wirbelsäule unterstützt wird, aber nicht zu stark dagegen drücken. Höhen- und Neigungsverstellung unterstützen die Ergonomie der Sitzposition. Optimal angepasste Sitzhöhe sowie Sitz- und Lehnenneigung tragen sehr viel zum entspannten Fahren bei. Drehkonsolen insbesondere für Fahrer- und Beifahrersitze erlauben, sofern genügend Platz zum Drehen vorhanden ist, die Integration dieser Sitze in den Wohnraum. Das sonst ungenutzte Führerhaus wird somit zum Wohnzimmer. Allerdings sollte unbedingt darauf geachtet werden, dass das Gurtschloss des Sicherheitsgurtes beim Drehen des Sitzes mitfährt. Gurtschlösser sollten auf keinen Fall am Boden liegen bleiben da sonst die Gefahr besteht dass Sie überfahren und dadurch beschädigt werden können. Sicherheitsgurte sollten auf allen Sitzplätzen vorhanden sein. Mindestens Beckengurte bei den genutzten Sitzplätzen im Wohnraum. Fahrer- und Beifahrersitzplätze müssen mit Dreipunktgurten ausgerüstet sein. In Originalkarosserien sind die Gurte bereits vorhanden und können verwendet werden. Sitze mit integrierten Dreipunktgurten kommen dort zum Einsatz wo bauartbedingt keine Gurtverankerungspunkte in der Fahrzeugwand vorhanden sind. Solche Sitze können nur durch spezielle Fachbetriebe montiert werden. Sie unterliegen wesentlich höheren Sicherheitsanforderungen als herkömmliche Sitze. Sowohl bei der Verankerung im Fahrzeugboden als auch in ihrer eigenen Festigkeit. Bei der Auswahl eines solchen Sitzes sollte ebenfalls darauf geachtet werden, dass das Gurtschloss beim Drehen des Sitzes mit dreht. Außerdem sollte der Retraktor im Sitz liegen und der Umlenkbeschlag beim Gurtaustritt in Schulterhöhe gut abgepolstert ist, um Verletzungen beim Ein- und Aussteigen vorzubeugen.

### Fazit

Ein guter Wohnmobil-Sitz sollte allen sicherheitsrelevanten und ergonomischen Kriterien entsprechen, dabei nicht zu technisch aussehen, zur restlichen Einrichtung passen und als Fernsehsessel genau so gut sein wie als Fahrersitz.

## Reifen: Die Schuhe des Wohnmobils

Am 28. Februar 1888 erfand der schottische Landarzt John Boyd Dunlop im irischen Belfast den Luftreifen, heute verlassen Millionen von Autofahrer auf die schwarzen Dinger, die in allen erdenklichen Situationen eine einwandfreie Verbindung zwischen Fahrbahn und Fahrzeug garantieren.

Trotz der bahnbrechenden Erfindung hat der Reifen nie richtig Eingang in das Sicherheitsdenken der Fahrer gefunden: Geradezu stiefmütterlich behandeln Fahrzeugbesitzer die »Schuhe« ihres Fahrzeugs. Das kann dramatische Folgen haben, wie gefährliche Reifenplatzer an Reisemobilen in letzter Zeit gezeigt haben.

Gutgelaunt in bester Urlaubsstimmung belädt Familie Müller ihr Reisemobil. Die Reise geht nach Ungarn, der Plattensee ist das Ziel. Da das große Reisemobil genügend Stauraum bietet und die Versorgungssituation am Urlaubsort unklar ist, packen sie so ziemlich alles ein, was zum komfortablen Reisemobilurlaub dazugehört. Natürlich müssen neben den Crew-Mitgliedern das Vorzelt, vier Fahrräder, Buggy, Surfbretter, Gummiboot und Spielsachen mit. Dazu kommt die Bord-Verpflegung, eine Palette Hundefutter und die Notration an deutschem Bier. Das Wohnmobil geht schwer beladen in die Blattfedern, jedoch reicht – dank Zusatzfeder – der Restfederweg an der besonders strapazierten Hinterachse, gerade noch aus. Schnell noch 70 Liter Kraftstoff getankt und den 100 l-Wassertank befüllt, dann kann die Reise losgehen. Das Drama nimmt kurz vor Szopron an der ungarischen Grenze seinen Lauf: Mit einem lauten Knall platzt der rechte Hinterreifen, die Reste der Decke zerschlagen mit Getöse den Radkasten des Mobils. Nur mit großen Anstrengungen bringt Konrad Müller sein schlingerndes Reisemobil am Fahrbahnrand zum Stillstand bringen, ohne weiteren Schaden anzurichten. Die gute Laune ist dahin als der Schaden betrachtet wird, der Radkasten ist durchschlagen, Reifenteile und Schmutz sind bis in die Staukästen vorgedrungen, haben Staugut vernichtet. 1.500,- Euro Schaden, wie der Gutachter später feststellt. Ein Schaden, der vermeidbar gewesen wären, wenn der Hersteller seine Fahrzeuge mit den für den Aufbau angepassten Reifen ausgerüstet hätte und Herr Müller sich mehr um die Pflege seiner Reifen und die korrekte Beladung seines Mobils gekümmert hätte. Fakt ist, dass Reisemobile schon unbeladen einen Großteil ihres zulässigen Gesamtgewichtes permanent mit sich herumschleppen. Meist ist die Erstausrüstung der Basisfahrzeuge aber nicht auf diese Dauerbelastungen eingerichtet, Transporter werden nur temporär mit hohen Lasten gefahren. Die aus Kostengründen sehr knapp ausgelegte Tragfä-

higkeit der Reifen kommt mit – vielfach unsachgemäßer – Beladung schnell an und über ihre Grenzen. Kommen noch schlechte Pflege und mangelnde Wartung der Reifen durch den Eigner des Mobils hinzu, treten schon nach geringen Laufzeiten gefährliche Schäden an der Bereifung auf. Deshalb ist es sinnvoll, sich beim Kauf des Reisemobils und später bei der Nachrüstung auch über die richtige Bereifung Gedanken zu machen. Viele Hersteller bieten auf Anfrage eine Bereifung mit stärkerer Tragkraft an. Continental, Branchenriese aus Hannover, hat diese Lücke erkannt und bietet eine neue Serie Nutzfahrzeugreifen mit erhöhter Traglast an. Auch Michelin hält mit dem neuen Agilis ein Reifenprogramm Sommer/Winter speziell für Reisemobile bereit.

■ **Regelmäßige Pflege und Wartung der Reifen verlängert die Lebensdauer und bringt Sicherheit.**

### Die häufigsten Ursachen für Reifenschäden

1. Ist der Luftdruck zu niedrig, wird der Reifen ungleichmäßig abgefahren, es besteht die Gefahr der Gürtelablösung, die Reifenplatzer zur Folge haben kann.
2. Ist der Luftdruck zu hoch, entsteht starker Mittelabrieb am Reifen, das heißt hoher Verschleiß.
3. Nachlässige Reifenkontrolle führt zu Schä-

den. Fahrzeugreifen müssen mindestens alle 14 Tage genau geprüft werden. Dabei Lauffläche auf falschen Abrieb oder Fremdkörper kontrollieren. Verliert der Reifen Luft, unbedingt vom Fachmann prüfen lassen. Luftdruck bei kaltem Reifen kontrollieren und nicht am warmen Reifen korrigieren (Ein Luftdruckanstieg während der Fahrt ist normal.) Die Luftdrücke in den Reifen müssen achsweise gleich sein, dürfen allerdings zwischen Vorder- und Hinterachse differieren. Die Ventilkappen müssen fest aufgeschraubt sein, da sie das Ventil vor Staub und Schmutz und somit vor Undichtigkeit schützen. Fehlende Ventilkappen sofort ersetzen.

4. Überfahren von Bordsteinen im spitzen Winkel klemmt die Flanke des Reifens und zerstört ihn. Reifenplatzer sind programmiert.
5. Schnelles Überfahren von hochstehenden Kanaldeckeln klemmt den Reifen und zerstört ihn. Außerdem sind Brüche im Unterbau des Reifens möglich, die zu Reifenplatzern führen können.
6. Fahren mit defekten Stoßdämpfern bewirkt einen deutlich erhöhten Verschleiß.
7. Fahren mit falsch eingestellter Vorspur bedeutet deutlich erhöhten Verschleiß.
8. Einseitig eingestellter Sturz erhöht den Verschleiß enorm.

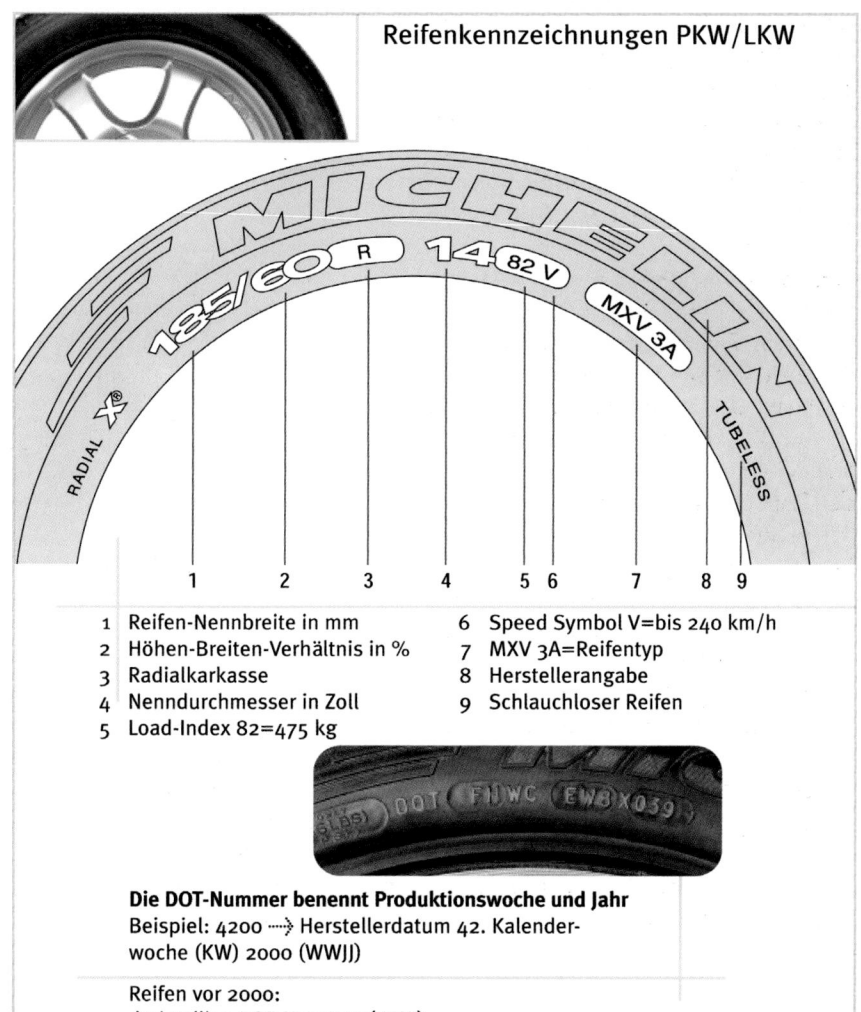

## Reifenkennzeichnungen PKW/LKW

1 2 3 4 5 6 7 8 9

| | | | |
|---|---|---|---|
| 1 | Reifen-Nennbreite in mm | 6 | Speed Symbol V=bis 240 km/h |
| 2 | Höhen-Breiten-Verhältnis in % | 7 | MXV 3A=Reifentyp |
| 3 | Radialkarkasse | 8 | Herstellerangabe |
| 4 | Nenndurchmesser in Zoll | 9 | Schlauchloser Reifen |
| 5 | Load-Index 82=475 kg | | |

**Das sagen die Prägungen auf der Reifenflanke aus.**

**Die DOT-Nummer benennt Produktionswoche und Jahr**
Beispiel: 4200 ⋯⋯⋗ Herstellerdatum 42. Kalenderwoche (KW) 2000 (WWJJ)

Reifen vor 2000:
dreistellige DOT-Nummer (WWJ)
Beispiel: 039 ⋯⋯⋗ Herstellerdatum 03. KW 1999

9. Reifen bekommen bei Mobilen ohne ABS bei Vollbremsungen mehr oder minder starke »Bremsplatten«, die nicht reparabel sind. Der Rollkomfort wird gestört, unter Umständen sind die Reifen nicht mehr fahrbar.

10. Profil-Tiefe ist zu gering. Bei Profiltiefen unter 3 mm verlängert sich der Bremsweg besonders drastisch bei nasser Fahrbahn, zudem wird der Reifen sehr anfällig für Beschädigungen.

### Load-Index und Speed-Index

Welches Gewicht ein Reifen verträgt, das heißt die maximale Einzelbelastung pro Reifen, kann über die sogenannte Betriebskennung und den Reifenfülldruck ermittelt werden. Die Betriebskennung setzt sich aus einem numerischen Code und einem Buchstaben für die zulässige Höchstgeschwindigkeit zusammen und ist auf der Reifenflanke bei der eingeprägten Reifengröße zu finden.

Tragfähigkeits-Kennzahl (Load Index) und Reifentragfähigkeiten:

| Load-Index | Tragfähigkeit des Reifen LI in kg |
|---|---|
| 100 | 800 |
| 10 | 825 |
| 102 | 850 |
| 103 | 875 |
| 104 | 900 |
| 105 | 925 |
| 106 | 950 |
| 107 | 975 |
| 108 | 1.000 |
| 109 | 1.030 |
| 110 | 1.060 |
| 112 | 1.120 |
| 113 | 1.150 |
| 114 | 1.180 |
| 115 | 1.215 |
| 116 | 1.250 |

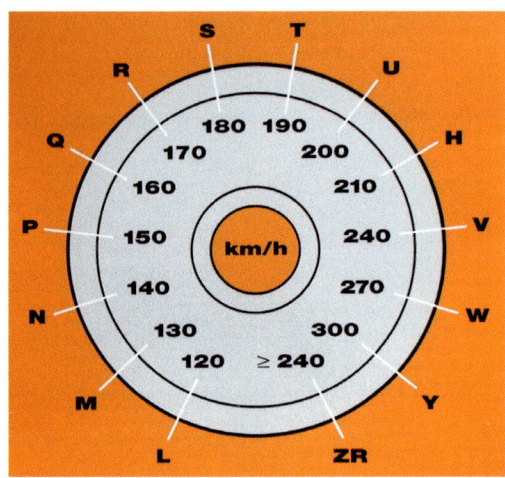

■ Speed-Index für die zulässige Höchstgeschwindigkeit.

### Winterreifen

In Deutschland muss nach der aktuellen Reform der StVO (§ 2 Absatz 3a) jeder Autofahrer für eine »geeignete Bereifung« sorgen, beziehungsweise seine »Ausrüstung an die Wetterverhältnisse anpassen«. Dies gilt natürlich auch für Reisemobile. Eine gesetzliche Pflicht zum Winterreifen besteht zwar nicht, doch es droht ein Bußgeld, wenn mit Sommerreifen ein Unfall verursacht wird. Trotz fehlender konkreter Winterreifenpflicht, die der Gesetzgeber scheute, läuft es darauf hinaus, dass bei Schnee künftig Autofahrer nur dann auf der sicheren Seite sind, wenn sie Winterreifen montiert haben. Geeignete Bereifung bedeutet im Winter in aller Regel Reifen, die mit dem Schneeflockensymbol gekennzeichnet sind und eine ausreichende Profiltiefe von mindestens vier Millimetern aufweisen. Autofahrer mit Sommerreifen bewegen sich künftig daher auch juristisch auf Glatteis: Kommt die Polizei bei einer Kontrolle zum Ergebnis, Sommerreifen seien nicht angemessen, kostet dies 20,- Euro Verwarnungsgeld. Bei der Frage, ob das Fahrzeug mit für den Fahrzeugtyp zulässigen Reifen unterwegs ist, muss die Polizei wegen der neuen Fahrzeugscheine allerdings passen – dort fehlen die bisherigen Angaben über die Bereifung. Teurer wird es, wenn das Auto den Verkehr behindert oder sogar einen Unfall verursacht. Dann sind bis zu 40,- Euro und ein Punkt in der Verkehrssünderkartei in Flensburg fällig.

### Glossar

**DOT-Nummer** – das Herstellungsdatum eines Reifens lässt sich an der mit den Buchstaben DOT beginnenden Identifizierungsnummer auf der Reifenflanke ablesen. Die letzten drei Ziffern bedeuten Woche und Jahr, zum Beispiel 0499 = 4. Woche 2006. Ein zusätzliches Dreieck hinter der letzten Ziffer zeigt an, dass der Reifen aus den 90er Jahren stammt. Seit dem Jahr 2000 ist die DOT-Nummer vierstellig, beispielsweise 4200. Die ersten beiden Ziffern geben die Produktionswoche an, hier die Woche 42. Die beiden letzten Ziffern (00) definieren das Baujahr, in diesem Beispiel das Jahr 2000. 06 bedeutet 2006.

**ECE 30** – ist eine europäische Richtlinie, die auf dem Reifen durch die »E-Nr.« dokumentiert wird. Die E-Nr. ist für jede Reifenausführung individuell und besagt, dass dieser Reifen die Prüfkriterien ECE 30 bestanden hat. Seit dem 1. Oktober 1998 dürfen in Deutschland (in anderen europäischen Ländern wie Österreich, Frankreich, Großbritannien schon seit einigen Jahren) Reifen, die nach diesem Datum produziert wurden, nur noch mit E-Nr. in den Verkauf gelangen. Dies gibt den Verbrauchern zusätzliche Sicherheit gegen eventuelle grobe Sicherheitsmängel an Billigimporten.

**PR = Ply Rating** – Anzahl der Lagen, ist eine nur bei Reifen für Leichttransporter noch teilweise gebrauchte Bezeichnung für verschiedene Tragfähigkeitsklassen. Früher bei Diagonalreifen bezeichnete man damit die Anzahl der Karkasslagen. Ein 8 PR-Reifen besitzt mehr Tragfähigkeit als ein 6 PR-Reifen. Die PR-Zahl wird heute meist durch den Load-Index ersetzt.

**Load-Index** – Tragfähigkeitskennzahl, eine zwei- oder dreistellige Zahl am Ende der Größenbezeichnung, zum Beispiel 215/70 R 16

113 C. Die Zahl 113 gibt Aufschluss über die Tragfähigkeit des Reifens. Tragfähigkeitsindex LI 113 bedeutet beispielsweise 1.105 kg Tragfähigkeit pro Reifen bei 4.75 bar Luftdruck, LI 116 = 1.220 kg bei 4,75 bar, 1.250 kg bei 5,25 bar Luftdruck.

**Speed-Index** – Buchstabe zur Kennzeichnung der zulässigen Höchstgeschwindigkeit des Reifens.

## Zubehör im Praxistest: Chip-Tuning von Tec-Power

### Kraft-Kur optimiert die Leistung von Turbodiesel-Motoren

»Lahme Gurke!« Siggi B. haut sichtlich aufgebracht auf das Lenkrad des Renault Trafic, als der niederländische Blumenlaster an ihm vorbeirauscht. Aus Kostengründen hat er sich bei seinem Weinsberg-Mobil für die Basismotorisierung mit 100 PS entschieden – und bereut mittlerweile bitter. Mit einem seriösen Chip-Tuning kann recht einfach geholfen werden, wir haben den Tunern von Tec-Power in Remagen bei der Kraft-Kur für den Renault über die Schulter geschaut.

■ **Zur Kraft-Kur nach Remagen: Tec-Power hilft mit Chip-Tuning müden Motoren auf die Sprünge.**

### Funktion eines Motorsteuergerätes

Moderne Fahrzeugmotoren, egal ob Diesel oder Otto, werden mit elektronischen Motorsteuergeräten geregelt. Nur so können die Motoren effektiv den sich ständig ändernden Anforderungen angepasst werden. Diese Steuercomputer erhalten mittels Sensoren Informationen über den Betriebszustand des Motors, wie beispielsweise Drehzahl, Luftmenge, Temperatur oder Ladedruck. Anhand dieser Daten errechnet der Computer über vorgegebene, gespeicherte Daten, sogenannte Kennfelder, die für den jeweiligen Zustand korrekte Einspritzmenge, den Einspritzzeitpunkt oder den genauen Zündzeitpunkt. Das Programm und die Kennfelder (etwa 300 pro Fahrzeug werden im Steuergerät gespeichert), sind spezifisch für das Fahrzeug entwickelt und getestet worden und enthalten sogenannte Soll-Daten. Mit der Software des Steuergerätes werden außerdem Ist-Daten wie wechselnde reale Fahrzustände, wie Treibstoffqualität, Witterungseinflüsse, geologisch differente Höhen oder länderspezifische Abgasgrenzwerte berücksichtigt.

### Chip-Tuning ist Optimierung ohne Gefahr

Die Toleranzen der Entwickler lassen sowohl bei der Hardware – dem Motor – als auch bei der Software – dem Steuergerät – genug Luft für eine schadlose Optimierung. Dabei wird die Leistung (kW/PS) und das Drehmoment (Nm) des Motors durch den Eingriff verbessert. Grundsätzlich können alle Fahrzeuge mit elektronischem Motormanagement getunt werden. Turbomaschinen, ob Diesel oder Benziner, lassen eine Optimierung bis zu 30 Prozent zu.

Wie aber lässt sich bei den vielen Anbietern die Spreu vom Weizen trennen? Der ADAC und große Fachzeitschriften wie *Auto-Bild* oder *Gute Fahrt* haben sich intensiv mit dem Thema Chip-Tuning befasst, Vergleichs-Tests gefahren oder Nachrüstungen an neuen oder gebrauchten Fahrzeugen durchgeführt und getestet. Keinem sind bisher nennenswerte Negativa beim Chip-Tuning, auch bei Langzeit-Tests, aufgefal-

■ Die Daten werden über die Diagnose-Schnittstelle aus dem Steuergerät gelesen.

■ Tuning passiert im Büro: Die Arbeit des Tuners ist heute hauptsächlich Programmiertätigkeit mit dem Laptop.

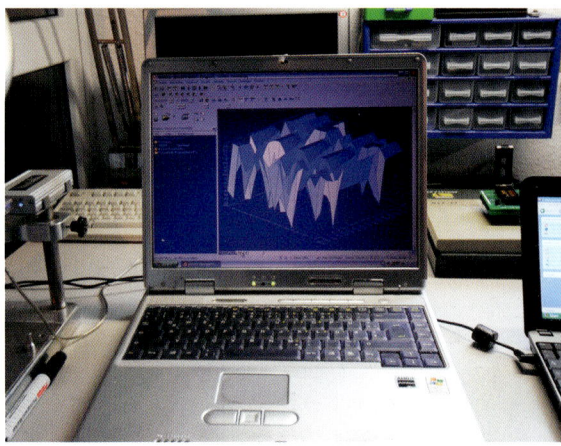

■ Chip-Tuning ist Eingriff und Veränderung der Kennfelder des Steuergerätes. Hier ein Kennfeld nach dem Tuning.

len, außer der einhelligen Warnung vor unseriösen Billiganbietern. Im Internet – auch immer häufiger bei Ebay-Versteigerungen – bieten dubiose Versender fahrzeugspezifische Tuning-Stecker (meist mit Raubkopien von Tuning-Software) und Zusatzgeräte zum Selbsteinbau ab 25,- Euro an. Zum Vergleich: Seriöse Hersteller nutzen die Originalsoftware zur aufwendigen Umprogrammierung und verlangen 800,- bis 1.000 Euro für den Umbau.

Tec-Power Geschäftsführer Christian Urbanus: »Ungefähr drei bis vier Fahrzeuge verlassen am Tag unser Haus mit einer Tec-Power-Leistungsoptimierung. Davon sind etwa 75 Prozent Gebrauchtfahrzeuge, 25 Prozent sind Neufahrzeuge, die wir für Händler oder Privatleute optimieren. Bei Neufahrzeugen erlischt mit der Tuningmaßnahme die werksseitige Gewährleistung für Motor und angeschlossene Aggregate. Dafür bieten wir sehr preisgünstig eine erheblich weiter reichende Vollgarantie an. Wichtig zu erwähnen ist noch, dass wir für alle Chip-Tunings ein Teilegutachten mitliefern und dem Kunden bei Nichtgefallen die kostenlose Option der Rückrüstung anbieten.«

### Optimierung der Original-Software

Eine sensible Abstimmung von Ladedruck und Einspritzmengenanhebung – nichts anderes ist das Chip-Tuning – ermöglicht nur die Optimierung mittels Änderung der Kennfelder für den gesamten Betrieb des Motors. Dazu wurde früher das Steuergerät ausgebaut, heute kann der Techniker über die bei allen neuen Fahrzeugen vorhandene Diagnose- oder Serviceschnittstelle die originale Software auslesen. Die wird separat abgespeichert und eine Kopie wird im Büro umprogrammiert. Da in den Kennfeldern auch die Motordrehzahl verarbeitet ist, kann bei dieser Art Chip-Tuning die Mehrleistung über das gesamte Drehzahlband variabel sauber modelliert werden. Wichtig ist dabei, dass die Originalsoftware für den Kunden gespeichert wird, damit sie für eine eventuelle Rückrüstung jederzeit verfügbar ist.

Elektronik-Experte Cay Schweizer von Tec-Power: »Wir greifen zur Optimierung im Normalfall nur in fünf Kennfelder ein, was eine automatische Änderungen in ungefähr 50 weiteren Kennfeldern nach sich zieht. Alle anderen Kennfelder – gerade auch die für den Motorschutz relevanten – bleiben bei unserem Tuning unberührt im Originalzustand. Dabei sind wir darauf bedacht, nicht ein Maximum an Optimierung herauszuholen, sondern den Motor in allen Bereichen weitestgehend zu schonen.«

### Fakten zählen auf dem Rollenprüfstand

Zur Überprüfung der Seriendaten des Motors geht es erst einmal auf den Rollenprüfstand. Erstaunlicherweise kommt der Renault mit gemessenen 99 PS und 237 Nm ziemlich nahe an die im Prospekt versprochenen Leistungsdaten heran. Nun geht Programmierer Cay Schweizer ans Werk und verpasst dem Mobil per Laptop die Tec-Power-Kraftkur. Ein Vorgang, der für den Kunden im Normalfall komplett mit höchstens zwei Arbeitsstunden erledigt ist, wenn das Tuning-Programm wie beim Renault für den entsprechenden Fahrzeugtyp vorhanden ist. Zum reinen Chip-Tuning gönnen die Remagener Tuner der Ducato-Maschine einen JR-Luftfilter, der bis zu 40 Prozent mehr Ansaugluft für den Turbodieseldirekteinspritzer bereitstellt.

### Aha-Effekt: Erstaunlicher Leistungszuwachs

Der Renault startet bereitwillig, das Ergebnis verblüfft auch hartgesottene Tester. Der kleine Weinsberg geht ab wie Lotte, der sonst eher träge Trafic läuft in allen Drehzahlbereichen deutlich ruhiger, beschleunigt auch in den unteren Bereichen spontan, willig und schiebt das Mobil kräftig nach vorne, ein echtes Vergnügen. Dem subjektiven Empfinden lassen wir weitere Fakten folgen, der Renault muss erneut auf den Rollenprüfstand. Und auch die schriftlich dokumentierten Tatsachen bestätigen das Ergebnis der Kraftkur: Der Trafic leistet jetzt etwa 140 PS und wartet mit einem maximalen

Drehmoment von 305 Nm auf. Dabei konnten wir auf dem Prüfstand und während der Testfahrten kein nennenswert anderes Abgasverhalten wie etwa vermehrte Rußbildung oder ähnliches feststellen. Eine durchgeführte Abgasuntersuchung schaffte auch hier schnell Klarheit: Keine Beanstandungen.

### Änderungen eintragen lassen

Die Änderung der Leistung sollte immer in die Fahrzeugpapiere eingetragen werden. Dafür gibt es bei Tec-Power ein Teilgutachten, das dem Kunden ausgehändigt wird. Werden die Daten nicht aktualisiert, kann die Zulassungsbehörde nach § 27, Abs. 1a StVZO (Meldepflicht bei Änderung der Leistung) neben einem saftigen Bußgeld und drei Punkten in Flensburg

🟨 **Die Macher von Tec-Power: Cay Schweizer (links) und Christian Urbanus.**

auch den Gebrauch im öffentlichen Straßenverkehr untersagen. Ohne Teilegutachten des Chips erlischt nach § 19 StVZO, Absatz 3 (schlechteres Geräusch- und Abgasverhalten) die Betriebserlaubnis des Fahrzeugs mit allen daraus folgenden rechtlichen Konsequenzen bei Versicherung und Zulassung.

### Fazit

Die Kraft-Kur für den Renault Trafic ist mehr als gelungen. Der eher mickrige bestallte 100 dCi von Renault geht jetzt in allen Drehzahlbereichen kräftig zur Sache und hat seine Drehmomentschwäche gerade beim Anfahren und Überholen abgelegt. Der lang ausgelegte sechste Gang lässt sich wesentlich effektiver einsetzen, es kann schaltfauler und damit spritsparender gefahren werden.

Infos:
Tec-Power GmbH
Sinziger Straße 34
D-53424 Remagen
Tel. 0264/903872
www.tec-power.de
Lieferumfang des Tecpower Chip-Tunings:
🟨 Ausführliche Beratung
🟨 Fahrzeug-Check
🟨 Computergestütztes Chip-Tuning auf Basis der Original-Fahrzeugdaten
🟨 Datensicherung der Originaldaten
🟨 Probefahrten
🟨 Teile-Gutachten zur Eintragung der Leistungssteigerung
🟨 Optionale Leistungsmessung auf Rollenprüfstand
🟨 Optionale AU zum Abgasverhalten
🟨 Optionale Garantieversicherung
🟨 Preis: ab 800,- Euro
cherheit für das Reisemobil. Wir haben exklusiv den Einbau eines Telma-Retarders in den neuen Sprinter von Mercedes-Benz begleitet.

## Expertentipp: Bordwerkzeug

**Sicherheit geht vor – Qualität erspart Ärger**

■ **Dipl.-Ing. Thomas Kefferpütz ist Redakteur der Fachzeitschriften *Mobil Total* und *Mobil Szene aktuell*.**

Im Zuge langer Wartungsintervalle, elektronischer Steuerungen und verkapselter Motoren, ist es aus Sicht der Hersteller – auch aus Kostengründen – nur zu logisch, das Bordwerkzeug der Reisemobile von Modell zu Modell immer kümmerlicher ausfallen zu lassen. Das Basiszeug selbst hat ab Werk meist nur noch einen Wagenheber oder minimalstes Notfall-Werkzeug von meist unterirdischer Qualität an Bord, für die Belange im Aufbau findet sich meist überhaupt kein Werkzeug. Die Einsatzmöglichkeiten der Besatzung sich mit Hilfe des Fahrzeug-Bordwerkzeugs bei einer Panne selbst helfen zu können, sind daher deutlich eingeschränkt. Gerade noch, dass man einen Reifen wechseln und eine Glühbirne austauschen kann. Selbst dabei erlebt man noch sein blaues Wunder. Die Qualität der mitgelieferten Werkzeuge ist oft so miserabel, dass selbst das Lösen stärker angezogener Radmuttern zum unüberwindbaren Ereignis wird, schon muss der Pannendienst wieder her. Da das Reisemobil ein komplexeres Gebilde darstellt, als ein normaler Pkw, ist hier aufgrund des Aufbaus mit Möbeln, der Sanitäreinrichtungen oder der Gas- und Elektroinstallationen ein anspruchsvolleres und umfangreicheres Werkzeugsortiment gefordert. So ist das berühmte Radmutterkreuz oder ein Steckschlüssel, der, auch wenn eine

Verlängerung aufgesteckt wird, seine Form behält und nicht gleich im wahrsten Sinne des Wortes »die Biege« macht, schon mal der Einstieg in die Oberliga eines vernünftigen Bordwerkzeugsortimentes.

### Was nichts kostet, taugt nichts

Das bekannte Handwerker-Motto »Was nichts kostet, taugt nichts« passt nirgendwo besser als zur Auswahl eines geeigneten Werkzeugs. Auch wenn oft argumentiert wird, dass das teure Arsenal nur selten zum Einsatz kommt, weiß doch jeder, dass es bei geklemmten Finger oder groben Abschürfungen beim Einsatz mit billigen Schraubendrehern oder Schlüsseln mit der ansonsten tadellosen Selbstbeherrschung schnell vorbei ist. Abrutschen von einer Schraube, wegen nicht passenden oder »ausgelutschten« Werkzeuges zieht gerundete Ecken oder ausgefranste Kreuzschlitze nach sich. Was dann meist den Weg in eine Werkstatt oder den Einsatz noch aufwendigeren Gerätes unausweichlich macht. Empfehlenswert ist es neben den klassischen Pannenwerkzeugen wie Handschuhe, Taschenlampe, Wagenheber, Zündkerzenschlüssel, Radmutterkreuz oder ausziehbarer Radmutternschlüssel, Starthilfekabel und Abschleppstange/seil auch ein Sortiment der gängigen Schlüsselgrößen als Maulring- und als gekröpfte Ringschlüssel von namhaften Werkzeugherstellern zusammenzustellen (wie Dowidat, Elora, Hazet, Gedore, Stahlwille). Das Gleiche gilt für Schraubendreher (Wera, Wiha), Imbusschlüssel (Wera, Wiha) sowie Zangen und Seitenschneidern (Knipex, VBW). Bei den Schraubenschlüsseln sind folgende Größen sinnvoll: 6/7, 8/9, 10/11, 12/13, 14/15, 17/19 und 20/22. Schlitzschraubendreher der Größen 3,5 x 100 mm, 5,5 x 100 und 6,5 x 125 mm sowie Kreuzschlitzschraubendreher der Größen 1 und 2 mit ergonomisch geformten Handgriffen aus Kunststoff, decken die meisten Anforderungen ab. Diese sind auch als kurze Versionen, sogenannte »Vergaserschraubendreher«, erhältlich und bieten bei engen oder schwer zugänglichen Stellen gute Hilfe.

Die meisten Hersteller bieten oftmals Schlüssel- und Schraubendrehersortimente in geeigneten Koffern an, die sich gut verstauen lassen und oft preislich günstiger sind als Einzelkäufe. Ein Kleinteilesortiment bestehend aus Dichtpaste, Lüsterklemmen, Isolierband, Schuhstecker, ggf. Keilriemen, Glühlampen und Sicherungen (Doppelter Pack Ersatzglühlampen ist in manchen Reiseländer wie Spanien bindend vorgeschrieben!) ergänzen sinnvoll das Pannenwerkzeugpaket. Weitere individuelle Zusammenstellungen sind natürlich möglich, aber unendlicher Stauraum steht, wie viele Reisemobil-Touristen wissen, nicht zur Verfügung. Dennoch gilt es das Ganze an einem geeigneten Platz im Mobil zu verstauen, sodass im Falle eines Falles, nicht das ganze Gepäck ausgeräumt werden muss, um an das Werkzeug zu gelangen. Auch

◼ **Kombination zwischen Schraubendreher und Bithalter: Das praktische Kombiwerkzeug Wera Kraftform kompakt mit Bitsatz.**

wenn vielen die Liste zu umfangreich erscheint, Sicherheit geht vor, unterwegs ist man froh, wenn man sich selbst behelfen kann.

### Warnweste wird europaweit Vorschrift

Neu an Bord muss seit Mitte 2004 in fast alle europäischen Ländern mindestens eine Warnweste sein. Die signalrote oder -grüne Weste aus Polyester muss nach DIN EN 471 genormt sein und über zwei rückstrahlende Warnstreifen an Vorder- und Rückseite verfügen. Pflicht sind die Warnwesten zur Zeit in Spanien, Portugal, Italien und Österreich, die europaweit einheitliche Einführung der Vorschrift steht aber noch an.

◼ **Komplett ausgestattete Werkzeugkoffer mit Kleinteilesortiment sind ein gute Alternative, sollten aber Qualitätswerkzeug wie hier von Gedore enthalten.**

◼ **Mindestens eine solche Warnweste muss künftig im Pkw europaweit mitgeführt werden.**

## Watt und Volt

### Die Stromversorgung im Reisemobil

Neben Kraftstoff und Gas ist Strom die dritte Energie im Reisemobil. Sie versieht ihren Dienst meist im Verborgenen, tritt nur negativ in Erscheinung, wenn der Akku leergenudelt ist und nichts mehr läuft. Trotzdem sollte man die Anlage in seinem Fahrzeug mindestens so weit kennen, dass man im Notfall weiß, wie sie aufgebaut ist.

Jedes Basisfahrzeug hat von Haus aus ein elektrisches Gleichstrom-Kleinspannungsnetz, Transporter mit überwiegend 12 Volt, Lkw und Omnibusse 24 Volt Spannung. Die Aufbauhersteller verwenden für den Wohnraum bzw. den Ausbau grundsätzlich 12 Volt, parallel dazu aber auch ein Niederspannungsnetz mit der haushaltsüblichen 230-Volt-Spannung. Dieses dient zum Laden der Akkus, dem Standbetrieb des Kühlschranks, einer Klimaanlage oder anderer Haushalts-Verbraucher. Eine Verbindung zwischen den Kleinspannungsnetzen des Basisfahrzeugs und des Aufbaus besteht über das sogenannte Trennrelais. Dieses verhindert, dass der Akku der Basis beim Starten ausfällt, wenn im Stand zu viel Strom entnommen wurde. Es ermöglicht aber, dass der Bordakku des Aufbaus während der Fahrt durch den Generator des Basisfahrzeugs mitgeladen wird. Das Niederspannungsnetz kann nur mit Netzstrom am Stell- oder Campingplatz betrieben werden, da es ausschließlich von außen gespeist wird. Es wird im Fahrzeug gesondert abgesichert und sollte immer zusätzlich einen Fehlerstrom-Schutzschalter eingebaut haben, der in Millisekunden das Netz trennt, wenn ein Fehlerstrom auftritt. Dies kann auch schon Feuchtigkeit oder ein kleiner Fehler im Netz sein. Sinnvoll sind mehrere 230-Volt-Steckdosen im Wohnraum, gerade im Bereich des Fernseher-Faches oder zum Anschluss von Fön und Küchengeräten. Ansonsten wird im Stand der Kühlschrank mit Netzstrom versorgt, nur hier kühlt er wie im Gasbetrieb volles Rohr, während der Fahrt mit Bordstrom hält er lediglich die Temperatur, die er zu Fahrtbeginn hatte.

# Schaltschema ohne Ladegerät

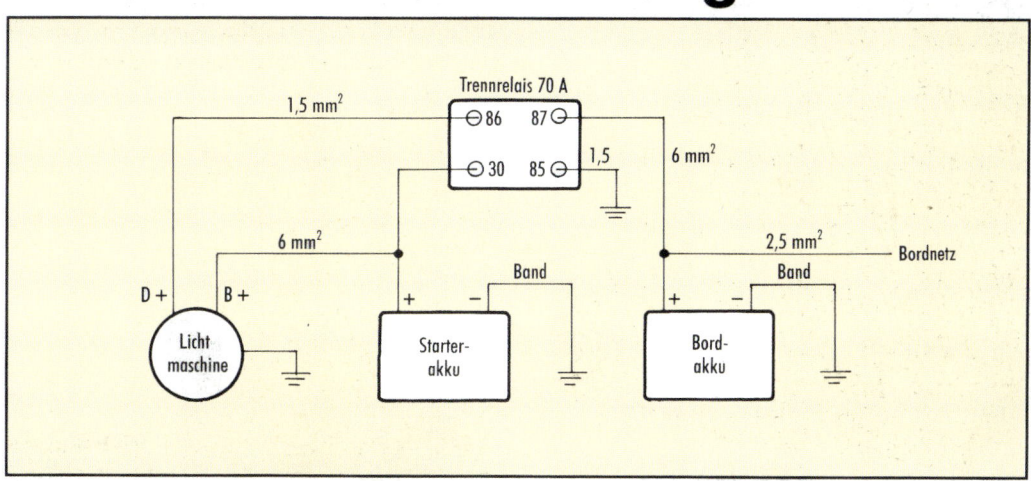

Mit einem Trennrelais zwischen Starter- und Bordakku wird verhindert, daß der Starterakku im Stand durch Verbraucher im Wohnteil entladen wird.
Bei Fahrbetrieb werden beide Akkus durch die Lichtmaschine geladen.

### Das Bordnetz

Bei Serienfahrzeugen blüht das Bordnetz meist im Verborgenen. Man kann davon ausgehen, dass es vorschriftsmäßig nach DIN EN 1648, VDE 0100 ausgeführt ist und die Leitungen für das Kleinspannungsnetz getrennt vom Niederspannungsnetz verlegt wurden. Beim Neukauf sollte man ein Schaltbild der Anlage verlangen, wenn dies nicht in der Bedienungsanleitung enthalten ist. Nur so ist eine spätere Fehlersuche möglich. Steuerzentrale der Elektrik ist das Kontrollbord, das an gut zugänglicher Stelle im Wohnraum angeordnet ist und je nach Modell und Fabrikat komfortabel alle Bedienungselemente und Konztrollanzeigen zusammenfasst. Zumindest sollte hier ein Hauptschalter installiert sein, der es ermöglicht, das gesamte Bordnetz, manchmal mit Ausnahme der Außenbeleuchtung und des Kühlschranks, stromlos zu schalten. Wer sich angewöhnt, beim Verlassen des Fahrzeugs diesen Schalter zu betätigen, kann sicher sein, nach Rückkehr noch einen vollen Akku vorzufinden, der nicht wegen einer vergessenen Beleuchtung in der Nasszelle leergenuckelt ist. Wichtig ist auch, bei Wasserversorgung über Druckpumpe, ein Pumpenhauptschalter. So ist gewährleistet, dass die Pumpe bei einem Druckabfall im Netz nicht unnötig anspringt, besonders unangenehm bei Nacht, denn besonders leise sind die Pumpen nicht. Wichtig ist auch ein solcher Schalter, wenn der Frischwassertank leer ist. Die Pumpe kann dann keinen Druck aufbauen und läuft trocken, was ihr nicht lange gut tut. Löst sich bei eingeschaltetem Pumpenschalter ein Schlauch in der Anlage, bedeutet dies für die Pumpe das Öffnen eines Wasserhahns und der Wunsch nach Wasser, dem diese gerne nachkommt. Sie pumpt mangels Gegendruck den ganzen Tankinhalt über den gerissenen Schlauch in das Fahrzeug, läuft dann trocken und setzt sich nach kurzer Zeit fest. Wenn man Glück hat, ist die Pumpe gut abgesichert und es folgt nicht auch noch ein Kabelbrand. Deshalb immer den Pumpenschalter ausschalten, wenn kein Wasser benö-

tigt wird. Gute Kontrollbords sind mit mehreren Sicherungsautomaten ausgerüstet, die das Bordnetz in ausreichend viele Stromkreise auftrennt. So ist gewährleistet, dass bei einem Kurzschluss oder Überlastung nicht gleich alles ausfällt. Anzeigeinstrumente für den Füllstand der Wasser- und Abwassertanks sowie der beiden Akkus, oder zumindest LED-Anzeigen hierfür, komplettieren die Überwachungszentrale. Manchmal sind hier auch die Bedienungselemente für Heizung, Boiler, Duomatikanlage und der Gasfernschalter installiert. Dann kann wirklich von einem Kontrollbord die Rede sein, an dem alles zentral überwacht und geregelt werden kann. Idealer Platz hierfür ist der meist tote Raum über der Eingangstür.

### Der Bordakku

Bordakku und Ladegerät sind meist irgendwo in einem Staufach gut versteckt untergebracht. Im Grunde ist dies richtig, man sollte nur bei Beladung des Stauraums dafür sorgen, dass die im Ladegerät entstehende Wärme gut abgeleitet wird und auch die Gasableitung aus den Zellen des Bordakkus, sofern es sich um einen Säure- und nicht um einen Gelakku handelt, ins Freie gewährleistet ist. Dies ist unbedingt notwendig, da sich beim Laden des Akkus unter Umständen Knallgas entwickeln kann, das explosiv ist. Deshalb sind die Zellenstöpsel mit einer Schlauchleitung verbunden, die ins Freie führt. Wie beim Akku der Basis ist auch beim Bordakku darauf zu achten, dass die einzelnen Zellen genügend Flüssigkeit aufweisen, eventuell mit destilliertem Wasser auffüllen.
Der Bordakku ist ein wesentlicher Bestandteil der technischen Ausstattung im Reisemobil. Ohne ihn läuft praktisch nichts. Strom kann in den seltensten Fällen im richtigen Moment und in der gerade benötigten Menge erzeugt werden. Deshalb ist es wichtig, immer ausreichend Strom speichern zu können, damit er jederzeit zur Verfügung steht.
Grundsätzlich kommen im Reisemobil folgende unterschiedliche Akkutypen zum Einsatz:

- Starterakkus,
- Bordnetzakkus (auch Heavy-Duty oder HD-Akkus, seit Neuestem auch AGM-Akkus),
- Solarakkus.

Diese Energiespeichersysteme dürfen nicht leichtfertig miteinander verwechselt werden, denn sie sind für ihre jeweiligen Aufgaben entsprechend konstruiert.

Der prinzipielle Aufbau ist bei allen gleich: Platten aus Bleidioxid (Anode-positive Elektrode) und aus Bleischwamm (Kathode-negative Elektrode), die in eine 20prozentige Schwefelsäure (Elektrolyt) getaucht sind.

Der Starterakku soll für eine kurze Zeit (zum Beispiel Startvorgang) hohe Ströme abgeben können. Die Stromabgabe hängt von der verfügbaren Gesamtplattenoberfläche ab. Erreicht wird das durch dünne, aber zahlreichere Platten im Vergleich zum Bordakku.

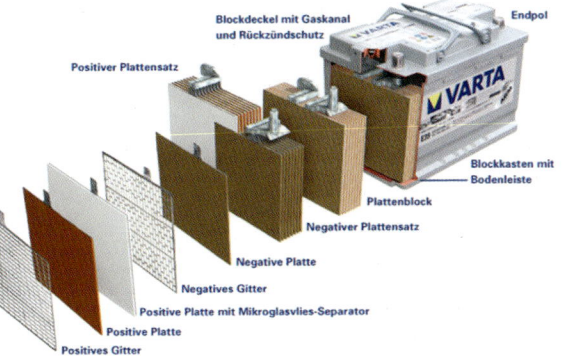

**■ Aufbau eines Blei-Säure-Akkus in herkömmlicher Bauart.**

Der Bordakku dagegen ist für eine Langzeitentladung bei geringen Strömen ausgelegt. Dabei muss er häufige Lade- und Entladevorgänge (Zyklen), wie sie in Bordnetzen üblich sind, verkraften können. Außerdem soll er eine geringe Selbstentladung aufweisen und wartungsarm sein. Deshalb besitzt er dickere Platten, die besonders verankert sind, was sie gegen Schwingungen und Vibrationen unempfindlich macht. Eine Sonderisolierung der positiven Platten ver-

hindert ein vorzeitiges Ausschlammen, wodurch die Zyklenfestigkeit gegenüber Starterbatterien um das Doppelte erhöht wird. Zyklenfestigkeit heißt, dass der Akku eine bestimmte Anzahl von Lade- Entladevorgängen, sogenannten Zyklen, unbeschadet übersteht. Die Zyklenfestigkeit wird von der Zyklentiefe, der Stärke des Ladestroms und von der Ladedauer bestimmt. Dabei bedeutet Zyklentiefe, wie tief innerhalb eines Zyklus die Batterie entladen wird. Sinkt der Spannungswert der Batterie bis auf 10,2 Volt (Entladespannung) ab, besitzt der Speicher keine Reserven mehr. Die Kapazität ist vollkommen erschöpft. In der Praxis soll der Akku jedoch nur bis maximal 40 Prozent seiner Kapazität einbüßen, sodass noch eine ausreichende Kapazität zur Verfügung steht.

Batterien für den Solarbetrieb sind heute auch in der Gel- und Vliestechnologie erhältlich. Sie zeichnen sich durch eine noch höhere Zyklenfestigkeit, einen höheren Wirkungsgrad und geringere Verluste bei der Solarstrom-Aufnahme aus.

### Neue Technik

Seit einigen Jahren gibt es einen eindeutigen Trend in der Akkumulatorentechnik. Er verlagert sich von reinen Flüssig-Elektrolyt-Speichern hin zu Akkus, deren Säuren in Gel oder saugfähigem Vlies gebunden sind. Vorteil dieser aus dem Industrieakkubereich stammenden Technologie: Selbst bei extremen Schräglagen tritt keine Flüssigkeit mehr aus. Ein weiteres Plus: Sollte sich durch Überladung an den Polen Gas bilden, wird es in Wasser gebunden und in die Zellen zurückgeführt (Rekombination). Dadurch ist es möglich, vollkommen geschlossene Batterien zu fertigen, die keine Füllstandkontrolle mehr notwendig machen und absolut wartungsfrei sind. Daher eignen sich diese Batterien besonders für den Einbau im Wohnmobilinneren, raumsparend in Schränken oder Sitzkästen. Da sie nicht mehr ausgasen, benötigen sie auch keinen gasdichten Einbaukasten und keine Entlüftung ins Freie.

Die neueste Entwicklung auf diesem Gebiet sind die AGM-Akkus (Absorbed Glass Mat, also Glasmattenisolierung). Das in den Glasfasermatten gebundene Elektrolyt ist fest, das heißt nahezu trocken und auslaufsicher. Es handelt sich dabei um eine sehr fein strukturierte Glasmattenkonstruktion, die bei der Fertigung mit dem Elektrolyt getränkt wird. Dadurch können sie in jeder denkbaren Lage betrieben werden, sind vollkommen geschlossen und auslaufsicher. AGM-Akkus sind um ein Vielfaches leistungsfähiger, robuster und wirtschaftlicher im Einsatz als herkömmliche Akkus. Sie sind sowohl als Starterakku als auch als Bordakku zu verwenden, da sie sowohl kurzzeitig hohe als auch langzeitig niedrige Ströme abgeben können, ohne zusammenzubrechen. Der sehr niedrige Innenwiderstand ermöglicht ein deutlich schnelleres Laden mit hohen Strömen, die Ladezeiten verkürzen sich dadurch erheblich.

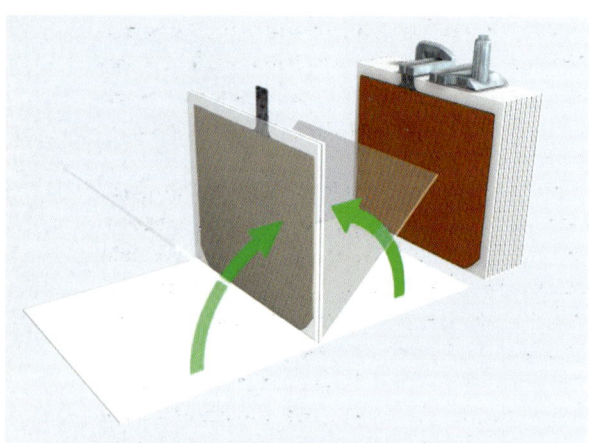

■ Im Gegensatz zu Akkus mit Säure- oder Gelfüllung ist bei AGM-Akkus das Elektrolyt in den Glasmatten gebunden.

### Kapazität der Akkus

Um beim Kauf eines Akkus dessen Leistungsfähigkeit richtig einschätzen zu können, helfen bestimmte Bezeichnungen weiter. Diese sind in der DIN 43539 Teil 3 festgelegt. Durch die Aktualisierung der Norm kursieren zwei verschiedene Kapazitätsangaben. Zum einen »K5« oder »fünfstündige Kapazität« und zum anderen »K20«, was »zwanzigstündige Kapazität« bedeutet.

Dahinter steckt Folgendes: Ein Akku mit der Kapazitätsangabe »60 Ah (K5)« kann fünf Stunden lang das Bordnetz mit einem Strom von 12 Ampère versorgen. Dabei muss die Batterie am Entladeschluss noch eine Spannung von 10,2 (Entladespannung) Volt aufweisen.

Dasselbe gilt auch für die Bezeichnung »60 Ah (K20)«. Nur hier lautet das Ergebnis: Die Batterie liefert 20 Stunden lang einen Strom von 3 Ampère. Aussage: kleinere verfügbare Kapazität bei Entnahme mit hohem Strom.

Teilweise findet man nur die eine oder die andere Bezeichnung auf dem Gehäuse. Nach folgenden Formeln lassen sich die Akkus dennoch miteinander vergleichen:

Angabe K5 multipliziert mit 1,18 ergibt den Wert, den eine Batterie nach der Angabe K20 hätte. Umgekehrt: Faktor 0,85 mal den Wert der K20-Angabe ergibt die Kapazität für fünfstündige Entladung.

Was geschieht mit den Akkus, wenn sie längere Zeit nicht beansprucht werden? Ein neuwertiger Blei-Säure-Akku entlädt sich um etwa 0,1 bis 0,3 Prozent täglich. Erhöht sich die Umgebungstemperatur jeweils um 10 Grad Celsius, verdoppelt sich die Selbstentladung. Daher ist eine gelegentliche Überprüfung des Ladezustands notwendig, um eine Tiefentladung zu vermeiden. Vorsicht: Tiefentladene Energiespeicher frieren bei Minusgraden ein und sollten im Falle eines Falles schnellstmöglich wieder »reanimiert« werden. Das allerdings sehr vorsichtig mit geringem Ladestrom unter 3 Ampère.

Um eine unbeaufsichtigte Ladung des Akkus vornehmen zu können, empfehlen wir, keine Ladegeräte mit der reinen W-Kennlinie einzusetzen. Wenigstens ein geregelter Gerätetyp mit Wae-Verlauf sollte zum Einsatz kommen. Ideal ist eine Ladung nach dem IUoU-Verfahren. Sie lädt die Zelle bis 2,4 Volt (14,4 Volt/Akku) mit konstantem Strom, schaltet für eine bestimmte

Zeit auf Konstantspannung um und geht dann in den Erhaltungsladungsbetrieb über.

Lange Standzeiten, ohne dass der Akku »in Schwung« gehalten wird, führen bei konventionellen Flüssig-Elektrolyt-Batterien zur Ausbildung größerer Bleisulfatkristalle. Die Folge: Der Ladestrom ist nicht in der Lage, diese Kristalle in Bleidioxid respektive Blei umzuwandeln. Dieser Kristallisierungsprozess führt zum sogenannten Plattenschluss. Die negative und die positive Platte werden ungewollt miteinander kurzgeschlossen – der Akku ist erledigt.

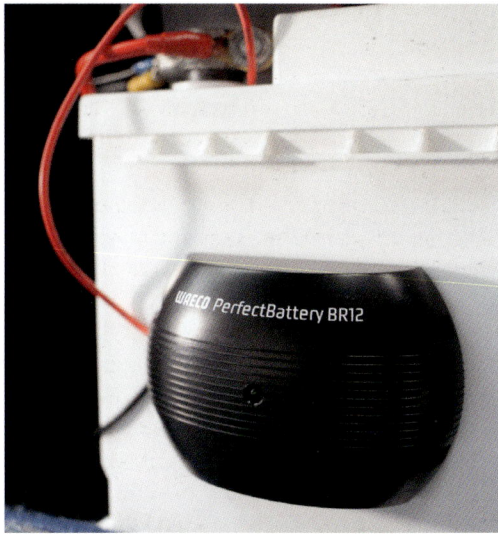

■ **Akkuerhalt elektronisch mit dem Akku-Refresher. Er verzögert den Kristallisierungsprozess, eine lohnenswerte Anschaffung.**

### Entsorgung

Die Entsorgung eines unbrauchbaren Akkus ist ein ernstes Thema. Er hat nichts im Haus- oder Sperrmüll zu suchen, sondern gehört auf den Sondermüll. Da ein Blei-Akku zu 90 Prozent aus recyclebaren Stoffen besteht, nehmen die Fachhändler Altakkus zurück, die das ISO-Zeichen tragen. Beim Neukauf wird heute laut Batterieverordnung § 6 ein Pfand in Höhe von 15,- Euro erhoben, das im Falle der Rückgabe eines Altakkus zurückerstattet wird.

## Alternative Energiequellen im Reisemobil

### Die Sonne angezapft – Solargeneratoren

Ohne Strom nichts los, diese abgewandelte Parole gilt auch und gerade für freiheitsliebende Reisemobilisten, die fernab von Campingplätzen auf einfachen Stellplätzen ohne Stromanschluss übernachten und trotzdem nicht auf ein Minimum an Komfort verzichten wollen. Hier sind Alternative Energieträger angesagt, die es in immer größerem Umfang für Freizeitfahrzeuge gibt.

»Nutzen Sie die natürlichen Energiequellen, noch ist die Regierung nicht dahintergekommen, auch hierfür Steuern zu kassieren!« Tatsächlich hat die Nutzung der Solarenergie unendliche Vorteile, wie man immer mehr an den Hausdächern bis hin zur Feldscheune feststellen kann. Gut, bei Hausanlagen gibt es Zuschüsse, die zu nutzen die Sache wirtschaftlich erst interessant macht. Für das Freizeitfahrzeug gibt es diese nicht, dafür aber auch keine alternative Energie, die komplett ohne Treibstoffkosten, ohne Geräusch und ohne Abgas auskommt wie die Solarenergie. Und dies auf viele Jahre, denn Solaranlagen arbeiten verschleiß- und wartungsfrei, lediglich von Fall zu Fall ist eine Reinigung der Solarmodule auf dem Dach angesagt. Solarstrom ist, sieht man von der Erstinvestition ab, kostenlos praktisch überall, zumindest tagsüber, und lautlos verfügbar. Allerdings, Strom ist nicht immer dann vonnöten, wenn die Sonne vom Himmel brennt, Licht und Fernsehen ist meist nur in den Abendstunden angesagt. Deshalb muss der tagsüber und bei Sonnenschein abgezapfte Solarstrom gespeichert werden. Auch das ist kein Problem, einen Bordakku haben sowieso die meisten Mobile von Haus aus, neuere sogar oft serienmäßig die für eine Solaranlage idealen Gelakkus oder gar einen AGM-Akku neuester Technologie.

### Welches Modul für welchen Zweck?

Es gibt die unterschiedlichsten Solarmodule auf dem Markt, die sich je nach Einsatzort anbieten. Die für Reisemobile, und natürlich parallel dazu auch für autarke Caravans, interessanten Solaranlagen bestehen aus den Solarmodulen auf dem Dach und dem passenden Regler in der Nähe des Bordakkus. Bei den Solarmodulen unterscheidet man zwischen amorpher und kristalliner Zelltechnologie. Amorphe Zellen sind flexibel und bei direkter Verklebung auf dem Dach begehbar, altern aber verhältnismäßig schnell und haben den geringsten Wirkungsgrad, sind also für das Freizeitfahrzeug eher weniger geeignet. Dazu hin ist ihr Preis relativ hoch, der Vorteil der Flexibilität ist also teuer erkauft. Bei den besser geeigneten kristallinen Zelltechnologien unterscheidet man zwischen monokristallin, polykristallin und der neuesten Zelle in CIS-Technologie. Monokristalline Zellen weisen die längste Erfahrung auf, verfügen über den höchsten Wirkungsgrad im Vergleich und sind damit Spitzenreiter im Preis-/Leistungsvergleich. Bei den neuesten, ebenfalls kristallinen CIS-Modulen werden keine quadratischen Zellen verbaut, sondern in Längsstreifen getrennte. Damit wird erreicht, dass die gefürchtete Teilverschattung von Zellen nicht automatisch zum Ausfall der Stromerzeugung führt, sondern lediglich die Ertragsmenge geringfügig reduziert wird.

■ **Bei den neuesten Solarmodulen in CIS-Technologie führen Teilverschattungen nicht zu totalem Leistungsausfall.**

### Welche Solarleistung wird benötigt?

Mathematikbeflissene können sich den Tagesbedarf an Strom nach ihren individuellen Wohngewohnheiten und der Ausstattung ihres Mobils an Hand von Tabellen ausrechnen und ihre Anlagenkapazität danach festlegen. Die Tagesleistung einer Anlage wird in Wp (Watt peak) nach Internationalen Standard-Prüfbedingungen angegeben. Praxisbezogen, wie wir sind, reichen aber in den meisten Fällen auch die in der folgenden Aufstellung enthaltenen Erfahrungswerte:

**Solaranlage mit 60 Wp Tagesleistung**

Geeignet für kleine Fahrzeuge ohne TV/Satanlage, mit Licht, Wasserpumpe und Radio ohne Einsatz im Winter.

**Solaranlage mit 85 Wp Tagesleistung**

Geeignet für kleine bis mittlere Fahrzeuge mit TV/Satanlage bis zu 3 Std/Tag, Licht, Wasserpumpe, Radio, Heizung/Boiler, ohne Einsatz im Winter.

### Solaranlage mit 100 Wp Tagesleistung

Geeignet für mittlere bis große Fahrzeuge mit TV/Satanlage, Licht, Wasserpumpe, Radio, Heizung/Boiler, ohne Einsatz im Winter.

### Solaranlage ab 160 Wp Tagesleistung

Geeignet für mittlere bis große Fahrzeuge mit TV/Satanlage, Licht, Wasserpumpe, Radio, Heizung/Boiler, Kompressorkühlschrank und ganzjährigem Einsatz.

### Kapazitätsbestimmung

Wie groß ein Modul und der zugehörige Akku sein müssen, hängt von den persönlichen Gewohnheiten und der Ausstattung des Fahrzeugs mit Verbrauchern ab. Erste Aufgabe in der Planungsphase ist daher die Bestimmung des Tagesverbrauchs und die durchschnittliche Standzeit ohne Nachlademöglichkeit. Danach richtet sich sowohl die benötigte Leistung des Solarmoduls als auch die Kapazität des Akkus. Je nach Gepflogenheit werden dafür die einzelnen Verbraucher aufgelistet, mit der täglichen Laufzeit multipliziert und die Einzelergebnisse addiert. Ein Beispiel:

| | | |
|---|---|---|
| Fernseher | 35 Watt x 3,0 Std. | 105 W/h |
| Sat-Receiver | 15 Watt x 3,0 Std. | 45 W/h |
| Pumpe | 30 Watt x 0,2 Std. | 6 W/h |
| Licht | 11 Watt x 3,0 Std. | 33 W/h |
| zusammen | 189 W/h : 12 V = 15,75 Ah | |
| | Tagesverbrauch | |

Für den mittleren täglichen Ertrag muss im Sommerhalbjahr die Modulleistung mit 4 multipliziert werden, daraus ergibt sich der ca. Ertrag bei einem 50 Watt Modul von 200 W/h pro Tag bei optimalem Wetter.

Um die benötigte Batteriekapazität zu ermitteln, multipliziert man den Verbrauch in Ampere mit dem Sicherheitsfaktor 1,7 = benötigte Batteriekapazität. In unserem Beispiel also 63 Ah, wenn täglich nachgeladen werden kann. Anhand der Typenreihe wählt man die Batterie mit der nächsthöheren Kapazität aus. Die Solaranlage und der Solarregler sollten aber immer so konzipiert sein, dass bei Bedarf Module nachgerüstet werden können.

### Wo und wie wird die Anlage montiert?

Auf dem Dach natürlich. Aber so einfach lässt sich diese Frage nicht beantworten. Über die Art der Befestigung und die Ausrichtung zur Sonne werden heiße Diskussionen geführt. Perfektionisten mit dicker Brieftasche wählen die per GPS-Steuerung automatisch die Sonne verfolgenden Automatik-Aufsteller. Diese drehen und schwenken die Module immer so, dass sie in Richtung und Kippwinkel ständig die optimale Ausrichtung zur Sonne haben. Letztendlich ist es aber mehr eine Prestigeangelegenheit, auch die üblicherweise eben auf dem Dach befestigten Anlagen haben keinen wesentlich schlechteren Wirkungsgrad. Die Mehrkosten für Automatikanlagen stehen kaum im Verhältnis zum Mehrgewinn an Energie. Auch manuell nachstellbare Kippanlagen sind weniger zu empfehlen, wer mag schon mehrmals am Tag auf das Mobildach klettern und die Anlage verdrehen. Lässt die Begeisterung hierfür nach und die Anlage bleibt in einer gewählten Position stehen, ist die Energieernte dieser Anlage nach kurzer Zeit wegen der inzwischen gewanderten Sonne schlechter als bei einer flach montierten.

Für die flache Montage auf dem Dach eignen sich am Besten zur Anlage passende Spoilersets, die mit Sikaflex-252 auf dem vorher gereinigten Dach verklebt werden. Nach Abbinden des Montageklebers können die Module darauf verschraubt werden. Diese Methode hat den Vorteil, dass man bei einem Fahrzeugwechsel nur neue Spoiler besorgen muss und die Modu-

■ **Vollautomaten wie dieser SunMover verfolgen die Sonne GPS-gesteuert und sorgen so für höchstmögliche Wirksamkeit, sind aber teuer und tragen dick auf.**

le mitnehmen kann. Auch für die Durchführung der Anschlusskabel in das Fahrzeuginnere gibt es spezielle Formstücke, die mit Sikaflex-252 verklebt werden. So ist gleichzeitig die Durchführung abgedichtet. Für die Eigenmontage empfiehlt sich die Anschaffung eines Komplettsets, in dem neben dem Modul die passenden Zubehörteile, der passende Laderegler und Kabel bereits enthalten sind.

## Buchtipp

*Wer sich für den Einsatz der Solarenergie im Caravan und Reisemobil interessiert, dem sei das Buch »Solarstrom im Reisemobil« von Bernd Büttner (ISBN 978-3-9809439-9-4) empfohlen. Es stellt praktische Nutzungsmöglichkeiten der Solarenergie im Reisemobil vor und gibt konkrete, leicht verständliche Anleitungen. Ein Schwerpunkt des Buchs ist der Selbsteinbau einer Solaranlage mit sämtlichen Zubehörteilen und Anschlüssen.*
*Preis des 120 Seiten starken Softcover-Buchs 9,80 Euro.*

### Kraftbetriebene Generatoren

Wenn im Reisemobil kein Außenanschluss an Netzstrom zur Verfügung steht und große Verbraucher, wie zum Beispiel eine Klimaanlage, betrieben werden sollen, hilft nur ein Generator, der den dafür notwendigen Saft liefert. Alle anderen Stromerzeuger, seien es Photovoltaikanlagen, Windräder oder Brennstoffzellen, können wirtschaftlich sinnvoll keine derart hohen Leistungen erzeugen und längere Zeit vorhalten.

Wenn das Betriebsgeräusch nicht wäre, könnten Generatoren mit Benzin-, Diesel- oder Gasbetrieb unschlagbar die Nummer eins unter den Energieversorgern im Reisemobil sein. Sie sind klein in den Abmessungen, groß in der Leistung und einigermaßen wirtschaftlich im Betrieb. Tragbare Generatoren haben dazu hin den großen Vorteil, dass man damit zuhause notfalls die Tiefkühltruhe oder andere, wichtige Verbraucher während eines Stromausfalls betreiben kann. Aber auch einen elektrischen Rasenmäher oder andere Geräte, einschließlich der Partybeleuchtung samt Kühlboxen und Musikanlage auf dem stromlosen Wochenend-

■ Selbstausbauer sind mit einem passend zusammengestellten Komplettset gut beraten.

grundstück, wenn die Generatorenleistung groß genug gewählt wird. Im Gegensatz zum direkten Vis à Vis mit dem Nachbarn auf dem ruhigen Stellplatz stört hier auch das Geräusch des in ausreichender Entfernung geparkten Generators nicht.

### Die richtige Wahl

Lässt man die finanzielle Seite außer Acht, sind auf den ersten Blick Einbaugeräte erste Wahl. Sie haben eine Vollkapselung gegen Schall, können vom Innenraum aus ferngesteuert angelassen werden, versorgen sich, bei Dieselgeneratoren, aus dem hauseigenen Kraftstofftank, sind leistungsfähig und halten auch einen Dauerlauf anstandslos durch. Dafür kosten sie richtig Kohle, unter 3.000,- Euro läuft hier praktisch nichts. Solche Kraftwerke sind hauptsächlich etwas für Vielnutzer, die mit ihrem Mobil vielleicht sogar gewerblich auf Achse sind und laufend Strom benötigen. Sei es für eine große Klimaanlage oder eventuell für Vorführgeräte von Equipment auf Messen oder bei Kunden auf dem Hof. Alle anderen sind mit mobilen Geräten besser bedient. Zwar müssen diese jedes Mal angeschlossen werden, aber das zahlt sich aus. Die Preisskala für taugliche Mobilgeräte beginnt bei unter 600,- Euro. Zusätzlich zum günstigen Preis haben Mobilgeräte die positive Eigen-

■ **Einbaugeräte wie der Telair mit Yamaha-Motor sind trotz Vollkapselung durch abklappbare Front und Auszugschlitten leicht zu warten.**

schaft, dass sie überall eingesetzt werden können, auch bei einem Fahrzeugwechsel. Auf vermeintliche Schnäppchen aus dem Baumarkt, die manchmal im Internet oder in Zeitungsbeilagen für unter 100,- Euro angeboten werden, sollte aber nur derjenige eingehen, der weiß, was er dafür bekommt und der nicht auf die Idee kommt, diese Zweitaktermaschinchen irgendwo auf einem Stellplatz einzusetzen. Ihre Duftnote und der dem Zweitakter typische Sound verhelfen selten zu neuen Freundschaften. Ein Viertakter mit Schalldämmgehäuse sollte es schon sein. Dazu hin einer, der sich leicht starten lässt und der mit Drehzahlsteuerung ausgestattet ist, der also bei niedriger Stromentnahme nur langsam, damit leiser und sparsamer, läuft. Ideal ist dann noch ein aufsteckbarer Abgasschlauch, mit dem sich die Lautstärke nochmals um bis zu 5 dB(A) drosseln lässt, der aber auch ermöglicht, den Abgasstrom dorthin zu lenken, wo er weniger stört. Ein weiteres, wichtiges Kriterium ist die Technologie des Generators. Hier sollten, wenn finanziell irgendwie möglich, nur Geräte gekauft werden, deren Generator mit der neuen Inverter-Technologie arbeiten. Das sind elektronische Komponenten, die den Strom filtern und in eine möglichst reine Sinus-Spannungskurve bringen. Spannungsschwankungen von ±2,5%, wie sie ein Inverter aufweist, sind selbst für Netzstrom ein Traumwert, hier schwankt die Spannung zwischen +6 und -10 Prozent, bei einfachen Generatoren ohne Inverter sind es Spitzenwerte von ±23 Prozent. Nur mit Inverter-Technologie können ohne Risiko induktive Verbraucher, also solche mit empfindlicher Elektronik oder mit Motoren, angetrieben werden. Mit anderen Technologien läuft man Gefahr, dass die Verbraucher mehr oder weniger schnell zerstört werden. Unter diese Kategorie fallen zum Beispiel: Fernseher, Computer, Bildschirme und ähnliche, elektronische Geräte. Aber auch Kompressoren von Klimaanlagen, Kompressor-Kühlschränke, Mikrowellenherde, Ladegeräte für Kameras und Handys sowie Akku-Ladegeräte, die die Niederfrequenz zur Steuerung verwenden. Also kurz gesagt, all die Verbraucher, die uns im Reisemobil lieb und teuer sind. Verwendet man Generatoren ausschließlich zum Laden der Akkus mit Direktanschluss vom 12 V Ausgang oder gar einen Generator, der ausschließlich 12 V liefert, ist diese Technologie entbehrlich.

■ Tragbare Geräte sind überall einsetzbar.

### Welche Größe ist die richtige Wahl?

Bei der Festlegung der Generatorenleistung spielen viele Faktoren mit. Zuerst sollte man wissen, welche Geräte damit betrieben und welche davon gleichzeitig genutzt werden. Deren Leistung muss addiert werden. Dazu kommt noch ein Zuschlag, wenn es sich um induktive Verbraucher handelt, die einen hohen Anlaufstrom haben und erst nach dem Start auf den angegebenen Wert absinken. Hier muss natürlich der Anlaufstrom berücksichtigt werden. Zu diesen Verbrauchern zählen Klimaanlagen, Kompressorkühlschränke und alle Elektrowerkzeuge mit Motor. Unkritisch sind Kaffeemaschine, Fön und Leuchtmittel. Soll der Generator auch zu Hause benutzt werden, zählen die häuslichen Werte genauso mit, wobei hier vermutlich nicht mit gleichzeitig mehreren Verbrauchern gerechnet werden muss. Bei der Festlegung der Größe eines Generators sollte man den errechneten Wert als untere Grenze ansehen, sicher kommt später noch der eine oder andere Verbraucher hinzu.

### Welche Energie ist die Richtige?

Generatoren gibt es für Benzin-, Diesel- und Gasbetrieb. Damit fällt die Wahl dank Auswahl schwer. Kaum stellt sie sich bei den tragbaren Geräten, die nur mit Benzinbetrieb und mit eingebautem Tank auf dem Markt sind. Eine Ausnahme macht hier Honda, deren Geräte auch mit Gasumrüstung geliefert werden, dann aber nur noch eingeschränkt transportabel und kaum mehr im Haushalt verwendet werden können. Bei Benzinbetrieb der großen Geräte im Fahrzeug ist ein gesonderter Tank notwendig, der den Gewichtsvorteil der Benziner gegenüber den dieselbetriebenen wieder aufzehrt. Dieselgeneratoren haben einen etwas raueren Motorlauf, sind aber sparsam und platzsparend dank Kraftstoffversorgung aus dem Fahrzeugtank. Ebenfalls keine eigene Kraftstoff-Bevorratung benötigen die Gasgeneratoren, haben dazu hin noch den Vorteil des günstigen Kraftstoffs und geringerer Geräuschentwicklung, ganz abgesehen von der ökologischen Energie. Letztendlich ist es, wie bei so vielem, Geschmackssache, welchen Antrieb man wählt.

■ Moderne Einbaugeneratoren können auch an die bordeigene Gasanlage angeschlossen werden.

### Wie laut ist ein Generator?

Um den Geräuschpegel von Generatoren richtig einschätzen zu können, hier ein paar einfache Erläuterungen zur Akustik: Die Lautstärke von Geräten wird in Dezibel gemessen, nach Norm in einer Entfernung von sieben Metern vom Objekt. Man spricht dann von dB (A). Diese Einheit ist logarithmiert, das bedeutet, dass beispielsweise 20 dB nicht doppelt so laut sind wie 10 dB, sondern ein Vielfaches davon. Bei 6 dB Unterschied multipliziert sich die Lautstärke um Faktor 2, bei 20 dB Unterschied verzehnfacht sie sich und bei 40 dB Unterschied ist der lautere bereits 100 mal lauter als sein leiserer Kontrahent. Damit ist klar, dass ein Generator mit »nur ein paar dB höherer Lautstärke« in Wirklichkeit und im Vergleich richtig laut sein kann.

### Wie wird ein Generator angeschlossen?

Ein außen frei aufgestellter Generator mit 230 V Wechselspannung wird mit einem für den Außeneinsatz geeigneten und zur Verwendung im Freien zugelassenen Gummikabel mit der Bezeichnung H07 RN-F 3 x 2,5 qmm mit der Eingangs-Steckdose des Mobils verbunden. Mehr ist hier nicht zu beachten. Komplizierter wird es , wenn gleichzeitig und zusätzlich zur 230 V Einspeisung die Batterien unter Umgehung des Ladegeräts oder zusätzlich mit dem 12 V Ausgang des Generators geladen werden sollen. Hier ist die Meinung eines Fachmannes zur speziellen Schaltung Ihres Mobils einzuholen, manche Fahrzeuge haben eine Netzstrom-Vorrangschaltung, die in diesem Fall möglicherweise umgeklemmt werden muss. Fragen Sie hierzu bei Ihrer Werkstatt nach. Festeingebaute Generatoren werden auch fest angeschlossen. Hier sollte auf jeden Fall der Fachmann ran.

### Gasgenerator

Eine Sonderstellung nimmt der Gasgenerator von Gasperini ein. Das nur 19 kg wiegende Gerät wird unter dem Fahrzeug mit fahrzeugspezifischen Halterungen fest installiert und mit der 12 V Anlage verschaltet. Er kann aber auch in Verbindung mit einem Wechselrichter für die 230 V Versorgung benutzt werden. Je nach Einstellung an der Fernbedienung im Inneren schaltet sich der Generator automatisch zu, sobald die eingestellte Mindestspannung der

■ Der Gasgenerator von Gasperini, hier als Schnittmodell, lädt die Bordbatterien automatisch und wird unter dem Fahrzeug montiert.

Batterie erreicht ist und ab, wenn die Batterie geladen ist. Auch manuelle Schaltung ist möglich, wenn Anlaufen zu bestimmten Zeiten nicht gewünscht ist.

### Brennstoffzellen

Nach Netzstromanschluss, Solaranlagen und Generatoren gibt es auf dem Gebiet der Stromversorgung für »Insellösungen«, zu denen auch die Reisemobile und Caravans zählen, noch die von vielen als Zukunftslösung hochgelobten Brennstoffzellen.

Der Brennstoffzelle soll die Zukunft des Antriebs im Kraftfahrzeug gehören, prognostizieren Forschung und Industrie. Im Kleinen zum Laden von Batterien funktioniert sie bereits bei einem Hersteller, der sie erfolgreich an Industrie und Caravaner verkauft. Die Efoy-Brennstoffzelle ist in verschiedenen Leistungsstufen erhältlich und verwendet als Brennstoff reines Methanol, einen Alkohol, der auf verschiedenen Wegen, auch aus pflanzlichen und regenerativen Rohstoffen, gewonnen wird. Durch Einsatz der vom gleichen Hersteller entwickelten Tankpatronen mit 5 oder 10 l Inhalt ist die Gefahr, die durch eventuellen Genuss des hochgiftigen Brennstoffs besteht, eingeschränkt und gilt bei sachgemäßer Anwendung als gebannt. Vergiftungen treten sonst bereits bei Einnahme von 5 bis 15 gr. Methanol ein. Durch den dichten Verschluss der mit GS-Siegel ausgezeichneten Patronen kann praktisch kein Methanol austreten, wenn die Patrone nicht mit der Brennstoffzelle verbunden ist.

Truma aus Putzbrunn, bekannt für seine Gasprodukte, entwickelt zurzeit eine Brennstoffzelle, die mit dem meist sowieso an Bord befindlichen Butan-/Propangas betrieben werden soll. Wenn die Serienreife erreicht ist, wird hier eine echte Alternative ohne zusätzlichen Brennstoff entstehen.

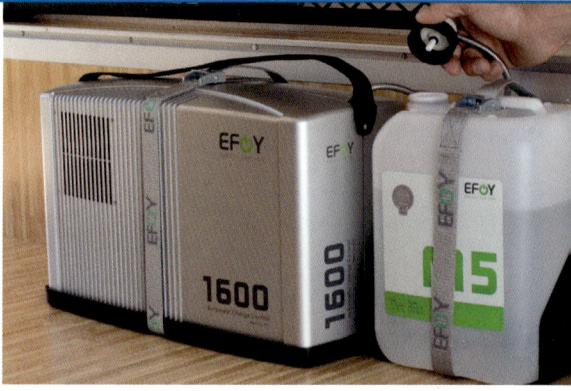

■ Eine Efoy-Brennstoffzelle mit Tankpatrone kann dank geringem Platzbedarf überall eingebaut werden.

■ Noch in der Entwicklungsphase befindet sich die Brennstoffzelle von Truma, die als Energieträger Gas verwendet.

## Wie funktioniert die Brennstoffzelle?

Herzstück der Brennstoffzelle ist der Stack, in dem platinbeschichtete Membranen und Bipolarplatten zusammengefasst werden. Je mehr Platten und Membranen millimetergenau in diesem Stack aufeinandergeschichtet werden, desto leistungsfähiger ist die Zelle. Goldbeschichtete Leiterplatten führen den Strom effizient ab. Methanol und Sauerstoff werden dem Brennstoffzellen-Stack zugeführt und durch einen chemischen Prozess ohne Verbrennung direkt in Strom umgewandelt. Dabei wird auf der Anodenseite der Membran ein Methanol-Wasser-Gemisch zugeführt. Das dazu benötigte Wasser wird im Inneren der Geräts aus der Rückführung des entstehenden Wassers gewonnen. Auf der Kathodenseite wird Umgebungsluft in die Brennstoffzelle gepumpt. Anoden- und Katho-

denseite sind mit einem Stromkreis miteinander verbunden. Das Methanol gibt im Kontakt mit dem Katalysator an der Anode Elektronen (e-) ab, die in Richtung der Kathode im Stromkreis fließen. Die ebenfalls entstandenen Gegenionen (Protonen -H+) passieren die Membran zur Kathode. Dort reagiert Sauerstoff mit den Protonen und Elektronen, es entsteht Wasser. Die gesamte Reaktion findet im Stack statt, der sich dabei auf zirka 75 Grad C erwärmt. Das nicht im Prozess benötigte Wasser wird als Wasserdampf zusammen mit geringen Mengen Kohlendioxid nach außen abgegeben. Durch diesen Prozess wird die direkte Umwandlung des Energieträgers Methanol in Strom ohne Zwischenschritte und Energieverluste erreicht. Eine geringe Geräuschentwicklung entsteht durch das integrierte Gebläse für die Luftzufuhr und Kühlung der Brennstoffzelle.

Im Reisemobil wird die Efoy-Brennstoffzelle in einen lüftbaren Stauraum, in der Heckgarage oder in den Doppelboden hinter einer Außenklappe eingebaut. Wenn sie weit genug entfernt von den Betten installiert wird, ist auch das Lüftergeräusch während des Betriebs nicht störend. Die Tankpatrone wird unmittelbar neben der Zelle befestigt und mit dieser verbunden. Es ist ratsam, den elektrischen Anschluss von einem Fachmann durchführen zu lassen. Die Ladung der Bordbatterie erfolgt vollautomatisch. Die eingebaute Elektronik erkennt, wann wie viel nachgeladen werden muss, damit am Abend ausreichend Strom vorhanden ist. Sie schaltet vollautomatisch ei einer Batteriespannung von 12,3 V ein und bei 14,2 V wieder ab. Die manuelle Steuerung erfolgt über die Fernbedienung im Innenraum, hier wird auch ein fälliger Wechsel der Tankpatrone angezeigt. Bei durchschnittlicher Entnahme reicht eine 10 l Tankpatrone bis zu vier Wochen, der durchschnittliche Methanolverbrauch beträgt für alle Typen nach Werksangabe 1,1 l/kWh. Nachschub gibt es europaweit in 600 Verkaufsstellen, bei längerem Aufenthalt ist es deshalb angeraten, eine zweite Patrone als Reserve mitzuführen.

### Welche Brennstoffzelle ist die Richtige?

Efoy bietet seine Brennstoffzellen in vier Leistungsstufen von 25 bis 65 W Nennleistung an. Je nach Verbrauchern und Nutzungszeit kann man überschlägig davon ausgehen, dass für kleine Mobile und Nutzung zwischen Frühjahr und Herbst die Efoy 600 ausreichend ist. Mittlere Mobile mit Basisversorgung im Winter sind mit der Efoy 900 gut beraten, darüber ist die Wahl zwischen den Typen 1200 und 1600. Die Tabelle führt die technischen Daten der einzelnen Typen auf, damit jeder die für ihn richtige Zelle festlegen kann.

### Windgeneratoren

Wind kann, muss aber durchaus nicht nur störend sein. Man kann seine Kraft auch zur Energiegewinnung nutzen, dann sieht es schon viel freundlicher für ihn aus. Im Großen wird dies schon längst praktiziert, im Kleinen bis heute noch überwiegend im maritimen Bereich.

Windkraftanlagen entstehen überall da, wo ausreichend Luftbewegung vorhanden ist, manchmal zum Leidwesen der Anwohner und Besucher wegen Verschandelung der Landschaft. Im Kleinen werden Windgeneratoren mit Erfolg schon seit längerem im Marinebereich verwendet. Mehr und mehr sieht man sie auch an den Autobahnen, wo sie in Koppelung mit kleinen Solarpanelen die Stromversorgung von abseits gelegenen Verkehrseinrichtungen si-

■ Windgeneratoren gibt es hauptsächlich im Marinezubehör. Ihre Leistung ist oft verblüffend. Zur Sicherheit vor Verletzungen am laufenden Generator sollte man ein Modell mit geschlossenem Ventilator wählen.

cherstellen. Die kostenfreie Energie, die im Wind steckt, kann auch der Reisemobilfahrer ausnutzen, um zumindest im Stand seine Energiereserven wieder aufzuladen. Ein Mast mit dem Windgenerator ist schnell gestellt, das Ladekabel mit dem Regler des Bordakkus verbunden und schon fließt die kostenfreie Energie ab einer Windgeschwindigkeit von 2,2 m/s, je nach Generatortype. Ab 6 m/s, also einer mäßigen Brise, kann mit einer Ladeleistung von ungefähr 0,5 A, also ungefähr 6 Watt, gerechnet werden. Windgeneratoren haben je nach Fabrikat und Type Rotorblattdurchmesser von ungefähr 60 cm bis über einem Meter und kosten ab ungefähr 400,- Euro für Modelle, die nicht seewasserfest sind. Seewasserfeste Modelle gleicher Größe aus dem Marinezubehör gibt es ab ungefähr 600,- Euro. Erhältlich sind die Windgeneratoren weniger im Caravanzubehör, hier sind die Marineausrüster und Spezialversender aus dem Internet die Richtigen. Die Suchmaschinen führen sicher zum Erfolg.

### Vereint macht stark

Netzanschluss, Sonne und Wind sind nicht zu jeder Zeit und an jedem Ort verfügbar, ein Generator stört meist durch sein Betriebsgeräusch und die Brennstoffzelle liefert relativ wenig Saft dann, wenn er benötigt wird. Alles braucht eben seine Zeit, die man bei plötzlichem Strombedarf vielfach nicht hat. Wohl dem, der dann kombinieren kann und die Auswahl hat zwischen den unterschiedlichen Stromerzeugern. Kombi- oder Hybridanlagen werden meist gebildet aus einer Photovoltaikanlage in Verbindung mit einer Brennstoffzelle. Solche Kombis gibt es bereits fertig konfektioniert und aufeinander abgestimmt. Scheint die Sonne, hat der Solarstrom Vorrang, die Brennstoffzelle wird bei einer solchen Kombination erst zugeschaltet, wenn klar ist, dass Abends nicht ausreichend Saft zur Verfügung stehen wird. Die intelligenten Steuerungen sind darauf ausgerichtet, die Brennstoffzelle so wenig wie möglich und nachts nur im Notfall, Strom zu erzeugen. Vorrang hat die Solarzelle, die geräuschlos und kostenfrei dafür sorgt, dass die Batterie voll ist, Sonne vorausgesetzt. Eine solche Kombianlage ist das Beste, was einem in punkto Energiegewinnung im Reisemobil passieren kann, allerdings muss man dafür gut und gerne über 4.000,- Euro auf den Tisch des Zubehörhandels blättern.

### Beleuchtung

Die Beleuchtung im Reisemobil ist entscheidend dafür, ob man das Gefühl hat, in einem Notarztwagen oder einem gemütlichen Heim zu sitzen. Je nach persönlicher Einstellung lassen sich hier durch Nachrüstung umfangreiche Verbesserungen gegenüber der Standardausstattung erzielen. Aber auch die Beleuchtung außen ist ein Aufgabenfeld für Nachrüstung.

### Die Leuchtmittel

Verbreitet als Allgemeinlicht in einem schon etwas angegrauten Reisemobil sind überwiegend altmodische Deckenleuchten mit Leuchtstoffröhre als Allgemeinbeleuchtung, dazu als Abendbeleuchtung zum Schmökern oder Unterhalten Strahler mit Plastikschirm und Glühlampen mit oft nur 20 W. Dieses Licht ist nicht gerade förderlich für das seelische Wohlbefinden, da zu schwach und mit starkem Licht / Schattenverhältnis im Wagen. Heute legt man Wert auf helle, freundliche Beleuchtung und, außer vielleicht als Leseleuchte für die Dämmerstunde, gleichmäßige Ausleuchtung. Diese kann mit einfachen Mitteln nachgerüstet werden. Die in Frage kommenden Leuchten und Leuchtmittel hierfür stellen wir Ihnen im Folgenden vor.

### Glühlampen

Neben der Beleuchtung im Sanitärbereich und als »Stimmungslicht« hat die gute alte Glühlampe auch überall dort ihre Daseinsberechtigung, wo höhere Spannungsschwankungen im Bordnetz zu erwarten sind. Dies ist bei Fahrzeugen der Fall, die oft ohne Außeneinspeisung stehen, kleine Bordakkus eingebaut haben oder mit Kompressorkühlschränken ausgestattet sind. Hier wird der Spannungsabfall oft die für die Elektronik kritischen 25 Prozent erreichen, bei denen die Leuchtstoffröhren Schaden erleiden. Schädlich ist auch eine mangelhaft geglättete Gleichspannung, wie sie von einfachen Ladegeräten geliefert wird. Der träge Glühfaden reagiert auf diese Probleme überhaupt nicht, es verkürzt sich allenfalls die Lebensdauer, wenn Überspannung anliegt.

■ **Im Kinderzimmer schützt eine geschlossene Leuchte mit schwacher Glühlampe vor Verbrennungen.**

### Leuchtstofflampen

Verbreitet und preisgünstig sind die kompakten, U-förmig gebogenen Leuchtstofflampen, meist kurz als Sparlampe abgetan. Im Gegensatz zu Glühlampen wird hier das sichtbare Licht nicht durch eine glühende Wendel erreicht, sondern durch Elektronen. Wenn diese durch eine Gasstrecke fließen, erzeugen sie beim Zusammenprall mit den Gasatomen ein vorwiegend im UV- Bereich liegendes, damit unsichtbares Licht. Dieses UV-Licht wird durch eine auf der Innenseite des Glases aufgebrachte, fluoreszierende Schicht sichtbar gemacht.

Glühlampen erzeugen ihr Licht im Infrarot-Bereich. Sie erzeugen dabei etwa 94 Prozent Infrarotlicht, also reine Wärmestrahlung und nur sechs Prozent sichtbares Licht. Leuchtstofflampen dagegen erzeugen »nur« 70 Prozent Wärme und 30 Prozent Licht, hieraus ergibt sich der eigentliche Spareffekt. Dazu kommt noch, dass Leuchtstofflampen eine mittlere Lebensdauer von ungefähr 8.000 Brennstunden erreichen gegenüber etwa 1.000 Stunden bei Glühlampen. Dies kann allerdings vernachlässigt werden, da der Anschaffungspreis von Glühlampen weit unter dem von Leuchtstofflampen liegt. Die Gleichspannung im Reisemobil verlangt bei Leuchtstofflampen nach einem elektronischen Vorschaltgerät, das die Bordspannung in die für den Betrieb notwendige Spannung umsetzt. Dabei werden durch entsprechende Schaltungen Transistoren zum Schwingen gebracht. Je nach Qualität und Auslegung des Vorschaltgerätes arbeiten diese mit Frequenzen zwischen 22 und 70 kHz. Dabei entstehen naturgemäß Störfrequenzen, die durch Entstörglieder abgebaut werden. Dies gelingt mehr oder weniger gut, nur einige, meist preisgünstige Geräte, können schwache Störfrequenzen aussenden. Deshalb sollten Leuchtstoffleuchten möglichst weit entfernt vorn einem eventuell eingebauten Radio oder Fernsehgerät installiert werden. Eine Leuchtstofflampe benötigt einige Minuten, bis sie ihren Nennlichtstrom, also den vom Hersteller angegebenen Lichtstrom, erreicht. Bei kühler Umgebungstemperatur erreicht sie zunächst nur etwa 50 bis 60 Prozent mit der Erwärmung steigt der Gasdruck in der Lampe und es werden 100 Prozent erreicht. Innerhalb der zulässigen Spannungsschwankungen von 25 Prozent verändert sich der Lichtstrom nur gering, größere Spannungsschwankungen verkraftet die Elektronik nicht und wird zerstört. Durch Verwendung teurer Edelgase wie Argon anstelle des früher verwendeten Krypton wurde die Zündwilligkeit der Leuchtmittel verbessert, Zündflackern gehört damit der Vergangenheit an.

**Leuchtstofflampen eignen sich als Arbeitslicht und Allgemeinbeleuchtung wie hier über dem Küchenblock.**

## Leuchtenformen

Die kompakte Bauform der Lampen eröffneten den Leuchtenherstellern neue Konstruktionen. Auf kleinstem Raum wird größtmögliche Leuchtkraft ermöglicht. So entsprechen zum Beispiel die stabförmigen Leuchten mit 2 mal 11 W - Kompaktlampen bei einer Länge von etwa 60 cm der Lichtausbeute von 150 W -Glühlampen. Normale einflammige Leuchtstofflampen gleicher Baulänge mit 13 W entsprechen einer Glühlampenleistung von 60 W. Mehr und mehr setzen sich bei Leuchtstofflampen die kaum mehr als fingerdicken TL-Röhren durch, die bei einer Stromaufnahme von 8 W die gleiche Leuchtdichte bringen. Auch runde Leuchten, frühere Domäne von Glühlampen, können jetzt mit Leuchtstofflampen bestückt werden. Man hat hier also die ideale Arbeits- und Allgemeinbeleuchtung für das Reisemobil, die wegen ihrer Lichtfarbe ohne weiteres mit Glühlampen kombiniert werden kann. Stabförmige Kompaktleuchten sind empfehlenswert unter den Hängeschränken im Küchenbereich und als Allgemeinbeleuchtung, evtl. noch als Arbeitslicht über der Sitzgruppe. In der Nasszelle sollten Leuchtstoffleuchten nicht installiert werden, die für den Betrieb erforderliche Hochspannung erfordert hohe Sicherheitsmaßnahmen gegen Stromschlag im Bereich von Spritzwasser. Wenn Leuchtstofflampen, dann in strahlwasserdichter Ausführung und nur außerhalb der Dusche. Die geringe Einschaltzeit der Leuchten im Sanitärbereich bringt auch keine nennenswerte Stromeinsparung gegenüber Glühlampen, die hier absolut sicher sind, weil sie nur mit 12 V betrieben werden.

## Halogenlampen

Stromsparen kann man auch durch den Austausch von normalen Glühlampen gegen Halogenlampen. Die Werbung verspricht hier eine doppelte Lichtausbeute gegenüber normalen Glühlampen, ohne jedoch auf die gravierenden Sicherheitsnachteile dieser Leuchtmittel hinzuweisen. Halogen- Glühlampen sind mit den gebräuchlichsten Bajonettsockeln BA 9 S und BA 15 S lieferbar und ohne weitere Maßnahmen gegen die entsprechenden Glühlampen austauschbar. Eine 10 W Glühlampe wird dabei gegen eine 5 W Halogenlampe getauscht, ohne dass eine Verringerung der Lichtstärke in Kauf genommen werden muss. Die Nachteile liegen auf dem Gebiet der Sicherheit, wenn man die Mehrkosten außer Acht lässt.

**Einzelspots mit Halogenlampe geben ausreichend Arbeitslicht in der Küche.**

**Ein schwenkbarer Strahler mit Halogenlampe ergibt gezieltes Licht dort, wo man es haben will.**

Halogenlampen werden sehr heiß, Temperaturen um ca. 450 Grad Celsius sind dabei an der Tagesordnung. Dazu kommt, dass sie, besonders die Reflektorlampen mit 20 W und darüber, leicht platzen und die Splitter unberechenbar sind. Für Halogenlampen in offenen Strahlerleuchten gelten deshalb besondere Sicherheitsabstände zu brennbaren Teilen der Einrichtung. Das Risiko wird etwas geringer, wenn man Lampen mit Kaltlichtreflektor einsetzt, die es ab 20 W gibt. Neben einer geringeren Wärmeabstrahlung nach vorne werden hier auch die Augen bei einem evtl. Platzen der Lampe geschont. Wichtig beim Einkauf solcher Leuchten ist, dass nur solche ausgesucht werden, die zugelassen sind für den offenen Gebrauch ohne Schutzabdeckung. In Deutschland selbstverständlich, gibt es aber im Ausland noch andere Leuchtmittel, die diese Anforderung nicht erfüllen. Wenig Probleme in dieser Hinsicht bereiten die 5 W Lampen. Hier wird die höhere Temperatur selten zu Schäden an der Leuchte führen, es ist eine echte Einsparung gegeben und das scharf gebündelte Licht gibt eine ausgezeichnete Beleuchtung zum Lesen. Wem die Halogenlampen für den gemütlichen Teil des Abends zu hell sind, für den gibt es seit neuestem auch Dimmer im Tausch gegen den Lichtschalter, die für diese Lampenart geeignet sind. Sie auszuwechseln ist kein Problem. Abzuraten ist von Halogenleuchtmitteln für Netzspannung, da diese zu heiß werden und mit Sicherheitsabständen arbeiten, die im Reisemobil nicht möglich sind.

### LED-Lampen

Seit in jüngster Zeit Leuchten mit der neuesten Entwicklung auf dem Elektronikmarkt, den weißen Leuchtdioden, erhältlich sind, ist Strom sparen nicht mehr nur mit Leuchtstofflampen und deren Notarztwagen-Ambiente verbunden. Diese gebündelt in meist runden Leuchtenkörpern eingebauten LEDs haben minimalen Stromverbrauch bei hervorragender Lichtausbeute und angenehmer Lichtfarbe. Den Designern sind bei diesem Produkt sowohl durch den kleinen Durchmesser der Lichtpunkte als auch durch die erfreuliche Tatsache, dass LEDs maximal handwarm werden, in Zukunft bei der Gestaltung der Leuchtenkörper keine Grenzen gesetzt. Gegenüber Halogenstrahlern sind die modernen LED-Leuchtmittel teurer, sie kosten als Einbauleuchte um die 20.- Euro. Dafür halten Sie mit angegebenen 100 000 Betriebsstunden länger als die meisten Reisemobile und nehmen nur 0,96 Watt Leistung auf. Mit einem Silikongehäuse sind sie winddicht, rostfrei, seewasserfest und damit auch für Außenanbringung als Vorzeltleuchte bzw. Eingangslicht und als Beleuchtung im Duschbereich geeignet. Hier sind besonders die LED-Linienleuchten mit einer Länge von etwa 22 cm und neun bis elf LED geeignet, die ein helles, weißes Licht abgeben, nur handwarm werden und elektrisch sicher sind. Bei Reisemobilen neuester Bauart kommen LED immer mehr auch für die Beleuchtung von Vitrinen mit Glastüren in Mode. Hier sind die Designer angetan von den winzigen Leuchtzwergen, die es zudem in rot, blau, grün und gelb gibt und die weder eine umfangreiche Installation noch eine Vorsorge gegen Erwärmung der Umgebung benötigen.

■ **Ministrahler ohne Sicherheitsabstand zu brennbaren Gegenständen sind nur mit moderner LED-Technik machbar.**

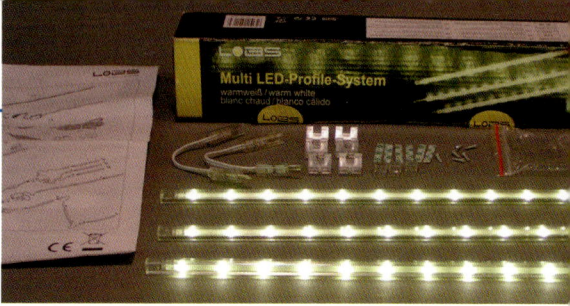

### Partybeleuchtung auch im Reisemobil

Aus der Party- und Weihnachtsbeleuchtung in die Reisemobile eingezogen sind die immer mehr verwendeten Lichtschläuche, transparente Kunststoffschläuche mit eingelegten LED im Abstand von ca. 5 cm oder weniger, je nach Fabrikat. Sie haben einen Durchmesser von ca. 15 mm und können in Schattennuten der Schränke oder über Gardinenblenden auch nachträglich eingelegt werden. Ihr warmes Licht mit schwacher Lichtstärke ist als indirekte Beleuchtung sehr beliebt. Lichtschläuche sind im Baumarkt als fertig konfektionierte Einheit oder, für Fortgeschrittene, als Meterware erhältlich.

**▨ Mit einem Einbausatz für indirekte LED-Beleuchtung kann das Reisemobil mit einfachsten Mitteln modernisiert werden. Die insgesamt 36 LED ziehen zusammen lediglich 2,25 Watt, bei einer Gesamtlänge der drei Stäbe von 90 cm, aus dem Bordnetz. Sie können einzeln angeschlossen oder zusammengekuppelt werden. Mittels Klebeband oder Schraubadaptern sind sie überall leicht anzubringen. Bei 230 V Anschluss wird ein Steckernetzteil vorgeschaltet, das dem Einbausatz beiliegt.**

**▨ Eine indirekte Beleuchtung über den Hängeschränken kann mit modernen LED-Lichtschläuchen auch nachträglich eingebaut werden. Sie ist gut zu kombinieren mit hellem Leselicht.**

Es gibt solche Lichtleisten auch als konfektionierten Einbausatz mit drei steckerfertigen Lichtstäben, die je 12 LEDs enthalten. Diese Lichtstäbe können zu einem 90 cm langen Stab zusammengesteckt, oder in Reihe, aber auch einzeln angeschlossen werden. Im Bausatz enthalten sind die drei Lichtstäbe mit steckbaren Zuleitungen, Zwischenkabel für die Verbindung in Reihe, Adapter zur Befestigung mit doppelseitigem Klebeband oder Schrauben, ein Verteilerblock und ein Steckernetzgerät mit Schnur-

schalter. Dieses wird am Verteiler mit einem genormten Rundstecker angeschlossen. Hier kann auch der Bordstrom direkt mit einem Kabel und Rundstecker angeklemmt werden. Damit hat man 90 cm Licht bei einem Verbrauch von insgesamt 2,25 Watt, jede Leiste hat 0,75 Watt. Der Querschnitt der Lichtleisten beträgt 8,5 x 7 mm, sie können also nachträglich gut in Schattennuten eingeklebt werden und fallen dank glasklarer Optik unbeleuchtet nicht auf. Sie eignen sich genauso gut als Vorhangbeleuchtung hinter der Gardinenblende, im Sanitärraum oder wo auch immer. Da sie auch nach längerer Brenndauer maximal handwarm werden, gibt es keine Stelle, die sich nicht für den Einbau eignet.

### Licht im Dunkel der Schränke

Erst wer einmal in einem beleuchteten Schrank oder Sitzstaukasten nachts etwas gesucht und sofort gefunden hat, weiß zu schätzen, was ihm bis dahin gefehlt hat. Dabei ist die Nachrüstung relativ einfach und die dafür geeigneten Leuchten mit Türkontaktschalter bereits für ungefähr 7,- Euro im Handel. Sie werden so an der Schrankseite oder dem Dach verschraubt oder geklebt, dass der Türkontakt sicher eingedrückt wird, wenn der Schrank geschlossen ist, damit ist der Stromfluss zur Leuchte unterbrochen. Sobald die Tür geöffnet wird, ist der Schrankinhalt beleuchtet. Mit einer zweiadrigen Litze wird die Leuchte am nächsten 12 V

Anschluss angeklemmt, mehr ist nicht erforderlich. Da das Licht sehr wenig benutzt wird, ist bei schwieriger Kabelverlegung auch der Einsatz von Batterieleuchten mit den modernen, stromsparenden LED gerechtfertigt, die es im gut sortierten Zubehörhandel und auch im Elektronikversand gibt. Hier erspart man sich die nachträgliche Kabelverlegung, die eingebauten Batterien halten gut und gerne zwei bis drei Jahre.

■ Im Kleiderschrank sind LED-Leuchten, notfalls auch mit Batteriebetrieb, ein leicht nachzurüstender Helfer. Sie sind mit Türkontaktschalter ausgestattet und brennen nur bei geöffneter Kleiderschranktür.

### Licht im Vorzelt und zum Einsteigen

Kaum ein Reisemobil, das nicht von Haus aus eine Vorzeltleuchte montiert hat. Oft ist diese weder nach neuestem Stand der Beleuchtungstechnik noch vom Design her befriedigend. Hier kann leicht Abhilfe geschaffen werden. Der Fachhandel bietet verschiedene Leuchten an, die leicht gegen die vorhandenen ausgetauscht werden können. Aber auch als Ersatzteil können Vorzeltleuchten anderer Modelle besorgt werden. Hier sei beispielsweise eine Leuchte erwähnt, die in einem spoilerähnlichen Gehäuse drei Halogenstrahler enthält. Das Gehäuse wird über der Eingangstür montiert und dient durch seine Form gleichzeitig als Regenabweiser, wenn das Reisemobil ohne Vorzelt steht. Andere Modelle haben einen Bewe-

gungsmelder integriert, der beim Betreten des Vorzelts oder unterwegs beim Annähern an den Wagen die Leuchte einschaltet. Ein praktisches Detail, das alleine den Austausch der Leuchte lohnt. Die Montage einer neuen Vorzeltleuchte ist nicht schwierig, in den meisten Fällen auch nicht der elektrische Anschluss an das 12 V-Bordnetz bzw. an die vorhandene Verkabelung. Falls die neue Leuchte an anderer Stelle montiert werden soll als die alte, wird die Verkabelung zurückgezogen und innen, möglichst und in den meisten Fällen auch zu realisieren, in einem Hängeschrank zum neuen Platz verlegt. Wird das Kabel dabei zu kurz, muss es mit Gummischlauchleitung HO5 RN-F nach DIN 0100 verlängert werden. Dabei nicht die Adernendhülsen vergessen. Die alte Kabeldurchführung wird mit überstreichbarer Dichtungsmasse geschlossen und mit Lack der Außenhautfarbe angepasst. Auch die Durchführung der neuen Leitung muss abgedichtet werden. Auch für diese Zwecke eignen sich die modernen LED-Leuchten.

■ Eine Vorzeltleuchte über der Eingangstür kann auch nachträglich montiert werden.

### Dritte Bremsleuchte ergänzen

Neue Wagen haben die dritte Bremsleuchte serienmäßig, bei älteren Modellen kann sie leicht nachgerüstet werden. Es gibt dafür Aufbauleuchten für die einfache Montage und, etwas komplizierter, Einbauleuchten für den wandbündigen Einbau in die Rückwand. Da hierbei eine Wärmebrücke nicht zu umgehen ist, sollte besonders bei Wagen, die zum Wintercamping eingesetzt werden, der richtige Einbauort genau überlegt werden. Wir tendieren zur Aufbauleuchte, da hier weder bei Montage noch beim Gebrauch Probleme entstehen. Das formschöne Gehäuse, das wegen der verwendeten Leuchtdioden auch nicht sehr weit aufträgt, verkraftet das Reisemobil allemal, ohne dass die Nachrüstung unangenehm auffällt. Angeschlossen wird die dritte Bremsleuchte an eine der vorhandenen. Auch hier wird Gummischlauchleitung verwendet, die Verlegung sollte möglichst in einem Mini-Kabelkanal oder innerhalb eines Möbels erfolgen. Dabei ist eine mechanische Sicherung des senkrechten Kabels als Zugentlastung für die Klemmen notwendig. Diese kann mit kleinen Kabelschellen oder Heißkleberpunkten im oberen Teil und notfalls auch noch auf der Strecke erfolgen.

### Fernsehen und Internet unterwegs

Die Soap oder den Krimi auch im Urlaub, den Aktienkurs und das Wetter immer auf neuestem Stand. Immer mehr Zeitgenossen wollen auch im Urlaub, fernab der Heimat, auf dem Laufenden ge- oder per Fernseher unterhalten werden. In letzter Zeit kommt dazu immer öfter der Wunsch, jederzeit und überall in das Internet zu kommen.

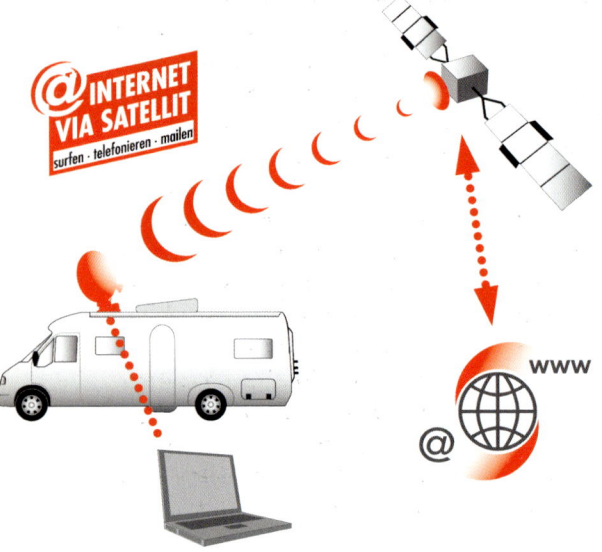

### Satellitenanlagen im Freizeitmobil

Damit überall ein möglichst guter Fernsehempfang möglich wird, sind Sat-Anlagen, wie die Satellitenschüsseln mit Receiver kurz genannt werden, von guter Qualität und abgestimmt auf den mobilen Einsatz, notwendig. Anlagen für den Hausgebrauch, beim Discounter als Sonderangebot für 39,99 Euro erworben, taugen hier nicht die Bohne. Ideal ist natürlich das andere Ende der Preisspanne, eine mobile Anlage mit automatischem Satellitenfinder, der sich überall selbst justiert, entlastet die Urlaubskasse um bis zu 3.000,- Euro für eine Anlage, die auch während der Fahrt Empfang ermöglicht und sich ständig neu ausrichtet. Irgendwo dazwischen ist man mindestens dabei, will man europaweit auf Empfang sein.

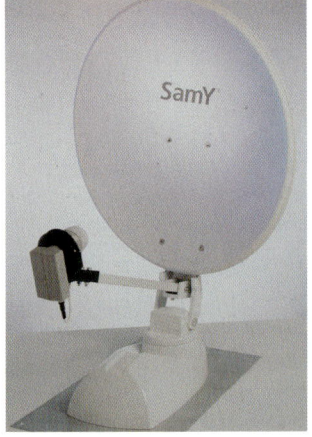

■ Eine automatische Satanlage richtet sich, egal wo sie steht, optimal auf den gewünschten Satelliten aus.

Für den Reisemobilfahrer, der von A nach B fährt, dort sein Quartier samt Vorzelt aufschlägt und drei Wochen an einem Platz bleibt, rechnet sich eine einfache Anlage mit Stativ, Sat-Spiegel und Kompass zum Ausrichten nach Gradtabelle. Gut ist als Zubehör ein Sat-Finder, der wertvolle Hinweise zur Ausrichtung gibt. Aber auch Flachantennen als Ersatz für den großvolumigen Spiegel, sind im Angebot, die zwischenzeitlich Empfang in praktisch ganz Europa ermöglichen. Am Platz wird ein Standort in der Nähe des Reisemobils gesucht, der einmal freie Sicht zum Himmel bietet, andererseits aber nicht zu weit weg ist vom Wagen und dazu hin eine unfallfreie Verlegung des Antennenkabels zum Spiegel erlaubt. Dann muss mithilfe einer Sat-Liste und dem Kompass ausgerichtet werden. Halb- und vollautomatische Anlagen ersparen diese mehr oder weniger aufwändige Einstellarbeit. Sie sind deshalb auch bestens geeignet zum Einsatz im Reisemobil mit meist kurzen Standzeiten an einem Platz. Solche Anlagen werden dann meist auch im Fahrzeug fest montiert, was Zeit und Stauraum spart, allerdings verbunden mit dem Nachteil, dass man zum Empfang auf den schattigen Platz unter der alten Platane verzichten muss und sein Gefährt in die pralle Sonne zwecks freiem Blick zum Himmel stellen muss.

Ob festmontiert oder beweglich, bei der Auswahl des Systems muss entschieden werden zwischen analogen und digitalen Systemen. Dabei handelt es sich um verschiedene Techniken zur Übertragung von Programmen. Die Analogtechnik wird seit Anfang der 80er Jahre für das Satelliten-Fernsehen angewandt und ist anfälliger gegen Bild- und Tonstörungen als die Digitaltechnik. Bei schwachem Signal, z. B. in Empfangsrandgebieten, bei Regen oder starker Bewölkung, kann es zu schlechter Bildqualität kommen. Nicht zuletzt ist die Reichweite eingeschränkt. So sind analoge Programme des Satelliten Astra in Süditalien oder Griechenland nicht und im südlichen Spanien nicht mehr störungsfrei zu empfangen. Die digitale oder DVB-Technik löst zunehmend das analoge Fernsehen ab. Anders als beim analogen Fernsehen werden die digitalen Signale wie Computerdaten verarbeitet, die Bilder werden komprimiert und gesendet. Dabei wird auch eine größere Empfangsreichweite am Boden erzielt und Störungen sind so gut wie ausgeschlossen. Diese und andere Vorteile haben dazu geführt, dass in den letzten Jahren nahezu alle Fernsehprogramme zusätzlich zum analogen Angebot auch digital verfügbar sind und die Analogtechnik über kurz oder lang abgestellt werden

wird. Nachteil dabei ist bei Verwendung von manuell einstellbaren Empfangsanlagen, dass diese auf ein digitales Signal kaum einzustellen sind, hier sind automatische Anlagen, die auf der Basis der volldigitalen Suche arbeiten, gefordert.

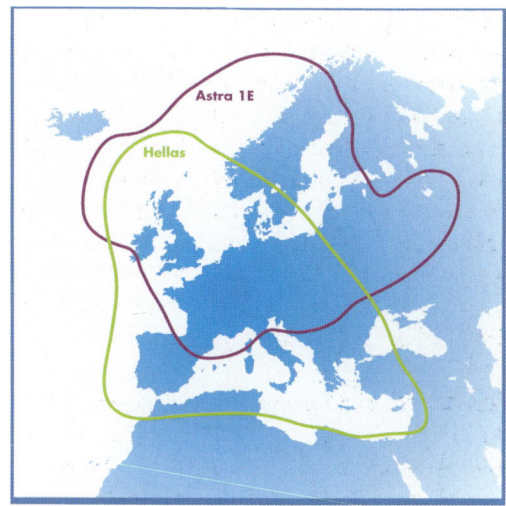

◼ Je nach Satellit, hier die Abdeckung von Astra 1E und Hellas, und Urlaubsregion kann mit dem einen oder anderen besser empfangen werden.

### DVB-T

Seit 2005 ist das digitale Fernsehen mit terrestrischer Übertragung, also mit einer speziellen Antenne zu empfangen, als internationaler Standard mehr und mehr im Kommen. In Zukunft wird dies zumindest in Europa das einheitliche terrestrische System sein und seine großen Vorteile ausspielen. Diese wirken sich vor allem in der beweglichen Empfangsstation positiv aus. Mit einer kleinen Antenne und einem speziellen, preisgünstigen DVB-T-Receiver mit Bordstromeingang ist man hier sowohl zuhause als auch im Fahrzeug gerüstet und muss mit Investitionen von unter 50,- Euro plus Fernseher rechnen. Zwar gibt es bei DVB-T weniger Sender als über Satellit, aber dafür auch weniger Störungen durch Witterungseinflüsse oder ungünstigen Standort. Nachteil ist, dass im ferneren Ausland nur geringe Chancen bestehen, einen deutschen Sender zu finden. Ist man mit dem Laptop unterwegs, kann man sich einen DVB-T-Receiver neuerdings als preisgünstigen USB-Stick zulegen und hat damit einen vollwertigen Fernsehempfänger, der auch während der Fahrt funktioniert.

■ **Fernsehempfang per DVB-T und Laptop ist heute kein Problem mehr. Ein Stick und eine kurze Stummelantenne sind alles, was man dafür benötigt.**

### Unterwegs im Netz

Eine relativ preisgünstige Möglichkeit, unterwegs E-Mails abzusetzen und seine Post abzurufen, sind Internet-Cafés, die man im In- und Ausland überall findet und in denen man zu einigermaßen moderaten Preisen das Internet nutzen kann. Allerdings sollte man auf diesem Weg nicht unbedingt mit persönlichen Daten und Passwörtern, schon gar nicht mit Online-Banking arbeiten. Hier ist die Sicherheit nicht groß genug.

Besser sieht es in dieser Hinsicht mit Hot-Spots aus, das sind öffentliche, drahtlose Internetzugänge mit High-Speed-Technologie. Sie setzen ein WLAN-fähiges Lapotop voraus und sind je nach Anbieter kostenfrei oder kostenpflichtig bis hin zu einigen Euros pro Stunde. Man findet Hot-Spots auf vielen Campingplätzen, in Hotels, Restaurants und Fast-Food-Ketten, an öffentlichen Plätzen und Einrichtungen. Problema-

tisch wird es hier in vielen Fällen mit der Reichweite. Hier ist, besonders bei Restaurants und Fast-Food-Lokalen, angesagt, nicht einfach nur mit dem Reisemobil auf den Parkplatz zu fahren und von dort aus den Service zu »nassauern«, sondern in das Lokal zu gehen und bei einer Tasse Kaffee und guten Empfangsverhältnissen legal zu surfen. Günstig ist auch der Einsatz einer externen Antenne, mit der die Empfangsverhältnisse verbessert werden können. Aufzufinden sind die Hot-Spots und WLAN-Netze mit einem WLAN-Finder, einem kleinen Taschengerät, das offene und geschützte Netze zuverlässig ortet und anzeigt.

### Online per Satellit

Ungefähr seit Mitte 2007 ist Internet-Zugang auch über Satellitenanlagen möglich. Damit ist in Europa ein flächendeckender Empfang realisierbar. Die Geräte ähneln einer Satelliten-Empfangsanlage, mit den automatischen Spiegeln ist neben Internet auch Fernsehempfang möglich, sie sind jedoch genauer und auch stabiler ausgeführt. Entsprechende Internetanlagen bieten zur Zeit Aden, Crystop, Kerstan, Teleco und Ten Haaft an. Gegenüber reinen Empfangsanlagen ist die Internet-Schüssel in der Anschaffung um ungefähr 500,- bis 1.000,- Euro teurer. Dieser Mehrpreis kann sich aber, je nach Nutzungsdauer, im Laufe der Zeit durch niedrige Kommunikationskosten wieder rechnen.

Internet im Fahrzeug geht, wie auch zuhause, nur über einen Provider und kostet damit Geld. Provider für Satelliten-Internet sind noch relativ dünn gesät und damit mangels großer Konkurrenz noch teuer. Neben Flatrates für verschiedene Datenraten, die für Dauernutzer interessant sein können, werden auch »Tagespakete« angeboten, die für 40 bis 200 Tage erhältlich sind. Innerhalb von zwei Jahren kann dabei der Nutzer am Zugangstag beliebig lange im Netz surfen. Die Kosten für Tagesnutzung liegen je nach Tarif und Nutzungsart zwischen einem und bis zu mehr als zehn Euro, ein Preisvergleich lohnt sich also allemal.

## Expertentipp: Sat-Anlagen im Reisemobil

■ **Andreas Ten Haaft ist Gründer des Satanlagen-Herstellers Ten Haaft.**

Zugegeben, im Urlaub gibt es oft Interessanteres als Fernsehen. Aber manchmal geht eben doch nichts über einen gemütlichen Fernsehabend. Aus diesem Grund entscheiden sich viele Reisemobilisten bereits beim Kauf des Hängers oder spätestens nach dem ersten Urlaub für eine Satelliten-Anlage. Sehr viel schwieriger als die Kaufentscheidung ist oft allerdings die Auswahl der richtigen Anlage. Nicht jeder kann sich die Zeit nehmen, sich das notwendige technische Wissen anzueignen. Daher nachfolgend in Kürze das Wichtigste: Grundsätzlich kann sich der Interessent zwischen einem manuellen, halb- oder vollautomatischen Sat-System entscheiden. Das Grundprinzip ist immer das Gleiche. Eine Sat-Empfangseinheit besteht aus einer Sat-Schüssel mit Empfangskopf (LNB) sowie einem Receiver.

■ **Eine Satanlage besteht aus Sat-Schüssel mit LNB und einem Receiver.**

Um das Bild darzustellen, wird natürlich noch der Fernseher benötigt, der mit dem Receiver verbunden wird. Einstieg wäre ein manuelles System, welches neben der Grundausstattung in der Regel über einen Schiebe-Gelenk-Mast verfügt. Damit ist eine Ausrichtung der Antenne auf den Satelliten aus dem Fahrzeuginnern möglich. Ausgerichtet wird manuell, also per Hand. Hilfsmittel dazu sind Kompass und eine Winkeltabelle, beziehungsweise sogenannte »Sat-Finder«, die auch in manchen Receivern schon integriert sind. Ein Schritt weiter auf der Komfortskala sind sogenannte halb- oder semiautomatische Sat-Anlagen. Bei diesen Modellen wird der Gelenkmast mit einem zusätzlichen Elektromotor versehen, der die Neigung der Schüssel übernimmt. Damit wird die Bedienung vereinfacht. Ganz oben auf der Komfortskala stehen dann die vollautomatischen Sat-Anlagen. Diese bestehen aus einer motorisierten Dreh- und Neigungseinheit mit Schüssel, einer Steuerelektronik und einem Receiver. Je nach Modell ist die Steuerung integriert, das heißt befindet sich bereits im mitgelieferten Receiver oder wird als separates Gerät geliefert an das dann noch ein Receiver angeschlossen wird.

Die »integrierte« Lösung hat den Vorteil, dass alles kompakt in nur einem Gerät untergebracht ist und einen Komfortgewinn bietet. Denn auch die Funktionen der Sat-Anlage können so bequem über die Fernbedienung ausgelöst werden. Weiter liefern viele Hersteller ein sogenanntes externes Infrarotauge mit, das sogar den versteckten Einbau des Receivers in einen Schrank oder dergleichen möglich macht. Die »separate« Steuerung hingegen verspricht Receiverunabhängigkeit, was bedeutet, das Sat-System kann mit beliebigen Receivern kombiniert werden.

### Analog oder digital?

Die Entscheidung für eine der drei Systeme sollte auch von den jeweiligen Reisegewohnheiten wie Standort, Dauer und Reiseziel abhängig gemacht werden. Die frühere Frage ob ein analoges oder digitales System gewählt wird, erübrigt sich mittlerweile, da heutzutage auf dem Markt ausschließlich digitale Anlagen angeboten werden. Zum Verständnis möchten wir dennoch auf die Unterschiede eingehen. Die Analogtechnik wird seit Anfang der 80er Jahre für Satelliten-Fernsehen angewandt und ist leider ein wenig anfällig gegen Bild- und Tonstörungen. Ist das analoge Signal schwach (zum Bespiel Aufenthalt im Empfangsrandgebiet, Störung durch Wolken und Regen), dann kommt es zu schlechter Bildqualität mit den bekannten »Fischchen« oder »Ameisen«, die durch das Bild huschen. Wobei dieses Bildkriseln bei der manuellen Sat-Einstellung wenigstens auch ganz hilfreich war. Digital hingegen gibt es nur ein perfektes Bild oder eine schwarze Mattscheibe. Wer also weiterhin ein manuelles Sat-System betreiben möchte, erhält in der Digital-Technik lediglich durch die auf dem Markt befindlichen Sat-Finder eine Hilfestellung.

Nicht zuletzt ist die Reichweite eingeschränkt. So sind analoge Programme von Astra in Süd-Italien oder Griechenland nicht und im südlicheren Spanien nicht mehr störungsfrei zu empfangen. Als Folge davon werden grundsätzlich große Sat-Schüsseln (beispielsweise 85 cm-Off-Set-Spiegel) benötigt. Die Digitale oder »DVB« Technik präsentiert sich bereits seit über sechs Jahren als Ablösung des Analogfernsehens. Begründet wird dieser Anspruch durch viele technische Vorteile. Anders als bei Analog werden die digitalen Signale wie Computerdaten verarbeitet. Die Bilder werden komprimiert gesendet. Das hat zur Folge, dass ein einziger Satellit rund sechs mal mehr Digital-Programme als Analog-Programme ausstrahlen kann. Dabei wird auch eine größere Empfangsreichweite am Boden erzielt und Störungen kann es nicht mehr geben. Diese und andere Vorteile haben dazu geführt, dass bereits vor über fünf Jahren schon nahezu alle Fernsehprogramme zusätzlich zum analogen Angebot auch digital verfüg-

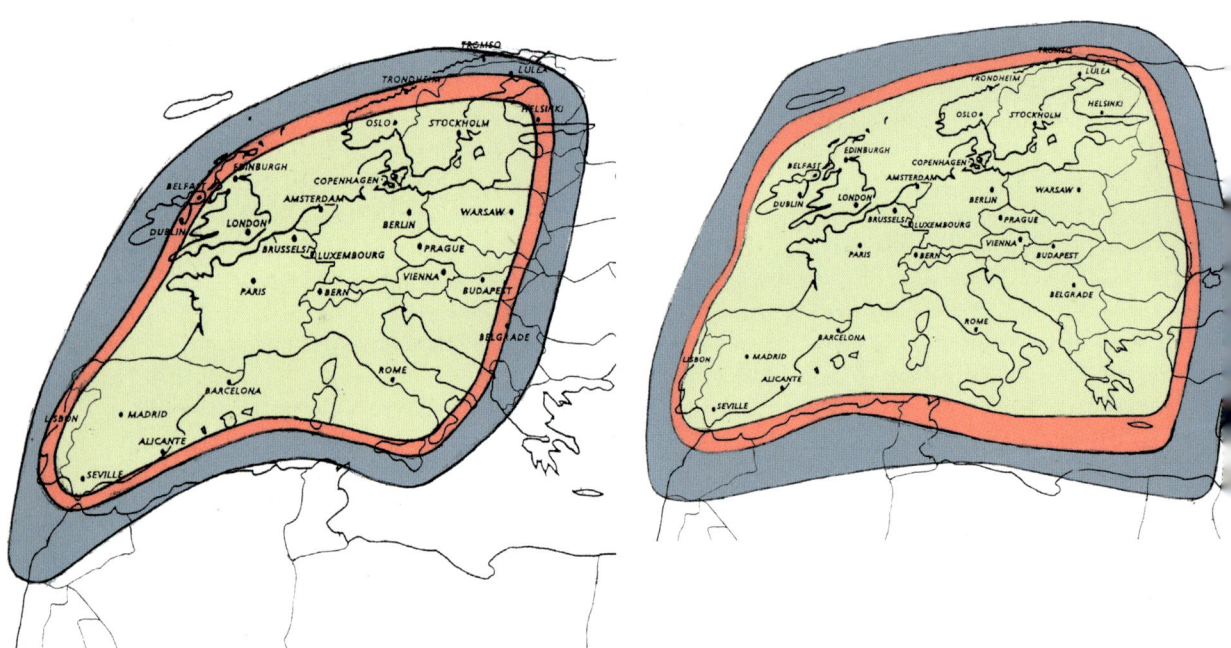

■ Die Empfangsbereiche (Footprints) der beiden Satellitensysteme Astra und Hotbird/Eutelsat.

bar waren. Für den Reisemobilisten ist es zwar recht diffizil eine Antenne manuell auf ein digitales Signal auszurichten, automatische Systeme, die auf Basis der volldigitalen Suche arbeiten, beherrschen dies jedoch perfekt. Und natürlich funktionieren solche Geräte auch noch in den typischen Urlaubsländern, wo die analoge Technik aufgrund zu schwacher Signale vom Satelliten nicht mehr arbeiten kann. Die Entscheidung für eine bestimmte Satellitenanlage zu fällen ist nicht einfach. Am Besten versorgt ist man sicher mit einem automatischen, digitalen System. Diese Anlagen sind zwar im gehobenen Preissegment angesiedelt, aber haben sich Preisstabil in den letzten Jahren durch Komfort und Zuverlässigkeit am Markt bewährt. Allerdings ist auch zu berücksichtigen, dass sich ein manuelles Gerät recht schnell als Fehlinvestition herausstellen kann. Nämlich wenn man für die manuelle Einstellung nicht die nötige Geduld und Zeit mitbringt. Denn die Fernsehsendungen haben noch immer ihre festen Ausstrahlungszeiten, auch im digitalen Zeitalter.

### Die mobile Unabhängigkeit

Wer sich nicht vorschreiben lassen möchte, wann man eine Sendung anzuschauen hat beziehungsweise den Tag oder Abend für andere Aktivitäten nutzen möchte ohne eine interessante Sendung zu verpassen, ist mit den neuen Festplatten-Receivern bestens bedient. Die Firma ten Haaft mit den Produkten Oyster und Caro bietet seit etwa zwei Jahren diese Ausstattungsvariante bei ihren vollautomatischen Systemen optional an. Die Festplatte verspricht bis zu 48 Stunden Aufnahmezeit und ist ohne Zusatzplatz in den wichtigen Schränken schaffen zu müssen, integriert in dem Standard-Digital-Receiver.

### Surfen, Telefonieren und TV-Empfang

Die Oyster-Satelliten-Anlagen ermöglichen nicht nur den TV-Empfang in ganz Euroland, mit einer speziellen Satellitenanlage kann man im Zwei-Wegeverfahren auch surfen, mailen und telefonieren über das Internet. Die Satelliten-Empfangsanlage ist mit einem speziellen LNB ausgerüstet, der vollautomatisierten Fernsehempfang und über einen gesonderten Provider auch Internet via Satellit anbietet. Die Updates für die Empfangsanlagen werden nun gratis über Satellit übertragen.

### Diebstahl- und Überfallschutz

■ **Diebe und Einbrecher arbeiten heute hochprofessionell und skrupellos.**

Kein Freizeitfahrzeug ist sicher. Im Gegenteil: Vergleicht man das Reisemobil mit einem Pkw, so stellt sich schnell heraus, dass die Konstruktion von Aufbautür, Fenster, Außenklappen oder Dachluken professionellen Dieben ihr Handwerk mehr als erleichtert.

Reisemobile werden aber im Gegensatz zu Pkw selten gestohlen, Diebstahl am und aus dem Mobil sind die häufigsten Delikte. Gerade

die vermehrt auftretenden Überfall-Serien an Rastplätzen während der letzten Urlaubssaison zeigen, dass wirksamer Schutz und Abschreckung gegen Langfinger Not tut. Trotz der erwähnten Schwachstellen kann man sich auf der Reise wirksam gegen Diebstahl und Überfall wirksam schützen.

Drei Varianten von Diebstahlschutz können realisiert werden:

- Rationaler Diebstahlschutz: Vorbeugende Schutzmaßnahmen ergreifen und bestimmte Verhaltensweisen während der Reise beachten.
- Mechanischer Diebstahlschutz wie Zusatzschlösser, Sicherungsbügel für Wohnraumtür, Tür- und Fensterverriegelungen.
- Elektrischer und elektronischer Diebstahlschutz wie Außenbeleuchtung, Alarmanlagen, Gas-Warnanlagen, Licht- und Ton-Sensoren für optische und akustische Warngeräte bis hin zur kompletten Fahrzeugsicherung á la Fort Knox mit Alarmmeldung an das Handy.

■ **Kräftige Türschlösser außen und zusätzliche Verriegelungen innen bieten erhöhten Schutz vor Einbruch in den Caravan.**

■ **So kann ein Sicherheitsplan für ein Reisemobil aussehen.**

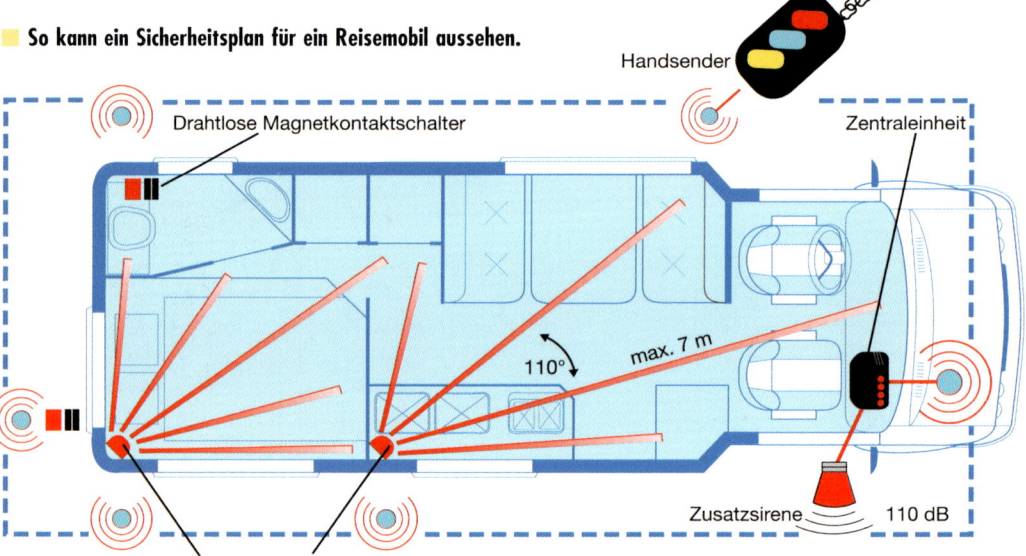

Handsender

Drahtlose Magnetkontaktschalter

Zentraleinheit

110°    max. 7 m

Zusatzsirene    110 dB

Drahtlose Infrarot-Bewegungsmelder sichern verschiedene Räume

Sicherheit auch im „letzten Winkel" garantiert MobileCare durch die Einsatzmöglichkeiten mehrerer Sensoren.

### Knackerbanden arbeiten hochprofessionell

Diebe, die eine selig schlummernde Caravan-Besatzung am Rastplatz mittels K.-o.-Gas betäuben und berauben, sind meistens kriminelle Profis, die nur »schnelles« Beutegut anvisieren. Sie arbeiten kaltblütig, oft brachial, trickreich und schnell. Sie haben kein Interesse an irgendwelcher »Öffentlichkeit« oder handfesten Auseinandersetzungen mit den Opfern. Die einfachste Art einem Diebstahl vorzubeugen, ist sich und sein Fahrzeug für den Dieb uninteressant zu machen. Das heißt: Wo nichts zu holen ist oder der schnellen Zugriff zu kompliziert ist, wird ein Profi-Dieb sofort Abstand nehmen. Anderseits ist es nicht verkehrt, dem eiligen Dieb sogenannte Köder, also zum Beispiel wertloser, defekter Walkman, alte Brieftasche mit abgelaufenen Karten oder ähnliches, in für ihn schnell greifbare Nähe zu legen. Das Risiko eines Diebstahls oder Überfalls kann man erheblich minimieren, wenn man die Grundregeln der folgenden Checkliste beherzigt.

## Gaswarner

*Die abgelaufene Saison hat eine erschreckende Zunahme von K.-o.-Gasüberfällen an Autobahn-Raststätten in Deutschland, gebracht. Zu den bekannten Überfall-Hochburgen in Frankreichs Süden und an Italiens Durchfahrtsstrecken sind erstmals auch vermehrte Überfalle aus vermeintlich »sicheren« Reisezielen wie Norwegen und Südschweden gemeldet worden. Soll der Caravan zur Sicherheit mit einem Gaswarner nachgerüstet werden, ist es ratsam zwei Gassensoren in verschiedenen Höhen für steigendes und fallendes Gas zu montieren. Wichtig ist beim Kauf die Frage, ob das bei den Überfällen verwendete K.-o.-Gas auch auf die zu installierenden Sensoren reagiert. Hier beim Händler oder der Kripo nachfragen, wie die Sensoren zu justieren sind.*

■ **Ein deutlich sichtbarer Warnhinweis kann abschreckend wirken.**

■ **Moderne Gaswarner wie der Tri-Gasalarm von Linnepe kalibrieren sich selber und können auch bei hohen Temperaturen zuverlässig arbeiten.**

# Checkliste Sicherheit im Reisemobil

1. Allen Regeln sei eines vorausgeschickt: Der Urlaub mit dem Reisemobil ist die schönste Zeit im Jahr und soll Erholung, Spaß und Freude an Land und Leuten bringen. Niemand und nichts sollte daher – bei etwas Vorsicht – den Urlaub vermiesen!

2. Vorsicht, Umsicht und ein gesundes Maß an Misstrauen schützt vor Fallen wie Tricküberfällen mit vorgetäuschten Pannen, merkwürdige Hilfeanfragen oder Überfällen mit Narkosegas.

3. Genau überlegen, welche Wertsachen im Mobil gebraucht werden. Wenn die Perlenkette unbedingt mit muss, für Wertsachen einen kleinen Sitz- oder Einbautresor einbauen und alle teuren Güter immer darin verstauen. Große Mengen Bargeld sind in Zeiten von EU-einheitlicher Währung, EC-Karten und Geldautomaten nicht mehr erforderlich.

4. Das Reisemobil generell immer abschließen, Fenster und Luken – auch bei Hitze – wenigstens auf Sicherungs- oder Lüftungsstellung bringen und alle eingebauten Sicherungsmaßnahmen aktivieren. An belebten Plätzen oder vor Sehenswürdigkeiten besteht erhöhte Einbruchgefahr. In Großstädten oder Touristikzentren immer auf – wenn möglich bewachten – Parkplätzen stehen. Ein »Bordhund« kann allein durch seine sichtbare Anwesenheit im Mobil oder durch kräftiges Bellen wirksamen Schutz bieten.

5. Die Wahl des Stellplatzes ist entscheidend. Wer in der Hochsaison an Autobahn-Rastplätzen der viel befahrenen, übel beleumundeten Transitstrecken übernachten, begibt sich mutwillig in Gefahr. In der Anonymität der überlasteten und lauten Plätze arbeiten die Knackerbanden am liebsten. Als Tipp: Mehrere Mobile im kleinen Konvoi beisammen machen einen Stellplatz nicht unbedingt sichererer, erhöhen aber für Diebe das Risiko. Dennoch auch bei einer kurzen Rast zum Essen oder einem Nickerchen von der Hauptstrecke abfahren und sich einen sicheren Platz in einem nahegelegenen Ort suchen. Der sicherste Platz bleibt ohne Zweifel der Campingplatz, wenngleich es auch dort keine hundertprozentige Sicherheit gegen Diebstahl gibt. Dennoch minimiert die Kontrolle an der Schranke und die fehlende Anonymität auf dem Platz das Risiko erheblich. Zudem werden in »belasteten« Regionen die Plätze durch Ordnungskräfte rund um die Uhr kontrolliert. Viele Campingplätze bieten sichere Quick-Stop-Plätze für eine einmalige Übernachtung zu reduzierten Preisen an. Sonst für Übernachtung Polizei oder einen »Offiziellen« (Tourist-Office, Gemeinde) des Ortes nach einem sicheren Stellplatz fragen. Gasthaus

Ist trotz aller Vorsichtsmaßnahmen dennoch der Caravan geknackt und ausgeräumt worden oder sind Zubehörteile am Fahrzeug verschwunden, bleibt nur der Weg zu Polizeistation. Hilfreich hat sich bei der Mitnahme von wertvollen Gegenständen wie teuren Mountainbikes oder Booten eine Inventurliste erwiesen, die gegebenenfalls mit Fotos ergänzt werden sollte. Auf jeden Fall von allen relevanten Reisepapieren Kopien mitführen und getrennt von dem übrigen Gepäck aufbewahren. Das hilft, sich ohne Original im Notfall ausweisen zu können und der Botschaft bei einer schnellen Ersatzbeschaffung. Kredit- und Scheckkarten oder Mobiltelefone und die Telefonkarten sofort über die Servicenummer (EC-Karte: 01805-

oder Restaurant mit entsprechend großem Parkplatz suchen und den Wirt nach Übernachtungsmöglichkeit fragen. Parkplätze an Sportanlagen, Schwimmbädern, – gegebenenfalls Friedhof – naturgemäß sehr ruhig – bieten gute, meist sichere und ruhige Stellplätze. Wer ganz sicher gehen will, steuert eine wohnmobilfreundliche Gemeinde mit offiziell ausgewiesenen Reisemobil-Stellplätzen oder einen Campingplatz an, der wiederum optimale Sicherheit und Komfort bietet.

6. Das Reisemobil so parken, dass immer ein Not- oder Panikstart möglich ist, wenn auf einem freien Stellplatz übernachtet wird. Der Zugang zum Fahrersitz sollte frei und der Zündschlüssel griffbereit sein. Fahrzeug muss frei rangierbar mit Fluchtmöglichkeit nach vorne geparkt werden.

7. Gelegenheit macht Diebe – potenziellen Räubern sollte kein Anreiz zum Einbruch gegeben werden. Grundsätzlich – gerade nachts – alles wegräumen und sicher verstauen, was sich als interessantes Diebesgut eignen könnte. Dazu gehört neben Wertsachen, Fotoapparat, Videokamera und neuerdings auch offen sichtbare Sat/TV-Anlagen besonders die Kleidung. Findige Spitzbuben wissen, dass Hose, Jacke und Mantel meist abends auf die Sitzgruppe oder die Fahrerhaussitze gelegt wird und erfahrungsgemäß Geldbörsen oder Brieftaschen mit Papieren und Scheckkarten enthalten.

8. Ein leeres und geöffnetes Handschuhfach signalisiert, dass in diesem Mobil aufgepasst wird und nichts zu holen ist. Der Dieb weiß, gebranntes Kind... – hier wurde schon einmal das Reisemobil ausgeräumt.

9. Optische und akustische Alarmanlagen sowie andere elektronische Geräte schaffen »Öffentlichkeit« und dienen in der Hauptsache zur Abschreckung. Wenn man ganz alleine an einem einsamen, abgelegenen Platz steht, schrecken sie nur bedingt ab, auf Hilfe kann man hier nicht hoffen. Alter Pfadfindertrick: Trockene Zweige um das Mobil legen, das Knacken des Holzes vertreibt Eindringlinge und kann die Besatzung rechtzeitig aufwecken.

10. Viele Reisemobilisten rüsten aufgrund einiger Schauergeschichten von dreisten Überfällen auf, um sich gegen Räuber zu wehren. Räuber sind meist Profis, es scheint daher wenig sinnvoll zu sein, sich als Laie eine hangreifliche oder gar bewaffnete Auseinandersetzung mit ertappten Einbrechern zu liefern. Die Gefahr von Überreaktionen und damit schweren Verletzungen ist zu groß – gestohlene Gegenstände können ersetzt werden – Gesundheit nur schwer.

021021 / Handy-Karte über Provider) sperren lassen. Da entscheiden oft Minuten! Die Teilkasko-Versicherung ersetzt – wenn keine grobe Fahrlässigkeit wie ein nicht abgeschlossenes Fahrzeug oder offenes Fenster vorliegt – den entstandenen Schaden und den Diebstahl von fest eingebauten Gegenständen. Die Bedingungen dafür sind aber sehr streng und meist sehr unrealistisch: Wertvolle Güter wie Fotoapparat, Videokameras oder Computer werde meist vom Versicherungsschutz ausgenommen, der Schutz ist auf bestimmte Zeiten begrenzt, in denen meist ohnehin nicht gestohlen wird oder es wird »Körperkontakt« vom Besitzer verlangt, das heißt zum Beispiel beim Fotoapparat jederzeitigen direkten Zugriff und Tragen des Gerätes am Körper. Freizeitgeräte wie Surfbrett , Wintersportgeräte oder Fahrräder werden in den meistes Policen vom Versicherungsschutz ausgeschlossen und müssen für teures Geld separat versichert werden. Deshalb lohnt es sich, für den Urlaub eine Spezial-Inhaltsversicherung, quasi eine Hausratversicherung für Caravan und Zugfahrzeug, abzuschließen, die rund um die Uhr Inhalt, Zubehör und Anbauteile mitversichert. Umfang solcher Versicherungen: Verlust oder Beschädigung der versicherten Güter, entstanden durch Elementarereignisse, Brand, Blitzschlag, Explosion, Einbruchdiebstahl und Diebstahl des gesamten Fahrzeugs, sowie Raub oder räuberische Erpressung. Kosten etwa 100,- Euro im Jahr.

## Expertentipp: Alarmanlagen

**Markus Theele betreut beim Nachrüst-Spezialisten Waeco den Bereich Reisemobil-Technik.**

Wir bei Waeco, dem Spezialisten für Sicherheit und Komfort in Freizeitfahrzeugen, empfehlen zur Zeit zwei elektronische Alarmanlagen, die mit etwas Fachwissen als Nachrüstung am Reisemobil selbst montiert werden können.

### Welche Anlage für welches Reisemobil?

Ein wichtiger Hinweis vorweg: Die Alarmanlagen sind für Fahrzeuge mit 12-Volt-Bordnetz ausgelegt, das heißt sie sind nur sinnvoll zu montieren, wenn, wie bei allen Fahrzeugen heute üblich, das Mobil über ein eigenes 12-Volt-Bordnetz mit Bordakku verfügt. Im ersten

Schritt sollte man sich überlegen, was erwarte ich für mein Reisemobil von einer Alarmanlage, was soll sie können, möchte ich sie selber einbauen oder soll eine Werkstatt die Montage vornehmen. Der Umfang einer Alarmanlage richtet sich natürlich immer nach der Art des Reisemobils. Deshalb reicht als Schutz auf Reisen für kleiner Mobile die Waeco MSK-150 (105,- Euro) völlig aus, wenn man nur eine Alarmanlage ohne Innenraumschutz haben möchte.

**Als Basisanlage empfiehlt Waeco eine einfache Alarmanlage mit Erschütterungssensor, Spannungsüberwachung und Alarmsirene.**

Sie ist als Basisanlage für kleine WoMos optimiert. Aufgrund der umfassenden Einbauanleitung kann die Anlage von einem technisch versierten Laien innerhalb kurzer Zeit eingebaut werden. Dem erstaunlich geringen Montageaufwand steht dann ein hoher Schutz gegenüber: Mit einem Erschütterungssensor, einer Spannungsüberwachung sowie einem Zusatzeingang für weitere Schalter und einen Türkontaktschalter bietet die Anlage einen dreifachen Diebstahlschutz. Ein zweiter Hinweis: Gleich welche Art von Anlage: Das System sollte immer eine gültige Funkzulassung besitzen (die sogenannte BZT Nummer). Sie sollte aus Komfort- und Sicherheitsgründen mit einem Funkhandsender zu bedienen sein. Der Handsender muss mit einem Rollcode arbeiten, das heißt durch ständiges, automatisches Wechseln des Funkcodes (es entstehen bis zu 4,3 Milliarden verschiedene Codes) ist das Signal des Senders fälschungssicher.

### Rundum sicher mit dem modularen Sicherheitspaket

Für großvolumige Reisemobile empfehlen wir eine Art Sicherheitspaket wie die Waeco Alarmanlage MS 670. Die verfügt über eine Grundausstattung wie Überwachung von Türen und Außenklappen, einer abschaltbaren Ultraschall-Innenraumüberwachung, optische Alarmanzeige über die Fahrzeugblinker und akustischen Alarm über ein Signalhorn. Dazu ist sie programmierbar, kann mit weiteren Funksendern zur Aktivierung-Deaktivierung erweitert werden und verfügt über eine Panikfunktion zum sofortigen Auslösen eines Alarms. Als Option bietet sich für diese Alarmanlage Magic safe 670 zusätzlich ein funkgesteuerter Infrarot-Bewegungsmelder an. Damit kann die Reichweite der Alarmanlage erheblich erweitert werden, denn der neue Bewegungsmelder bringt zusätzliche sieben Meter Sicherheit. Das ermöglicht eine optimale Innenraumüberwachung auch bei großen Wohnmobilen.

Ein weiterer Pluspunkt: Durch die erweiterte Funkstrecke von insgesamt zehn Metern können auch zwei völlig voneinander getrennte Objekte, wie Dach-Stauboxen und Anhänger, überwacht werden. In diesem Fall sorgt die Alarmanlage für die Überwachung des Mobils und der Bewegungsmelder schützt zum Beispiel die Dach- oder Heckbox vor unliebsamem Zugriff. Zudem kann die Alarmanlage mit einem Neigungssensor oder einem Gaswarngerät komplettiert werden, die zusätzliche Sicherheit gegen Überfälle bietet. Noch ein Tipp: Eine Alarmanlage mit Außenüberwachung ist nach den EU Richtlinien 74/61/EG nicht erlaubt und führt nach unserer Einschätzung auch nur zu Fehlalarmen und Belästigung der Umwelt.

### Die Selbstmontage

Bei einer Montage der Waeco MS-670 (ab 299,- Euro) sollten schon Grundkenntnisse in der Kfz-Elektrik vorhanden sein, hier kann man als Grundregel sagen, wenn der Kunde schon mal ein Radio eingebaut hat und weiß, was »15-30-31« ist, kann er es mit Hilfe der ausführlichen Montageanleitung auch schaffen. Bei beiden Modellen gibt es die Möglichkeit, die Alarmanlagen so scharf zu schalten das man trotzdem im Fahrzeug verbleiben kann. Bei der MS-670 wird der Innenraumschutz über die Ultraschalsensoren bzw. optionaler Bewegungsmelder MS-650PIR abgeschaltet und bei der MSK-150 werden der Erschütterungssensor und die Spannungsüberwachung abgeschaltet.

### Keine Angst vor dem CAN-Bus

Viele professionelle und private Nachrüster haben eine regelrechte Scheu vor dem Begriff CAN-Bus. Da geistern Geschichten von komplett zerstörten Steuergeräten, gestörten Fahrzeugfunktionen und saftigen Regressforderungen durch die Werkstatthallen der Handelsbetriebe. Was ist ein CAN-Bus-System? Die Abkürzung CAN bedeutet Controller-Area-Network. Mit dem Einsatz des CAN-Bus-Systems in modernen Fahrzeugen werden elektronische Baugruppen wie Steuergeräte oder intelligente Sensoren, wie beispielsweise der Lenkwinkelsensor, untereinander vernetzt. Durch das CAN-Bus-System geschieht der Datenaustausch zwischen den Steuergeräten auf einer einheitlichen Plattform. Der CAN-Bus dient als sogenannte Datenautobahn im Fahrzeug. Durch den Einsatz des CAN-Bus-Systems ergeben sich am Gesamtsystem Fahrzeug folgende Vorteile:

- Steuergeräte übergreifende Systeme wie beispielsweise das ESP lassen sich wirtschaftlicher realisieren.
- Systemerweiterungen in Form von Mehrausstattungen sind einfacher zu lösen.
- Eine systemübergreifende Diagnose über mehrere Steuergeräte ist zeitgleich möglich.
- Aufgrund der hohen Übertragungssicherheit

bei CAN werden sämtliche Fehler oder Unterbrechungen im CAN-System eindeutig und sicher erkannt. Um eine hohe Datensicherheit zu gewährleisten, ist bei CAN ein umfangreiches internes Fehlermanagement eingebaut.

Moderne Alarmanlagen wie die Magic Safe MS 670 von Waeco sind CAN-Bus-kompatibel, damit sicher eingebunden in das Fahrzeug und auch von Nichtfachleuten einfach und schnell nachzurüsten.

## Checkliste Elektroanlage

### Funktionsprüfung ohne Netzanschluss

- ☐ Anzeigen im Panel prüfen
- ☐ Beleuchtung prüfen
- ☐ Kühlschrank auf 12 V Betrieb prüfen
- ☐ Kühlschrank Zündung bei Gasbetrieb prüfen
- ☐ Heizung Zündung prüfen
- ☐ Heizung Gebläse prüfen
- ☐ Wasseranlage mit Druckpumpe: Pumpe und Pumpenschalter prüfen
- ☐ Wasseranlage mit Tauchpumpe: Pumpe und alle Armaturen auf Schaltung prüfen
- ☐ Alle Verbraucher auf Funktion prüfen

### Funktionsprüfung mit Netzanschluss

- ☐ Anzeigen im Panel prüfen
- ☐ FI-Schalter Funktion prüfen
- ☐ Sicherungsautomat Funktion prüfen
- ☐ Kühlschrank auf Funktion bei 230 V Betrieb prüfen
- ☐ Einspeisedose prüfen
- ☐ Kabeltrommel und Kabel prüfen
- ☐ Adapterkabel prüfen und Vollzähligkeit feststellen

### Auf dem Stellplatz

- ☐ Kühlschrank auf 230 V Betrieb stellen
- ☐ Kabel der Außenversorgung unfallverhütend bis zum Verteiler verlegen
- ☐ Kabelverbindungen (Kupplungen) wassergeschützt verlegen bzw. einhüllen
- ☐ Ladekontrollleuchte im Fahrzeug prüfen nach Netzanschluss

### Fehlersuche bei fehlender Stromversorgung

- ☐ Versorgungssäule am Platz prüfen
- ☐ Mit Phasenprüfer Versorgungssäule auf Spannung prüfen
- ☐ Sicherung Versorgungssäule prüfen
- ☐ Verbindungskabel und Steckverbindungen zum Fahrzeug prüfen
- ☐ Sicherung und FI-Schalter im Fahrzeug prüfen

# Die Wasserversorgung

### Keine Chance für Montezuma

Der Mensch besteht zu knapp 70 Prozent aus Wasser und kann ohne Wasser nur kurze Zeit überleben. Trinkwasser ist als Lebensmittel eingestuft mit der strengsten Verordnung im häuslichen Alltag, der »Verordnung zur Novellierung der Trinkwasserverordnung vom 21. Mai 2001«. Diese Verordnung gilt auch für die Wasseranlage und deren Handhabung im Reisemobil.

Seit das Reisemobil der Gründerzeit entwachsen ist und mehr an ein rollendes Appartement denn an die Zeltherrlichkeit vergangener Tage erinnert, gilt auch der Faltkanister mit Auslaufhahn, oben auf einem Regal aufgestellt, mit untergestellter Plastikschüssel, nicht mehr als zeitgemäße Wasserversorgung für die Reise. Obwohl es gesundheitlich gar nicht mal die schlechteste Methode war, wenn auch eher zufällig: Der kleine Kanister hatte wenig Inhalt, das Wasser konnte kaum verderben, da es oft neu gebunkert werden musste. Der glasklare Kanister zeigte sofort, wenn Ablagerungen entstanden und konnte beim Wasserfassen leicht ausgespült werden. Irgendwann wurde das dünne Plastik undicht und der gesamte Kanister erneuert. Lange, unübersichtliche Wasserleitungen, in denen das Wasser zirkuliert und stehen bleibt, gab es nicht. Bis auf die Frage, wo das

Wasser zum Füllen herkam, war somit alles im grünen Bereich. Zwar sind aus praktischen Überlegungen heraus auch heute noch ältere Reisemobile mit Kanistern ausgestattet, jedoch sind die neuen durchweg mit fest eingebauten Wassertanks größeren Inhalts ausgestattet. Für Selbstbauer stellt sich trotzdem die Frage, ob Kanister nicht doch eine überlegenswerte Alternative der Wasserbunkerung darstellen.

### Die Trinkwasserverordnung

In der Reisemobilbranche und in den Verbänden hält sich eisern das Gerücht, die Trinkwasserverordnung gelte nur für Gewerbliche Vermieter, Privatleute seien davon also nicht betroffen. Dem ist nicht so, auch sie haben ein Recht auf gesunden Urlaub und daraus abgeleitet die Pflicht, dafür zu sorgen, dass das Wasser einwandfrei ist. Im Zuge der Recherchen zu diesem Buch hat uns das Bundesministerium für Gesundheit und Soziale Sicherung in Bonn unter Aktenzeichen 123-96 bestätigt, dass die Trinkwasserverordnung sowohl für privat als gewerblich genutzte Reisemobile und Caravans gilt. Diese Anlagen werden dort eingestuft als »Sonstige, nicht ortsfeste Anlagen laut §3 Nr. 2 a) und b)«. Damit ist klar, dass das Wasser in der gesamten Reisemobilanlage der Trinkwasserverordnung unterliegt. Unter §3 »Begriffsbestimmungen« ist in Nr. 1 a) detailliert aufgelistet, was man unter Trinkwasser versteht. Betroffen ist hier »alles Wasser, im ursprünglichen Zustand oder nach Aufbereitung, das zum Trinken, zum Kochen, zur Zubereitung von Speisen und Getränken oder insbesondere zu den folgenden anderen häuslichen Zwecken bestimmt ist:

- Körperpflege und -reinigung
- Reinigung von Gegenständen, die bestimmungsgemäß mit Lebensmitteln in Berührung kommen
- Reinigung von Gegenständen, die bestimmungsgemäß nicht nur vorübergehend mit dem menschlichen Körper in Kontakt kommen.«

§4 »Allgemeine Anforderungen«, Nr. 1 definiert: »Wasser für den menschlichen Gebrauch muss frei von Krankheitserregern, genusstauglich und rein sein. Dieses Erfordernis gilt als erfüllt, wenn bei der Wassergewinnung, der Wasseraufbereitung und der Verteilung die allgemein anerkannten Regeln der Technik eingehalten wurden und das Wasser für den menschlichen Gebrauch den Anforderungen der §§ 5 bis 7 entspricht.«

Genug Paragrafenreiterei, der genaue Wortlaut kann in der Trinkwasserverordnung nachgelesen werden, die auf der Homepage des DVGW, Deutsche Vereinigung des Gas- und Wasserfaches e.V., im Wortlaut aufgeführt ist. Die Adresse lautet www.dvgw.de. Im eigenen Interesse sollte also die gesamte Anlage ständig sauber gehalten werden Den Autoren ist zwar bis jetzt kein Fall bekannt, aber die Trinkwasserverordnung lässt jährliche Kontrollen solcher Anlagen durch das Gesundheitsamt zu und führt unter §24 auch gleich auf, dass Verstöße als »Straftat« geahndet werden können.

### Bunkern

In Reisemobilkreisen gibt es Grundsatzargumente pro und contra für die beiden möglichen Arten der Bunkerung von Trinkwasser, der Kanister- und der Tankbevorratung. Beide haben ihre Verfechter und Gegner. Deshalb hier die grundsätzlichen Unterschiede: Kanister sind preisgünstig, leicht an jedem Wasserhahn, auch weit weg vom Fahrzeug, zu füllen und sehr gut sauber zu halten. Dafür haben sie nur maximal 20 l Inhalt und müssen leicht zugänglich untergebracht werden. Bei den manchmal längeren Standzeiten des Reisemobils auf dem Campingplatz, dazu hin mit aufgebautem Vorzelt, ist ein Kanister immer überlegen.

Eingebaute Tanks sind in jedem Format und Fassungsvermögen im Handel, sind stabil und können tief unten in einem versteckten Stauraum oder im Doppelboden untergebracht werden. Dafür sind sie schwierig sauber zu halten, können nur über Außeneinfüllstutzen befüllt

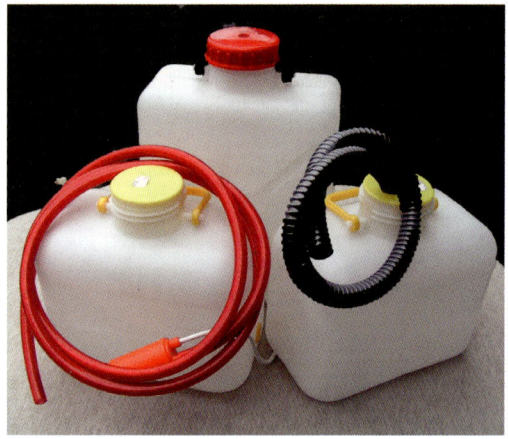

◼ **Verbreitete Wasserbunkerung: Kanister in allen Größen.**

werden und sind sehr pflegeintensiv. Da auch heute noch die wenigsten Campingplätze mit Wasseranschluss an den Standplätzen ausgestattet sind, sind Festtanks hier benachteiligt. Es sei denn, man besorgt sich einen Rollkanister größeren Fassungsvermögens und baut damit eine »Tankwagenversorgung« auf. Dann kann der eingebaute Tank am Standplatz befüllt werden.

### Tipp

*Zum Umfüllen eignet sich eine transportable Pumpeinrichtung, die leicht selbst gebaut werden kann. Dazu wird eine kräftige Tauchpumpe mit einem langen Kabel mit Stecker für 12 V versehen und an einem Schlauch befestigt, der bis zur Höhe des Einfüllstutzens reicht. Eine 12 V Steckdose ist, falls nicht serienmäßig vorhanden, leicht nachzurüsten und kann auch für andere Aufgaben nützlich sein. Diese Pumpe wird in den fahrbaren Kanister versenkt und der Schlauch in den Einfüllstutzen, einschalten bzw. Stecker in die Steckdose und los geht's.*

Ein fest eingebauter Tank sollte so angeordnet sein, dass er leicht zu reinigen ist. Trotzdem bleibt ein Restrisiko, dass sich Bakterien darin vermehren und das Wasser verderben. Es ist dann bestenfalls noch für die Körperpflege und den groben Abwasch zu gebrauchen, wenn es mit entsprechenden Mitteln haltbar und keimfrei gemacht wird.

■ **Praktisch, weil leicht zu transportieren, ist ein Frischwassertank mit Rollen.**

### Schutz vor Montezumas Rache

Für die Haltbarmachung des Tankwassers, also zur Desinfektion und Vorbeugung vor Verkeimung und Algenbefall im Sinne der Trinkwasserverordnung hält der Fachhandel verschiedene Mittel zur Auswahl, die meist auf Silberionenbasis ohne Chlor arbeiten. Wird grundsätzlich nur reines Trinkwasser aus öffentlichen Lei-

tungen in Deutschland und Nordeuropa nachgefüllt, muss das Wasser nicht desinfiziert, sondern nur haltbar gemacht werden. Mittel mit Entkeimung sind etwas teurer und meist eine Mischung aus Chlor und Silberionen. Wer Chlor nicht mag oder verträgt, aber entkeimen muss, für den gibt es im Fachhandel Entkeimungspulver für durchschnittlich 16,- Euro. Alle diese Mittel halten auch die Leitungswege und den Tank keimfrei bis 6 Monate. Aber nicht nur Bakterien, beim abgestellten Reisemobil greift auch der Frost gerne und erfolgreich nach unserem Wasser. Zum Schutz gegen beides gibt es speziellen Frostschutz, ein Mittel, das Pumpen und unzugängliche Leitungen mit Glycol vor Frostschäden und mit Silberionen vor Bakterien schützt. Man füllt das Mittel vor der Einmottung in die Leitungen. Eine intensive Blautönung erinnert im Frühjahr an das Ausspülen des Wassernetzes. Es geht aber auch auf elektrischem Weg, mittels Ultraviolett-Desinfektion. Dazu wird in den Wassertank ein UV-Entkeimungsgerät eingebaut, das mit geringem Stromverbrauch aus dem Bordnetz durch kurzwellige, unsichtbare UV-Strahlung die infektiösen Mikroorganismen zerstört.

■ **BEin UV-Entkeimungsgerät benötigt Bordstrom für den Betrieb.**

Auch mechanische Filter mit Aktivkohleeinsatz sind im Handel. Hierbei sollte darauf geachtet werden, dass diese Filter möglichst dicht an den Auslaufhahn montiert werden, denn die Leitung dazwischen muss ebenfalls sauber gehalten werden und die Filtereinsätze sind nicht ganz billig.

### Leitungsnetz und Pumpen

Erfahrungsgemäß wenig Aufwand und Probleme bereitet das Wassernetz im Reisemobil, wenn man es regelmäßig durchsieht und Anfangsschäden gleich beseitigt. Das Hauptaugenmerk gehört hier den Leitungen, die hoffentlich aus transparentem Material bestehen und so bei der Sichtkontrolle Ansätze von Algenablagerungen sofort erkennen lassen. Ist dies der Fall, sollten die gesamten Wasserschläuche im Reisemobil ausgetauscht werden. Hier steht die Gesundheit vor den Mühen eines Samstags.

### Pumpen

Die innere Wasserversorgung im Reisemobil wird heute vielfach noch mit Tauchpumpen sichergestellt. Dabei sitzt eine einfache, voll gekapselte Pumpe am Ende der Pumpleitung im Kanister oder Tank. Sie ist elektrisch mit den Armaturen an Spüle, Dusche und Waschbecken verbunden und wird von dort jeweils beim Öffnen des Hahns über einen eingebautem Mikroschalter mit 12 V Gleichstrom versorgt. Beim Schließen des Hahns wird die Stromversorgung unterbrochen.

■ **Eine Tauchpumpe ist preisgünstig, einfach zu wechseln und versorgt die Armaturen zuverlässig mit Frischwasser aus Tank oder Kanister.**

### Druckanlagen

Wesentlich teurer, aber komfortabel wie eine häusliche Anlage sind Druckanlagen. Hier herrscht im Leitungsnetz ein konstanter Druck von meist 1,5 bis 2 bar, aufgebaut von einer kräftigen und deshalb nicht gerade billigen Druckpumpe. Die Armaturen arbeiten wie im Haushalt, es können hier also auch solche verwendet werden. Wichtig ist ein Pumpen-Hauptschalter. Einmal deshalb, um die Pupe nachts ausschalten zu können, da sie sonst in bestimmten Zeitabständen den Druck ausgleicht, was bei der Lautstärke der üblichen Fabrikate nicht gerade den gesunden Tiefschlaf fördert. Zum anderen aber auch zur Vermeidung von Hochwasser. Löst sich ein Schlauch in einer Druckanlage, bedeutet dies für die Druckpumpe so viel wie einen aufgedrehten Hahn. So pumpt sie dienstbeflissen den gesamten Tankinhalt in das Fahrzeug. Gut, wenn man dies mit dem Hauptschalter unterbinden kann. Gut auch, wenn man grundsätzlich vor dem Verlassen des Fahrzeugs den Pumpenhauptschalter ausschaltet.

### Abwasser

Keine großen Anforderungen an die Hygiene stellt das Abwassersystem. Hier sind andere Kriterien gefragt. Im Caravan sowieso, aber auch im Reisemobil war das Thema Abwasser lange Zeit keines. Ein 10 l Eimer unter den offenen Auslauf von Spüle und Waschbecken gestellt, nach oben offen oder im Boden ein Loch und damit unendlichem Fassungsvermögen, das war's. Mit steigendem Umweltbewusstsein und verschärften Platzvorschriften entsteht der Wunsch nach ordentlicher Entsorgung, die am Stellplatz heute vielfach mit direkten Abwasseranschlüssen gesichert ist. Ist dies nicht der Fall oder wird auf Stellplätzen ohne solche Anschlüsse genächtigt, ist ein Festtank für die Abwässer unumgänglich. Nachzurüsten ist ein solcher Abwassertank, der ja wegen des notwendigen Gefälles im Niveau unter dem tiefsten Abfluss, also der Dusche und damit unter dem Boden, liegen muss, nur mit Schwierigkeiten.

Hat das Reisemobil einen Leiterrahmen, was in den meisten Fällen zutrifft, kann dort wahrscheinlich ein Platz gefunden werden, der den Tank zwischen den Holmen aufnimmt. Eine solche Nachrüstung geht naturgemäß nur, wenn eine Hebebühne zur Verfügung steht.

🟨 **Abwasser lässt sich mit einem großvolumigen Rolltank einfach entsorgen.**

Ein Problem ist der Abwassertank beim Wintercamping, wenn er nicht im Bereich eines beheizten Doppelbodens liegt. In allen anderen Fällen ist eine Tankheizung erforderlich, damit das Abwasser nicht einfriert. Einzige Alternative wäre ein Abwassersack aus kräftigem, PVC-beschichtetem Polyestergewebe mit Tragebügel und Anschlussschlauch, der gleichzeitig der Entleerung dient. Solche Säcke sind besonders beim Wintercamping empfehlenswert. Dann wird der Abwassersack an den Auslauf des Abwassertanks angeschlossen. Friert der Inhalt im Beutel ein, kann der Sack im Warmen aufgetaut und problemlos entleert werden. Bei einem festen Tank gelingt dies nur mit einer Tankheizung.

## Tipp

*Ein Tipp zur Entleerung nach Urlaubsende, der sich in der Praxis gut bewährt hat: Zuerst den Abwassertank leeren. Dann den Frischwassertank oder Kanister nicht direkt auslaufen lassen, sondern durch Aufdrehen des Spülenhahns und der Dusche in den Abwassertank entleeren. So wird dieser und die Leitungen beim Ablassen gespült und von innen gereinigt. Anschließend eine kurze Runde um die Häuser, dann nochmals den Abwassertank leeren und alles ist sauber.*

### Leitungsnetz

Die Abwasserleitungen bestehen üblicherweise aus Spiralschläuchen mit 19 mm Durchmesser. Diese Leitungen sind preisgünstig und leicht zu verlegen. Vorsicht ist nur geboten, dass der Schlauch nicht durchhängt und dadurch Wassersäcke bildet, die sich später durch Geruchbildung melden. Besser, wenn auch teurer und deshalb bei Serienreisemobilen meist nur in der oberen Preisklasse anzutreffen, sind Abwasserrohre aus Kunststoff mit entsprechenden Formstücken wie Winkel, T-Stücken und Verbindungsmuffen. Sie sind steckbar ausgerüstet und lassen das Wasser dank glatter Innenseite besser und weitgehend rückstandsfrei durchlaufen. Hier bietet sich ein Nachrüstfeld an für alle, die nicht mit dem Serienzustand ihres Reisemobils vorlieb nehmen wollen. Die baukastenartig aufgebauten Einzelteile des Abwasser-Rohrsystems sehen auch Übergangsstücke vor für herkömmliche Flexschläuche, sodass zum Beispiel im Bereich von Siphons und komplizierten Durchführungen Schläuche, sonst Rohre eingebaut werden können. Ähnliche Rohrsysteme gibt es auch für die Frischwasserversorgung.

**TRINKWASSERSITUATION IN EUROPA**

Wasser aus dem Leitungsnetz
- kann unbedenklich getrunken werden
- ist mit Vorsicht zu genießen
- ist nicht zum Trinken geeignet

©OSRAM
QUELLE: TROPENINSTITUT HAMBURG

■ Die Karte der Trinkwasserqualität in Europa gibt an, in welchen Ländern zumindest ein Wasserfilter in die Anlage eingebaut werden sollte. Am besten in den gefährdeten Regionen kein Wasser unabgekocht trinken.

### Expertentipp: Pflege der Wasseranlage

Peter Gelzhäuser, Fa. Multiman Hygiene, Puchheim, als »Wasser-Peter« in der Branche bestens bekannt, gibt Tipps für die Pflege der Wasseranlage.

■ Wasserfachmann Peter Gelzhäuser.

### In drei Schritten zur sauberen Trinkwasseranlage

1. Tank und Leitungen mit einem Tankreiniger reinigen und Algen und Bakterienbeläge mit speziellen Mitteln wie beispielsweise »KeimEx« (Dosierung: 100 g / 100 l) entfernen. In entsprechender Menge in einen mit Trinkwasser gefüllten sauberen Eimer einrühren und diese Lösung in den Tank füllen. Ganz mit Trinkwasser auffüllen, alle Hähne kurz öffnen, damit KeimEx auch in die Leitungen gelangt. Alles über Nacht stehen und wirken lassen. Danach den Tank über die Leitungen in Spüle, Waschbecken und Dusche in den Abwassertank entleeren.

2. Tank und Leitungen desinfizieren. Desinfektion ist erforderlich, damit das gute Trinkwasser im System nicht wieder schlecht wird. Den Tank zu 50 Prozent mit Trinkwasser füllen. Mittel wie »PuroSil« (5 ml / 10 l) in entsprechender Menge über den Einfüllstutzen in den Tank geben und dann ganz mit Trinkwasser auffüllen. Dabei auch alle Hähne öffnen, damit die PuroSil Desinfektionslösung in die Leitungen gelangt. Vier bis fünf Stunden einwirken lassen, danach entleeren.

3. Kalk und schlechten Geschmack aus Leitungen und Pumpen mit einem Kalk-Entferner wie »KalkEx« entfernen, damit die Bakterien keinen Nährboden mehr haben. KalkEx (Dosierung: 100 g / 10 l) in entsprechender Menge mit so viel Trinkwasser in einem Eimer anrühren damit es reicht, alle Schläuche zu füllen. Diese Lösung in den leeren Tank geben und kein Trinkwasser mehr zugeben. Alle Hähne kurz öffnen, damit KalkEx in die Leitungen gelangt. Alles etwa ein bis zwei Stunden stehen und wirken lassen. Danach den Tank mit etwas Trinkwasser füllen und alle Leitungen spülen.

### Durchspülen der Wasseranlage

Soll die Wasseranlage vor dem Winterschlaf wie oben erwähnt einmal kräftig durchgespült und desinfiziert werden, empfiehlt sich ein Verschlussdeckel mit Gardena-Anschluss. Der vorhandene Frischwasser-Verschluss wird abgenommen und durch den Gardena-Deckel von Heo-Safe auf den Einfüllstutzen ersetzt. Nun kann man den Wasserschlauch einfach auf den Gardena-Adapter stöpseln und bei geöffneten

Abwasserventilen den Frischwassertank und die Leitungen ohne Beaufsichtigung durchspülen und von Ablagerungen und Keimen befreien.

■ Der Standard-Verschluss des Frischwasserstutzens wird gegen den Gardena-Anschluss zum Befüllen und Reinigen ausgetauscht.

### Keimfreies Trinkwasser

Wird die Wasseranlage nicht entleert, sollte das Wasser weitgehend keimfrei gehalten werden. Dies kann mit chemischen Mitteln wie Certisil, Micropur oder Aqua-Clean, die dem Wasser zugesetzt werden, oder durch mechanische wie Kohle-Filter und UV-Bestrahlung geschehen. Chemische Mittel enthalten Silberionen und Chlor und können Geschmack und Geruch des Wassers beeinträchtigen. Bei Bestrahlung mit UVC-Licht entfallen solche »Nebenwirkungen«. Der neue Puritec Entkeimungsstrahler von Osram tötet Keime mit UVC-Licht zuverlässig ab, ohne Geruch und Geschmack des Wassers zu beeinflussen. Die Anwendung des Tauchstrahlers ist komfortabel: Einfach in den Tank einhängen und einschalten. Das UVC-Licht tötet Bakterien und Viren auf natürliche Art ab, indem das kurzwellige ultraviolette Licht den Zellkern der Krankheitserreger durchdringt. Bereits nach 15 Minuten ist das Wasser in einem 20 Liter fassenden Tank gemäß der Norm DIN 5031-10:2000-03 keimfrei und die Wände des Behälters sind desinfiziert, wie eine Untersuchung der Medizinal-Untersuchungsstelle Herford bestätigt. Da keine Chemikalien zugesetzt werden, beeinflusst die Anwendung der Lampen weder Geruch noch Geschmack des Wassers und ist zugleich umweltschonend. Der Osram

Puritec LPS 9 kann als 12-Volt- und 230-Volt-Ausführung mit einer passenden Adapterplatte (Schraubdeckel Option 2,50 Euro) betrieben werden und kostet für den Caravan- oder Reisemobiltank ab 120,- Euro.

### Experten-Tipp: Auch das stille Örtchen braucht Pflege

■ Dirk Valder führt für den niederländischen Mobiltoiletten-Hersteller Thetford die deutsche Niederlassung.

### Reinigung und Wartung von Thetford-Mobiltoiletten

Obwohl als unverwüstlich und langlebig bekannt, benötigen auch Mobiltoiletten Pflege und Wartung. Einige Tipps:
Zur Reinigung der Dichtung und des Schiebers empfehlen wir den Badreiniger von Thetford und anschließendes Spülen mit Wasser. Sie können auch lauwarmes Wasser verwenden. Bitte benutzen Sie keine Allzweckreiniger (Chlorix, Essig oder ähnliches), da diese der Dichtung sowie anderen Teilen der Toilette irreparable Schäden zufügen könnten. Schieberplatte und Schieberdichtung gründlich mit Thetford Badreiniger reinigen und abtrocknen. Wir empfehlen Ihnen, die Schieberdichtung ein wenig mit dem Thetford Pflegespray für Toilettendichtungen einzusprühen. Dies gewährleistet ein leichtes Bedienen des Toilettenschiebers, schützt die Gummidichtungen und verhindert das Verkleben von Schieberplatte und Dichtung. Alternativ kann auch Olivenöl verwendet werden. Bitte benutzen Sie keine anderen pflanzlichen Öle, Silicon – Sprays oder Vaseli-

ne, da dies zu Undichtigkeiten führen kann. Das Ganze wiederholen, wenn Dichtung / Schieber schmutzig sind oder der Schieber sich nur mit Mühe öffnen und schließen lässt. Wird die Toilette für einen längeren Zeitraum nicht benutzt (zum Beispiel im Winter), so ist die Dichtung zu reinigen und mit Thetford Pflegespray oder Olivenöl zu behandeln. Ebenso sollte der Toilettenschieber offen gelassen werden, weil dadurch verhindert wird, dass die Dichtung am Schieber festklebt, wenn Feuchtigkeit auf dem Schieber zurückbleibt.

Bei den Toilettensystemen, die keine eigene Spülwasserversorgung haben, sondern auf die zentrale Wasserversorgung vom Fahrzeug zurückgreifen, kann kein Toiletten-Spülwasserzusatz verwendet werden (wie Aqua Rinse). Es entstehen häufig Ablagerungen von Kalk bzw. Urinstein in der Toilettenschüssel, sicht- und spürbar wird dies, wenn die Oberfläche der Schüssel stumpf wird und matt erscheint. Speziell für diese Fälle haben wir ein neues Produkt entwickelt. Den Thetford »Toilet Bowl Cleaner«. Die Flasche erinnert an einen normalen WC-Reiniger für den Haushaltsbereich, mit dem entscheidenden Unterschied, dass der Toilet Bowl Cleaner speziell für Kunststoff-Toiletten entwickelt wurde und nicht wie die Haushaltsmittel die Kunststoffoberfläche beschädigt.

Der restliche Teil der Toilette kann mit dem Thetford Badreiniger sicher und wirksam gereinigt werden. Teile, die nicht abgespült werden können, sind mit einem feuchten Tuch abzuwischen und für extra Glanz mit einem sauberen und weichen Tuch trockenzureiben. Sie können auch lauwarmes Spülwasser benutzen. Zur Entfernung der Ablagerungen im Fäkalientank empfiehlt Thetford den Thetford Cassetten Tank Cleaner oder die Verwendung einer zehnprozentigen Zitronensäure. Zitronensäure ist ein weißes Granulat, das man beispielsweise in der Drogerie oder in der Apotheke erhält. Anwendung: In drei Liter Wasser werden 100 Gramm Zitronensäure aufgelöst. Füllen Sie die Flüssigkeit in den Fäkalientank und verschließen

Sie den Entleerungsstutzen mit dem entsprechenden Deckel. Schütteln Sie den Tank mehrfach, lassen Sie die Flüssigkeit einige Stunden einwirken, stellen den Tank anschließend für einige Stunden auf den »Kopf«, sodass auch die Ablagerungen an der Mechanik entfernt werden. Entleeren Sie ihn anschließend und spülen den Tank mit sauberem Wasser mehrfach aus. Sollten immer noch Ablagerungen vorhanden sein wiederholen Sie diesen Vorgang. Frostschutzmittel darf nur benutzt werden, sofern es nicht auf alkoholischer Basis ist (bitte kein Methanol, Ethanol und Isopropylalkohol!).

### Zusätze für die mobile Toilette

Um eine einwandfreie und problemlose Funktion der mobilen Thetford-Toilettensysteme zu gewährleisten, ist es unumgänglich, Sanitärzusätze zu verwenden. Thetford bietet ein umfangreiches Sortiment an Sanitärzusätzen für unterschiedliche Einsatzzwecke und Ansprüche beim Camping, im Wohnwagen und für den Hausgebrauch an.

Die Thetford Sanitärzusätze für den Fäkalientank verhindern eine Ausbreitung von Bakterien, Ablagerungen an der Innenseite des Tanks und reduzieren Gas- sowie Geruchsbildung. Außerdem fördern sie die Zersetzung von Fäkalien und Toilettenpapier und erleichtern somit das Entleeren. Der Sanitärzusatz Aqua Rinse ist für den Spülwassertank und hält das Wasser frisch, sorgt für eine effektivere und damit bessere Spülung. Er hinterlässt einen ultradünnen Schutzfilm im Toilettenbecken und verhindert Ablagerungen infolge von hartem Wasser. Seine schmierenden Eigenschaften sorgen für ein leichteres Öffnen und Schließen des Schiebers und tragen zu einem besseren Funktionieren der Toilette bei. Eine einwandfreie Funktion der Toilette ist nur durch Kombination von den richtigen Sanitärzusätzen und dem speziellen Toilettenpapier gegeben. Thetford bietet Zusätze für Ihren Fäkalientank, Spülwassertank sowie einige Pflegeprodukte an. Jede Produktgruppe bietet spezielle Benutzervorteile.

## Generelle Tipps

Einige Fahrzeuge sind mit Wasserpumpen ausgestattet, die einen zu hohen Wasserdruck erzeugen, sodass das Spülwasser über den Beckenrand hinaustritt. In diesen Fällen ist es möglich, ein Reduzierstück in den Wasserschlauch an dem Verbindungsstück zu montieren. Sie bekommen dieses Reduzierstück bei der Firma Thetford. Einige Fahrzeuge sind mit Wasserpumpen ausgestattet, die einen zu niedrigen Wasserdruck haben. Dies kann folgende Ursachen haben: Zu großer Abstand zwischen dem Wassertank und der Cassettentoilette (Druckabfall durch zu lange Versorgungsleitung), zu großer Höhenunterschied zwischen dem Wassertank und der Cassettentoilette. Thetford empfiehlt eine Pumpe im Wassertank, die ein Minimum an Pumpenkapazität von 6 l/min bei 0,5 bar hat. (Je weiter die Pumpe von der Toilette entfernt ist, desto größer muss die Pumpe dimensioniert werden.)

## Toilet Bowl Cleaner

Der Toilet Bowl Cleaner ist ein kräftiger und kunststoffverträglicher WC-Reiniger. Speziell entwickelt um Wasser- und Schmutzablagerungen in der Schüssel zu entfernen. Der Toilet Bowl Cleaner bringt eine optimale Hygiene sowie strahlenden Glanz, auch für Keramikschüsseln geeignet.

◼ Speziell für Mobil-Toiletten entwickelt und auch für Keramik-Toiletten geeignet: Der Toilet Bowl Cleaner.

## Checkliste Wasseranlage

Eine ausgefallene Wasseranlage im Urlaub mit einem Schaden, für dessen Behebung man kein Ersatzteil bekommt, ist unangenehm. Noch weniger angenehm ist Montezumas Rache durch Bakterienbefall in Schläuchen oder Tank. Beiden Fällen kann durch einen gewissenhaften Check vor Fahrtantritt vorgebeugt werden.

## Frischwasserversorgung

☐ *Innenreinigung des Tanks durch die Reinigungsöffnung*
☐ *Anschließend Durchspülen des Tanks, der Kanister und der Leitungen*
☐ *Schlauchanschlüsse festsitzend und nicht spröde*
☐ *Tankdeckeldichtung sauber und funktionsfähig*
☐ *Tankentlüftung funktionsfähig*
☐ *Einfüllstutzen und Verbindung reinigen und prüfen*
☐ *Schwimmer und Anschluss des Citywasseranschlusses gangbar und dicht*
☐ *Wasserstandanzeiger am Kontrollbord gangbar*
☐ *Entkeimungsmittelvorrat an Bord*
☐ *Ersatzkanister zum Befüllen an Bord, gereinigt und algenfrei*

## Leitungsnetz und Armaturen

☐ *Sichtprüfung Leitungsnetz auf Algenbefall*
☐ *Schlauchverbindungen dicht und fest*
☐ *Wasserpumpe funktionsfähig einschließlich Pumpenschalter*
☐ *Ersatzpumpe an Bord (Tauchpumpe)*
☐ *Alle Armaturen dicht und funktionsfähig*
☐ *Bei Anlagen mit Tauchpumpe muss diese von allen Entnahmestellen aus geschaltet werden können*

☐ *Soweit vorhanden, Perlatoren reinigen*
☐ *Wasserfilter wechseln, falls notwendig*
☐ *Ersatz-Schlauchklemmen für Verbindungen an Bord*

**Abwassernetz**
☐ *Abwassertank reinigen*
☐ *Verschlüsse und Verschraubungen dicht und gangbar*
☐ *Entsorgungsschlauch an Bord*
☐ *Sichtprüfung Leitungsnetz*
☐ *Schlauchverbindungen dicht und fest*
☐ *Siphons frei und fest*
☐ *Ablaufsiebe Waschbecken, Spüle und Dusche frei und fest, Verschlussstopfen vorhanden*

**Toilette**
☐ *Cassette gereinigt*
☐ *Schieber gangbar und dicht*
☐ *Verschluss an Ausguss dicht*
☐ *Soweit vorhanden, Spültank gefüllt, oder*
☐ *Wasserversorgung gangbar*
☐ *Füllstandanzeiger gangbar*
☐ *Spülpumpe gangbar*
☐ *Gummihandschuhe zur Tankentleerung an Bord*
☐ *Toilettenpapier an Bord*
☐ *Chemikalien an Bord, oder*
☐ *Tankentlüftung gangbar*
☐ *Aktivkohlefilter der Tankentlüftung prüfen*

**Inbetriebnahme der Wasseranlage**
*Während der Anfahrt zum Ziel wird man bei einem Urlaub auf dem Campingplatz den Tank sinnvoller Weise wegen der Zuladekapazität und dem Spritverbrauch nicht füllen und nur einen kleinen Handvorrat im Kanister mitnehmen. Damit immer zuverlässig Wasser fließt, reicht es nicht aus, den Tank zu füllen und einen Hahn aufzudrehen. So wird weder Kalt- noch Warmwasser fließen. Deshalb hier Schritt für Schritt alle Handgriffe, die dafür sorgen, dass der Urlaub eine saubere Sache wird:*
☐ *Alle Entleerventile schließen*
☐ *Frostschutzautomatik am Heizungsgerät bzw. Boiler schließen*
☐ *Außenbefüllung öffnen und Schlauch anschließen*
☐ *Befüllvorgang kontrollieren wegen eventueller Überfüllung*
☐ *Wirkungsweise der Entlüftungsventile kontrollieren. Beim Füllen muss hier Luft entweichen.*
☐ *Schlauch schließen*
☐ *Pumpenhauptschalter öffnen (bei Druckpumpen)*
☐ *Alle Kaltwasserhähne einschließlich Dusche öffnen, bis überall blasenfrei Wasser kommt, dann schließen*
☐ *Vorgang mit Warmwasserhähnen wiederholen*
☐ *Alle Hähne schließen*
☐ *Druckpumpe muss nach kurzer Zeit selbständig abschalten*
☐ *Tankinhalt komplettieren und Schlauch entfernen.*

# Energie aus der Flasche

### Die Gasanlage

Neben Elektrizität ist Gas nach wie vor eine wichtige Energiequelle im Reisemobil. Flüssiggas ist eine Mischung aus 95 Prozent Butan und 5 Prozent Propan. Es wird in den üblichen grauen Fünf- oder Elf-Kilogramm Gasflaschen oder seltener in den modernen Tankflaschen gebunkert und druckgemindert über eine Stahlrohrleitung an die Brennstellen wie Heizung, Kocher, Backofen und Kühlschrank verteilt.

■ **Energie aus der Flasche: Die Gasversorgung im Reisemobil.**

Bei richtiger Wartung und Pflege der Gasanlage ist diese relativ ungefährlich, auf jeden Fall besser als ihr Ruf bei Nichtcampern. Wenn in der Regenbogenpresse von Gasunfällen beim Campen berichtet wird, sind es meist Folge von Manipulationen oder unsachgemäßer Änderungen an der Anlage, die zu Undichtigkeiten und dann zur Explosion führen. Deshalb ist jegliches Hantieren an der Anlage nur dann ratsam, wenn entsprechende Kenntnisse vorliegen und die Anlage vor der Wiederinbetriebnahme von einem Sachverständigen abgenommen wird, wie dies auch Vorschrift ist. Alle Bestimmungen und Richtlinien für die Gasanlage und deren Sicherheit stehen in der neuen DIN EN

1949 »Installation von Flüssiggasanlagen für Wohnzwecke in Freizeitwohnwagen und anderen Fahrzeugen«, erhältlich beim Beuth Verlag GmbH, Kamekestraße 2–8, 50672 Köln sowie im DVGW Arbeitsblatt G 607 »Flüssiggasanlagen und Feuerstätten in Fahrzeugen«, das im Zubehörhandel erhältlich ist, zumindest an jeder für die Abnahme von Gasprüfungen autorisierten Stelle. Diese stellt auch die Prüfbescheinigung aus, die notwendig ist für die Zulassung der Gasanlage nach Erweiterung oder Änderung. Im Zuge der Vereinheitlichung im EG-Rahmen musste auch das für Deutschland geltende DVGW-Arbeitsblatt G 607 einschließlich der Prüfbescheinigung geändert und bezüglich der Installationsanforderungen mit der DIN EN 1949 abgestimmt werden. Die überarbeitete Fassung wird ab 2005 gelten. Für Interessierte hier noch die gültigen Technischen Regeln Druckgase (TRG):

TRG 280    Betreiben von Druckgasbehältern
TRG 310    Flaschen aus Stahl
TRG 380    Treibgastanks
TRG 602    Campingflaschen
TRF 1988   Technische Regeln Flüssiggas

Sie sind erhältlich beim Carl Heymanns Verlag kg, Luxemburger Straße 449, 50939 Köln

### Rohrleitungen und Zubehör

Durch den nachträglichen Einbau von Zusatzgeräten wie Gasboiler, Backofen oder eine andere Heizung wird die Verlegung neuer Rohre notwendig. Deshalb hier in Kürze die wichtigsten Punkte. Als Gasleitungen sind nahtlose oder geschweißte Präzisionsstahlrohre nach DIN 2391 2393 sowie Kupferrohre nach DIN 1786 zugelassen. Kupferrohre haben den Vorteil der leichteren Verarbeitung, da sie sich besser biegen lassen als Stahlrohre. Dafür müssen sie entweder hartgelötet werden nach DVGW-Arbeitsblatt GW 2 oder bei Schneidringverbindungen mit speziell dafür vorgesehenen Einsteckhülsen versehen sein, die bei der Abnahme kontrolliert werden. Der Rohrdurchmesser beträgt üblicherweise 8 mm, bei 30 mbar Betriebsdruck ist es sinnvoll, die Leitung zwischen Flaschenkasten und Verteilerblock aus 10 mm Rohr herzustellen. Dadurch steht trotz geringerem Druck genügend Gas zur Verfügung. Die Verbindungsleitungen zu den Geräten bestehen aus 8 mm Rohr. Stahlrohre werden mit Schneidringverschraubungen verbunden. Dabei schneidet die Sechskantverschraubung beim Anziehen in das Rohr einen Grat, der die Verbindung gasdicht abschließt. Es gibt diese Formstücke als Kupplung, T-Stück, Winkel und Kreuzung.

Abgänge, die nicht benötigt oder zur späteren Erweiterung vorab eingebaut werden, sind mit passenden Blindstopfen zu verschließen, die ebenfalls geschnitten werden. Die Verbindung zu den Geräten müssen wie die Formstücke mit Schneidringverschraubung ausgeführt werden. Einzige Ausnahme hiervon sind schwenk- oder klappbare Kocher, die mit Schlauch angeschlossen werden dürfen.

Da jedes Gerät über ein Schnellschluss-Absperrventil verfügen muss, wird sinnvoller Weise ein Verteilerblock eingebaut, der eine Zuleitung vom Gaskasten hat und von dem aus die ganzen Geräte angeschlossen sind. An zentraler Stelle angeordnet, werden so zum Einen Gasleitungen eingespart, zum Andern sind die Schnellschluss-Ventile gut zugänglich und zu überwachen.

### Der Flaschenkasten

In den meisten Reisemobilen befinden sich die Gasflaschen in einem nur von außen zugänglichen Flaschenkasten. Lediglich die Zuleitung zum Gasverteiler führt durch die Wand in das Fahrzeuginnere. Damit ist bereits der Vorschrift Genüge getan, die besagt, dass Gasflaschen nur in einem »zum Innenraum hin dichten« Raum aufgestellt werden dürfen. Darüber hinaus dürfen sich im Gasflaschenraum keine Zündquellen befinden. Darüber hinaus müssen die Gasschläuche, der Regler und eine eventuell installierte Triomatic-Regelautomatik vor Beschädigung geschützt werden.

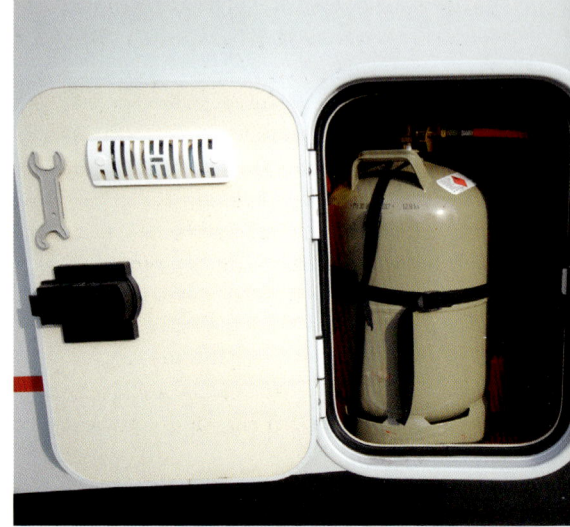

■ Der Gaskasten des Reisemobil muss nach unten entlüftet und zum Innenraum dicht sein.

### Gasdruckregler und Mehrflaschenanlagen

Bis 1999 wurde in deutschen Reisemobilen ein einheitlicher Gasdruck von 50 mbar in der Anlage verwendet. Mit Einführung der europäischen Installationsnorm für Flüssiganlagen in Fahrzeugen EN 1949 wurde neben 50 mbar auch ein Betriebsdruck von 30 mbar zugelassen, der für alle neuen Fahrzeuge bindend ist. Seither herrschen unterschiedliche Drücke, die aber im jeweiligen Fahrzeug gleich sein müssen. Ein deutlich sichtbarer und dauerhafter Hinweis in unmittelbarer Nähe der Gasflasche muss auf den Druck hinweisen. Bei älteren Fahrzeugen, die dieses Hinweisschild noch nicht haben, muss es vom Sachkundigen bei der nächstfälligen Gasprüfung angebracht werden. Reisemobile neuer Bauart mit 30 mbar Druck, die auf Campingplätzen mit einer Standleitung und noch dem alten 50 mbar Druck versorgt werden sollen, benötigen einen zusätzlichen Regler, der in die Verbindungsleitung zum Reisemobil eingebaut wird und den Platzdruck auf den Fahrzeugdruck mindert. Diese Regler sind im Zubehörhandel erhältlich. Zunehmend schwieriger wird der Ersatz alter

Geräte mit 50 mbar Druck. Nur noch wenige Hersteller führen diese Geräte im Sortiment. Bekommt man kein passendes 50 mbar-Gerät als Ersatz, muss im bestehenden 50 mbar-Netz ein zusätzlicher Vordruckregler VDR 50/30 in die Gasleitung zwischen Absperrventil und 30 mbar-Gerät eingesetzt werden. Dies muss für jedes 30 mbar-Gerät einzeln erfolgen. Dabei nicht vergessen, eine Dichtigkeitsprobe der Änderungen durchzuführen und den Eintrag im Gasprüfblatt bei der sowieso fälligen Gasprüfung vom Sachkundigen ändern zu lassen.

Wichtig bei jeder Arbeit an der Gasanlage ist die anschließende Prüfung der Verbindungen mit Lecksuchspray.

Wird, wie beim Wintercamping teilweise üblich, mit 33-kg-Leihflaschen gearbeitet, ist zu beachten, dass diese im Gegensatz zu den 5- und 11-kg-Flaschen am Flaschenventil keine Dichtung haben. Hier sind Regler mit Kombianschluss für beide Flaschen notwendig.

Mehrflaschenanlagen werden bevorzugt über eine Regler-Umschaltautomatik angeschlossen. Diese bewirkt, dass automatisch von der leeren Betriebs- auf die volle Reserveflasche umgeschaltet wird. Beim Wintercamping bleibt einem dadurch der nächtliche Gang aus dem Fahrzeug zum Gaskasten und der Wechsel der Flaschen erspart. An der als Sonderzubehör erhältlichen Fernanzeige kann bequem abgelesen werden, welche Flasche gerade in Betrieb ist. Diese von Truma unter der Bezeichnung Triomatic, frühere Modelle hießen Duomatic, im Zubehör vertriebene Anlage besteht aus dem Geräteregler und zwei Mitteldruckreglern, jeweils für die Betriebs- und die Reserveflasche, sowie einem T-Stück für die Verteilung auf die zwei Anschlussschläuche. Der Geräteregler ist zudem mit einem Manometer ausgestattet, der einfache Druckprüfungen unterwegs zulässt. Die Regleranschlüsse sind als Kombianschlüsse ausgeführt, es können also 3- bis 33-kg-Flaschen angeschlossen werden.

■ Eine Zweiflaschenanlage erspart bei leerer Flasche den nächtlichen Gang zum Gaskasten.

■ Der Betriebszustand der Zweiflaschenanlage wird im Innenraum angezeigt. Von hier aus kann auch der Frostschutz zugeschaltet werden.

### Gasflaschen

Weit verbreitet und überall bekannt sind die grauen Gasflaschen mit 5 oder 11 kg Inhalt, allgemein als »Campinggasflasche« bekannt. Es handelt sich um eine Eigentumsflasche, die in Deutschland auf vielen Campingplätzen, in den gut sortierten Zubehörläden und in vielen Baumärkten gegen eine volle getauscht werden kann. Die 11-kg-Flasche kostet leer knapp unter 40,- Euro. Nachteil dieser Flaschen ist, dass sie nur in Deutschland getauscht, in vielen europäischen Ländern auch nicht gefüllt werden. So wird oftmals Energie vergeudet, wenn man zur Sicherheit, dass die Füllung für den Auslandsurlaub ausreicht, eine halb volle Flasche eintauscht. Füllstationen findet man in den Gelben Seiten, sie füllen auch angebrochene Flaschen auf. Weltweit vertreten sind die blauen Flaschen von Campinggaz. Sie sind wesentlich kleiner, maximal mit 2,8 kg Gas gefüllt. Sie sind die teuerste Möglichkeit, Gas zu bunkern, dafür können sie aber praktisch weltweit getauscht werden. Angeschlossen werden sie mit einem speziellen Regler, der gegen den normalen ausgetauscht wird. Im Winter sind sie wegen ihrer Füllung aus reinem Butangas nicht zu gebrauchen, da dieses Gas bei 0 Grad bereits nicht mehr verdampft, Propan dagegen bis minus 42 Grad. Für Wintercamping sind also nur Flaschen mit einem Gemisch aus meist 95 Prozent Propan und 5 Prozent Butan geeignet. In letzter Zeit mehr und mehr Boden gewinnt die Gasflasche aus Aluminium. Auch sie ist eine Tauschflasche, aber leer um ca. 12 kg leichter als eine entsprechende 11 kg Stahlflasche.

Im Aufbau begriffen ist eine Gasversorgung, die der Ölmulti BP von Österreich aus 2004 unter dem Markennamen »BP Gas Light« begann und die kontinuierlich über das gesamte Europa ausgedehnt werden soll. Dabei werden eigene Gasflaschen als Pfandflaschen eingesetzt, die also nicht gekauft, sondern geliehen werden. Sie können jederzeit gegen Erstattung des eingesetzten Pfands zurückgegeben wer-

den. Aber nicht das ist der interessante Teil, sondern einmal der günstige Preis von zirka 48,- Euro beim Erstgebrauch und zum andern das einer Aluflasche entsprechend günstige Gewicht von nur 6,7 kg bei 10 kg Füllung. Es handelt sich um einen GfK-Behälter mit Schutzmantel, der in der Größe annähernd einer 11-kg-Flasche entspricht und damit in alle Gaskästen passen wird. Die Anschlüsse passen zu den ländertypischen Ventilen, es sind aber an den Tauschstellen Adaptersätze vorhanden, die die unterschiedlichen Anschlüsse ausgleichen. Getauscht werden kann im Endausbau an jeder BP-Tankstelle und auf vielen Campingplätzen, ob die in Deutschland zur BP-Gruppe gehörenden Aral-Tankstellen den Vertrieb mit übernehmen, ist ungewiss.

Völlig frei in der Beschaffung bzw. der Tauschmöglichkeit von Gasflaschen ist man mit einer Tankflasche. Hierbei handelt es sich im Sinne der Verordnung nicht um eine Flasche, sondern um einen aufrecht stehenden Gastank. Er kann über seinen genormten Füllstutzen an jeder Autogastankstelle aufgefüllt werden, Anschlussprobleme gibt es dabei nicht. Die Füllung ist preisgünstig und vor allem im Ausland sind Gastankstellen sehr verbreitet. Vor dem Kauf einer Tankflasche sollte geprüft werden, ob der Gaskasten die anderen Abmessungen verkraftet. Bei einem Einstandspreis von etwa 340,- Euro für die 23 l fassende Tankflasche ist der Wechsel trotz günstiger Nachfüllkosten gut zu überlegen. Der Einbau muss so erfolgen, dass die Tankflasche im Fahrzeug gefüllt werden kann, eine Befüllung außerhalb ist nicht zulässig.

**Praktischer Haltegriff**
Der stabile Haltegriff liegt optimal in der Hand, erleichtert das Hantieren mit der Flasche und schützt das Ventil.

**Sichtbarer Inhalt**
Durch das halbtransparente Material lässt sich der Inhalt jederzeit ablesen.

**Hochleistungsmaterialien**
Die Flasche besteht aus glasfiberverstärktem Material und ist zu 100 % korrosionsbeständig, vom TÜV abgenommen und für den gesamten europäischen Markt zugelassen.

BPGas light

▨ **BP möchte die leichten Gas-Light-Flaschen aus Kunststoff auch in Deutschland flächendeckend an Tankstellen einführen.**

# Checkliste Gasanlage

## Gasflaschenraum

- [ ] Gasvorrat ausreichend für den bevorstehenden Urlaub
- [ ] Gasflaschen richtig befestigt und gesichert
- [ ] Gasdruckregler festsitzend und dicht (Leckspraytest)
- [ ] Triomatic bzw. Duomatic festsitzend und dicht (Leckspraytest)
- [ ] Fernbedienung der Triomatic bzw. Duomatic funktionsfähig
- [ ] Eis-Ex funktionsfähig
- [ ] Gasfernschalter funktionsfähig
- [ ] Lüftungsgitter im Gaskasten frei und wirkungsvoll
- [ ] Gasschlauch zwischen Regler und Anlage dicht und nicht porös
- [ ] Schlauchschellen festsitzend

## Innenraum

- [ ] Sichtprüfung aller Geräte

Funktionsprüfung nach folgenden Einzelschritten vornehmen:
- [ ] Alle Geräte in Betrieb nehmen und Funktion kontrollieren
- [ ] Funktion der Zündsicherung prüfen. Dazu, wenn möglich, Flamme ausblasen ohne das Gas abzustellen. Es darf kein Gas mehr austreten bzw. bei automatischer Zündung muss diese nachzünden.

Dichtigkeitsprüfung der Gasanlage nach folgenden Einzelschritten vornehmen, falls ein Manometer eingebaut ist:
- [ ] Gasflaschenventil und alle Absperrventile am Verteilerblock aufdrehen, nicht jedoch die Geräteventile.
- [ ] Gasflaschenventil zudrehen und Druck am Manometer ablesen.
- [ ] Der abgelesene Druck muss über fünf Minuten konstant bleiben, dann ist die Anlage dicht.

Falls nicht:
- [ ] Flaschenventil wieder öffnen
- [ ] Alle Verschraubungen mit Lecksuchspray einsprühen und Reaktion beobachten.
- [ ] Schäumt das Spray an einer Verbindung auf, diese nachziehen.
- [ ] Ist auf diese Weise keine undichte Stelle auszumachen, Gasflaschen schließen und vor Antritt der Fahrt Kundendienst aufsuchen.
- [ ] Zur Prüfung der Zündsicherungen werden die Geräteventile voll aufgedreht, ohne die Gassperre einzudrücken. Auch in diesem Zustand muss der Druck bei geschlossenem Flaschenventil konstant bleiben.

# Heiße Luft

### Die Heizung im Reisemobil

Winterurlaub im Reisemobil ist kein Problem, wenn drinnen eine Heizung zuverlässig mollige Wärme erzeugt.

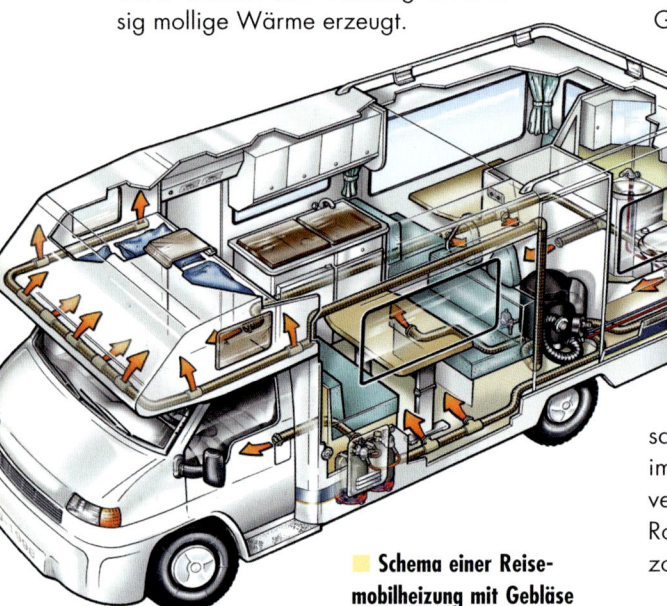

preiswert und passen problemlos in Ecken und Nischen, können aber auch freistehend montiert werden. Zu berücksichtigen sind lediglich ausreichende Zuluft und der Abgaskamin. Die ausgekühlte Raumluft strömt von unten in das Gehäuse ein, erwärmt sich am Konvektor und steigt nach oben. Nachteil dieses Kreislaufes ist die ungleichmäßige Aufheizung des Innenraumes. Ähnlich dem bekannten »Lagerfeuereffekt« können, selbst bei einer unter Volllast laufenden Direkt-Heizung, kalte Füße das Resultat sein. Um das zu vermeiden, werden sie in Verbindung mit einem Gebläse (zum Beispiel Trumavent) zu Umluftheizungen. Dabei wird die erwärmte Luft direkt hinter der Heizung im Einbaukasten abgesaugt und mit Gebläseunterstützung über Rohre im Fahrzeug mehr oder weniger gleichmäßig verteilt. Ver- und abstellbare Luftdüsen an den Rohren ermöglichen unterschiedliche Wärmezonen im Fahrzeug.

■ Schema einer Reisemobilheizung mit Gebläse und Warmluftanlage.

Dem im Reisemobil eingebauten Heizungssystem wird beim Kauf oft wenig Beachtung geschenkt. Dies ändert sich schnell, wenn sich die Reisesaison über das ganze Jahr verlängert. Welches Heizsystem eingesetzt wird, hängt vom Reiseziel, der bevorzugten Reisezeit sowie der Größe des Reisemobils ab. Für die erforderliche Heizleistung gilt überschlägig folgende Faustformel: Mindestens 600 Watt je Meter Aufbaulänge. Nach dieser Faustformel kann man überprüfen, ob ein angebotener Reisemobil mit einer winterfesten Heizung ausgestattet ist. Der Umbauer kann die benötigte Wärmeleistung berechnen und danach die neue Heizung einkaufen.

### Der Standard: Gasdirektheizungen mit Umluftgebläse

Gas-Direktheizungen (Trumatic S, Preis inklusive Zubehör etwa 250,- bis 500,- Euro) sind

■ Im Reisemobil überwiegend anzutreffen sind Kombinationsheizungen mit integriertem Boiler zur Warmwasserbereitung wie die Truma C.

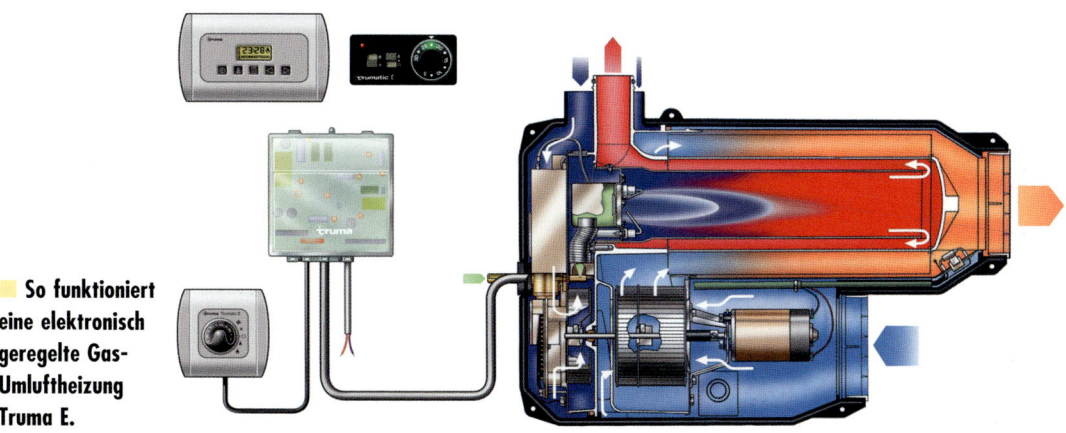

■ So funktioniert eine elektronisch geregelte Gas-Umluftheizung Truma E.

### Universell einsetzbar: Elektronisch geregelte Luftheizungen

Kompaktgeräte wie die Trumatic E-Reihe (Preis inklusive Zubehör etwa 900,- bis 1.200,- Euro) können in Sitzbänken oder unterflur montiert werden. Sie werden über ein Bedienelement im Wohnraum gesteuert. Die erwärmte Luft wird mit einem Gebläse über flexible Rohrleitungen zu den Ausströmern befördert. Vorteil gegenüber Direktheizungen: Schnelle und gleichmäßige Aufheizung des Wohnraums. Der entscheidende Nachteil aller Umluftheizungen ist die ständige Staubkonvektion im Reisemobil. Besonders für Allergiker ein ernstzunehmender Aspekt. Außerdem muss bei diesen Systemen oft eine »trockene Luft« in Kauf genommen werden. Die E-Heizung erfordert einen 12-V-Gleichstromanschluss, eine Netzstromausführung ist nicht lieferbar.

### Komfort-Lösung: Warmwasser-Zentralheizung

Diese Nachteile sind den Gas-Warmwasser-Zentralheizungen (Preise ohne Einbau ab etwa 2.000,- Euro) fremd. Ein mehr oder weniger aufwändig verlegtes Konvektorensystem sorgt für die gleichmäßige Erwärmung des Reisemobils. Die »indirekte« Beheizung, genau wie bei der Zentralheizung daheim, schafft ein gesundes und hygienisches Raumklima. Für den Warmwasser-Transport durch das entlang den Außenwänden installierte Rohr-Konvektorsystem zeichnet eine thermostatgesteuerte Pumpe verantwort-

lich. So erfolgt eine gleichmäßige Erwärmung, ohne lästige Zugluft. Als interessante Alternative zu üblichen Standard-Konvektoren bieten sich Fußboden- oder Wandheizung an, die ein noch behaglicheres Raumklima versprechen. Kleines Manko aller Warmwasserheizungen: Das Aufheizen des Innenraumes nimmt deutlich mehr Zeit in Anspruch als bei Umluftheizungen. Optional sind 230-V-Heiz-Patronen integrierbar. Eine weitere Option ist ein Motorwärmetauscher, der den Wasserkreislauf der Heizung bereits während der Fahrt durch die Wärme des Kühlwassers erwärmt. Im Gegenzug wird der Motor bei Standheizbetrieb auf Wunsch bereits vor dem Start nach einer eisigen Winternacht auf Starttemperatur gebracht. Das schont den Motor und verhilft gleichzeitig sofort nach dem Start zu einem warmen Fahrerhaus.

### Auf dem Vormarsch: Kraftstoffheizung

Neben den Heizungen für Gasbetrieb sind solche für Kraftstoffbetrieb stark im Aufwind. Gerade für Wintercamper, die im Ausland Urlaub machen, ist diese Heizungsart besonders beliebt, erspart sie doch den Ärger mit den im Ausland nicht tauschfähigen deutschen Gasflaschen. Diesel hat man sowieso an Bord, Nachschub bekommt man überall, die Betriebskosten kommen in ungefähr denen der Gasheizungen nahe. Aufpassen heißt es nur, dass ausreichend des gelben Safts an Bord ist, Starten am Morgen mit leerem Tank ist nicht.

Kraftstoffheizungen gab es auch schon früher, Vorbilder waren die Campingbusausbauten von Westfalia und viele Selbstbauer-Bullis mit der berühmten Eberspächer-Standheizung. Hauptkriterium waren damals die Geräusch- und Geruchsbelästigung. Beides ist heute weitgehend im Griff, nur das berühmte Ticken der Förderpumpe ist von Wintercampern mit leichtem Schlaf noch wahrzunehmen. Den Markt der Kraftstoffheizungen teilen sich Eberspächer und Webasto, als Dritter kommt noch Truma mit seiner Gemeinschaftsentwicklung mit Eberspächer, der Combi D, hinzu. Dieses Heizgerät nimmt eine Sonderstellung unter den Kraftstoffheizungen ein, da es auf der weit verbreiteten Combi mit Gasbetrieb aufbaut und gegen diese austauschbar ist. Beide haben einen Warmwasserboiler mit 10 l Inhalt und das von allen Truma-Heizungen bekannte Warmluftgebläse bereits integriert. Eberspächer und Webasto bauen für die Belange im Reisemobil Systeme mit Warmluft als Wärmeträger. Sie sind im Funktionsprinzip gleich wie die Gasheizungen, nur sind ihre Gehäuse kleiner und so aufgebaut, dass sie auch unter dem Fahrzeugboden eingebaut werden können und dadurch wertvollen Stauraum einsparen.

Völlig anders aufgebaut und daher nicht unbedingt das Gelbe vom Ei für die Verwendung im Reisemobil sind die Warmwasserheizungen. Sie werden meist im Motorraum des Basisfahrzeugs eingebaut und an den Kühlwasserkreislauf angeschlossen. Mit einer Umwälzpumpe simulieren sie hier einen laufenden Motor, die Abgabe der Wärme erfolgt über die Fahrzeug-Heizungsauslässe. Steht die Warmluftverteilung auf Defroster, sind die Scheiben im Fahrerhaus zu Fahrtbeginn bereits eisfrei, in den anderen Stellungen erfolgt die Wärmeverteilung nach Wunsch. Zum Heizen des Wohnraums ist ein zusätzlicher Wärmetauscher notwendig, wie ihn zum Beispiel Fiat optional für seine Basisfahrzeuge anbietet und verschiedene Hersteller auch einbauen.

Ein Nachteil der Kraftstoffheizungen ist der hohe Strombedarf, der autarkes Stehen über längere Zeit problematisch macht. Schließlich will neben dem Warmluftgebläse auch noch die Kraftstoffpumpe und das Vorglühen bei jedem Start der Heizung mit Strom versorgt werden. Diesen Stromverbrauch zu kompensieren gelingt auch einer Solaranlage nur bedingt, Netzanschluss ist daher angesagt.

### Experten-Tipp: Pflege und Wartung von Heizgeräten I

■ Ernst Leidl ist als Techniker im Truma-Service beschäftigt.

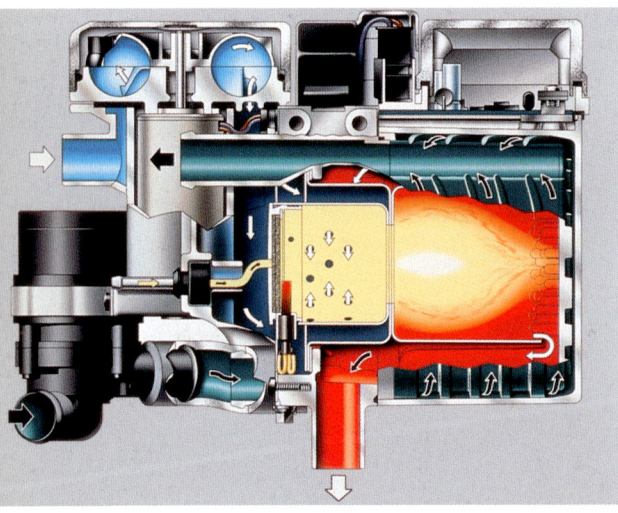

■ Funktionsprinzip einer Warmluft-Kraftstoffheizung.

Die Heizung im Reisemobil sorgt als wichtiges Ausstattungsdetail für Wärme und heißes Wasser und damit für Komfort im Urlaub. Pflege und Wartung sind dafür unbedingt nötig. Hier die wichtigsten Frage und Antworten zu Truma-Heizgeräten:

### Wie kann ein Laie den Zustand einer Heizung überprüfen?

Generell empfiehlt es sich, vor dem Beginn der Heizsaison einmal probeweise zu heizen, um zu sehen, ob Heizung und Gebläse noch einwandfrei funktionieren. Wenn die Heizung in Ihrem Reisemobil nicht anspringt, muss dies nicht unbedingt an fehlendem Gas oder einem technischen Defekt liegen.

### Welche Teile (Baugruppen) sollte man sich anschauen und wie kann man Fehler und Mängel erkennen?

Im Prinzip sind alle Geräte wartungsfrei. Der Betrieb der Heizungen Truma Combi, Combi D oder Trumatic E erfolgt vollautomatisch durch elektronische Steuerung. Man sollte das Gerät immer wieder mal in Betrieb nehmen, damit das Magnetventil sich einschaltet. . Anhand der Fehlersuchanleitung, enthalten in den jeweiligen Bedienungsanweisungen der Geräte, kann nach möglichen Ursachen gesucht werden.

### Wie kann man überprüfen, ob die Abgasführung einwandfrei ist?

Die Abgasführung der Gasheizung muss unbedingt auf der ganzen Länge steigend und mit mehreren Schellen fest montiert verlegt sein. Das Abgasrohr muss sowohl an der Heizung wie am Kamin dicht und fest angeschlossen sein und darf keine Beschädigungen aufweisen. Zur Abgasführung sind nur noch Truma-Edelstahlrohre zulässig.

### Ab welchem Alter einer Heizung sollte ein genereller Austausch erfolgen?

Ein genereller Austausch von Truma-Heizungen ist nicht zwingend vorgeschrieben. Der einwandfreie Betrieb der Heizung ist Voraussetzung. Ein von Truma beauftragtes korrosionstechnisches Gutachten zur Bewertung der Dauerhaftigkeit von Truma-Flüssiggasheizungen bei der Forschungs- und Materialprüfungsanstalt für Bauwesen, Referat Korrosionsschutz, brachte ein eindeutiges Ergebnis: »Heizungen dieser Bauart können ohne weiteres 30 Jahre und länger betrieben werden, ohne dass korrosionsbedingte Undichtigkeiten auftreten«.

### Wann sollte man gewisse Baugruppen (beispielsweise Wärmetauscher) erneuern?

Es ist nicht notwendig, einzelne Baugruppen zu erneuern, solange diese nicht defekt sind. Wärmetauscher von Truma-Geräten müssen erst alle 30 Jahre erneuert werden. Dies betrifft Heizgeräte ab 1993 bis 2005. Ab Baujahr 2006 haben alle Geräte eine e1-Zulassung. Durch diese Zulassung ist diese Austauschpflicht ab diesem Zeitpunkt aufgehoben.

### Wie lange gibt es Ersatzteile für die einzelnen Modelle?

Generell hat Truma alle Ersatzteile bis zu zehn Jahren vorrätig.

### In welchen Abständen sollte die Heizung durch einen Fachmann gewartet werden?

Die Prüfung der Gasanlage ist in Deutschland alle zwei Jahre von einem Flüssiggas-Sachkundigen (DVFG, TÜV. DEKRA) zu wiederholen. Sie ist auf der entsprechenden Prüfbescheinigung (G 607) zu bestätigen. Unabhängig davon können Sie selbst eine regelmäßige Kontrolle mit dem Manometer des Druckreglers problemlos durchführen.

### Welche Reinigungs-, Pflege- und Wartungsarbeiten kann ein Laie selbst durchführen?

Wechseln Sie brüchige und poröse Gasschläuche unbedingt aus und setzen Sie im Winter nur winterfeste Spezialschläuche ein.

### Worauf sollte man unbedingt achten?

- Warmluftauslässe und Lüftungen dürfen nicht verschlossen sein.
- Verwenden Sie im Winter nur Propangas, da Butan für Temperaturen unter 0 °C nicht geeignet ist.
- Bei Frostgefahr sollten Sie darauf achten, dass Ihr Wasserbehälter immer entleert ist, falls Sie Ihr Reisemobil nicht benutzen.

**Expertentipp: Pflege und Wartung von Heizgeräten II**

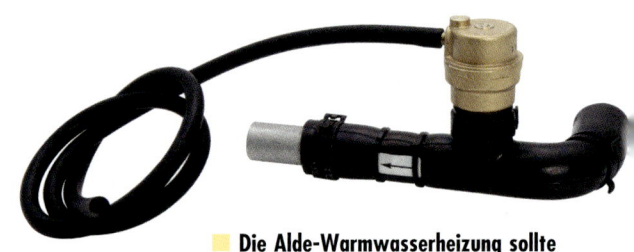

■ Die Alde-Warmwasserheizung sollte regelmäßig entlüftet werden.

■ Christian Reisch ist Prokurist bei Alde Deutschland.

**Was ist beim Betrieb, der Pflege und Wartung von Alde-Heizungssystemen zu beachten?**

■ Alle Zentralheizungen von Alde können betrieben werden, auch wenn sich kein Brauchwasser im Brauchwasserboiler befindet. Generell sind alle Boilerarten von der Abwärme des Kesselsystems abhängig, das heißt je wärmer das Kesselwasser, desto wärmer das Brauchwasser.

■ Die Heizungen sind mit 40 Prozent Frostschutz und 60 Prozent Wasser gefüllt, maximale Mischung 50/50, nicht mehr, da sonst das Systemwasser zu träge, sprich zu zäh wird. Beim Frostschutzmittel sollte ein Marken-Frostschutz verwendet werden. Wichtig dabei ist, dass es sich nicht nur um einen reinen Frostschutz handelt, sondern das Mittel muss auch Korrosionsschutz beinhalten.

■ Generell ist darauf zu achten, dass das Heizungswasser, je noch Gebrauch, spätestens nach drei Jahren gewechselt wird, da der Korrosionsschutz nachlässt.

**Tipps zum Heizungsmodell Alde Compact 3000/3010:**

■ Die häufigste Frage tritt hier bezüglich der roten Störungslampe auf (Compact 3000). Diese hat nie etwas mit Luft zu tun, sondern bedeutet, dass entweder kein Gas oder kein Zündfunke vorhanden ist.

■ Wenn das LCD-Paneel der Compact 3010 »GAS OUT« anzeigt, bedeutet das nicht unbedingt, dass kein Gas vorhanden ist, sondern es kann auch der Abgaskamin zugedeckt (zum Beispiel vereist, verschmutzt) sein oder der Abgas- und Ansaugschlauch ist schlecht installiert.

■ Als häufigste Ursache für mangelnde Heizleistung zeigt sich die Störung »Luft im System«. Bei Luft im System fliegt der Überhitzungsschutz heraus, der ab Modell 3000.902 mit einem Reset-Knopf versehen ist. Dieser kann nicht sofort wieder zurückgestellt werden, sondern der Überhitzungsschutz muss etwas abkühlen, um wieder seine Schutzfunktion zu haben. Danach Anlage entlüften.

■ Wenn genügend warmes Brauchwasser vorhanden ist, aber des System nicht warm wird, ist die Ursache entweder »Luft im System« oder die Umwälzpumpe ist defekt. Wobei die defekte Umwälzpumpe nicht stehen bleibt, sondern immer langsamer wird und quietscht.

**Wichtig bei der Entlüftung des Heizsystems:**

■ Umwälzpumpe ausschalten

■ Heizung einschalten

Fehlerbeschreibung: Die Heizung springt nicht an, die rote Lampe leuchtet nicht auf, aber Umwälzpumpe läuft.

Fehler 1: Der Überhitzungsschutz ist herausgesprungen.

Fehler 2: Zu wenig Spannung im Stromnetz, gegebenenfalls Fehler Spannungswandler.

*Teilweise kann das Heiz-System besser entlüftet werden, indem man das Fahrzeug vorne oder hinten mit den Stützen anhebt. Für größere Systeme gibt es die Möglichkeit, eine stärkere Umwälzpumpe nachzurüsten.*

Fehler 3: Die Kaminansaugung oder der Abgaskamin sind zu (vereist, verschmutzt oder die Satellitenschüssel liegt auf dem Kamin).

In den Anlagen hat man im Wasser-Frostschutzgemisch oft viel Sauerstoff, der sich durch Erhitzen auslöst und zu Fehlfunktionen in der Heizung führen kann. Deswegen ist es bei neuen Anlagen wichtig, das Heizgerät selber öfters zu entlüften.

Bei vielen Herstellern findet ein automatischer Entlüftungs-Topf Verwendung, der die Entlüftung am Heizgerät selbst nicht mehr erforderlich macht. Bei alten Geräten ohne diesen Topf, die viel mit Netz-Strom beheizt werden, ist diese Sauerstoff-Auslösung noch verstärkt zu finden. Als Abhilfe kann hier der Entlüftungs-Topf aber nachgerüstet werden.

### Primus-Heizung 2400–2490:

Der wichtigste Unterschied zwischen Alde- und Primus-Heizung liegt darin, dass bei allen Primus-Heizgeräten die Umwälzpumpe direkt nach Starten des Gasbrennersystems anläuft, das heißt: bei defekter Umwälzpumpe kann das System sehr schnell überhitzen und überkochen. In diesem Fall bitte das System – gerade nach längerem Stillstand – genau beobachten! Wichtig: Es werden keine Primus-Heizgeräte mehr produziert und vertrieben. Ersatzteile sind weiterhin über Alde-Deutschland lieferbar.

### Warum eine Warmwasserheizung?

Eine Warmwasserheizung im Reisemobil ist mit Luxus fast wie zu Hause gleichzusetzen. Sie schafft ein gesundes Raumklima und erzeugt ei-

*Propan verdampft bis Minus 40° C, Butan bei 0° C nicht mehr, das heißt, im Winter haben wir oft den Fall, dass die Heizung nicht startet oder nur kurz anspringt uns sofort wieder ausgeht. Bei Gasflaschen, die 50/50 Propan / Butan gemischt sind, trennt sich – entgegen landläufiger Meinung – schon bei geringen Minusgraden das Butan vom Propan, womit das getrennte Gas in den Flaschen nicht mehr zu betreiben sind. Ob das der Fall ist, kann man feststellen wenn man am Kocher alle Brenner zündet. Die Flammen müssen alle ausnahmslos stabil blau brennen, häufiges Flackern oder Farbwechsel deuten auf getrenntes Gas hin. Eine immer wieder vom Service gemachte Feststellung: Die meisten Fehler werden durch Selbstreparaturen mit ungenügendem Halbwissen verursacht! Also bitte, erst einmal oben erwähnte Tipps durchchecken und dann den Service – gegebenenfalls über die Alde-Hotline – befragen. Mit der Einstellung der Primus-Heizgeräte Produktion, hat Alde-Deutschland der Service und die Ersatzteilversorgung der Primus-Heizgeräte übernommen.*

ne gleichmäßige, angenehme Wärme. Ihr Vorteil: Systembedingt glänzt die Warmwasserheizung durch eine gezielte Leistungsabgabe da, wo man die Wärme genau haben möchte – der häufig auftretende Effekt »kalte Füße – heißer Kopf« entfällt bei einer Warmwasserheizung. Mit dem Einsatz von Motorwärmetauschern kann während der Fahrt ohne Gasverbrauch geheizt werden, die Warmwasserheizung ist geräuscharm, hat einen geringen Stromverbrauch und erzeugt praktisch keine Staubaufwirbelung im Wohnraum. Sie kann als komfortable Fußbodenheizung ausgelegt werden und beheizt bei Bedarf im Winterbetrieb auch den Wassertank des Mobils.

# Gekühlt haltbar bis ...

### Die verschiedenen Kühlschranksysteme im Reisemobil

Ein komfortabler Absorber-Kühlschrank ist heute Standard in jedem Reisemobil.

Ein Kühlschrank gehört zur Standardausstattung des Reisemobils und wird als Selbstverständlichkeit kaum noch beachtet. Es gibt aber wichtige Unterschiede in den Kühlsystemen, die je nach Anwendungszweck eine Auswahl möglich macht.

Der Reisemobilist fordert großvolumige Kühlschränke mit Frosterfach für seinen Urlaub.

Im Reisemobil sind zwei Systeme dafür verantwortlich, dass man immer und fast überall das kühle Bierchen genießen kann. Je nach gewünschtem Einsatz bleibt die Wahl zwischen einem Absorber- und dem aus dem Haushalt bekannten Kompressorgerät, wobei Absorber-Kühlschränke im Reisemobil einen Marktanteil von annährend neunzig Prozent haben.

### Der Absorber

Im Reisemobil ist der Absorberkühlschrank eindeutig die Nummer Eins. Zwei Hersteller teilen sich den lukrativen Markt: Marktführer Dometic-Electrolux mit Absorbergeräten und seiner Tochterfirma Waeco mit Kompressorkühlschränken und Kühlboxen sowie Sanitärspezialist Thetford mit einer Absorber-Reihe. 1922 präsentierten zwei schwedischen Studenten, Carl Munters und Baltazar von Platen, das »Absorptions-Verfahren«. Die Apparatur konnte in handliche Gehäuse verpackt werden, sie war geräuschlos und sicher – und sie konnte mit nahezu beliebigen Energieträgern betrieben werden. Hinzu kam ein gegenüber den bisherigen Geräten auch für breitere Kundenschichten erschwinglicher Preis.

Fast zeitgleich und unabhängig vom Duo Munters und van Platen arbeitete auch Albert Einstein an der Absorptions-Technologie und kam zu den gleichen Ergebnissen, allerdings etwas später. Der Absorber ist aufgrund seines variablen Energiekonzeptes für den mobilen Einsatz geradezu prädestiniert, denn er kann mit 12 oder 24 Volt Gleichstrom, 220 Volt Netzstrom und mit Gas betrieben werden. Zusätzlicher Vorteil dieses Prinzips ist der absolut geräuschlose Betrieb und eine preisgünstige, verschleißfreie Technik ohne bewegliche Teile. Wozu dann überhaupt noch ein anderes System als Konkurrent? Die Antwort auf diese Frage liegt im Kühlprinzip verborgen: Kälte und der dafür notwendige Wechsel der Aggregatzustände im Kühlmittel wird hier durch »Kochen« erzeugt. Zur Kühlung benötigt der Absorber paradoxerweise Wärme, er erhitzt das Kühlmittel mit Elektrizität oder wahlweise mit Gas. Das Prinzip ist aus der Schnapsbrennerei bekannt. Einem Destillationsapparat nicht unähnlich, wird über dem Wärmetauscher Salmiak in Wasserdampf und reinen Ammoniak aufgespaltet. Dieser Ammoniakdampf verflüssigt sich im nachgeschalteten Kondensator unter Abgabe seiner Wärme wieder. Jetzt wird das flüssige Ammoniak durch den Verdampfer im Kühlfach geleitet und verdampft dort wieder unter Aufnahme von Wärme aus der Umgebung.

Diese Umgebung kann das Bier sein, das man zum Kühlen dort abgestellt hat. Da dieses Prinzip ohne Pumpe und andere Hilfsaggregate arbeitet, ist es lautlos, aber auch in gewissem Rahmen empfindlich gegen Lageveränderungen und funktioniert nur, wenn die Außentemperatur möglichst weit unter 40 Grad Celsius liegt, darüber ist nichts mehr los. Wüstenfüchse müssen also tiefer in die Tasche und zu einem Kompressorschrank greifen. Durch das unwirtschaftliche Prinzip mit hoher Wärmeabgabe in die Umwelt benötigt der Absorber im Elektrobetrieb sehr viel Energie, bei 12 Volt ist nichts mehr mit effektiver Kühlung, er ist gerade mal in der Lage, während der Fahrt die vorher erreichte Innentemperatur zu halten. Nur bei Netzstrom und Gasbetrieb ist richtige Kühlung möglich. Dafür ist er preisgünstig und leise. Neueste Modelle suchen sich im Betrieb die jeweils günstigste der zur Verfügung stehenden Energiequellen selbst aus. Steht auf dem Campingplatz Netzstrom zur Verfügung, bemerkt dies die Elektronik und schaltet von 12 Volt auf 230 Volt um, bei Ausfall »dreht sie den Gashahn auf« und schont die Bord-Batterie.

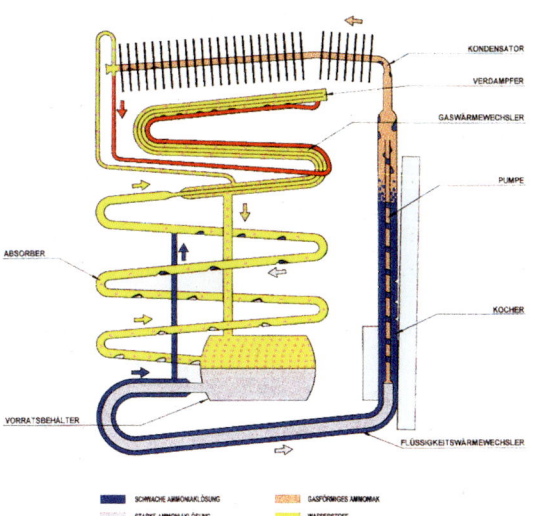

### Electrolux
DAS ABSORPTIONSSYSTEM

KONDENSATOR
VERDAMPFER
GASWÄRMEWECHSLER
PUMPE
ABSORBER
KOCHER
VORRATSBEHÄLTER
FLÜSSIGKEITSWÄRMEWECHSLER

SCHWACHE AMMONIAKLÖSUNG    GASFÖRMIGES AMMONIAK
STARKE AMMONIAKLÖSUNG    WASSERSTOFF
FLÜSSIGES AMMONIAK    WASSERSTOFF UND AMMONIAK GASGEMISCH

**Das Absorberprinzip arbeitet geräuschlos in einem geschlossenen System.**

## Tipp

*Muffiger Geruch im Kühlschrank? Abhilfe schafft ein Kohlefilter von Dometic. Das Kästchen mit Aktivkohlefilter wird mit Klebepads im Kühlschrank befestigt und kostet etwa 7,- €.*

**Moderne Kühlschränke arbeiten mit automatischer Energiewahl.**

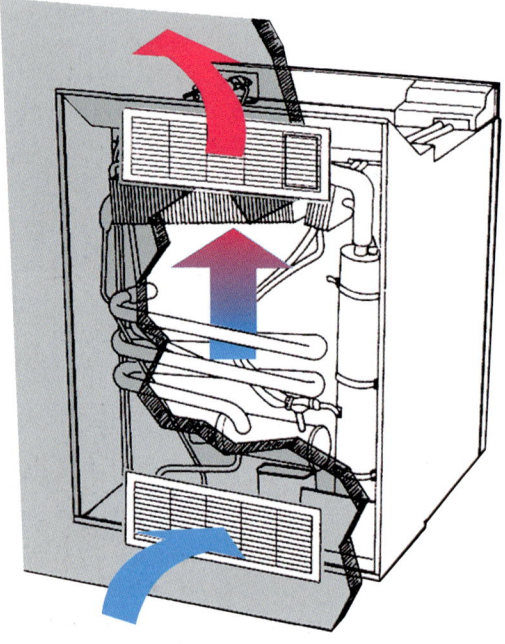

■ **Alle Kühlschrank-System brauchen ausreichend Zu- und Abluft.**

### Gute Kühlung bei hohen Außentemperaturen

Mangelhafter Kühlschrankleistung bei Absorbern gerade in heißen Urlaubsländern kann man mit Zubehör wie elektrischen Zusatzlüftern (Set mit automatischem An- Abschalten, ab etwa 35,- Euro) oder einem vergrößertem Lüftungsgitter (Electrolux L 500, ab etwa 35,- Euro) begegnen. Manchmal hilft es schon, das integrierte Insektennetz am Lüftungsgitter vorübergehend zu entfernen und die Be- und Entlüftungsräume hinter dem Kühlschrank sauber zu

halten. Wenn Kühlschrank, Markise oder Vorzelt auf der gleichen Fahrzeugseite installiert sind, empfiehlt sich der Einbau einer Dachbelüftung, die Electrolux (R 500) für etwa 45,- Euro im Zubehörhandel anbietet.

### Der Kompressor

Kompressor-Kühlschränke sind im Reisemobil eine Minderheit, bei den meisten Herstellern nicht einmal in der Zubehör- oder Sonderwunschliste aufgeführt. Nur für erklärte Autark-Fans oder in Outdoor- und Expeditionsfahrzeugen kommen sie zum Einsatz. Mit beweglichen Teilen – was systembedingt Geräusche erzeugt, dem Kompressor, arbeiten die danach benannten Kühlschränke im Haushalt und im Reisemobil. Bei diesem Prinzip wird das Kühlmittel (R 134a – H-FKW, eine chlorfreie Flour-Kohlenwasserstoff-Verbindung) durch Druck über ein Expansionsventil in den Verdampfer geschickt. Dort geht es mit Hilfe von Wärme bei nachlassendem Druck in gasförmigen Zustand über. Die nötige Wärme für diesen Prozess entzieht der Verdampfer dem Kühlschrankinnenraum. Damit der Kreislauf funktioniert, wird die im Kühlmittel aufgenommene Wärme nach dem Transport des Gases durch den Kompressor im Kondensator unter Mithilfe der Außenluft wieder entzogen, das Gas wird wieder flüssig und der Kreislauf kann erneut beginnen. Soweit im Groben die Funktion.

Da hier Motorkraft im Spiel ist, entstehen – als gravierender Nachteil des Systems im engen Reisemobil – Laufgeräusche beim Kompressor. Als Energiequelle kommt naturgemäß nur Strom in Frage. Die heutige Technik mit Kreiselkompressoren, Kältespeichern und FCKW-freien Kühlmitteln verschafft diesem Kühlschranktyp insgesamt einen immer größeren Kundenkreis. Nicht zuletzt wegen der Möglichkeit, bis minus 18 Grad zu kühlen, also voll funktionsfähige Tiefkühlfächer im Reisemobil mitzuführen. Der ausschließliche Betrieb mit Strom ist am Campingplatz zwar ein Kostenfaktor, technisch aber unproblematisch, zumal der Wirkungsgrad durch moderne Kreiselkompressoren und die Kältespeicher-Technik deutlich höher geworden ist. Dabei wird mit Hilfe einer aus dem Kühlhausbau entliehenen Technik, der eutektischen Platte, die Energiebilanz den beschränkten Möglichkeiten im Reisemobil angepasst. Dieser Speicher bietet durch automatisches Umschalten zwischen Zyklen- und Speicherbetrieb eine fast 100 prozentige Ausnutzung der bereitgestellten Energie. Nicht nur die Möglichkeit, tiefgekühlte Lebensmittel aufzubewahren, auch und hauptsächlich die Unabhängigkeit von den Außentemperaturen und eine wirkliche Schräglagen-Unabhängigkeit bis hin zu 60 Grad schaffen dem Kompressorkühlschrank Möglichkeiten, die in vielen Fällen den nach wie vor höheren Preis gegenüber dem Absorber rechtfertigen. In den Maßen sind die Kompressorschränke inzwischen den Absorbern angeglichen, Marktführer Waeco hat die meisten Kompressor-Kühlschränke für einen nachträglichen Austausch im Programm.

■ Der Trend im Reisemobilbereich geht zu immer größeren Luxuskühlschränken als Kombigeräte wie der Tec-Tower von Dometic mit integriertem Tiefkühlteil und Gasbackofen.

## Tipps zum richtigen Kühlen

■ Kühlschrank vor der Abfahrt eine Nacht an das 230-V-Netz anschließen und auf Maximalstufe vorkühlen lassen (Kühl-Reserve während der Fahrt)

■ Getränke und Lebensmittel zu Hause vor der Fahrt komplett durchkühlen, ggf. bestimmte Teile im Gefrierschrank frosten, sie können wie Kälteakkus im Reisemobil-Kühlschrank wirken.

■ Den Kühlschrank »mobil-geeignet« füllen, damit Kühlgut während der Fahrt nicht durcheinandergewirbelt wird. Sinnvoll ist es, den Kühlschrank mit vorgekühltem Gut komplett vollzufüllen, das erhöht die Kühlleistung während der Fahrt. Wenn von der Ware her möglich, tiefgefrorenes Ladegut einlegen. (Kühl-Akku-Effekt!)

■ Direkte Sonne auf Be- und Entlüftungsgitter am Standplatz vermeiden, ggf. davor schützen.

■ Fahrzeug ausjustieren, Absorber-Kühlschränke sind anfällig für Schräglagen über 6 Prozent, weil dann systembedingt die Kühlleistung rapide nachlässt oder ganz ausfällt.

■ Gerade in südlichen Ländern kann die Stromspannung am Campingplatz schwanken. Deshalb Spannung checken, unter 200-Volt lässt die Kühlleistung beim Absorber stark nach.

### Kalt gemacht: Klimaanlagen im Wohnmobil

Klimaanlagen im Wohnmobil, die das Fahrerhaus während der Fahrt kühl halten, gehören beim heutigen Standard der Basisfahrzeuge meist schon zum Serienumfang oder werden ggn geringen Aufpreis in der Zubehörliste geführt.. Anders sieht es in den Aufbauten aus, hier gibt es eine große Auswahl unterschiedlicher Anlagen und Systeme. Wir erklären die Unterschiede der einzelnen Anlagen.

Die vom Fahrzeugmotor angetriebenen Klimaanlagen im Basisfahrzeug kosten heute kaum mehr als ein paar Hundert Euro, wenn sie werkseitig eingebaut werden. Es handelt sich dabei durchweg um Kompressoranlagen, die die Kälte ähnlich wie im häuslichen Kühlschrank erzeugen. Motorklimaanlagen im Fahrzeug zählen heute bereits zur passiven Sicherheit, da die Konzentration des Fahrers im überhitzten Fahrzeug stark nachlässt und die Aggressionen steigen. Sie funktionieren allerdings nur während der Fahrt, da sie vom Motor angetrieben werden. Aber wie sieht's im Stand aus? Auch im Wohnteil möchte man gesunden Schlaf und zuvor ein paar gemütliche Stunden genießen, selbst wenn das Wohnmobil oder der Caravan tagsüber in der prallen Sonne gestanden und sich aufgeheizt hat. Dafür gibt es unterschiedliche Anlagen, teils bereits als Sonderzubehör ab Werk, meist als Nachrüstlösung, auch zum Selbsteinbau für den einigermaßen geschickten Heimwerker. Wir beschreiben die Wirkungsweise der einzelnen Systeme sowie deren Vor- und Nachteile.

### Verdunstergeräte

Sie waren früher die preiswerteste Lösung und wurden gerne benutzt, wenn die Voraussetzungen für ihr Funktionieren vorlagen. Heute sind sie weitgehend abgelöst durch Kompressoranlagen. Beim Verdunstergerät streicht Luft über eine mittels Pumpe und Wassertank feucht gehaltene Filtermatte im Wärmetauscher und verdunstet. Dadurch wird der Umgebung Wärme entzogen, die zum Verdampfen notwendig ist. Durch diese kühle Zone wird die mittels Ventilator ins Fahrzeug gedrückte Frischluft abgekühlt. Im Prinzip ist es gleich wie das Kühlung verschaffende feuchte Taschentuch auf der Stirne. Nachteil dieser preisgünstigen Geräte: Das ganze System funktioniert nur bei trockener Außenluft. Gerade dann, wenn man sich Kühlung wünscht, bei schwüler, warmer Luft, ist bei den Verdunstergeräten Ebbe. In südlichen Gefilden, bei trockener Hitze, haben sie ihre Daseinsbe-

rechtigung, da sie problemlos mit 12 V, und damit auch während der Fahrt, zu betreiben sind und so gut wie keine Wartung, außer Wasserstandskontrolle im Tank, benötigen. Nachträglicher Einbau ist leicht, sie werden an Stelle einer Dachluke eingesetzt, es muss lediglich die Wasserzufuhr und eine Bordstromleitung nach oben gelegt werden.

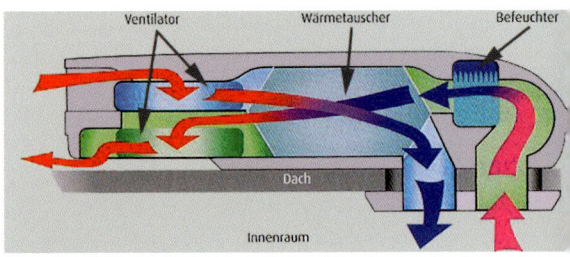

■ **Funktionsschema einer Verdunsteranlage.**

### Kompressorgeräte

Klimageräte mit Kompressor funktionieren wie der altbekannte häusliche Kühlschrank. Dabei wird, vereinfacht dargestellt, in einem geschlossenen Kreislauf vom Kompressor ein Kältemittel verdichtet und dadurch flüssig. Dieses gelangt über die Vorlaufleitung in den Verdampfer im Innenraum, wird dort unter Aufnahme von Wärme, die es dem Innenraum entzieht, gasförmig und kühlt so das Reisemobil oder den Caravan durch Wärmeaustausch. Der Kompressor zieht das jetzt gasförmige Kältemittel durch die Rücklaufleitung wieder in den Kondensor außerhalb des Innenraums, wo es wieder flüssig wird, damit beginnt der Kreislauf neu. Durch dieses Prinzip sind Kompressorgeräte bei jeder Luftfeuchte funktionierend, gerade schwüle Luft wird am Verdampfer entfeuchtet und das Kondensat nach außen geleitet, die trockene, kühle Luft ist das Angenehme, nicht unbedingt die Temperatur als solche. Kompressorgeräte haben allgemein eine relativ große Stromaufnahme und funktionieren überwiegend nur mit Netzstrom. Heute gibt es teilweise moderne Geräte, die mit Spannungswandlern auch an Bordstrom funktionieren.

Ganz neu auf dem Markt ist eine Dach-Klima-anlage, die während der Fahrt durch die serienmäßige Klimaanlage des Fiat Ducato und seiner Brüder mit Kälte versorgt wird. Im Stand schaltet sie dann um auf Netzspannung.

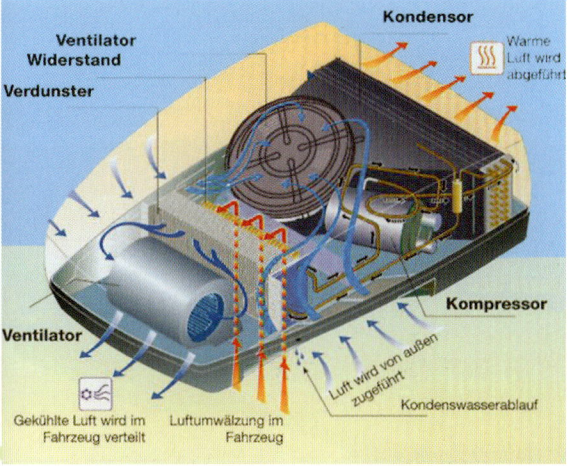

Schema eines Kompressor-Dachgerätes.

### Dachklimageräte

Wegen des Luftaustauschs im Kondensor und dem Kondensat im Verdampfer werden diese Geräte gerne und oft als Monoblockgerät auf dem Dach eingebaut. Der Verdampfer ragt dabei in den Innenraum, vorzugsweise als Ersatz für eine ausgebaute Dachluke. Nachteil dieser Anordnung ist das hohe Gewicht von bis zu 50 kg auf dem Dach und damit Verlagerung des Fahrzeugschwerpunkts nach oben. Außerdem ist vielen das Betriebsgeräusch, vorzugsweise Nachts, zu laut. Aber auch hier zeichnen sich Lösungen ab, wie einige Geräte beweisen, die in unserer Marktübersicht aufgeführt sind.

### Splitgeräte

Als Übergangslösung zwischen den Dachklimaanlagen und den Stauraumgeräten sind Geräte im Handel, die mit einem Kompressor im Stauraum und einem Kondensor im Dachgerät arbeiten. So wird Dachbelastung eingespart, aber die Kältemittelleitungen durch das Fahr-zeug müssen aufwändig verlegt werden. Die kompakten Stauraumanlagen haben diese Geräteform weitgehend verdrängt. In letzter Zeit hatten Splitgeräte eine Wiedergeburt in Form eines portablen Geräts, dessen Kompressor außen an ein Fenster gehängt wird. Dieser ist mit Flachschläuchen mit dem Kondensatorgerät verbunden, das in Inneren aufgestellt wird. Es hat den Vorteil, dass es nur bei Hitzeurlaub mitgenommen werden muss, wenig Gewicht mit sich bringt und eine geringe Stromaufnahme von etwa 410 Watt hat. Da die Leistung dieser Geräte mangelhaft waren, sind die Geräte schnell wieder vom Markt verschwunden.

### Stauraumgeräte

Gleichmäßige Kaltluftverteilung im ganzen Fahrzeug, regelbar in unterschiedlichen Bereichen, eine tiefe Schwerpunktlage, geringer Luftwiderstand während der Fahrt, diese Vorteile förderte die rasante Entwicklung der kompakten Stauraum-Klimaanlagen, die in einen Sitzkasten oder im Doppelboden des Fahrzeugs eingebaut werden können. Mit leichten Luftschläuchen, ähnlich denen der Warmluftverteilung, kann die Kaltluft dorthin gelenkt werden, wo sie gewünscht ist. Allerdings benötigen die Schläuche Platz und eine Verkleidung an Stellen, wo sie nicht in Schränken geführt werden können. Zudem reduzieren lange, unisolierte Luftschläuche die Effektivität der Anlage.

Kein Privileg »dicker Schiffe«: Dachklimaanlagen passen auch auf Kastenwagen.

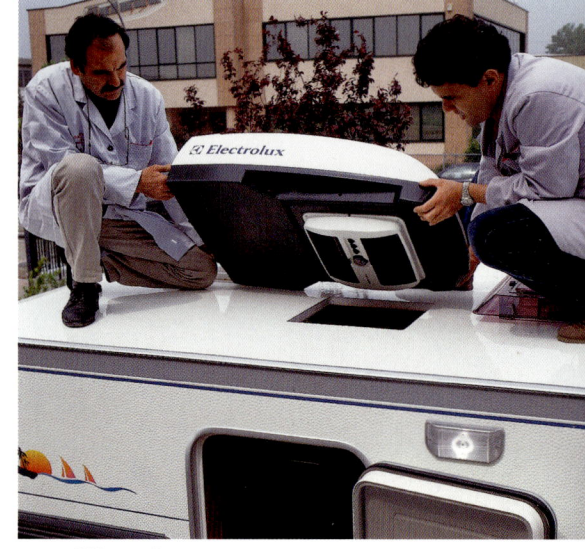

## Leistungsbestimmung

Welche Leistung benötige ich für meine Reisemobil, meinen Caravan? Diese Frage stellt sich automatisch vor der Anschaffung. Die benötigte Geräteleistung richtet sich nach der Größe des zu kühlenden Raums, die sonst üblichen Kriterien wie Isolierung und Fensterfläche sind im Freizeitfahrzeug zu vernachlässigen, da sie jeweils annähernd gleich sind und bei der Konstruktion bereits berücksichtigt wurden. Die Leistung von Klimageräten wird in BTU/h ausgewiesen. Diese Norm steht für British Thermal Units (1.000 BTU/h = 0,293 kW/h). Noch wichtiger für die Auswahl des richtigen Geräts ist das zweite Kriterium, die EER, die Energy Efficiency Rate. Si errechnet sich aus dem Verhältnis von Kühlleistung zum Energieverbrauch nach ISO 5151. Selbst Experten, die wir befragten, konnten keine Faustformel als verbindliche Empfehlung für die Berechnung der Leistung geben, zu unterschiedlich sind die Anforderungen im Fahrzeug. Anhalts- und Erfahrungswert ist eine Leistung von 5.000 BTU/h für ein Fahrzeug bis sechs Meter Innenlänge.

■ **Dachklimaanlagen sind in ihrem Ausschnittmaß auf die 40 x 40 cm großen Dachlüfter angepasst und können so leicht gegeneinander ausgetauscht werden.**

■ **Neben der Klimatisierung wird auch die Luft im Fahrzeug gereinigt. Die Filter sind auswaschbar.**

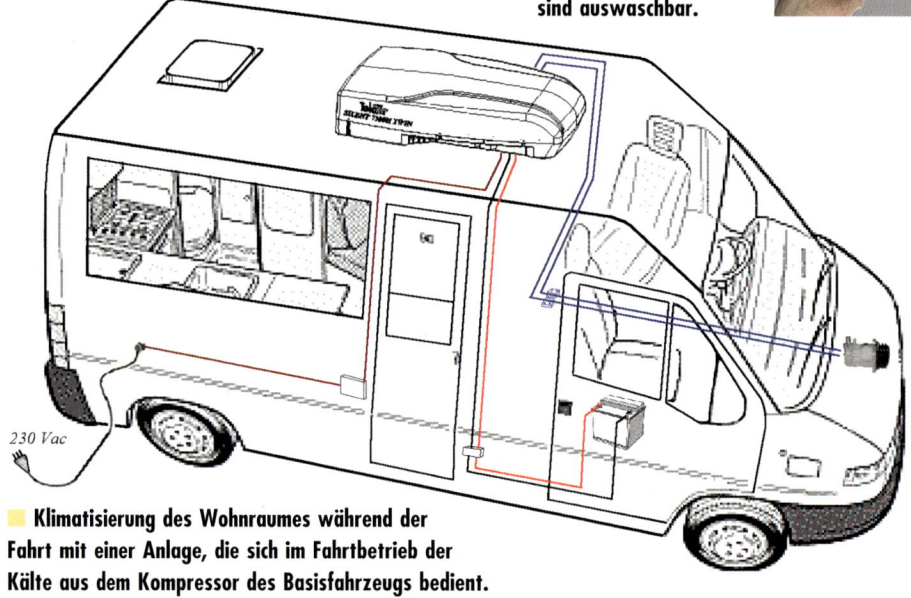

*230 Vac*

■ **Klimatisierung des Wohnraumes während der Fahrt mit einer Anlage, die sich im Fahrtbetrieb der Kälte aus dem Kompressor des Basisfahrzeugs bedient.**

## Expertentipp: Welche Klimaanlage im Reisemobil?

Die Experten Jens Müller und Bernd Otten sind bei Dometic für Kühlgeräte und Klimaanlagen zuständig.

Für das Reisemobil werden zwei unterschiedliche Technologien angeboten. Geräte auf Verdunsterbasis kennen wir im Haushalt als Luftbefeuchter für geheizte Räume. Beim Einsatz solcher Verdunster in Fahrzeugen wird Wasser aus einem Behälter im Dachgerät über eine rotierende Scheibe zerstäubt und in einem Filter aufgefangen. Durch diesen Filter saugt der Ventilator von innen heiße Luft an, die sich über die Wasserverdunstung abkühlt.

Verdunstergeräte sind im Caravaningbereich eher selten, sie arbeiten mit 12 Volt Spannung. Die Leistung ist stark von der Luftfeuchtigkeit abhängig – und eben diese Luftfeuchtigkeit im Innenraum des Fahrzeugs wird während des Betriebs noch zunehmen. So kann die Anlage bei schwüler Witterung kaum Leistung bringen. Außerdem muss man mit einer relativ langen Anlaufdauer rechnen – sofortige Erfrischung gleich nach Einschalten ist nicht möglich.

Kompressorgeräte sind die Alternative. Sie entziehen, wenn es kühler werden soll, dem Fahrzeuginnenraum die zu warme Luft. Die Luftfeuchtigkeit wird herabgesetzt, Staub- und Schmutzteilchen in der Luft werden herausgefiltert. Für Reisemobile sind Dachklimaanlagen und Staukastenanlagen auf Kompressorbasis Standard. Kompressorgeräte senken nicht nur die Raumtemperatur, sie sorgen auch für ein Wohlfühlklima durch den Entzug von Luftfeuchtigkeit. Die 230 Volt-Energie liefert während der Fahrt und beim Zwischenstopp die Lichtmaschine beziehungsweise Batterie (mittels eines Wechselrichters) oder ein leistungsstarker Einbaugenerator. Am Ziel versorgt die Netzsteckdose am Stell- oder Campingplatz oder der Generator das Klimagerät.

### Gewicht und Leistung

Die Wahl der optimalen Klimaanlage wird von zwei Faktoren bestimmt: Der erlaubten Zuladung und der gewünschten Kühlleistung.

Zum Gewicht: Die leichteste Dachanlage von Dometic, das Modell B 1100 S, bringt ein Gewicht von 28.8 kg aufs Dach, das größte Modell (B 3200 für Profifahrzeuge) 45 kg. »Von nix kommt nix« – Leistung braucht viele Einzelteile, ein robustes Aggregat und eine widerstandsfähige Abdeckung. Prüfen Sie (oder lassen Sie prüfen), welche Dachlast Ihr Reisemobil als Zuladung verkraften kann. Normalerweise wird es auch für Ihr Mobil eine Anlage geben, die problemlos einsetzbar ist.

Zur gewünschten Leistung sind verschiedene Bewertungskriterien wichtig: Wohin reisen Sie? Wie groß ist Ihr Fahrzeug? Wie gut ist es isoliert? Wie groß sind die Fensterflächen?

Die Leistung von Klimageräten wird in BTU/h ausgewiesen. BTU steht für British Thermal Units. (1.000 Btu/h = 0,293 kW/h.) Aber die BTU/h-Leistung ist nur ein Kriterium – viel wichtiger ist die EER, die Energy Efficiency Rate. Sie errechnet sich aus dem Verhältnis Kühlleistung zu Energieverbrauch entsprechend dem Standard ISO 5151.

Selbst wir Experten können keine Faustregel als verbindliche Empfehlung zur Anschaffung des optimalen Geräts formulieren – zu unterschiedlich sind die einzelnen Fahrzeugmarken und ihre Typen. Es gibt jedoch Erfahrungswerte: Je besser die Fahrzeug-Isolierung, um so kleiner kann das Gerät sein. Fahrzeuge bis sechs Meter Länge kommen im allgemeinen mit einer

Leistung bis 5.000 BTU/h aus. Ist Ihr Wohnmobil größer, sollte eine entsprechend größere Klimaanlage eingesetzt werden. Für die Besitzer eines großen Mobils mit getrenntem Wohn- und Schlafbereich empfiehlt sich die Installation von zwei Geräten (wie Dometic B 1100 S im Schlafbereich und B 2200 für den Wohnbereich). Kann der Caravan das höhere Gewicht vertragen und ist ausreichend Energie vorhanden, empfiehlt es sich, großzügig zu denken und sich für optimale Leistung zu entscheiden. Die Nachrüstung auf größere Modelle ist zwar technisch relativ einfach, aber immer mit Geld- und Zeitaufwand verbunden. Aufgrund der physikalischen Gegebenheiten ist immer eine Dachklimaanlage zu bevorzugen. In Ausnahmefällen kann jedoch eine Dachklimaanlage nicht verbaut werden. Für diesen Fall gibt es von Dometic eine Staukastenklimaanlage HB 2500. Diese Staukastenanlage wird im Bettkasten montiert und sorgt wie die Dachanlage für ein angenehmes Wohlfühlklima im Fahrzeug. Die Wärmepumpenfunktion ermöglicht eine leistungsstarke Heizfunktion bei geringem Energieverbrauch.

## Pflege und Sicherheit

Klimaanlagen sind pflegeleichte Produkte, die jedoch wie andere Geräte auch einer gewissen Aufmerksamkeit bedürfen, wenn einwandfreier Betrieb auf Dauer gewünscht wird. Einige Faustregeln:

- Die Ablauflöcher für das Kondenswasser sowie die Öffnungen für Luft-Ein- und Austritt und die Ventilationsdüsen dürfen nicht verstopft sein
- Regelmäßig den Luftfilter reinigen
- Niemals stärkere Sicherungen verwenden als in der Betriebsanleitung angegeben
- Nur geerdete Steckdosen nutzen
- Wenn Sie Ihre Klimaanlage ausschalten: Warten Sie mit dem Wieder einschalten mindestens zwei bis drei Minuten.

Bei mangelnder Leistung erst denkbare Fehlerquellen überprüfen, bevor der Service-Experte gerufen wird! Zum Beispiel:

- Thermostat auf zu hohe Temperatur eingestellt
- Fensterflächen des Caravans sind zu groß (Dichte Isoliervorhänge verwenden!)
- Türen werden zu häufig geöffnet
- Zu viele Personen im Fahrzeug
- Spannung unter 200 Volt gesunken
- Raumtemperatur weniger als 20 °C

Wenn die Klimaanlage nicht anspringt:

- Wahrscheinlich ist mangelnde Stromzufuhr der Grund – überprüfen Sie die Sicherungen.

Wenn der Ventilator funktioniert, der Kompressor jedoch nicht zuschaltet:

- Temperatur-Wahlschalter falsch eingestellt
- Innenraumtemperatur unter 18° bis 20° C
- Spannung unter 200 Volt gesunken
- Schalter auf Heizfunktion gestellt

Wenn der Kompressor aussetzt:

- Zu niedrige Spannung
- Kondensator, Thermoschutz des Kompressors oder Thermostat sind schadhaft (Austausch über autorisierten Servicetechniker)
- Kompressor beschädigt. Auch in diesem Fall ist Austausch erforderlich.

Wenn die Anlage nicht genügend Kaltluft erzeugt:

- Wahrscheinlich ist der Temperatur-Wahlschalter falsch eingestellt. Oder es sind Fenster und Türen geöffnet? Luftfilter oder Verdampfer verschmutzt?

Wenn Wasser ins Fahrzeug tropft:

- Der Kondenswasserablauf ist verstopft oder die Dichtung der Klimaanlage wurde beschädigt. Verkleben oder Austausch sorgen für Abhilfe.

Ganz wichtig: Um einwandfreien Betrieb zu gewährleisten, sollte die Klimaanlage ein- bis zweimal jährlich gereinigt werden. Was zu tun ist, sagt Ihnen die Bedienungsanleitung, die Sie mit dem Gerät erhalten haben.

# Teil IV: Selbstbau, Umbau, Reparaturen, Zubehör

## Selbstbau

### Ist Selbstbau heute noch in?

Ist Selbstbau im Zeitalter von Discounterangeboten sowie großer Halden und seitenlanger Kleinanzeigen in Fachmagazinen und Anzeigenblättern über gebrauchte Fahrzeuge zu günstigen Preisen und wachsender Enge durch Sicherheitsvorschriften noch sinnvoll? Selbstbau nur zum Sparen oder Selbstbau ohne Berücksichtigung der Sicherheit auf keinen Fall. Aber Selbstbau zur Selbstbestätigung oder zur Erfüllung individueller Bedürfnisse und Ansichten über das »Schloss auf Rädern« immer.

### Die Jaffa-Kastenente

Die Zeit der selbstgebauten Einrichtungen auf Uralt-Transportern, ausgebaut mit Abfallholz, teppichbezogen, damit man nichts mehr davon sieht, auf dem Sideboard der Gas-Campingkocher lose aufgestellt, lose Schaumgummi-Mat-

ratzenteile als Polster auf der Bank aus Spanplatte und Dachlatten, Fenster im Aufbau aus Pkw-Fenstern vom Schrottplatz, diese Art der Freizeitbewältigung ist heute zum größten Teil vorbei. Man sieht auch keinen VW-Bus mehr mitaufgeschweißtem Käfer-Oberteil als Hochdach. Das Wohngemeinschaftsmobil von heute ist kein ausgebauter R4 Fourgonette oder VW-Bulli mehr, sondern stammt vom Gebrauchtmarkt fertig ausgebauter Fahrzeuge, hat als Basis allenfalls einen Ducato der ersten Serie, aber einen Alkovenaufbau, hat Heizung, Sanitärzelle und vor allen Dingen geprüfte Sicherheit an Bord, die auch den Transport von Menschen in der Kabine erlaubt. Jaffa adieu!

Ausgebaute Kastenwagen sind aber nach wie vor der Renner. Aus Fuhrparkverkäufen gibt es heute massenhaft gut erhaltene Kombifahrzeuge, die preisgünstig zu haben sind. Sie haben den Vorteil gegenüber reinen Kastenwagen, dass sie einmal bereits seitliche Fenster zumin-

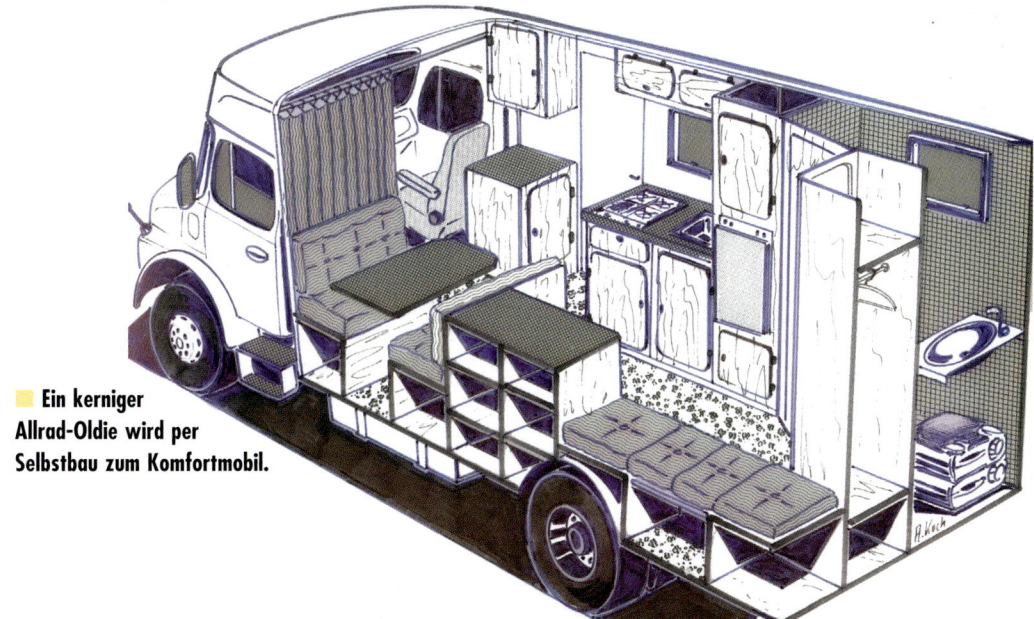

■ Ein kerniger Allrad-Oldie wird per Selbstbau zum Komfortmobil.

dest im Bereich der Schiebetür und gegenüber haben, da sie früher als Pkw-Kombi zugelassen waren. Zum anderen haben aber auch nur diese Versionen der Transporter geprüfte Sitz- und Gurtverankerungen, heute das absolute Muss, wenn Sitzplätze im Wohnraum als Fahrtsitze eingetragen werden sollen. Kastenwagen haben keine Verankerungspunkte.

■ **Heute nur noch Erinnerung: In deer Geschichte des Selbstbaus war ein Bulli mit aufgeschweißtem Käfertorso als Hochdach und Aussichtskanzel Star auf jedem Treffen und kultiges Urlaubsgefährt.**

■ **Bis in die Achtziger war die Kastenente und ihre Schwester Acadiane ein beliebtes Studentenauto für den Urlaub und die Fahrt zur Uni.**

### Das Brutalomobil

Der Globetrotter, der mit seinem Mobil ein oder zwei Jahre die Welt entdecken will, handwerklich nicht unbegabt ist und aus Erfahrung genau weiß, was er nicht braucht, aber ebenso genau, wie sein Ausbau aussehen soll, ist für den Selbstbau schon eher zu haben. Er wird kaum das passende Fahrzeug auf dem Gebrauchtmarkt finden und auch ziemlich sicher nicht das Geld aufbringen können, oder wollen, für einen Individualausbau. Also wird er sich einen gut erhaltenen Unimog mit Kastenaufbau, beispielsweise einen Funkkoffer von Bundeswehr oder Bundespolizei, suchen und sich aus dem unübersehbar großen Angebot in den Zubehörkatalogen der Mobil- und Expeditionsausstatter genau das aussuchen, was er will und benötigt.

### Der Fast-Normale

Dritte Kategorie der Selbstausbauer sind die handwerklich Begabten, die ihre eigenen Vor-

stellungen nur so weit einengen wollen, wie es die Sicherheitsvorschriften vorgeben, aber sonst ihre eigene Ansicht über das Wohnen auf Rädern verwirklichen wollen. Da ist der Zweimetermann mit 110 Kilo Lebendgewicht, der nur mit seiner Frau verreist, immer einen Campingplatz ansteuert, im Auto weder duschen noch kochen, aber bequem schlafen und in größerer Runde Abends noch sitzen will. Für ihn taugt kein Alkovenmobil oder Teilintegrierter mit winzigem Sanitärraum und enger Dinette, wie sie zu Hunderten gebraucht zu finden sind und auch das Gros der Neuwagen bilden. Er benötigt ein festes, stabiles und geräumiges Bett, das leicht zu erklimmen ist, eine nur kleine Kombüse für das Frühstück, nicht unbedingt einen Waschraum, aber eine großzügige Sitzgruppe, möglichst mit Einzelsesseln. Seine handwerklichen Fähigkeiten reichen aus, dass er sich auf eine gut erhaltene oder neue Basis eine Leerkabine nach eigenen Vorstellungen und Abmessungen bauen lässt, die er selbst ausbaut. Dafür gibt es Bausatzmöbel für die Grundeinrichtung und passende Möbelbauplatten für alle die Einrichtungsteile, die als Bausatz nicht geliefert werden oder als solche nicht den eigenen Vorstellungen entsprechen. Bequeme Armlehnsessel gibt es in vielen Ausführungen. Die gesamte Technik ist heute kein Problem mehr. Bis zur letzten Schraube ist alles aus dem Katalog oder direkt im Fachhandel zu bekommen.

### Der Verbesserer

Selbstbau bedeutet aber auch die Verbesserung und den Umbau von Serienmobilen, abgestimmt auf die eigenen Wünsche. Hier ist heute

ein breites Spektrum an Möglichkeiten geboten, an die früher nicht zu denken war, als der Selbstbau noch Mittel zum Zweck bedeutete. Sämtliche Teile sind heute erhältlich, man muss nicht mehr improvisieren und das Rad neu erfinden. Anregungen dazu erhält man aus diesem Buch, ergänzt durch eigene Vorstellungen aus den Erfahrungen während der Reise.

Dazu eine kleine Anekdote am Rande, die sich Mitte der siebziger Jahre tatsächlich in dieser Form zugetragen hat:

Ein Westfalia Bus Typ Helsinki sollte innen zweckmäßiger umgebaut werden. Der Kleiderschrank sollte einen Aufsatz für mehr Stauraum bekommen und seitlich die Winkelsitzbank durch einen Schrank ersetzt werden. Das Polster der früheren Seitenbank soll als Notsitz zwischen Koch- und Kleiderschrank eingelegt werden. Die Nachfrage beim Westfalia-Händler nach Holz in der folierten Teakmaserung und nach den speziellen Türscharnieren und Beschlägen endete mit Befremden, das Material sei einzeln nicht zu erhalten.

Eine telefonische Anfrage ein paar Tage später nach Ersatzteilen beim gleichen Westfalia-Händler führte dann doch zum Erfolg: Exakte Planung ergab, dass die große Grundplatte, die den Klappkocher im Kleiderschrank abschloss und aus ebendiesem Holz bestand, die Seitenwand des Schranks ergibt, die Tür des darunter liegenden Gasschranks reichte für den Schrankaufsatz, die Vorderseite des Schranks und des Aufsatzes konnte aus der Platte des Originaltisches und aus der Front der früheren Seitensitzbank ausgeschnitten werden.

Also Anruf beim Händler, ohne rot zu werden: »Bei meinem Helsinki ist aus Versehen der Gaskocher abgekippt und hat die Tür des offenstehenden Gasschranks zerkratzt. Man benötige eine neue Platte für den Kocher und eine neue Gasschranktür, die Bänder und Verschlüsse seien auch beschädigt. Der Austausch könne in Eigenleistung durchgeführt werden.«

Acht Tage später kam die Bestätigung, dass die benötigten Ersatzteile eingetroffen seien und

■ **Das war mal ein serienmäßiger Westfalia Helsinki mit Winkelsitzbank und Kleiderschrank, in dem der Kocher verschwand. Nach dem geschilderten Klimmzug der Materialbeschaffung bot er zusätzlichen Stauraum und sah aus wie aus einem Guss. Der Geschirrauszug erhielt auf drei Etagen passgenaue Fächer für Geschirr, Gläser und Kochtöpfe. Kleinteile verschwanden in der Klappe oben.**

abgeholt werden könnten. Die Innereien von Schrank und Aufsatz waren in der Garage gerade fertig geworden, die Tischplatte wurde durch eine melaminharzbeschichtete Tischlerplatte in beige aus dem Baumarkt ersetzt.

Wie langweilig ist doch heute die Bestellung aller Teile im Internet gegen solche Improvisierkunst.

### Expertentipp: Selbstbau als kosten-günstige Alternative

■ **Kurt Manowski ist Geschäftsführer und Mitinhaber des Fahrzeug- und Zubehörhersteller Reimo**

Ein paar wichtige Grundsatzgedanken für den Selbst-Ausbau eines Wohnmobils vorab:
Stellen Sie folgende Überlegungen an den Anfang Ihres Vorhabens:

- Bin ich handwerklich in der Lage zum Beispiel einen vorgefertigten Möbel-Einbausatz für das Reisemobil zu verwenden?
- Habe ich die Zeit und die Örtlichkeiten wie Halle oder Werkstatt dazu?
- Ist das Wohnmobil mein einziges Fahrzeug oder habe ich noch einen weiteren Pkw?
- Muss ich mit dem Fahrzeug in eine Tiefgarage; fahre ich hauptsächlich in der Stadt?
- Mit wie vielen Personen bin ich normalerweise unterwegs?
- Welches Fahrzeug ist denn nun das richtige für mich?

Nehmen wir den Normalfall: Ich wohne in der Stadt, muss häufig in Tiefgaragen parken; das Freizeitmobil bleibt mein einziges Fahrzeug.

Nun, dann empfiehlt sich die Anschaffung eines kompakten Fahrzeuges, das zusätzlich mit dem Komfort eines modernen Pkw ausgestattet ist. Der Volkswagen T 5, oder der Mercedes-Benz Viano sind in dieser Kategorie, die am häufigsten ausgebauten Fahrzeuge aber auch der Ford Transit ist für einen solchen Einsatzzweck sehr gut geeignet. Die Ausbaufirmen bieten eine große Auswahl an Ausbaumöbeln und Dächern für die obengenannten Fahrzeuge an. Schauen Sie zum Beispiel mal in den Reimo Katalog oder auf die Reimo-Internetseiten. Dort finden Sie eine riesige Auswahl an Einrichtungen für alle gängigen Basisfahrzeuge. Mehr als zwei Personen finden reichlich Platz, wenn Sie ein Schlafdach auf das Fahrzeug bauen, diese Dächer sind extrem flach, die meisten bleiben unter zwei Meter Gesamthöhe, sodass sie auch noch in Tiefgaragen einfahren können. Die Schlafplätze im Dach sind ausreichend groß und bequem.

## Vielzweckfahrzeuge für Wochenend- und Urlaubs-Trip

Diese Fahrzeugart nennt man Vielzweckfahrzeug, das heißt: Schlafmöglichkeit kleine Kochstelle Kühlschrank, Kocher, Heizung; alles auf kleinstem Raum, bequem für den Wochenendtrip und für den Urlaub. Surfen am Wochenende und alltagsmäßige Nutzung des Fahrzeugs. Hier ist Fahr- und Wohnspaß geradezu programmiert. Größere Fahrzeuge bieten natürlich viel mehr Spielraum bei den Einrichtungsmöglichkeiten; dafür sind sie in der Stadt nicht ganz so wendig. Es macht schon Spaß in einem Fahrzeug mit etwa 3,3 m Wohnraumlänge und bis zu 1,8 m Innenbreite zu wohnen, denn hier können sie außer großzügiger Bett- beziehungsweise Sitzgruppe meist auch noch eine Toilette und Duschraum einbauen. Wenden Sie sich ruhig mal an den Fachhandel um sich über die Möglichkeiten zu informieren. Meist finden Sie vor Ort auch Fahrzeuge oder fertige Möbelkomponenten in den Shops. Größere Fahrzeuge mit viel Technik (Toilette, Heizung, Boiler und vieles mehr) benötigen eine sorgfältige Vorplanung; rechnen Sie mit einer längeren Ausbauzeit.

## Mehr als zwei Schlafplätze bedeutet ein Dach auf dem Mobil

Wenn Sie mehr als zwei bis drei Schlafplätze brauchen, benötigen Sie ein Dach (Aufstell-Hub- oder Hochdach) auf Ihrem Wunschmobil. Selber aufbauen oder von einem Händler aufbauen lassen das ist die Frage. Viele handwerklich geschickte aber auch Laien, die mit Werkzeug umgehen können haben dies schon bewerkstelligt, warum nicht auch Sie. Dank Montagezeichnung und vorgefertigten Einbaurahmen ist der Einbau für fast alle möglich. Ein Klapp-/Schlafdach erhöht das Fahrzeug nur unwesentlich (etwa 5 bis 20 cm je nach Dachtyp in der Dachmitte gemessen). Stellen Sie das Dach hoch, so schlafen zwei Personen oben bequem. Ein seitlicher Zeltbalg schützt Sie vor Wind und Wetter. Große Moskitonetze und verschließbare Fenster zur Belüftung gehören bei guten Schlafdächern dazu. Die Kosten mit Bett und Einbaurahmen betragen etwa 3.000,- Euro. Ein Hochdach, das heißt ein fest aufgebautes Kunststoffdach, meistens aus Glasfaserverstärktem Kunststoff gefertigt bietet optimalen Wetterschutz und viel Platz zum Wohnen und

Schlafen (Höhe bis zu 90 cm). Zur Belüftung sollten Sie mindestens eine Dachhaube (zirka 40 x 40 cm) und ein oder zwei Fenster seitlich (Querbelüftung) montieren. Das Bett können Sie als zusätzlichem Stauraum nutzen.

### Möbel selber bauen oder auf Bausätze zurückgreifen?

Der Handel bietet ein umfangreiches Angebot. Fertige Bausätze ermöglichen Ihnen den schnelleren Bau Ihres Traummobils und erleichtern die Vorplanung. Hier sind die geltenden Bestimmungen für Insassensicherheit und der Sitzbänke, bzw. Gurte berücksichtigt. Sie bekommen damit Ihr Wunschmobil beim TÜV/ Dekra umgeschrieben und bei Bedarf auch im Wohnbereich Sitzplätze eingetragen. Fragen Sie Ihren Händler ob die angebotenen Sitzbänke (dies gilt für Fahrzeuge nach 1993 erstmalig zugelassen) nach ECE 17 und ECE 14 geprüft wurden und ob er Ihnen entsprechende Gutachten mitliefert. Am einfachsten geht die Abnahme wenn der Händler Ihnen ein Gutachten für die Bank und den Einbau in Ihr Fahrzeug liefern kann. Die Firma Reimo liefert beispielsweise verschiedene geprüfte Bänke für die meisten deutschen Basisfahrzeuge wie VW, Mercedes Ford Fiat und andere.

### Baumaterialien für Selbstbaumöbel

Möbel im häuslichen Lebensraum werden üblicherweise einmal aufgestellt und verbleiben dort, ausgerichtet, damit keine Tür klemmt, in statischer Ruhe. Wichtig ist Stabilität und schöne Oberfläche. An besonderen Stücken haben noch die Urenkel ihre Freude.

Möbel im Reisemobil dagegen unterliegen völlig anderen Anforderungen. Wichtig ist hier, natürlich neben gutem Aussehen, geringstes Gewicht bei größtmöglicher Stabilität unter ungünstigen Einflüssen wie Verwindung und krassen Temperatur- und Klimaschwankungen. Dazu kommen noch Kriterien wie Unfallsicherheit mit geringstmöglichem Verletzungsrisiko, gute Reinigungsmöglichkeit, leichte Verarbeitung

und geringe Kosten. Fast zu viel des Guten für ein natürlich gewachsenes Material wie Holz. Deshalb eignet es sich in seiner natürlichen Form, als Massivholz, auch kaum als Ausbaumaterial im Reisemobil. Verwendet werden hier hauptsächlich ausgewählte Halbfabrikate aus der großen Palette der Holzwerkstoffe. Die Vor- und Nachteile der einzelnen Produkte stellen wir hier gegenüber.

### Massivholz

Holz in seiner natürlich gewachsenen Form eignet sich im Reisemobil höchstens als Aussteifung in Form von Leisten oder als Rahmen für Türen mit Füllung aus dünnem Sperrholz zur Gewichtseinsparung. Da die Verletzungsgefahr bei einem Unfall durch Splitter relativ hoch ist, wird ein kompletter Möbelbau aus Massivholz von manchen TÜV-Prüfstellen in Verbindung mit Sitzplätzen im Wohnraum nicht zugelassen. Hier ist es ratsam, vorher beim zuständigen Prüfer nachzufragen. Massivholz in Leistenform kann bei Naturholzausbauten im passenden Stil durchaus seine Berechtigung haben und gut aussehen.

### Sperrhölzer

Die Nachteile von Massivholz werden größtenteils ausgeglichen, wenn dieses dünn geschnitten oder geschält und anschließend wieder in wechselnden Maserrichtungen zusammengeleimt wird. Dadurch wird erreicht, dass das fertige Produkt sich nicht mehr verzieht, dass es nur noch in geringstem Maße splittert und sich die Stabilität im Verhältnis zur Materialdicke wesentlich erhöht. Je nach Dicke und Anzahl der Furnierlagen sowie nach deren Holzart lassen sich die gewünschten Eigenschaften des Sperrholzes von vornherein festlegen und auf die spätere Verwendung optimal abstimmen. Der offizielle Name für Sperrholz ist übrigens, getreu seinem Aufbau, Furnierplatte. Es besteht immer aus einer ungeraden Zahl meist unterschiedlich dicker Lagen Furnier und ist in Dicken zwischen 3 und 50 mm lieferbar. Als Deckfurnier wird überwiegend Gabun, Limba und Pappel verwendet, selten Birke und Buche. Normales Sperrholz muss also furniert werden, damit daraus ansehnliche Möbel gebaut werden können. Im Zubehör findet man aber auch speziell auf den Reisemobilbau ausgelegtes Pappelsperrholz mit unbehandelter Oberfläche, das leicht zu bearbeiten und nach Wunsch selbst oberflächenvergütet wird.

### Dreischicht-Furnierplatten

Besonders bei Naturholzausbauten ist dieses Material sehr beliebt. Es besteht aus drei ungefähr vier mm dicken Lagen und ist in Fichte und Kiefer im Handel zu finden. Die Gesamtdicke von rund 13 mm ist stabil genug für den Möbelbau im Reisemobil und ergibt bedeutende Gewichtsvorteile. Ihre Oberfläche unterscheidet sich kaum von verleimtem Massivholz und gibt dadurch dem Ausbau das gewisse Etwas. Kritisch wird es bei großen Flächen, da das Material durch die geringe Anzahl Schichten und die Dicke der Lagen unter Umständen zum Verziehen neigt und sich wirft. Schrankseiten in voller Raumhöhe und Wände von Sanitärräumen sollten daher mit gegengeleimten Massivholzleisten in genügender Dicke ausgesteift werden. Für normale Möbel reicht die Steifigkeit aus. Als Oberflächenbehandlung kommt Wachs oder Mattierung in Frage. Beizen sollte man das Material nur dann, wenn der Anteil an Hirnholz gering ist, die dicken Schichten

wirken sonst leicht zu dunkel im Verhältnis zur Farbe des Langholzes.

🟨 Dreischicht-Furnierplatten sind ab 13 mm Dicke und in den Holzarten Kiefer und Fichte auf dem Markt.

### Möbelbauplatten

Gebräuchliches Möbelbauholz, auch bei Serienfahrzeugen, ist die folierte Möbelbauplatte aus bis zu sieben Lagen leichtem Pappelfurnier, mit beidseitiger Folienbeschichtung in verschiedenen Holzdekoren oder Unitönen. Solche Platten wiegen in 15 mm Dicke lediglich ungefähr 7 kg / qm. Bessere Qualitäten, die dann natürlich auch teurer sind, haben als Oberfläche keine dünne Folie, sondern sind beidseitig mit Schichtstoff belegt. Standarddicke dieser Platten ist 15 mm, auf dieses Maß sind auch die farblich passenden Umleimer und sonstigen Profile abgestimmt. Gewicht einer Schichtstoff-belegten Platte in 15 mm Dicke ungefähr 7,5 kg / qm.

🟨 Beliebtestes Grundmaterial für den Möbelbau ist die folierte oder mit Schichtstoff belegte Möbelbauplatte aus mindestens sieben Lagen Pappelfurnier. Passend zu den verschiedenen Holzdekoren der Oberfläche sind Verbindungs- und Kantenprofile sowie Beschläge erhältlich.

### Multiplexplatten

Die Schwergewichtler unter den Furnierplatten sind mit Abstand auch die stabilsten und unverwüstlich. Ursprünglich für den industriellen Einsatz entwickelt und dort mit wasserfesten Deckschichten belegt, sind sie für den Möbelbau in Birke und Buche als Deckfurnier im Handel. Eine 16 mm dicke Multiplexplatte besteht aus mindestens 15 Schichten hochwertigem Furnier, ist also entsprechend schwer und teuer. Eingesetzt wird sie für stark strapazierte Bauteile wie Arbeits- oder Tischplatten. Abgerundete oder formgefräste Kanten geben bei diesen Platten ein interessantes Bild ab und sind ebenfalls unverwüstlich. Ihre Stabilität kann auch gut genutzt werden für Bettplatten im Dach. Im Gegensatz zu Möbelbau- oder Tischlerplatten kommt man hierbei ohne Verstärkungsprofile auch bei größeren Spannweiten aus.

### Tischlerplatten

Ein beliebtes Möbelbaumaterial sind Tischlerplatten, da sie noch leicht genug, stabil und preisgünstig sind. Es handelt sich dabei um Verbundplatten, deren Mittellage aus verleimten Massivholzstäbchen, meist Weichholz, besteht. Beidseitige Deckschichten aus Sperrfurnier geben den nötigen Halt und sind, bei bescheidenen Ansprüchen an Furnierbild und Qualität der Oberfläche, beiz- und lackierfähig. Da sie, ähnlich wie Sperrholz, nur in Gabun und manchmal in Limba im Handel sind, werden sie meist furniert. Dies kann auch ein Tischler besorgen, wenn man die benötigte Menge und die Holzart mit ihm abspricht. Vorteil hierbei ist, dass man an keine Holzart-Vorauswahl gebunden ist, das breite Spektrum aller Furniere steht offen.

### Spanplatten

Betritt man den Zuschnittraum eines Baumarktes, fällt sofort die breite Palette lieferbarer Oberflächen von Spanplatten auf. Neben unifarbigen gibt es sie in vielen Edelfurnieren mit fertiger Oberfläche oder roh. Hätten sie nur diese Vorteile, sie wären das ideale Baumateri-

al. Aber die Nachteile dieses im häuslichen Möbelbau dominierenden Materials überwiegen im Reisemobil. Neben hohem Gewicht ist die mangelnde Ausreißfestigkeit bei geschraubten Verbindungen das Hauptmanko. Spanplatten sind gerade noch zu akzeptieren als Bodenplatte in wasserfest verleimter Ausführung. In diesem Fall ist die Möbelbefestigung nur mit durchgehenden Schrauben, mit Einschlagmuttern oder mit aufgeleimten Leisten möglich.

■ Spanplatten sind, wenn überhaupt, nur als Bodenplatte zu empfehlen.

### Verkleidungsplatten

Pappelsperrholz in 3 bis 4 Dicke und einseitig foliert in verschiedenen Dekors eignen sich gut zur Verkleidung von Kastenwagenwänden und -decken. Sie lassen sich leicht biegen und dadurch den Konturen anpassen. Gleiche Aufgaben erfüllen auch beschichtete oder rohe Hartfaserplatten. Beschichtete gibt es in verschiedenen Oberflächendekoren, unbeschichtete sind Grundlage für eine Oberflächenvergütung durch Teppich, Tapete oder Isovelour, einem dünnen Schaumstoff mit Veloursoberfläche. Sowohl Sperrholz- als auch Hartfaser-Verkleidungsplatten lassen sich mit speziellen Kunststoffprofilen verbinden und befestigen.

■ Einseitig foliertes Pappelsperrholz in drei bis vier mm Dicke eignet sich zur Verkleidung von Decken und Wänden im Kastenwagenausbau.

### Alternative Materialien

Ganz harten Burschen, die ihr Expeditionsmobil selbst ausbauen, gewinnt man mit Pappelsperrholz allenfalls ein müdes Lächeln ab. Für sie beginnt die Welt mit Riffelblech, aus Gewichtsgründen solches aus Alu. Es kann, bei »normalen« Mobilen, aber auch zum Beispiel als Füllung für Holz-Rahmentüren verwendet werden. Die Oberfläche ist fertig, sieht interessant aus, kann nach Belieben farbig lackiert werden und ist in vielen Mustern im Blechhandel. Dort findet man auch fertig eloxiertes, glattes Alublech, das als Füllung dem Mobil einen eleganten Touch verleiht. Auch Lochblech, sei es mit quadratischen oder runden Löchern, hinten mit Fliegengaze gegen Plagegeister abgedichtet, ist denkbar. Dabei gewinnt man auch mit einfachen Mitteln eine gute Durchlüftung der Schränke. Wir haben aber auch schon Türen mit Segeltuch als Füllung gesehen, eine ganz andere Möglichkeit, leichte und trotzdem widerstandsfähige Fronten zu bauen.

Ein ganz besonderes Material, sogar für den kompletten Möbelbau und gerade für Offroader, ist Alucobont. Dieses Sandwichblech besteht aus zwei Schichten dünnem Alublech und einer Zwischenlage aus Kunststoff. Durch die vollflächige Verklebung der drei Schichten ist Alucobont extrem tragfähig, durch die Mittellage ist es thermisch getrennt und kann damit auch für Außeneinsatz, zum Beispiel als Ersatz für ausgebaute Fenster, in Kombis verwendet werden. Es ist in unterschiedlichen Dicken und mit Oberflächen aus Alu natur, Alu eloxiert oder in RAL-Tönen pulverbeschichtet im Blechhandel erhältlich, meist aber nur auf Bestellung und, je nach gewünschter Oberfläche, nur tafelweise.

### Beim Möbelbau leichtes Holz verwenden

Achten Sie darauf, dass Sie möglichst leichtes Holz für den Bau Ihrer Möbel verwenden. Hier ist Pappelsperrholz zu empfehlen, da es bis zu 30 Prozent leichter ist als herkömmliche Holzarten. Der Handel bietet diese Hölzer und passende Verbindungsprofile, Schlösser und Umleimer an, wenden Sie sich vertrauensvoll an die Fachleute im Handel. Holz im Fahrzeug muss naturgemäß von hoher Qualität sein, da es sich aufgrund von Temperaturschwankungen und unterschiedlicher Feuchtigkeit sonst sehr leicht verziehen könnte. Möbelplatten in Schichtstoffqualität ist das beste, was Sie Ihrem Wohnmobil spendieren können. Aber auch die preiswerten Pappelsperrhölzer mit Folienoberflächen genügen den großen Anforderungen und sind wesentlich preiswerter.

### Leerkabinen für den Selbstausbau

Nach wie vor ist der Transporter mit Kastenwagenaufbau das am weitesten verbreitete Basisfahrzeug für den Selbstausbau. Er ist preisgünstig und in großer Auswahl auf dem Gebrauchtwagenmarkt, handlich und in den meisten Fällen zumindest annähernd alltagstauglich. Dagegen steht der meist enge Innenraum, die runden Wände mit Mehraufwand an Anpassarbeit beim Möbelbau und die fehlende Isolierung, sieht man von einem gebrauchten Kleinkühlwagen ab. Stehhöhe lässt sich nachträglich noch durch den Einbau eines handelsüblichen Hochdachs oder eines Aufstelldachs zaubern, Mehrbreite scheidet aus. Hier ist die Leerkabine gefragt.

■ Reisemobilhersteller, die Individualfahrzeuge herstellen, bieten teilweise auch Leerkabinen zum Selbstausbau an.

■ Warum nicht mal Alu-Riffelblech als Füllung in Möbelfronten. Es ist widerstandsfähig und gibt dem Mobil eine besondere Note.

■ Leerkabinen gibt es in großer Auswahl und für praktische alle Basisfahrzeuge. Hier eine Auswahl der Firma Omocar.

Die Hersteller von Leerkabinen bieten in ihren Katalogen Standardkabinen zu günstigen Preisen an. Sie fertigen aber auch nach Kundenwunsch jede nur denkbare Kabine, soweit sie herstellbar ist und den Abmessungen und Bestimmungen der STVZO entspricht. Vom Hersteller fertig montiert auf einem neuen oder gebrauchten Chassis, gibt es weder Probleme mit dem TÜV noch in den meisten Fällen Probleme mit Dichtigkeit. Wenn doch, gibt es Garantie, unterschiedlich lange je nach Hersteller und Verhandlungsgeschick beim Kauf.
Leerkabinen werden heute als Pick-Up-Kabinen für Pritschenwagen und in Alkoven-, Teilintegrierten- und Integriertenbauweise angeboten, hier entscheiden ausschließlich die Bedürfnisse, der Geldbeutel und das ausgewählte Basisfahrzeug. Die Vor- und Nachteile dieser einzelnen Aufbauten sind im Kapitel Typologie aufgeführt, entscheiden müssen letztendlich Sie selbst.

### Die unterschiedlichen Systeme

Analog zu den Serienfahrzeugen sind auch Leerkabinen in unterschiedlichen Bauweisen auf dem Markt. Allerdings hat die Kabine in Fachwerkbauweise mit Holzlattengerüst, eingelegter Isolierung aus Polystyrol (landläufig bekannt unter dem Markennamen Styropor) und beidseitiger Beplankung so gut wie keinen Anbieter mehr. Diese Bauweise ist für den Selbstausbauer wenig geeignet, da Fenster, Türen und Klappen nur an genau vordefinierten Stellen eingebaut werden können und auch die Stabilität nicht gerade zum Besten gerät. Die Möbelbefestigung gelingt nur im Bereich der eingebauten Leisten, wer weiß schon zur Bestellung der Kabine genau, wo er Möbel befestigen und Fenster einbauen will. Einige Euro Einsparung bei dieser Bauweise rechtfertigen kaum die Nebenwirkungen.
Wesentlich besser geeignet sind Kabinen in Verbundsystem. Hier werden in unterschiedlicher Technik Innen- und Außenschale mit der Isolierung verklebt und verpresst, es entsteht eine Sandwichplatte hoher Festigkeit mit homogenem Innenkern und hohen Wärmedämmwerten. Zusammengebaut werden sie mit Eckprofilen, die mit Decke und Wänden verklebt werden und dem Ganzen den Halt geben.
Welcher der auf dem Markt befindlichen Techniken und welchem System der Vorzug zu geben ist, darüber streiten sich nicht nur Selbstausbauer-Stammtischrunden, es ist oftmals eine Ideologie-Diskussion, die nur sehr schwierig nachzuvollziehen ist. Eine gute oder schlechte Bauweise gibt es nicht, jede hat ihre Vor- und Nachteile.

### Verbundplatten

Diese im Kühlwagenbau seit langem bewährten Platten bestehen aus einer inneren und äußeren Verkleidung, die mit der dazwischen liegenden Isolierschicht vollflächig verklebt und verpresst wird. Durch die vollflächige Verklebung entsteht ein Verbundwerkstoff mit hoher Festigkeit, geeignet zum Bau größter Kabinen.

Die Marktunterschiede in den einzelnen Platten liegen hier in der Wahl der Verkleidungs- und der Isoliermaterialien. Verfechter von Alukabinen loben die gute Lackierfähigkeit, den Blitzschutz durch Faradayschen Käfig und die Reparaturfreundlichkeit ihres Außenmaterials. Dagegen halten die Verfechter der Kabinen aus Glasfaserverstärktem Kunststoff (GfK), dass ihre Kabine wesentlich länger hält, dass sie durchgefärbt ist und kleinere Unfallschäden im Selbstbau durch Laminieren ausgebessert werden können. Auch der Kontakt mit Eisen macht der GfK-Kabine keine Probleme. Hier ist die Alukabine klar im Nachteil, da sich bei direktem Kontakt bald der gefürchtete Lochfraß, eine elektrolytische Korrosion des Aluminiums, einstellt, der nicht zu reparieren ist.

Ob die verbreitete Ausführung mit Alu oder GfK außen und foliertes Sperrholz innen, oder innen und außen jeweils das gleiche Material, verwendet werden soll, ist letztendlich eine reine Geschmacks- und Geldbeutelangelegenheit, konstruktiv ist die Wahl unbedeutend. Bei GfK oder Alu innen ist der große Vorteil, dass die Kabinenwände keiner weiteren Behandlung bedürfen und auch der Nassbereich nicht zusätzlich isoliert werden muss. Sie sind leicht zu pflegen und dauerhaft, Kratzer durch spielende Kinder oder sonstige Beschädigungen machen beiden Materialien wenig aus, das folierte Sperrholz ist hier wesentlich anfälliger.

■ **Eine Eckverbindung mit holzverstärkten Sandwichplatten und Alu-Eckprofil.**

## Formkabinen

Kabinen aus Plattenmaterial werden nie den Touch eines Kühlwagens verlieren und kaum als Designermobil durchgehen. Dafür sind sie wesentlich preisgünstiger und auch unabhängig von Abmessungszwängen als GfK-Kabinen, die in einem Guss oder zumindest aus zwei Halbschalen geformt werden. Hier sind dem Design kaum Grenzen gesetzt, deswegen sind sie auch nicht variabel in Länge und Breite. Sie werden in einer Negativform laminiert, gedämmt und innen ebenfalls laminiert. Der Vorteil der freien Formwahl mit Rundungen, Sicken und sonstigen Designerwünschen wird hier erkauft mit dem Nachteil, dass der Innenausbau ähnlichen Kriterien unterliegt wir der von Kastenwagen. Dafür sind Kabinen aus einem Guss langlebiger und meist auch leichter als ihre Plattenbrüder. Das Für und Wider macht den Markt lebendig.

## Tipp

*Ein oft nicht berücksichtigtes Detail für den Innenausbau einer fertig aufgebauten Kabine sei hier erwähnt: Mindestens eine Öffnung, am besten die Eingangstür, sollte so groß gewählt werden, dass die Einbauteile, besonders der Kühlschrank mit seinen fixen Abmessungen, problemlos eingebracht werden können. Die Möbel müssen in jedem Fall innen zusammengebaut werden. Bei Serienmobilen ist dies kein Thema, hier reicht eine schmalste Eingangstüre aus, die fertigen Möbel werden ja vor der Montage des Dachs von oben per Kran eingebracht. So gut hat es der Selbstausbauer nicht, dafür später eine breite und damit bequeme Eingangstür. Ideal sind hier natürlich Kabinen, die mit einer großen Heckklappe ausgestattet sind.*

### Ausbau der Kabinen

Je nach Anbieter und Auftrag sind die Kabinen nach dem Aufbau und der Auslieferung so weit fertiggestellt, dass sie zügig ausgebaut werden können. Ausschnitte für Türen, Fenster und Klappen können mit jeder besseren Stichsäge leicht und an beliebiger Stelle eingeschnitten werden. Zu beachten ist lediglich, dass Ausschnitte nicht zu nahe an den Kabinenrand angelegt werden, damit hier keine Spannungsrisse auftreten wegen zu wenig Fleisch.

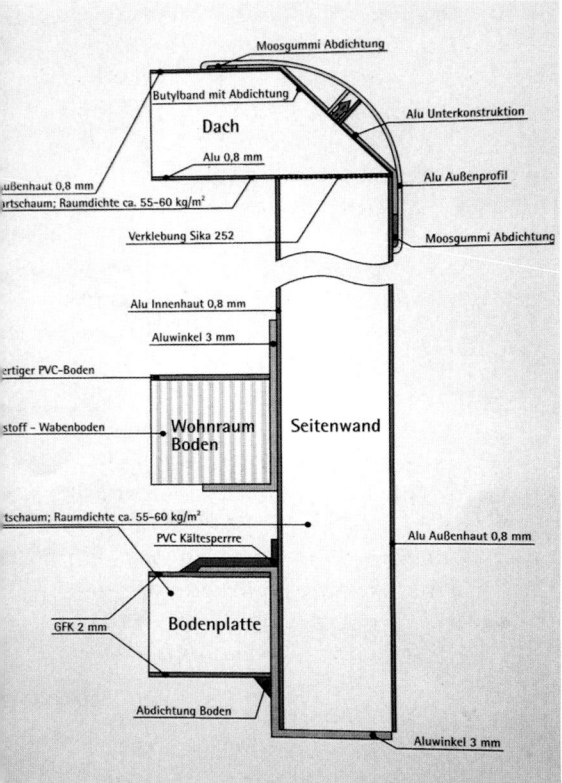

**Aufbau einer Sandwichkabine mit Doppelboden der Firma Phoenix. Das Sandwich besteht hier aus Alu/PU/Alu. Die Kanten sind wärmebrückenfrei konstruiert und mit Alu-Randprofilen abgedeckt.**

### Ökologie im Reisemobil

**Baubiologische Grundsätze im Reise-mobil-Selbstbau.**
Nie und nimmer wird es das kompostierbare Reisemobil geben, auch nicht in Ansätzen. So ist ein Biomobil auch nicht zu verstehen. Aber das Leben im Reisemobil kann unter ökologischen Gesichtspunkten angenehmer gestaltet werden. Für die schönsten Wochen im Jahr sollte die Gesundheit oberste Priorität haben.

Im Sprachschatz der Wissenschaftler ist Ökologie die Beziehung der Lebewesen zu ihrer Umwelt. Gerade im Urlaub ist diese Beziehung ganz besonders wichtig, dient sie doch nicht nur der Erholung, sondern dem Wiederaufbau und damit dem Kraftschöpfen für die Zeit danach. »Urlaub auf dem Bauernhof« ist deshalb so gesund, weil hier in den meisten Fällen ein ökologisches Gleichgewicht herrscht. Weder Stahlbetonkästen noch Klimaanlagen, weder Industrie- noch Verkehrsstress mit seiner verpesteten Luft herrschen hier vor, sondern natürliche Materialien wie Holz, lehmausgefachtes Fachwerk, Kalkanstrich und fassbare Dimensionen sowie Ruhe und Frieden bestimmen hier das Zusammenleben mit der Natur. Was kann man

hierzu in und am Reisemobil tun, auf welche Eigenschaften sollte man achten, wenn man sich ein Reisemobil zulegt und welche Verbesserungen sind an einem Gebrauchten möglich? Fragen über Fragen zu einem Thema, das im Grunde genommen für ein Fahrzeug gar keines ist. Zu viele Gegensätze zum natürlichen Wohnen sind in solch einem Blechgehäuse vereint, um noch von einem ausgeglichenen Wohnklima reden zu können. Umso wichtiger ist die Umsetzung auch nur des kleinsten möglichen Details in die Wirklichkeit.

### Das Gehäuse, und der Mensch mit seinen Eigenschaften

Keine Lösung zeichnet sich ab für eines der Hauptanliegen der hierfür zuständigen Baubiologen, der Erhaltung des natürlichen Erdmagnetfeldes und des elektrischen Strahlenfeldes im Wohn- und Schlafraum. Was uns in unserem Fahrzeug bei Gewitter so sicher fühlen lässt, der Faradaysche Käfig, gebildet aus der geschlossenen Stahlblechkarosserie eines Kastenwagens oder einer beblechten Kabine, schirmt uns auch vom natürlichen Strahlen- und Magnetfeld ab. Hier ist, wie gesagt, keine Abhilfe möglich. Selbst der Gedanke an einen Aufbau aus Kunststoff ist keine ganze Sache, der Gitterrahmen schirmt die für das Wohlbefinden so nützlichen Erdstrahlen trotzdem ab. Dazu kommt eine Kunststoffhülle, die alles andere als biologisch ist. Ebenfalls keine Lösung im Blechkäfig gibt es für die zweite Grundforderung der Baubiologen, der dampfdiffusionsdurchlässigen Außenwand, meist im Volksmund als »atmende Wand« angesprochen. Spätestens das Blech außen stoppt abrupt alle grauen Zellen, die für die Findung einer sinnvollen Lösung verschwendet werden. Man muss, und kann, damit leben, dass der Diffusionsausgleich nur im Inneren stattfindet. Das sollte er auch unbedingt, Lösungen dafür werden hier Schwerpunkt sein. Gesundes Wohnen ist nur möglich, wenn das Klima im Innenraum stimmt. Dazu muss das ausgeglichene Zusammenspiel von Raumtempera-

■ Beispiel eines ökologisch größtmöglich ausgeglichenen Reisemobils von Bimobil: Der Innenausbau besteht aus Naturholz, Baumwollstoffen und Sisalteppich, der Bodenbelag ebenfalls aus Sisalteppich.

tur, Luftfeuchte und Oberflächentemperatur der Umschließungsflächen die thermische Behaglichkeitskurve des Menschen in den Grenzen halten, in denen er sich wohlfühlt. Der menschliche Körper ist von jeher auf die physikalische Grundlage eingestellt, dass warme Luft imstande ist, wesentlich mehr Feuchtigkeit aufzunehmen als kalte. Nur bei warmer und feuchter oder trockener und kalter Luft fühlt er sich wohl. Für das Reisemobil bedeutet dies, durch konstruktive Maßnahmen dafür zu sorgen, dass bei sich abkühlender Luft die dabei freiwerdende Feuchtigkeit gespeichert und nach anschließender Erwärmung wieder an diese abgegeben wird. Wird dies nicht beachtet, fehlt die bei Abkühlung weglaufende Feuchtigkeit. Die Folge ist eine schnellere Verdunstung des auf der Oberfläche der Haut austretenden Schweißes. Der so geplagte Mensch empfindet die herrschende Temperatur als zu kalt, obwohl das Thermometer dem Lügen straft.

### Die Lösung

Wenn schon kein Ausgleich zwischen Außen- und Innenluft durch das Blechgehäuse möglich ist, muss dieser innerhalb stattfinden. Es werden also möglichst große Flächen eines Materials benötigt, das in der Lage ist, Feuchtigkeit in möglichst großen Mengen zu speichern und diese bei Bedarf an die Umgebungsluft dosiert abzugeben. Dies gelingt ausschließlich den Naturfasern, keine synthetische Faser hat in ungefähr die gleichen positiven Eigenschaften. Unstrittig ist, dass Kunstfasern auch ihre positiven Seiten haben, wie leichte Reinigung und Preisgünstigkeit. Aber was bedeuten ein paar Flecken, wenn man sich im ökologisch ausgeglichenen Reisemobil gesundheitlich wohlfühlt. Geeignete Naturfasern hierfür sind Kokos, Sisal, Ziegenhaar und bedingt, weil sehr schmutzempfindlich, Baumwolle und Wolle. Teppiche und Wandverkleidungen als Flachgewebe aus diesen Fasern zaubern bereits ein ausgeglichenes Klima und sind ohne große Probleme auch nachzurüsten. Wichtig ist, dass möglichst große Flächen damit belegt werden und eine Verklebung wiederum nur mit geeigneten Naturklebern erfolgt, damit keine giftigen Ausdünstungen den Erfolg ins Gegenteil umwandeln. Verfechter natürlicher Materialien gehen oftmals über das Ziel hinaus und empfehlen auch die Wärmedämmung von Seitenwänden und Dach aus Naturfasern. Sicher, das schadet nicht, aber wenn diese Dämmung zum Schutz vor eindringendem Dampf aus dem Innenraum zu diesem hin mit einer dampfdichten Folie, einer »Dampfsperre« abgedichtet wird, nutzt sie auch nicht dem Klima im abgesperrten Innenraum.

### Gift ist Gift für die Gesundheit

Jeder lösemittelhaltige Kleber bringt zusätzliche Giftstoffe in den meist sowieso giftverseuchten Innenraum. Was besonders bei fabrikfrischen Fahrzeugen oft so »neu« riecht, ist ein Gemisch verschiedenster Lösemittel, XY-Aldehyden, Halogenen und anderen Lieblingskindern der chemischen Industrie mit ihren verschleiernd klangvollen Namen. Auch lautstarke Dementis trösten nicht darüber hinweg, dass einem besonders in warmen Fahrzeugen beim Betreten die Tränen in den Augen stehen. Nicht aus Neid auf das schöne Fahrzeug, sondern eben wegen dieser

Ausdünstungen. Hier kann mit ökologischen Materialien besonders beim Selbstbau viel getan werden. Schwierig wird es bei Fertigfahrzeugen, hier hilft nur, beim Kauf darauf zu achten, ob diese beißenden Gerüche auftreten. Da eifriges Lüften dies verschleiern kann, sollte man an einem warmen Tag bereits zu Beginn der Ladenöffnung beim Händler sein und um Einlass in ein möglichst noch verschlossenes Fahrzeug bitten. Beißt es in den Augen, raus und kritisch nachfassen. Nennt man so ein beißendes Teil sein eigen, können Ursachenforschung, kräftiges, möglichst langes Lüften und selbst durchführbare Verbesserungen Linderung bringen. Formaldehyd, der Hauptverursacher des Augenbeißens, kommt nicht nur in Spanplatten, sondern auch in den Leimen vor. Seine Ausdünstung zum Beispiel aus den Sperrholzplatten der Möbel erfolgt an unbeschichteten Kanten. Fördert eine genaue Untersuchung aller Möbel, einschließlich der Zwischenböden in den Schränken, solche offenen Kanten zutage, sollten diese mit einer dichten Farbe lackiert werden. Auch Bügelkanten aus Kunststoff sind geeignet, wenn auch nicht so wirkungsvoll. Fahrzeuge, die lange Zeit unbewohnt stehen, sollten mehrere Pilzlüfter, also kleine, wirkungsvolle Dauerlüftungen, die selbst leicht über Dach eingebaut werden können, verpasst bekommen. Die Dauerlüftungen der wenigen serienmäßigen Dachhauben reichen meist nicht aus, genügend Durchzug zu schaffen. Entlüftet werden sollten auch Gepäckräume, Rollergaragen und die Stauräume unter der Dinette. In diesen in sich geschlossenen Räumen kann die Ausgasung über die nicht mehr erreichbaren Schnittkanten der Wände ungestört erfolgen. Abhilfe in begrenztem Rahmen bringt eine Verfugung der Innenecken mit dauerelastischem Material, möglichst solchem auf PU- oder Acrylbasis. So kann nicht nur die Ausgasung gestoppt werden, es wird auch ein Wasserschaden an den Wänden durch hier eindringende Feuchtigkeit vermieden, wie er beim Auswaschen der Stauräume leicht passieren kann.

### Gibt es das »gesunde« Reisemobil zu kaufen?

Der harte Wettbewerb auf dem Reisemobil-markt erlaubt den Großserienherstellern höchstenfalls die Einhaltung der einschlägigen Vorschriften in Bezug auf die Inhaltsstoffe nach den Emissionsverordnungen. Darüber hinausgehende Bauweisen sind den kleinen Ausbauern vorbehalten, die sich teilweise auch seit Jahren dieser Marktlücke annehmen. Im Anhang finden Sie eine Auswahl typischer Vertreter dieser Gattung. Ein uneingeschränktes Betätigungsfeld öffnet sich hier für den Selbstausbauer. Die zur Verfügung stehenden Ausbaumaterialien können im Naturbaustoffhandel, auf Regionalmessen und in Ökoläden besorgt werden. Auch in einschlägigen Fachbüchern, die oft aus dem Baufach kommen, finden sich gute Anregungen und Adressen zu diesem Thema.

### Einige Bausteine zum biologisch unbedenklichen Reisemobil

Wenn schon nicht als Ganzes möglich, kann doch mit einzelnen Bausteinen viel für die Ausgeglichenheit getan werden. Hier einige Beispiele unkonventioneller Zubehörteile aus dem Biobereich:

### *Zerhacker- und Komposttoiletten, Toilettenentlüftung*

Für Mobiltoiletten werden überwiegend hochkonzentrierte Stoffe zur Desinfektion und Verflüssigung der Hinterlassenschaften verwendet. Selbst wenn man sich streng an die Dosierungsvorschrift hielt, schüttete man früher eine chemische Keule in den Ausguss. Mit der Einführung des »Blauen Engels« als umweltfreundliches Zertifikat auch für Sanitärzusätze wurde das Gefahrenpotenzial aus dieser Art Entsorgung zum Wohle der Umwelt deutlich entschärft. Sanitärzusätze einfach wegzulassen geht theoretisch auch, man handelt sich dann jedoch starke Geruchsbelästigung ein. Abhilfe schaffen hier Absauglüfter, die in letzter Zeit mehr und mehr serienmäßig, zumindest aber als Zubehör eingebaut werden. Hier handelt es sich um einen elektrischen oder mechanischen (Unter-

druck) Lüfter, der am Entleerstutzen des Toilettentanks angebracht wird und über flexible Schlauchleitung mit einem Aktivkohlefilter in der Außenklappe des Tankfachs verbunden ist. Nach Benützung der Toilette bzw. beim Öffnen des Schiebers wird der Lüfter eingeschaltet und fördert über den offenen Schieber Luft und damit Sauerstoff in den Tank. Gleichzeitig werden die Gerüche nach außen abgeführt und im Aktivkohlefilter gebunden. Durch die erhöhte Sauerstoffzufuhr zersetzt sich der Tankinhalt einschließlich Toilettenpapier in wesentlich kürzerer Zeit, sodass keine chemischen Zusätze benötigt werden. Durch die direkte Verbindung zur Außenluft kann sich durch den Zersetzungsprozess auch kein Überdruck aufbauen, der zu üblen Gerüchen im Fahrzeuginneren führt. Der Tankinhalt kann, da ohne Zusätze, ohne Probleme in jedes normale WC entleert werden. Allerdings ist dies nicht gerade die angenehmste Tätigkeit.

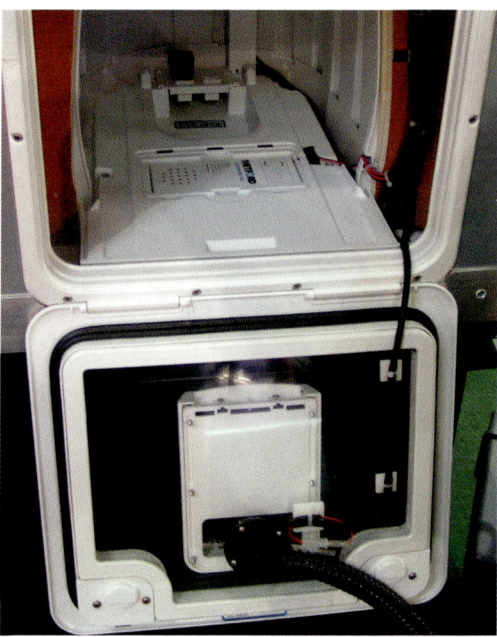

■ Eine Außenentlüftung der Cassettentoilette nach außen über Filter erspart chemische Sanitärzusätze in der Cassette.

Diese Unart liegt der Komposttoilette, einer schwedischen Erfindung mit dem bezeichnenden Namen Locus, fern. Hier werden die Fäkalien in einem Tank mit Humus gesammelt, mittels eines Rührwerks mit diesem gemischt und durch eine elektrische Beheizung getrocknet. Wärme und die Bakterien im zugegebenen Humus beschleunigen den Zerfall und garantieren in kurzer Zeit reinen, besten Humus als Abfallprodukt, der selbst in Blumentöpfen verwendet werden kann. Nachteil dieses Systems aus dem Ferienhaus für den Einsatz im Reisemobil ist der große Platz - und Strombedarf. Deshalb wird sie im Reisemobil nur schwerlich Fuß fassen.

Dies wird, zumindest in Deutschland, auch nicht den Zerhackertoiletten gelingen, die in den USA weit verbreitet sind. Dabei wird zwischen der festmontierten Toilette und dem Fäkaltank ein Zerhackerwerk, ähnlich einem Haushaltmixer, eingebaut, das Fäkalien und Toilettenpapier verflüssigt und damit pumpfähig macht, auch zu einem weit entfernt liegenden Tank. Die Flüssigkeit muss also nicht zersetzt werden, jegliche Geruchsbildung wird durch die Entlüftung übers Dach in Grenzen gehalten, die amerikanischen Dumping-Stationen saugen mit dichten Verschlüssen die Fäkalien ab, dadurch entstehen auch hier keine Gerüche. Leider ist dieses Verfahren in Deutschland gänzlich unüblich.

### Ausbau-Materialien, Oberflächenbehandlung

Nicht nur Wände und Fußboden sollten aus ökologisch ausgeglichenen Materialien bestehen, auch die Möbel und Einbauten selbst sind für das Wohnklima ausschlaggebend. Kunststoffoberflächen sind zwar leicht zu pflegen, angenehm sind sie auf keinen Fall. Nichts geht über eine Tisch- oder Möbelplatte aus Naturholz mit gewachster oder geölter Oberfläche, sie zu berühren macht Spaß. Nicht immer sollte Pflegeleichtigkeit und damit die eigene Bequemlichkeit an erster Stelle stehen, schließlich hat man keinen Krankenwagen mit auf Reisen, sondern ein Wohnmobil.

■ **Naturbelassene Hölzer schaffen ein behagliches und weitgehend unbelastetes Raumklima. Die Oberflächen können gewachst oder mit »Bio-Lasuren« behandelt werden.**

Dazu gehören dann noch Gardinen aus Baumwolle und ein Fußbodenbelag aus Linoleum, einem reinen Naturprodukt aus Leinöl, Korkeichenrinde und Jutegewebe, das zudem leicht sauberzuhalten ist. Geschlafen wird auf Latex- oder Rosshaarmatratzen, zugedeckt mit Federbetten aus Halbdaune in Baumwollbezug, Stauballergiker nehmen dafür Bezüge und Betten aus Anti-Allergie-Material, das den Staubmilben und sonstigen Miniwesen keine Lebensbedingungen bietet.

■ **Kork an Decke und Wand eignet sich wunderbar zur Schall- und Wärmedämmung.**

■ **Bodenbeläge aus Linoleum sind langlebig und pflegeleicht.**

■ **Wand- und Möbelverkleidungen, aber auch Fußböden aus Sisal gibt es in unterschiedlichen Farben.**

### Auch beim Antrieb geht's biologisch

Alternative Antriebe für Kraftfahrzeuge werden von den Entwicklungsabteilungen der meisten Hersteller mit mehr oder weniger großem Eifer entwickelt oder erforscht. Alternative Treibstoffe für herkömmliche Verbrennungsmotoren gibt es bereits an der Tankstelle. Es sind dies Biodiesel und Flüssiggas, Autogas oder LPG, je nachdem wie man es tauft. Auch Erdgas ist eine Alternative.

### *Rapsölmethylester oder Biodiesel*

Der mineralölsteuerbegünstigte Biodiesel wird aus Raps gewonnen, diesem Gewächs, das im Frühjahr weite Teile der Landschaft mit fröhlichem Gelb überzieht. Im Tank eingelagert und im Dieselmotor verbrannt, riecht es für die Hinterherfahrer dann ohne ersichtlichen Grund nach Frittenbude. Dafür ist RME, so die Kurzformel, biologisch abbaubar, zur Not trinkbar und annähernd geruchfrei. Wichtigstes Kriterium ist jedoch, dass der Sprit schwefelfrei ist und seine sonstigen Schadstoffemissionen um ca. 25 bis 35 % unter denen von Diesel aus Rohöl liegen, der Rußanteil sogar bei 50 % weniger. Die Herstellung ist, wie bei vielen Bioprodukten, teurer als die von herkömmlichem Diesel, durch die Steuerbefreiung ist er aber an der Tankstelle um bis zu 12 Pfennige pro Liter billiger. Hat Biodiesel nur Vorteile? Mitnichten, auf der Negativseite steht die notwendige Freigabe durch den Hersteller, was nicht immer der Fall ist, ein geringer Mehrverbrauch bei gleichbleibender Leistung und vor allem seine Aggressivität, die der mancher Lösungsmittel nahe kommt. Das kann dazu führen, dass Lacke, Dichtungen und Kraftstoffleitungen angegriffen werden. Deshalb die notwendige Freigabe, reinen Biodiesel verwenden zu dürfen, eine Beimischung von bestimmten %-Anteilen zum Diesel oder der Verlust von Garantien bis hin zu Motorschäden, die dadurch entstehen können, dass Biodiesel Ablagerungen im Motor und den Kraftstoffleitungen löst und dadurch der Filter zuwachsen kann. Tankstellen, die Biodiesel führen, gibt es zur Zeit nur etwa 750 in Deutschland, eine Liste kann unter der Telefonnummer 01805-343543 angefordert werden. Auskunft, ob das eigene Basisfahrzeug für Biodiesel freigegeben ist, erhält man von der Werkstatt oder der Kundendienststelle des Herstellers.

### *Gasantrieb*

Auch Gasantrieb für Ottomotoren hat den Nachteil, dass, zumindest in Deutschland, keine flächendeckende Infrastruktur, also Gastankstellen, vorhanden ist. Im Ausland sieht das teilweise völlig anders aus, dort ist Gasbetrieb von Kraftfahrzeugen schon fast an der Tagesordnung, zumindest der mit Flüssiggas. Umrüsten ist bei allen Benzinmotoren möglich, entsprechende Anlagen gibt es teilweise ab Werk, meist aber als Zubehör für nachträglichen Umbau. Dabei bleibt die Original Kraftstoffanlage erhalten, ein Betrieb mit Benzin ist weiterhin möglich, die Umschaltung klappt vom Armaturenbrett aus und ist selbst in Fahrt möglich. So erhöht sich einerseits die Reichweite, andererseits verringert sich das Risiko, dass man liege bleibt, weil keine Gastankstelle in der Nähe ist. Dethleffs ließ in Zusammenarbeit mit dem TÜV Südwest bereits 1997 einen Globetrotter auf Betrieb mit Flüssiggas umrüsten, um den es aber in der Zwischenzeit wieder still geworden ist. Damit soll ein Beitrag zur Umweltentlastung im Verkehrsbereich geleistet werden und zum anderen will man die Alltagstauglichkeit erproben. Flüssiggasbetriebene Motoren erreichen äußerst günstige Abgaswerte, die weit unter den heutigen und künftig geplanten europäischen Grenzwerten liegen.

Autogas kann zur Zeit noch nur in Fahrzeugen mit Ottomotor eingesetzt werden, da das Gas-/Luftgemisch fremdgezündet werden muss. Bei einem derzeitigen Literpreis von ca. 70 Cent und einem Verbrauch im Versuchs-Globetrotter mit 73 KW / 95 PS Benzinmotor von 14 Litern gegenüber 11,3 Litern Superbenzin bei Benzinbetrieb ist Gasantrieb auch von der wirtschaftlichen Seite von Vorteil. Dabei schlägt auch der geringere Lärmpegel des Benzinmotors gegen- über einem Diesel positiv zu Buche. Mit Hochdruck arbeiten Spezialentwickler, wie Goldschmitt Fahrzeugtechnik daran, Dieselmotoren auf Gasbetrieb umzustellen, Serienmodelle wird es in nächster Zeit zu kaufen geben.

Noch günstiger, aber noch ohne nennenswerte Infrastruktur außerhalb der Ballungsräume, sind Fahrzeuge mit Erdgasantrieb. Diese Energie wird unter hohem Druck im Tank gespeichert und als Gas- / Luftgemisch im Motor verbrannt. Bivalenter Antrieb mit Benzin oder Gas ist auch hier möglich. Die Entwicklung wird zeigen, inwieweit die Infrastruktur geeigneter Druckbetankungsanlagen eine flächendeckende Versorgung in Zukunft gewährleistet. Vorerst sind Erdgasantriebe nur etwas für den Kurzstrecken-Verteilerverkehr und werden zunehmend von den Herstellern als solche angeboten.

### Recycling von Reisemobilen

Am 1. April 1998 (kein Aprilscherz!) trat die Altauto-Verordnung in Kraft. Das bedeutet auch für die Besitzer von Reisemobilen, dass zur endgültigen Stilllegung ihres Fahrzeugs ein Verwertungsnachweis benötigt wird. Dieser darf nur von amtlich anerkannten Annahmestellen und Verwertungsbetrieben ausgestellt werden. Um sicherzustellen, dass jeder Letztbesitzer einen geeigneten Verwerter findet, beauftragte der CIVD (Caravaning Industrie Verband Deutschland) die Entsorgungs- und Beratungsgesellschaft für die Deutsche Recyclingwirtschaft GEBR in Köln mit der Schaffung einer bundesweiten Entsorgungs-Infrastruktur. Die aufgeführten Betriebe wurden von der GEBR überprüft und sind gemäss den gesetzlichen Anforderungen der Altauto-Verordnung zertifiziert. Sie nehmen Reisemobile zur Verwertung entgegen. Die Entsorgung eines Reisemobils kostet je nach Größe zwischen 500,- und 1.000,- Euro (pro Tonne 250,- Euro, abzüglich Verwertungserlös). Beim Herstellerverband CIVD kann die Liste der zugelassenen Entsorger kostenfrei angefordert werden. Diese Adressen können im übrigen auch ein Geheimtipp sein als Anlaufstelle für denjenigen, der für sein Fahrzeug preisgünstiges Ausbauzubehör sucht.

### Dämmen im Reisemobil

#### Radio-Hören und Kommunikation erlaubt

Reisemobile ruhen heute fast ausschließlich auf Basis eines leichten Transporters. Auch wenn diese Fahrzeuggattung heute schon als einigermaßen komfortabel zu bezeichnen ist, gerade bei der Geräuschentwicklung im Innenraum besteht noch großer Handlungsbedarf. Die Firma Automobile Dämmstoffe ADMS im niederrheinischen Hamminkeln hat sich auf den Vertrieb von passenden Dämmmaterialien und der Dämmung von Fahrzeugen aller Art spezialisiert.

■ **Das Objekt der Ruhe: Die Hymer B-Klasse soll professionell gedämmt werden.**

Wir haben die Dämmung eines älteren Reisemobils bei einem Kunden von ADMS begleitet. Besonders ältere Mobile wie die integrierte Hymer B-Klasse auf Basis eines Mercedes-Benz T 1 machen durch ihre enorme Geräuschentwicklung während der Fahrt eine Unterhaltung oder gar Radio-Hören im Innenraum völlig unmöglich. Mit den Dämmmaßnahmen sollte da wirksame Abhilfe geschaffen werden.

### Die verwendeten Materialien

#### 1. Aluminium-Folie

Einsatzzwecke und Eignung:
Wärme-Reflektion von Motorteilen und Abgasstrang gegenüber dem Fahrgast- und Kofferraum. Mit einfachen Zuschnitten kann über einen Dämmstoff die Folie auf Abstand angebracht werden. Dadurch ergibt sich eine erhebliche Minimierung der Wärmestrahlung zum schützenden Objekt.
Eigenschaften:
Diese starke Aluminiumfolie hat zur besseren Wärmeabstrahlung eine Kugelkopf- Prägung. Durch sie vergrößert sich die tatsächliche Abstrahlfläche erheblich. Kann trotz ihrer Stärke leicht geformt und mit einer Schere zugeschnitten werden. Die Rückseite dieser Folie ist mit einer Wärme aktivierbaren Klebeschicht ausgerüstet (Heißluftfön oder Bügeleisen bei etwa 80 Grad Celsius).

#### 2. Innenraumdämmung

Dieses Dämmvlies dient beispielsweise zur Geräusch-, Wärme- und Kälteisolierung des Fahrzeug-Innenraums. Ideal auch für Wohnwagen, Reisemobile oder überall da, wo diese Eigenschaften erwünscht sind. Eine Seite ist selbstklebend ausgerüstet. Nach dem Zuschnitt wird die Schutzfolie abgezogen und das Vlies angedrückt. Dieses Vlies kann sowohl am Blech als auch am Teppich angeklebt werden. Es besteht auch die Möglichkeit, in Verbindung mit der Schwerschicht ein Material herzustellen, welches neben sehr hoher akustischer Wirksamkeit (Entdröhnen, Körperschallabsorption) auch wärmedämmende Eigenschaften hat. Ideal auch für den Sound-Enthusiasten, der Bässe anstatt »Blech« hören möchte.

#### 3. Motorraumdämmung

Temperaturbeständige Dämmatte bis 180 Grad Celsius. Sie ist etwa zwölf Millimeter stark, besteht aus einem dichten Baumwoll-Faservlies mit einer tiefschwarzen Oberfläche .

Diese hochwertige Dämmung ist flammhemmend. Abgedeckt mit einem speziellen schwarzen Vlies, dadurch öl- und wasserresistent beziehungsweise abweisend. Mit einer vollflächigen Selbstklebung ausgerüstet

#### 4. Schwerschicht mit einseitig wärmeaktivierbarer Klebeschicht

Akustische Dämmung vom Fahrgastinnenraum und Kofferraum. Verhindert Vibrationsübertragungen. Mit einfachen Zuschnitten werden auf leichte Art Karosserieteile, Kunststoffteile und Holzwerkstoffe versiegelt. Durch Erwärmung mit einem Heißluftfön wird diese Schwerschicht elastisch und legt sich in idealer Weise in Vertiefungen und Ecken. Es besteht die Möglichkeit, einen komplett versiegelten Innenraumboden oder versiegelte Autotüren anzufertigen.
Eigenschaften:
Schwerschicht, besteht aus einer EPDM-Mischung, enthält rückseitig eine Klebebeschichtung aus Polyamid (aktivierbar bei etwa 100 Grad Celsius). Somit entscheidet der Kunde die Formgebung selbst, ob er mit oder ohne Selbstklebung um die Materialform legt. Ein hervorragender Bodenschutz mit der Eigenschaft, Geräusche, Dröhnen, Vibrationen zu beseitigen.

#### 5. Teppich – einseitig selbstklebend

Sehr robustes Teppichmaterial zur Verkleidung von Innenraum und Kofferraum. Bei Neufahrzeugen findet dieser tiefschwarze Teppich Verwendung für Hutablagen und Kofferraumabdeckungen. Die Rückseite ist selbstklebend und mit einer Schutzfolie abgedeckt. Man schneidet den Teppich zunächst mit einer guten Schere passend zu. Danach entfernt man die Folie von der Klebeschicht und drückt den Teppich dauerhaft an den Untergrund. Das Teppichmaterial ist sehr dicht, franst nicht aus und ist flammhemmend.

### Warum Dämmen?

Hauptgrund der so umfangreich durchgeführten Maßnahmen im Bereich der Fahrzeugdämmung war die enorme Geräuschentwicklung,

die schon bei 80 km/h auftrat. Bei 100 km/h war an eine Verständigung mit dem Beifahrer in normaler Lautstärke nicht zu denken.

Man teilt die durchzuführenden Maßnahmen in fünf Bereiche ein.

- Innendämmung der GfK-Außenhaut im vorderen Bereich des Fahrzeuges, also der Bereich zwischen der serienmäßigen Spritzwand des Mercedes-Benz bis zur GfK-Frontmaske
- Innendämmung der werksseitigen Spritzwand.
- Ablage zwischen der Armaturentafel und der Frontscheibe
- Bodenblech sowie dem vorderen und seitlichen Fußraum.
- Die werkseitige Motorrauminnenkapselung.

### Umfangreiche Demontage

Nach Demontage der vorderen Scheinwerfer sowie der Frontmaske nebst Wasserkühler, entfernt man zunächst die Reste Dämmmaterial, die sich vereinzelt noch auf dem GfK befanden. Dann entfettet man mit einem lösungshaltigen Mittel, sogenannter Bremsenreiniger aus der Spraydose. Zum Dämmen in diesem Bereich verwendet man Matten aus feuerfestem, selbstklebendem Baumwoll-Faservlies. Aus Packpapier fertigt man für die einzelnen Bereiche Schablonen an, die danach auf die Dämmmatten gelegt, angezeichnet und ausgeschnitten wurden. Danach zieht man im oberen Be-

■ **Nach umfangreichen Demontagearbeiten an der Front werden die alten Dämmstoffe entfernt und der Untergrund gereinigt.**

■ **Jetzt wird ausgemessen und die Schablonen angefertigt, anschließend das Material zugeschnitten und installiert.**

reich ein Stück der rückwärtigen Schutzfolie des Dämmmaterials ab. Diesen so freigelegten Bereich klebt man oben unterhalb der Frontscheibenunterkante an. Dann zieht man kleine Bereiche der Schutzfolie ab und drückt den so freigelegten Bereich sofort an das GfK Material an. Aufgrund der starken Klebekraft ist eine sofortige Verbindung gewährleistet. Die nächsten Stücke klebt man auf Stoß an.

### Spritzwand und Motorraum

Für die Innendämmung der werksseitigen Spritzwand sowie der restlichen Flächen des Motorraums verwendet man Schwerschichtdämmung. Auch hierfür arbeitet man an komplizierten Stellen mit vorgefertigten Schablonen. An einfachen Stellen reichte ein vorheriges Ausmessen und anschließendes Übertragen auf die Matten. Die Matte lässt sich ohne Probleme mit einer einfachen Haushaltsschere schneiden. Auch hier entfettet man vorher den zu beklebenden Untergrund. Dann erwärmt man die aufgelegte Schwerschicht mit einem Heißluftföhn und drückt das Material mit einer Schaumstofflackierrolle an. Man verwendet dazu einen Heißluftföhn, an dem sich der Temperaturbereich einstellen lässt. Ab etwa 100 Grad Celsius lässt sich das Material wunderbar in alle gewünschten Formen drücken und klebt absolut dicht und fest an. Gerade im Bereich der vorderen Lüftungsschlitze an der Spritzwand erzielt man ein optimales Ergebnis. Auch die werkseitig nur punktverschweißte seitliche Verlängerung des Armaturenbrettes läßt sich mit dieser Schwerschichtdämmung luft- und schalldicht verschweißen.

■ **Die GfK-Teile der Frontmaske erhielten eine Dämm- und Antidröhnbeschichtung.**

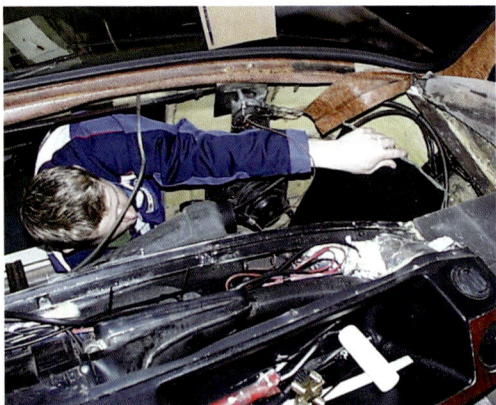

■ **Der Motorraum wurde mit einer Schwerschicht gedämmt.**

■ **Die Spritzwand zum Innenraum wird ebenfalls mit Schwerschicht gedämmt, nachdem der Untergrund ordentlich entfettet wurde.**

### Ablage und Armaturentafel

Zur Restauration der Ablage zwischen der Armaturentafel und Frontscheibe demontiert man zuerst die Rückfahrkamera sowie die Lüftungsrosetten. Nach Demontage des Teppichs und der restlichen Dämmung auf der Ablage zwischen der Armaturentafel und der Frontscheibe, wurde festgestellt, dass dieses Brett doch sehr unsauber geschnitten und teilweise wohl nach einem Feuchtigkeitsschaden schon etwas vergammelt war. Somit fertigt man ein komplett neues Brett aus Mehrschicht verleimten Multiplex Platten an. Als Vorlage verwendet man das alte Brett als Schablone, achtet aber darauf, dass diesmal alle Rundungen und Anschlusskanten sauber aufgeführt werden. Nach Ausschneiden der Platte und Bohren der Löcher für die Lüftungsrosetten mit einem Kreisschneider beklebten wir das Brett an der Unterseite mit den leichten Matten aus feuerfestem selbstklebendem Baumwoll-Faservlies. Von oben beklebten wir die Platte mit Schwerschicht- Dämmmaterial. Dieses Dämmmaterial besteht aus zwei Schichten. Zum einen aus der Schwerschicht, die wir auch für die Spritzwand verwendet hatten und zum anderen aus Innenraum Dämmmaterial. Auch diese Matten ließen sich hervorragend schneiden und verkleben. Die

■ **Ablage und Armaturentafel waren richtige Resonanzkörper. Jetzt werden sie wirksam gedämmt.**

von uns komplett neuangefertigte Ablage zwischen der Armaturentafel und der Frontscheibe bezogen wir nach gründlicher Geräuschdämmung mit einem Veloursstoff, der auch als Bezugstoff von Dachhimmeln in der PKW- Fertigung Verwendung findet. Er ist sehr dehnbar, somit tritt bei der Verarbeitung auch im Bereich der teilweise sehr engen Radien, keine Faltenbildung auf. Man beklebt die Oberseite der Ablage mit doppelseitigem Teppichklebeband und legt sie dann auf den grob vorgeschnittenen Velours. Danach wird der Stoff rund um die Ränder der Ablage gezogen und anschließend festgetackert. Zum Schluss werden noch die Lüftungen eingebaut.

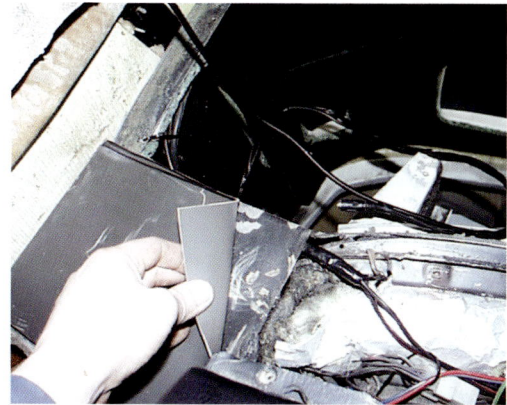

■ Die Schwermatte lässt sich genial einfach verarbeiten: Ausmessen, zuschneiden, entfetten und passgenau an die Form gebracht aufkleben, fertig.

### Innenraum und Fußboden

Eine besondere Aufgabenstellung bei der Innenraumrestauration des Hymer Wohnmobils war das Erneuern des gesamten Teppichbodens im Innenraum. Der vorhandene Bodenbelag war weder optisch ansprechend, noch qualitativ hochwertig und somit auch nur schwer sauber zu halten. Im Bereich des gesamten Bodens sowie des vorderen linken und rechten Fußraumes entfernt man zuerst mehrere Lagen Teppich, welche im Laufe der Jahre von den vorherigen Besitzern aufgebracht wurden. Festsitzende Klebereste entfernt man mit einem Fein Multitool, auf das ein Flachschaber montiert wird. Da in der Planung nur ein dünner Teppich als Endprodukt vorgesehen ist, muss eine dicke Schicht Dämmmaterial aufgebracht werden, die sich aber gleichzeitig im engen Bereich zwischen den Pedalen gut verlegen lassen muss. Auch viele enge Radien und Höhenunterschiede im Bereich des vorderen Fußraumes müssen berücksichtigt werden. Nach vorherigen Erfahrungen mit dem Bekleben der Armaturenablage ist es sinnvoll, den gesamten Fußraum inklusive der Seitenwände mit diesem Schwerschichtdämmmaterial zu belegen. Im vorderen Fußraum sowie der inneren Spritzwand arbeitet man wieder mit Schablonen. Beim restlichen Fußraum reicht Ausmessen und Übertragen der Maße auf die Matten aus. Die langen geraden Stücke lassen sich gut mit einem stabilen Teppichmesser schneiden, die Rundungen diesmal jedoch mit einer stabileren Schere. Auch bei Unebenheiten im vorderen Bereich sowie an der Spritzwand lassen sich die Matten nach leichtem Erwärmen mit dem Fön optimal verlegen und verkleben. Man zieht wieder stückweise die rückwärtige Folie ab und verklebt dann die Matten. Es gelingt, den kompletten Boden nebst Seitenwänden wie eine einzige dichte Wanne zu verkleben.

### Teppichboden

Für das Erneuern des Teppichbodens an den seitlichen Verkleidungen unter den Sitzbänken sowie im gesamten Fußraum des Führerhauses empfiehlt sich ein tiefschwarzer Nadelfilzteppich. Besonders überzeug dabei, welch kleine Radien und Umlappungen man damit durchführen kann. Wobei er sich problemlos auch mit einer handelsüblichen Haushaltsschere schneiden läßt. Ein weiterer Pluspunkt: Durch leichtes Erwärmen mit Hilfe eines Heißluftföns ist so gut wie jede Formgebung dieses Materials möglich. Von großem Wert bei der Verarbeitung ist auch folgende Eigenschaft des Materials: Stoßkanten zweier Teppichstücke werden praktisch unsichtbar, nachdem man diese Stelle einige Male mit einer Bürste bearbeitet hat (Tipp von Manfred Sack, ADMS). Da das Ergebnis mehr als zufrieden stellt, werden anschließend auch die seitlichen Ablagen mit Veloursstoff verkleidet.

### Motordämmung innen

Nach diesem Erfolgserlebnis geht es jetzt auch an die schwierigste Aufgabe: Jeder, der die Motorrauminnenkapselung eines Mercedes-Benz Transporters kennt weiß, wovon hier gere-

■ Der Fußboden wird mit Schwerschicht gedämmt und dann mit Teppichboden verklebt.

■ Auch die hässlich beklebte Motorabdeckung wird demontiert, vom Teppich befreit und innen mit Schwerschicht gedämmt.

det wird. Gerade hier bei diesen extremen Radien zeigte sich, welch unschätzbarer Vorteil in der Formbarkeit des Materials durch leichte Erwärmung mit einem Heißluftföhn liegt. Vor allem deshalb, weil der Teppich nach dem Erkalten 100 Prozent seine Form behält. Anders wäre auch mit dem besten Kleber keine dauerhafte Haltbarkeit gewährleistet.

*Fazit*

Erstes Erfolgserlebnis war das Verarbeiten der Materialien. Jeder, der einmal solche aufwändigen Arbeiten in Angriff genommen hat, kennt das Problem, dass sich die Materialien doch nicht so toll verarbeiten lassen wie in den Broschüren angepriesen. Dies war jedoch bei keinem der verwendeten Produkte der Fall. Alles ließ sich ohne Probleme schneiden, verformen und verkleben. Auch der Kleber hat überzeugt. Selbst da, wo nur geringe Auflageflächen zur Verfügung standen, gab es keinerlei nachträgliche Ablösung. Das zweite noch viel größere Erfolgserlebnis stellte sich nach der ersten Probefahrt ein. Der Vorher-Nachher-Unterschied bezüglich der Geräuschkulisse war phänomenal. Selbst bei 100 km/h kann man sich jetzt in normaler Lautstärke unterhalten. Jetzt ergibt auch der eingebaute CD-Player wieder Sinn. Wir waren so begeistert, dass wir noch am selben Tag mit einem Mercedes Diesel der 124- Baureihe eine Vergleichsfahrt durchführten. Das Hymer-Mobil fährt jetzt in Sachen Geräusch nahezu auf Pkw-Niveau, was wohl auf die Tatsache zurückzuführen ist, dass bei unserer Arbeit die gleichen Materialien Verwendung fanden wie auch im hochwertigen PKW- Bau. Manfred Sack von der Firma Automobile Dämmstoffe hat also nicht zuviel versprochen.

## Aufarbeiten von Sitzmöbeln und Dekorationen

Es muss nicht gleich ein neues Reisemobil sein, wenn die Innendekoration nicht mehr zeitgemäß oder im Laufe der Jahre abgewetzt ist. Es macht auch nichts, wenn man sich das Erneu-

■ Gernot Schank ist seit 1997 Geschäftsführer der Firma G+S Polstermöbel in Pfaffen-Schabenheim

■ Mit neuen Polstern beginnt der Spaß am alten Mobil von Neuem.

ern von Bezügen und das Nähen von Gardinen nicht selbst zutraut. Spezialfirmen aus der Sitzmöbelfertigung haben diese Marktlücke entdeckt und bieten Aufarbeitung an.
Ein bekannter Betrieb dieser Zunft ist die Firma G+S Sitz- und Polstermöbel in Pfaffen-Schwabenheim, deren Produktionsmethoden wir, stellvertretend für viele andere, ähnliche Betriebe, hier in kurzen Worten und Bildern vorstellen. Geschäftsführer Gernot Schank weist uns in die von ihm gegründete Firma ein, die seit vielen Jahren im Neugeschäft bei Wohnmobilen vieler

exklusiver Marken wie Carthago, Eura Mobil, Fendt, Hymer, Knaus und Tikro tätig ist. Das parallel laufende Umrüsten von gebrauchten Mobilen im Direktgeschäft mit den Kunden nimmt immer mehr Umfang an. Viele wollen eben nicht wegen verschlissener Polster gleich ein neues Reisemobil erwerben und im Vergleich zu Aufbau und Technik sind Polster und deren Bezüge nicht nur dem Modegeschmack, sondern auch einem erhöhten Verschleiß unterworfen. Denen helfen die Spezialbetriebe, ein neues Outfit der Innenausstattung zu erträglichen Preisen zu bekommen. Bei G+S zum Beispiel, kann der Kunde seit 1997 vor Ort in der großen Ausstellung aus über 3.000 verschiedenen Stoffen wie Flachgewebe, Velours, luft- und wärmedurchlässigen Stoffen für Sitze mit Heizung, Mikrofaser wie Alkantara mit eingeprägter Lederstruktur oder beschichtet mit Fleckschutzmitteln, aber auch aus 150 Lederarten seinen Traumbezug und die dazu passenden Dekorationen wie Vorhänge und Wandbespannungen, aussuchen. Am Besten ist hierfür eine Terminvereinbarung vorab. Wenn die ausgesuchten Stoffe oder Leder lagervorrätig sind, bleibt der Kunde mit seinem Mobil zwei bis drei Tage vor Ort, kann darin schlafen und wohnen. Tagsüber besucht er die Umgebung von Pfaffen-Schwabenheim, wie zum Beispiel Bad Kreuznach, nachts findet er dann auf den, noch, alten Polstern seines Mobils auf dem Betriebsgelände von G+S Ruhe und nach spätestens drei Tagen fährt er mit einem »neuen Mobil« wieder weiter. Diesen Service bieten natürlich auch andere Caravanausstatter an. Die Preise richten sich im Einzelnen nach der Preisklasse der Stoffe und dem Umfang der Erneuerung. Denn nicht nur neue Bezüge, auch Schaumstoffunterbauten in allen möglichen Qualitäten bis hin zu Formpolstern und Schaum-Verbund-Lösungen sind lieferbar und werden neben der Aufpolsterung der vorhandenen Kerne auf Wunsch eingebaut. Mit fertigen Gardinen und Raffrollos aus dem Stoffmuster der Wahl ist das Mobil dann komplett.

■ Ist der Stoff ausgewählt, beginnt der Zuschnitt nach Schablonen, die vorher nach genauem Aufmaß angepasst werden.

■ Entweder die alten oder neue Schaumstoffkerne werden mit Vlies überzogen und für den Neubezug vorbereitet.

■ Inzwischen nähen fleißige Hände die Polsterbezüge und Gardinen.

Erfahrene Polsterer überziehen dann nicht nur Haushaltssessel, sondern auch die Polster von Reisemobilen.

Auch Matratzen für gesunden Schlaf mit angepassten Schäumen sind im Programm der Polsterbetriebe.

## Selbst ist der Mann: Umbauten, Einbauten, Zubehör nachrüsten

Viele kleinere Umbauten können von erfahrenen Reisemobilisten selbst durchgeführt werden. So wird mancher Euro für Montagearbeiten eingespart. In diesem Zug kann auch die eine oder andere Verbesserung verwirklicht werden, die entweder den Komfort steigert, die Einrichtung stabiler werden lässt oder zu manchem Kilo Gewichtsersparnis führt. Der Zubehörhandel bietet hier eine große Anzahl ausgeklügelter Ersatz- und Zubehörteile, die bei richtiger Anwendung mindestens einen dieser Punkte realisieren lässt.

### Türen und Klappen selbst gebaut

Türen und Klappen der Möbel sind, vor allen Dingen bei Gebrauchtmobilen oder älteren Semestern, nicht jedermanns Geschmack. Entweder sind sie vom vielen Gebrauch zerkratzt, die Bänder ausgerissen oder sonst wie defekt, oder sie sind im Teakdesign vergangener Epochen, dunkel und auf den ersten Blick als Folie erkennbar. Heute sind helle Möbelfronten gefragt, auch Fronten mit gegliederten Türen in Rahmenbauweise mit den verschiedensten Füllungen oder mit Lamellen, je nach persönlichem Geschmack. Deshalb muss nicht das Mobil gewechselt werden, es reichen die Möbelfronten. Ein Heimwerker mit durchschnittlichem Geschick und einer Mindestausstattung an Werkzeug schafft dies an zwei Wochenenden. Oder er gibt die Anregung an einen Schreiner weiter.

### *Fertigtüren*

In Baumärkten werden Fertigtüren aus Naturholz als Lamellentüren angeboten. Diese Produkte sind in verschiedenen, für das Reisemobil brauchbaren Abmessungen und unterschiedlichen Holzarten, meist Kiefer und Ramin, manchmal auch Buche, erhältlich. Bei genauer Beobachtung des Marktes können die benötigten Maße in den meisten Fällen gefunden werden, teilweise ist auch kürzen in kleinem Rahmen möglich. Nachteil dieser Türen ist, dass

Fertigtüren und passende Schubkastenfronten bekommt man, wenn die Maße passen, in der Küchenabteilung von Mitnahme-Möbelmärkten.

sie, entgegen der Werbung, oft umfangreiche Nacharbeiten erfordern, da sie meist nur sehr grob geschliffen sind. Schleifarbeiten an Lamellentüren sind eine Strafarbeit, die einem bald das gute Aussehen vermiesen. Wer es auf sich nimmt, dem winken als Lohn relativ preisgünstige, optisch ansprechende und für gute Durchlüftung des Schrankinhalts sorgende Möbelfronten. Aus Gewichtsgründen und wegen der leichteren Bearbeitung wird hier zu Türen aus Ramin geraten, das leichter ist als Kiefer, ohne die Gefahr von Harzaustritt und gut zu bearbeiten.

In manchen Mitnahme-Möbelhäusern gibt es auch fertige Türen und dazu passende Schubkasten-Frontstücke in unterschiedlichen Ausführungen für Küchen- und Anbaumöbelprogramme, die man einzeln erhält. Hier ist man dann allerdings in den Maßen enger gebunden.

### Rahmen mit Füllung

Leichtbau, Stabilität und gutes Aussehen vereinen Türen aus einem umlaufenden Massivholzrahmen, der mit einer dünnen Sperrholzplatte ausgefüllt ist. Die Herstellung erfordert allerdings Fachwissen im Umgang mit Holz und zumindest eine Kreissäge mit einstellbarer Schnitttiefe zum Fälzen.

Da der Rahmen für die gesamte Stabilität verantwortlich ist, muss er dafür gebaut sein. Dies gilt besonders für die Eckverbindungen. Eine Ecke auf Gehrung, stumpf verleimt wie bei einem Bilderrahmen, erfüllt diese Aufgabe nicht. Die Ecken müssen zumindest verdübelt werden, was aber nur Fortgeschrittenen gelingt. Deshalb sollte überplattet werden, die Leimfläche wird dadurch erheblich größer und besteht nicht mehr aus Hirnholz. Durch eine kleine, optische Korrektur kann man sich dabei viel Arbeit ersparen. Wird auf Gehrungsecken verzichtet und lässt man die senkrechten Hölzer durchlaufen, ist die Überplattung ein Kinderspiel.

Auf der rückwärtigen Innenseite werden die Rahmenhölzer in Dicke des Sperrholzes der Füllung und in einer Breite von mindestens 1 cm ausgefälzt, falls keine Möglichkeit besteht, eine Nut in Sperrholzdicke herzustellen. Nach dem Verleimen des Rahmens wird hier die Füllung befestigt.

Besitzer einer Kreissäge mit einem dickeren Sägeblatt können Gehrungsecken auch ohne Überplattung ausführen. Nach dem Verleimen der Ecken wird der fertige Rahmen über Eck in Rahmenmitte eingeschnitten und eine Sperrholzfeder in Dicke des Sägeschnitts eingeleimt. Mit diesem Verfahren können auch Türen aus profilierten Bilderleisten hergestellt werden, die es in allen möglichen Profilen und Breiten gibt.

### Rahmen aus Nut- und Federbrettern

Dieses Fertigprodukt, aus dem normalerweise Holzdecken und Wandverkleidungen hergestellt werden, eignet sich auch für Rahmentüren. Fachleute schütteln darüber den Kopf, man erhält damit aber ausreichend stabile Türen mit wenig Aufwand, da die Oberflächen bereits fertig sind und die schwierig herzustellende Nut für die Aufnahme der Sperrholzfüllung auch schon vorhanden ist.

Aus dem umfangreichen Sortiment an Nut- und Federbrettern eignen sich solche mit mindestens 18 mm, besser 24 mm Dicke. Von den dünneren Qualitäten ist abzuraten, da sie nicht genügend standfest sind und zu dünn zum Überplatten. Ansonsten ist die Auswahl Geschmacksache, sowohl Profil als auch Holzart können frei gewählt werden. Die dünne Feder, die am Brett angefräst ist, wird abgeschnitten und die Rückseite gehobelt und geschliffen, da sie in den seltensten Fällen bearbeitet ist. Mehr Vorarbeit ist nicht notwendig, es kann sofort mit dem Zuschnitt begonnen werden.

### Füllungen

Als Material für die Füllung kann jedes dünne Sperrholz verwendet werden. Gut geeignet sind die Pappelsperrhölzer in 3 mm Dicke, die für die Innenverkleidung von Kastenwagenausbauten angeboten werden. Edelholzfurniertes Sperrholz in 3 bis 4 mm Dicke gibt es meist nur in Fichte im Baumarkt. Liebhaber anderer Holzarten sind auf den Schreiner angewiesen, der entsprechende Platten furniert. Oder sie nehmen Paneele für Wand- und Deckenverkleidungen. Diese edelholzfurnierten und fertig oberflächenbehandelten Sperrhölzer gibt es in den bekanntesten Holzarten. Sie haben allerdings den Nachteil, dass sie oft zur Vortäuschung echter Holzverbretterung an der Sichtseite mit feinen Nuten in Brettbreite versehen sind. Stört dies nicht, hat man mit diesem Material eine preisgünstige Füllung ohne Arbeit mit der Oberflächenbehandlung. Es kann natürlich auch rohes Sperrholz verwendet werden, das je nach Geschmack tapeziert, mit Stoff bespannt oder gebeizt wird. Modern eingestellte Zeitgenossen könnten als Füllung gebürstetes Alublech oder Alu-Riffelblech verwenden Der Alulook ist ja heutzutage das Nonplusultra exklusiver Oberklasse-Pkw und Sportwagen, warum nicht auch im Reisemobil. Dies gilt auch für Lochbleche in Alu, beschichtetem Stahlblech oder Edelstahl, die mit unterschiedlichen Lochungen erhältlich sind.

### Anschlagen der Türen und Klappen

Dieses Anschlagen tut nicht weh, der Schreiner spricht davon, wenn er Scharniere oder Bänder an den Türen anbringt und sie mit dem Schrank verbindet. Hier ist die Auswahl riesengroß. Nicht zu empfehlen ist die Weiterverwendung der alten Scharniere, sie sind meist zu schwach und auch schon ausgeleiert, besonders wenn es sich um die früher viel verwendeten Filmscharniere aus Kunststoff handelt. Wenn schon die Arbeit mit neuen Türen, dann diese auch mit dem Komfort neuer Bänder. Hier bietet der Baumarkt ein unübersehbar großes Sortiment an, an Hand von Modellen ist jedoch ziemlich schnell das richtige Band gefunden. Unter den Federbändern gibt es solche, die ein Umlegen der Tür um 180 Grad ermöglichen, plötzlich versperrt die Kleiderschranktür nicht mehr den Zugang zum Schrank. Federbänder sind auch ideal für die Klappen der Hängeschränke, mit ihnen erspart man sich die Aufsteller und das manchmal komplizierte Hantieren mit ihnen.

Allen Bändern aus dem Baumarkt eigen ist eine gut verständliche Einbauanleitung, zum großen Teil mit Bohrschablonen, die Fehlbohrungen ausschließen.

### Austausch von Dachluken und Kippdächern

Die Dachluke ist undicht, trübe, zerkratzt, veralgt, gerissen oder einfach nicht mehr zeitgemäß. Ersatz ist gefragt und auch leicht zu beschaffen. Zum Austausch in Eigenhilfe ist nur wenig handwerkliches Geschick erforderlich. Die Dachluke fristet ein hartes Dasein: Wetter, Fahrtwind, Äste, UV-Licht und die normale Alterung mit Versprödung der Kunststoffe setzen ihr gewaltig zu. Dazu kommt unter Umständen der Wunsch nach einer glasklaren, einer größeren oder auch einer mit integriertem Kombirollo oder elektrischem Antrieb, kurz der Wunsch nach Modernisierung oder nach mehr Luxus. Ersatz ist leicht beschafft, der Austausch gelingt jedem mit leichten Heimwerkerkenntnissen gesegneten Zeitgenossen in maximal zwei Stunden. Manchmal muss auch Eigenleistung herhalten, wenn unterwegs ein starker Ast das gute Stück zerschlägt, im Campingshop zwar Ersatz zu bekommen ist, aber Regen droht und keine Werkstatt ausfindig zu machen ist.

### Ausbau der alten Luke

Dachluken sind mit dem Ausbau verschraubt und verklebt. Als erstes wird der Innenrahmen gelöst, er ist meist sichtbar verschraubt. Bei unsichtbarer Befestigung baut man zuerst die Luke von oben her aus. Dazu wird die Versiegelung entlang dem Lukenrahmen aufgeschnitten und damit die Schrauben freigelegt. Hat man alle Schrauben entfernt, kann mit einem langen Messer der Kleber zwischen Rahmen und Aufbau aufgeschnitten und die Luke entfernt werden. Jetzt löst sich auch der eventuell verbliebene Innenrahmen und kann entfernt werden. Das komplette Teil kommt in den Kunststoffmüll. So gründlich wie irgend möglich wird die alte Dichtungsmasse vom Aufbaublech entfernt. Dies gelingt am besten durch trockenes Lösen mit den Fingern oder einer Spachtel, Verdünnung verschmiert nur die Masse und macht das Lösen schwieriger. Erst wenn die gesamten Reste abgerubbelt sind, wird der Untergrund peinlich genau mit speziellem Lösungsmittel, Verdünnung oder ähnlichem, gesäubert und entfettet. Nur so bleibt die neue Luke lange Zeit dicht.

### Wiedereinbau

Bei gleicher Größe der Ersatzluke sind keine weiteren Maßnahmen mehr notwendig, der Lukenrahmen wird abgedichtet und mit dem Aufbau verschraubt. Zur Abdichtung zwischen Rahmen und Aufbau gibt es im Fachhandel ein spezielles Dichtungsband aus Butyl, das sowohl klebt als auch abdichtet. Das doppelseitig klebende Band wird vor dem Einbau auf den Rahmen der Luke verklebt und so zugeschnitten, dass keine freien Stellen bleiben. Besonders an den Stößen ist hier peinlich genaues Arbeiten die halbe Miete für die spätere Dichtigkeit. Butylband hat den Vorteil, dass es elastisch ist und durch seine Materialdicke Unebenheiten im Verbund ausgleichen kann. Mit selbstschneidenden Blechschrauben aus verzinktem Material oder noch besser aus Edelstahl, wird nun der Rahmen mit dem Aufbau verschraubt. Hier sollte mit Schrauben nicht gespart werden, damit

der Lukenrahmen nicht wellig wird und dadurch die Dichtigkeit leidet. Ganz Genaue versiegeln als krönenden Abschluss die Fuge zwischen Rahmen und Aufbau mit Sikaflex, einem speziellen Dichtmittel aus der Kartusche auf PU-Basis, das überstreichbar ist und im Fahrzeugbau überall dort eingesetzt wird, wo es um Abdichtung und Verklebung geht. Mit Sikaflex alleine kann die Luke ebenfalls eingesetzt werden. Dabei wird eine durchgängige Raupe aus der Kartusche auf den Rahmen gesetzt und nach dem Einbau abgedichtet. Beim Einsetzen ist es von Vorteil, wenn man zu zweit ist. Der Helfer kann dann von innen in einem Zug den Gegenrahmen einsetzen und damit sicher gehen, dass die Luke so in der Aussparung sitzt, dass der Rahmen einwandfrei passt. Erst dann wird von oben verschraubt.

■ Die neue Luke wird am Montagerahmen umlaufend mit einer Raupe aus Dichtmasse versehen und in die gereinigte Öffnung eingesetzt, dann verschraubt.

### Lukenvergrößerung

Wenn schon Austausch, dann eine größere Luke mit mehr Licht und Luft. Wer dies in Angriff nehmen will, sollte schon über gute Grundkenntnisse im Heimwerken verfügen. Eine Vergrößerung, die im Rahmen bleibt, ist in den meisten Fällen ohne Probleme in Bezug auf die Statik des Aufbaus. Soll eine Luke durch einen großen Dachausstieg ersetzt werden, dazu eventuell auch noch außerhalb der Mitte im Randbereich, sollte vorher beim Hersteller nachgefragt werden, ob dies an der vorgesehenen Stelle ohne Verstärkungsrahmen möglich ist. Ganz besonders gilt dies bei Fahrzeugen mit einem Lattengerüst als tragendem Aufbau. Stehen die Zeichen auf Grün, wird die Einbausituation geklärt. Dies auf jeden Fall zuerst von innen. Es soll Zeitgenossen geben, die nach Vergrößerung der Luke in Ihrem Reisemobil plötzlich Tageslicht in den Hängeschränken hatten. Die Größe des neuen Dachausschnitts wird innen unter Zuhilfenahme des Lukenrahmens angezeichnet. Ebenfalls von innen bohrt man mit einem 10 mm Bohrer in allen vier Ecken ein Loch nach außen, das die äußeren Begrenzungslinien einhält. Durch die Eckbohrung wird der im Fahrzeugbau so kritische Rechteckausschnitt vermieden, der im Laufe der Zeit zu Rissebildung führt. Ist der Ausschnitt hergestellt und eine Anprobe erfolgreich, muss die zwischen Außen- und Innenschale eingebrachte Wärmedämmung auf etwa 25 mm Tiefe herausgekratzt werden. In diese Nut kommen Holzleisten, die man sich vom Schreiner auf genau die Dicke der Isolierung aushobeln lässt, falls die Dicke im Holzhandel nicht erhältlich ist. Die Leisten werden eingeklebt und bieten sicheren Halt für die Verschraubung der Luke. Der weitere Einbau wird genau nach den Einzelschritten im Kapitel Lukenaustausch vorgenommen.

■ **Mehr Licht und die Möglichkeit, den Platz von oben beobachten zu können, bietet sich nach Austausch der alten Dachluke gegen ein modernes Dachfenster.**

### Fensteraustausch

Wer sich an den Austausch einer Dachluke wagt, hat auch beim Austausch eines Fensters kaum Probleme. Hier ist meist der Wunsch nach einem moderneren Fenster mit integrierten Rollos oder der Umbau von vorgehängten Fenstern auf eingebaute Rahmenfenster der Vater des Gedankens. Soll auch hier eine Vergrößerung der Öffnung ins Auge gefasst werden, gilt noch mehr als bei den Luken, Vorsicht auf eventuelle Rahmenteile oder, hier besonders wichtig, Leitungen walten zu lassen. Die Arbeitsschritte selbst sind die gleichen wie bei den Dachluken, die Auswahl an Produkten ungleich höher und der Komfortunterschied deutlich größer.

### Einbau von Verdunkelungs- und Fliegenrollos

Im Zeitalter der Rahmenfenster mit integrierten Rollos kommt die Nachrüstung von Kombirollos nur noch bei älteren Fahrzeugen in Frage. Kombirollos sind Rahmenkonstruktionen, die innen an die Fenster geschraubt werden. In zwei seitlichen Führungsschienen laufen gegenläufig von oben ein Fliegenschutzrollo, von unten der Verdunkelungsrollo. Sie lassen sich in ihren Endschienen verriegeln und bilden so eine Einheit. Dies ermöglicht nachts Verdunkelung von

■ Ein neues Rahmenfenster bietet nicht nur größere Dichtigkeit, es hat auch integrierte Rollos und sieht schick aus. Auch Schiebefenster haben ihre Vorteile.

■ Ob am Fenster oder an der Dachluke, ein aufgesetzter Kombirollo ist leicht zu montieren und schützt gegen Fliegen und Licht, je nach Stellung der Rollos.

unten mit einem schmalen Lüftungsschlitz oben, wo die evtl. eindringende Helligkeit nicht so störend empfunden wird. Entsprechend den gängigen Fenstergrößen gibt es die jeweiligen Kombirollos als kompletten Bausatz, der nach Einbauanleitung einfach zu montieren ist. Solche Kassettenrollos gibt es auch für die Dachluken.

### Einbau einer Service-Klappe für den Kühlschrank

Mit zunehmendem Alter des Reisemobils lässt der Kühlschrank in der Kühlleistung deutlich nach. Dies ist in den überwiegenden Fällen auf

zugesetzte Lamellen des Kondensators an der Rückseite des Kühlschranks zurückzuführen. Aber auch auf ungenügende Luftzirkulation am Kondensator, besonders bei hohen Außentemperaturen und Luftstau im Vorzelt. Gegen zugesetzte Lamellen hilft Reinigung, gegen Luftstau zusätzliche Luft am Kondensator. Beides ist mit einer Service-Klappe zu erreichen. Man kann nach deren Einbau leicht an die Lamellen zur Reinigung, kann bei Luftstau und hoher Temperatur die Klappe öffnen und kann als dritte Lösung einen Kühlschrankventilator einbauen. Klappen gibt es in verschiedenen Ausschnittmaßen und Ausführungen. Standard ist ein Klappenrahmen mit Tür ohne Füllung. In den Türrahmen wird der entsprechend gekürzte Ausschnitt aus der Karosserie wieder eingesetzt und befestigt. Dies hat den Vorteil, dass sich die Klappe an die Außenwandgestaltung einschließlich durchgehender Zierstreifen anpasst und die Wärmedämmung durchgängig bleibt. Nachteil dieser Ausführung ist die nach wie nicht erhöhte Lüftungsleistung. Man kann zwar die Klappe zur Lüftung öffnen, im Vorzelt sieht dies aber nicht gerade gemütlich aus. Diesen Nachteil hat die Klappe SK3 von Seitz nicht. Sie hat eine Lamellenfront mit Fliegengitter, die im Winter gegen Kälte mit einer Abdeckung versehen werden kann. Ein Rahmen aus isolierendem Polyurethan verhindert Schwitzwasser, zusätzliche Einlegeprofile aus Aluminium zur Verstärkung des Ausschnittes werden mitgeliefert. Beim Einkauf ist darauf zu achten, dass sowohl links als auch rechts angeschlagene Klappen lieferbar sind. Dies richtet sich nach der Lage des Kühlschrank in Bezug auf die Fahrtrichtung. Links angeordnete Küchen benötigen eine links angeschlagene, rechts angeordnete Küchen eine rechts angeschlagene Klappe, da nach STVZO Klappen und Türen immer vorne angeschlagen sein müssen. Bei Kühlschrankentlüftungen mit Abgasrohr im oberen Lüftungsgitter wird dies nicht entfernt, die Klappe darunter angeordnet. Hat der Wagen ein unteres Zuluftgitter und soll die Seitz-Klappe eingebaut werden, kann auf

■ **Fertige Rahmen für Klappen in der Außenhaut sind in vielen Größen im Handel. Als Füllung dient das ausgeschnittene Wandstück.**

dieses verzichtet werden. Es wird demontiert, die Öffnung mit in den Klappenausschnitt integriert. Sie bildet den unteren Abschluss. Ist dieses Lüftungsgitter entfernt, kann mit einem Handspiegel die Innenseite der Wand auf eventuell dort verlaufende Leitungen abgesucht werden, die beim Ausschnitt verletzt werden könnten. Ist dies der Fall, muss untersucht werden, ob die betroffene Leitung verlegt werden kann oder eventuell der Ausschnitt so angeordnet wird, dass die Leitung nicht betroffen ist. Anschließend wird der Ausschnitt mit dem Rahmen als Schablone angezeichnet und die Umgebung außen mit Klebeband abgedeckt, damit der Lack nicht verkratzt wird. Mit der Stichsäge und einem Metallsägeblatt wird nun vorsichtig der Ausschnitt ausgesägt und die Klappe eingepasst. Ist alles in Ordnung, passt der Rahmen und sind keine Leitungen zu verlegen, wird die Klappe endgültig eingesetzt. Je nach Konstruktion und Angabe in der Einbauanleitung erfolgt der Einbau durch Kleben mit Sikaflex oder durch Verschrauben und anschließendes Abdichten mit Dichtungsmasse. Fortan kann vor jeder Reise der Kondensator leicht und ohne Ver-

renkung von Spinnweben und sonstigen Ablagerungen gesäubert werden und die Aussicht auf ein kühles Bier im Urlaub macht die Mühe schnell wieder wett. Auf die gleiche Weise können Außenklappen als Zugang zu den Stauräumen des Reisemobils eingebaut werden. Vor dem Einbau größerer Klappen sollte zuerst mit dem Markenhändler festgestellt werden, ob dies an der vorgesehenen Stelle problemlos geht, ohne die Statik zu stören.

### Einbau eines Kühlschrankventilators
Kühlschrankventilatoren sorgen für den notwendigen Luftstrom hinter dem Kühlschrank zur Unterstützung der Leistung des Kondensators. Sie sparen durch ihren Einsatz etwa 30 % Energie ein und nehmen selbst je nach Modell nur ab etwa 2,6 Watt auf. Sie sind kaum zu hören, da die geläufigen Modelle aus dem Computerbau stammen. Ist eine Service-Klappe vorhanden, geht der Einbau ohne Probleme in nicht mal einer halben Stunde über die Bühne. Ein Einbau nur durch die Lüftungsgitter verlangt akrobatische Fingerübungen, wenn überhaupt möglich. Hier ist zu überlegen, ob für die Aktion nicht der Kühlschrank ausgebaut wird. Der Ventilator wird mit der zum Set gehörenden Befestigung so zwischen den Kühlrippen oder je nach Platz an der Außenwand in unmittelbarer Nähe zu den Rippen des Kondensators verschraubt, dass der Luftstrom über die Rippen von unten nach oben streichen kann. Der Thermostatschalter wird mit einem Punkt Klebstoff oder einer Schraube an einer Rippe laut Einbauanleitung befestigt. Angeschlossen wird der Ventilator am 12 V-Bordnetz, am besten direkt an der 12 V Klemme des Kühlschranks. Weitere Arbeiten sind nicht notwendig, der Ventilator wird bei Bedarf durch den Thermostat ein- und ausgeschaltet.

### Schubkästen optimieren die Beladung
Schubkasten im Reisemobil sind eine nützliche Ausstattung, deren Wert erst mit der Zeit erkannt wird.

Üblicherweise findet sich in den meisten älteren Fahrzeugen nur ein kleiner Schubkasten für das Besteck mit einem Kunststoffeinsatz. Die übrige Ausrüstung wird mehr oder weniger gut zugänglich in den Schränken verstaut. Dabei prädestiniert gerade der Reisemobil mit seinen engen Platzverhältnissen und dem dauernden Ein- und Ausräumen der Ausrüstung den flexiblen Container, der zu Hause be- und entladen werden kann und im Fahrzeug seinen Inhalt nicht in der Tiefe eines Schrankes verbirgt. In einem Vollauszug geführt, ist sein gesamter Inhalt jederzeit offen zugänglich, gegen Verrutschen helfen fest eingebaute oder verstellbare Trennwände. Material und Bauweise der Schubkasten richten sich nach dem geplanten Einsatz und den Fähigkeiten der Selbstbauer.

■ Küchen-Schubkästen optimieren die Be- und Entladung und bieten gute Übersicht beim Kochen.

### Fertigschubkästen

Schubkasten müssen nicht unbedingt selbst gebaut werden, der Markt bietet genügend Fertigprodukte, die eingesetzt werden können. Hauptsächlich sind damit die Drahtkörbe angesprochen, die in Baumärkten und Mitnahme-Möbelhäusern für die Ausstattung von Hausarbeits- und Kleiderschränken angeboten werden. Sie sind leicht, der Inhalt ringsum sichtbar und gut durchlüftet. Die Montage mit den zugehörenden U-Führungsschienen an den Schrankseiten bietet keine Schwierigkeiten und die Auswahl ist meist so groß, dass die benötigten Abmessungen gefunden werden. Drahtkörbe eignen sich zur Unterbringung von Wäsche, Vorräten und Töpfen, weniger für Kleinteile, die durch die großen Maschen fallen können. Breitendifferenzen können durch unterschiedlich dicke Zwischenstücke oder Leisten ausgeglichen werden, an denen die U-Profile befestigt werden. Naturholzfreaks können ohne großen Aufwand Massivholzkästen, die zur Aufbewahrung von Spielzeug oder Sammlerutensilien angeboten werden, als Container für den Reisemobil umfunktionieren. In biobehandelter Buche mit gezinkten Eckverbindungen und eingearbeiteten Grifflöchern finden sich solche Holzkisten in der Größe von zum Beispiel 23 x 33 x 16 cm für unter 10,- Euro im Baumarkt. Selbstbau lohnt bei solchen Angeboten schon fast nicht mehr. Quer eingebaut, ist diese Größe genau richtig für den Einsatz in Hängeschränken, die nächste Größe mit 46 x 33 x 16 cm passt in Unter- oder Kleiderschränke. Ähnliche Abmessungen gibt es auch in Kunststoff zu meist noch günstigeren Preisen, jedoch wird bei diesem Material die Anbringung geeigneter Führungen kompliziert und wenig stabil.

■ Fertige Holzkistchen, die es in vielen Größen im Baumarkt gibt, können einfach zu Schubkasten umgebaut werden.

*Selbstbau*

Nicht an fixe Maße gebunden ist man beim Selbstbau. Auch hier kann durch den Einsatz von Fertigprofilen viel Arbeit gespart werden. Hohlkammerprofile aus PVC mit eingearbeiteten Nuten für die Führung und zur Aufnahme des Schubkastenbodens gibt es als Meterware, die nur noch abgelängt und mit passenden Eckverbindern zusammengeklebt werden müssen. Damit sind Maßanfertigungen schnell und ohne großem Aufwand möglich. Als Boden wird eine exakt rechtwinklig geschnittene, beschichtete Hartfaser- oder Sperrholzplatte in die umlaufende Seitennut eingelegt, den vorderen Abschluss bildet ein unsichtbar von innen verschraubtes Vorderstück aus dem Holz der Möbel. Wichtig ist, dass die einzelnen Teile paarweise auf exakt die gleiche Länge zugeschnitten werden, damit der fertige Schub einwandfrei läuft und nicht verkantet. Natürlich lassen sich Schubkasten auch in Ganzholzausführung selbst herstellen. Ob dafür Sperrholz oder Massivholzbrettchen verwendet werden und welche Eckverbindung zur Ausführung kommt, liegt an der handwerklichen Geschicklichkeit des Selbstbauers. Solange die Maße und Winkel stimmen, ist jede Kiste dafür geeignet.

■ **Auch eine Möglichkeit, Schubkasten nachzurüsten: Weidenkörbe, entweder als passendes Fertigprodukt oder vom Korbflechter nach Maß gefertigt, in einem Kasten. Eine Klappblende dient der Verriegelung.**

*Zum problemlosen Lauf von Schubkasten ist das Breiten- Längenverhältnis wichtig. Ein Schubkasten sollte immer länger als breit sein, damit er sich in der Führung nicht verkantet.*

*Schubkastenführungen*

Schubkastenführungen im Reisemobil unterliegen anderen Beanspruchungen als die häuslicher Möbel. Einfache Laufleisten, auf denen der Schubkasten läuft, scheiden hier aus, eine in allen Richtungen wirksame Führung ist gefragt. Hier gibt es nur zwei Alternativen, die der Führungsleiste in einer seitlichen Nut des Schubkastens und die rollengelagerten Auszüge bis hin zum Vollauszug. Führungsleisten, an den Seitenwänden befestigt und in eine Nut in den Schubkastenseiten greifend, werden bevorzugt in Verbindung mit Fertigprofilen eingesetzt und sind meist das Produkt der Kalkulatoren bei Serienfahrzeugen. Selbstbauer sollten die paar Euro Mehrkosten für rollengelagerte Auszüge in Kauf nehmen, leichter Einbau und besseres Handling sind die Belohnung dafür. Kriterien für die Auswahl des richtigen Auszugs sind die Länge und das Gewicht des gefüllten Schubkastens. Sie müssen vor dem Zuschneiden besorgt werden, da die Differenz zwischen lichter Möbelweite und Schubkastenbreite von der Konstruktion des Auszugs abhängt. Raumhohe oder auch unterschrankhohe Schubkasten (sogenannte Apothekerschränke) mit speziellen Auszügen nutzen den geringen Raum im Reisemobil optimal.

■ **Schubkästen im Reisemobil erfordern eine stabile Führung, hier zum Beispiel skizzenhaft ein Rollenauszug, den es im Baumarkt in allen Größen gibt.**

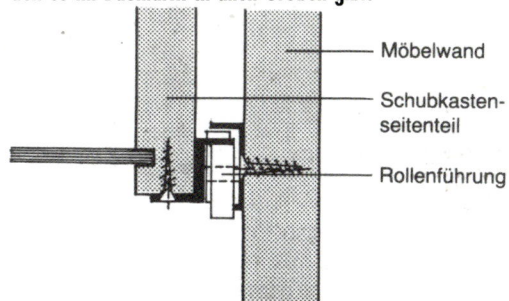

Möbelwand

Schubkastenseitenteil

Rollenführung

### Umbau von Stauräumen in Vollauszüge

Stauräume im Unterschrank, gerade im Küchenmöbel, haben den Nachteil, dass man in der Tiefe nur schlecht etwas findet und meist den vorderen Teil des Inhalts ausräumen muss, um die hinten gelagerten Gegenstände greifen zu können. Dem kann durch Umbau auf Vollauszug abgeholfen werden.

Vollauszüge sind aus den häuslichen Küchen allgemein bekannt. Hier dienen sie meist als Topfschrank oder zum übersichtlichen Verstauen von Vorräten. Ihre Konstruktion ist denkbar einfach und von einem einigermaßen versierten Heimwerker dank der in jedem Baumarkt erhältlichen Beschläge und Plattenzuschnitte leicht nachzubauen.

#### *Konstruktion*

Die Drehtüre des umzubauenden Schrankteils wird ausgebaut und die Bänder bzw. Scharniere demontiert. Das Schloss kann bleiben, es wird in den meisten Fällen weiterverwendet werden können. Die Tür wird später das Vorderteil des Vollauszugs, sodass die Front ihr Gesicht behält. Die Zwischenböden im Schrank werden ebenfalls ausgebaut. Bei entsprechender Dicke des Materials von 13 bis 16 mm können diese für den Wiedereinbau aufgehoben werden, dünnere Sperrholzböden taugen als Vollauszug nichts. Entsprechend der Tiefe des Schranks werden nun für den Grundauszug und den oder die Zwischenböden passende Beschläge besorgt. Achten Sie darauf, dass dem Beschlag passende Schrauben beiliegen bzw. besorgen Sie diese gleich mit. Vor dem Gang zum Baumarkt wurde die Breite und die zur Verfügung stehende Tiefe des Schranks genau ausgemessen. Dazu passend kann ein Grundbrett und evtl. die Zwischenböden aus Sperrholz oder mit Melaminharz beschichteter Spanplatte in 13 oder 16 mm Dicke bestellt werden, die der Baumarkt millimetergenau zuschneidet. Zur Bodenbreite ist zu beachten, dass die doppelte Breite des Beschlags von der gemessenen Schrankbreite abgezogen werden muss. Dieses Maß findet man in den technischen Angaben zum Beschlag. Soll der Auszug perfekt sein, werden die seitlichen Schnittkanten mit einem zur Oberfläche des Bodens passenden Umleimer versehen. Auch dessen Dicke muss doppelt vom Lichtmaß abgezogen werden.

Als weitere Beschläge werden Haltewinkel für die Front benötigt. Diese werden auf der Grundplatte und der Front verschraubt und halten die gesamte Konstruktion zusammen. Hier eignen sich kräftige Winkel, gut bewährt haben sich verstärkte Konsolen aus profiliertem Stahlblech, wie sie für einfache Regale verwendet werden und preisgünstig in vielen Längen erhältlich sind. Sie werden links und rechts auf die Grundplatte geschraubt. Die Zwischenböden werden nicht mit der Front verbunden, damit sie einzeln ausgezogen werden können und so der Inhalt des Fachs darunter sicht- und greifbar bleibt. Entsprechend der bebilderten Anleitung, die den Beschlägen beiliegt, werden diese mit den Böden und den Schrankseiten verschraubt, die Böden eingehängt und fertig ist ein übersichtlicher und leicht zu erreichender Stauraum ohne Kramen im Hintergrund.

■ **Ein Unterschrank mit Tür kann mit Vollauszügen zum Schubkasten umgebaut werden.**

## Barrieren gegen Absturz

Der beste Auszug nützt nichts, wenn er leer herauskommt, weil das Ladegut abgerutscht ist und im Schrank liegt wie eh und je. Deshalb sollte eine Umfassung das Hab und Gut zusammenhalten. Solche »Zäune« gibt es als Bausatzgitter im Baumarkt, es können aber auch Eigenkonstruktionen, angepasst an die vorgesehene Beladung, gebaut werden. Ihren Zweck erfüllen auch einfache Kunststoffcontainer in der passenden Größe. Diese haben zusätzlich den Vorteil, dass sie zuhause aufgefüllt und nur noch eingeladen werden. Gut bewährt haben sich bei Topfschränken oder Auszügen für Wäsche große Bügelgriffe aus dem Möbelbau, die senkrecht auf die Grundplatte geschraubt werden und quasi als Geländer die Ladung halten. Auszüge für Flaschen werden mit einem Flaschentragekorb ausgestattet, der entweder fest verschraubt oder auch lose eingestellt wird, falls die Standsicherheit während der Fahrt gegeben ist. Ansonsten helfen hier auch starke Gummis zur Fahrtsicherung.

## Auszüge auch als Schubkasten

Ein Vollauszug leistet aber nicht nur gute Dienste als Ersatz für einen ganzen Schrank mit Front, auch als zusätzlicher Schubkasten wird er bald nicht mehr wegzudenken sein. So hat sich zum Beispiel ein Auszug auf dem Boden des Kleiderschranks für die übersichtliche Unterbringung von Schuhen bestens bewährt. Meist hängen die Kleider nicht so tief, dass darunter nicht noch Schuhe Platz finden. Verzichtet man auf einen Deckel über dem Auszug, können sowohl flache Turnschuhe als auch Stiefel, an Stellen, über denen kurze Hosen oder Blusen hängen, ohne Probleme verstaut werden. Durch den Auszug erspart man sich das Suchen zwischen den Klamotten.

## Schubkästen mit Pfiff

Zum Schluss sei noch auf eine ganz spezielle Spezies Schubkasten hingewiesen, der viel zu wenig Beachtung geschenkt wird. Die sie aber

■ **Schubkastenboxen aus Wellpappe sind preisgünstig, leicht und stabil.**

verdient hätte, da Gewicht und Stabilität im Reisemobil als Kriterien der Ausrüstung ganz oben stehen. Gemeint sind Fertigschubkasten aus Karton, besser gesagt aus stabiler, dünner Wellpappe. Diese haben sich im harten Büroalltag bewährt und sind in büroüblichen Abmessungen für DIN A4 und A3 als stapelbare Einzelelemente im Büroartikel- oder Karton-Versandhandel und manchmal im gut ausgestatteten Bürohandel erhältlich. Sie werden als raffiniert ausgeklügelter Bausatz geliefert und sind im Handumdrehen zur fertigen Schubkastenbox gefaltet. Die Lade kann entweder mit geschlossener Front, oder, anders herum in die Box gesteckt, mit Griffmulde als halboffenes Fach verwendet werden. Eine Packung mit 10 Boxen A4 quer mit 75 mm Höhe kostet etwa 36,- Euro, in 145 mm Höhe und A4 längs etwa 48,- Euro. Mit einer Tiefe von 260 mm sind die A4 Querboxen genau richtig für den Einsatz in Hängeschränken, die A3-Boxen passen gut als Zusatzstauraum unten in den Kleider- oder Wäscheschrankschrank. Auch die Farbauswahl ist groß, die Fronten sind lieferbar in braun, grün, rot und gelb. Noch preisgünstiger und vielseitig einzusetzen, um zusätzlichen Stauraum durch Ausnutzen der Höhe zu gewinnen, sind Lagerboxen. Diese kleinen Boxen, aus Wellpappe oder Kunststoff, halten Ordnung überall dort, wo viele Kleinteile möglichst übersichtlich ohne hohe Stapel verstaut werden sollen, also beispielsweise im Strumpfschrank. Sie sind auch im Kartonversand oder im Baumarkt in Kunststoffausführung in vielen Abmessungen erhältlich.

### Sitzgruppentuning

#### Tischgestelle tauschen

Mehr Komfort, größere Stabilität und Gewichtseinsparung, alle drei Kriterien lassen sich mit neuen Tischfüßen verwirklichen.

Komfort und gleichzeitig Gewichtsreduzierung erreicht man durch Austausch der oft verwendeten, aber im Reisemobileinsatz selten benötigten, schweren Hubtischgestelle, massiv gebaut mit viel Stahlblech und scharfkantigen Zargen genau dort, wo man die Füße gemütlich unter den Tisch strecken möchte. Diese Gestelle haben den Vorteil, dass man damit den Tisch auch mal draußen verwenden kann, aber ehrlich, macht man das? Hier ist doch der große Campingtisch, passend zu den Klappstühlen, viel besser geeignet. Die Gewichtseinsparung

**Knickbare Füße bieten Platz unter dem Tisch und leichtes Absenken zum Bettenbau.**

durch Entfall des Gestells wiegt den Campingtisch gut und gerne auf.

Welche Ersatzlösung bietet sich an? Hier ist die Verwendung der Dinette mit ausschlaggebend. Wird sie zum Schlafen genutzt, muss der Tisch abgesenkt werden können. Es geht also nicht ohne klappbare Tischfüße, die ohne Demontage das Absenken des Tisches auf die Leisten an den Sitzkästen ermöglichen. Zur Stabilität des Tisches wird an der Reisemobil-Außenwand unter dem Fenster eine Tischaufnahmeleiste geschraubt, das Gegenstück kommt unter die Platte an einer Längsseite. Damit kann der Tisch auf ganzer Breite an der Wand geführt werden, auf der Gegenseite ist nur noch ein Klappfuß in der Mitte notwendig. Damit ist der gesamte Fußraum frei und keine blauen Flecken mehr am Schienbein. Außerdem spart man zusätzliches Gewicht und Mühe durch Entfall einer Tischsicherung während der Fahrt. Diese übernimmt die Aufnahmeleiste an der Wand.

Es empfiehlt sich, ein Aufnahmeprofil mit Verschiebeeinrichtung zu montieren, damit wird der Zugang zu den hinteren Plätzen erleichtert, der Tisch kann problemlos nach links und rechts verschoben werden, ohne ihn auszuhängen.

**Tischaufnahmeleisten an der Wand mit Verschiebeeinrichtung.**

Wird die Dinette nicht als Bett genutzt, kann auf knickbare Füße verzichtet werden. In diesem Fall empfiehlt sich der Gang zum Baumarkt. Dort sind in großer Auswahl Tischfüße aus Holz, Rundrohr und Quadratrohr erhältlich, die sich größtenteils auch für das Reisemobil eignen. Nicht vergessen werden sollte der Zukauf eventuell benötigter Aufnahmen am Tisch, in die die Füße geschraubt werden. Die Aufnahmeleisten an der Reisemobilwand werden am besten mit Hohlraumdübeln befestigt. Damit ist gewährleistet, dass die Schrauben nicht nur in der dünnen Hartfaser- oder Sperrholzverkleidung der Innenwand Halt suchen, sondern im Dübel sicher den Tisch auch dann noch tragen, wenn ein opulentes Mahl angerichtet ist.

### Dinette raus, Bequemlichkeit rein.

Die Reisejahre mit Kindern, engen Platzverhältnissen und der Notwendigkeit, viele Schlafplätze im Fahrzeug unterzubringen, sind vorbei, das Reisemobil aber noch bestens in Schuss. Eine Neuanschaffung steht nicht zur Debatte, es taugt noch für viele Urlaubsfahrten. Wenn nur die unbequeme Dinette mit ihren steifen, geraden Lehnen, den losen Sitzkissen und der unmöglichen Sitzhaltung während der abendlichen Schmökerstunde nicht wäre. Immer will oder kann man ja nicht im Vorzelt auf den etwas bequemeren Campingstühlen sitzen. Neidische Blicke zum Nachbarn mit seinem Reisemobil. »Barversion« steht dafür im Verkaufsprospekt für die vordere Sitzgruppe mit Einzelsesseln an Stelle einer Dinette. Hier kann man stundenlang in entspannter Haltung sitzen, ein gutes Glas Wein auf dem Tisch vor sich und ein spannendes Buch, das ist Urlaub. Auch der Reisemobileigner ohne Barversion kann sich diesen Komfort in sein Fahrzeug holen. Es gibt verschiedene Lösungen dafür.

### Pilotsitze statt Dinette

Was als Sitz im Führerhaus taugt, ist auch für den Wohnraum dahinter geeignet. Hier aber nur dann, wenn nicht mit zusätzlichen Mitfahrern im Wohnteil gerechnet wird und damit die Sicherheit für den Fahrtbetrieb, wie Sitzbefestigung an geprüften Punkten oder die Frage nach den richtigen Anschnallgurten, uninteressant ist. Die Sitzauswahl richtet sich also lediglich nach Bequemlichkeit, Anschaffungskosten und Gewicht des Sitzes.

Voraussetzung für diesen Umbau ist allerdings, dass die Sitztruhen der Dinette nicht, wie bei vielen Reisemobilen der Fall, den Frischwasser-

■ **Ein Sitz mit Sockel aus dem Reisemobilzubehör verhilft auch im Wohnteil zu mehr Bequemlichkeit. Hier ein Spitzensitz von Reimo in Echtleder.**

tank zum Inhalt haben. Dann wird dessen Verlegung mit größeren Umbauten erkauft, die hier nicht das Thema sein sollen. Ist der Tank anderswo untergebracht oder traut sich der Umbauwillige die Verlegung an eine andere Stelle zu, ist der weitere Weg nicht allzu schwierig. Die Sitztruhen sind überwiegend sichtbar mit dem Fahrzeugboden verschraubt, der Bodenbelag geht immer durch. Sind die Sitztruhen erst mal aus dem Fahrzeug, geht es an die eventuell notwendige Verlegung oder Verkleidung von Leitungen oder auch der Warmluftschläuche der Heizung. Hierfür gibt es aus dem Zubehörprogramm fertige Verkleidungen, man kann solche aber auch leicht selbst herstellen. Sitze bietet der Zubehörhandel in reicher Auswahl, vom einfachen Kompaktsitz bis zum Komfortsitz mit allen Bequemlichkeiten wie verstellbare Armlehnen, hoher Rückenlehne mit integriertem Kopfpolster bis hin zur Lederpolsterung. Die Preise hierfür schwanken zwischen ungefähr 300,- und über 1.000,- Euro. Passende Untergestelle gibt es als Hochsockel mit und ohne Drehplatte. Die Höhe und Ausführung richtet sich nach dem Reisemobil, der einschlägige Fachhandel ist hier gut bestückt. Verschraubt werden die Sockel auf dem Fußboden mit kräftigen Holzschrauben oder besser durchgeschraubt mit Schlossschrauben und Gegenplatte. Dabei ist aber auf Abdichtung der Bohrung gegen Wasser zu achten.

Bequemer kann es aber auch mit einem neuen Dinettesystem, das die Firma VS Rückhaltesysteme auf den Markt gebracht hat. Hier kann der Wassertank samt Unterbau am Platz verbleiben, die neue, zur Nachrüstung geeignete Zweierbank wird darauf montiert. Sie besteht aus zwei Einzelsitzen, die nebeneinander liegen und einzeln vielfältige Stellungen bis hin zur Liege beziehen können. Einer der Clous ist der Polsterrand, der einen integrierten Luftschlauch enthält. Durch einen kleinen Kompressor aufgeblasen, ergibt sich so ein Formpolster mit bestem Seitenhalt und gutem Sitzkomfort. Wird auf dem Sitz geschlafen, kommt die Luft wieder raus und die Liegefläche ist topfeben. So einfach geht das. Die beiden Sitze können zur größeren Armfreiheit quer verschoben und damit auseinandergerückt werden. Im Zwischenraum kann eine Armlehne ausgeklappt werden. Eine zweite Armlehne kann außen angebracht und bei Nichtgebrauch abgeklappt werden. Optional ist auch eine Sitzheizung lieferbar. Beide Sitze sind mit Dreipunktgurten ausgestattet, die an Stelle des Original-Gurtgestells montiert werden.

■ Ein neues System für den Austausch von Dinettebänken bietet VS Rückhaltesysteme an.

### Preisgünstige Alternative: Schrottplatz

Ruhesitze bequemster Art, mit oder ohne Lederbezug, findet man oft auch beim Altwagenverwerter. Fahrer- und Beifahrersitze vergangener Luxuslimousinen, ausgebaut zusammen mit den Sitzschienen und im Reisemobil auf Hochsockeln montiert, ergeben eine bequeme Sitzgruppe und kosten einen Bruchteil neuer Pilotensitze. Hierbei kann unter Umständen auch die Sitztruhe mit dem Wassertank bestehen bleiben. Entsprechende Verstärkungen des Deckels und die Möglichkeit, weiterhin einfach an den Tank zu gelangen, sind dabei allerdings interessante Aufgaben. Auch hier ist die rechtliche Voraussetzung zu beachten, dass solche Sitze nicht als Fahrtsitze zugelassen und benutzt werden dürfen.

### Polstertausch

Polsterbezüge, Gardinen und Trennvorhänge geben dem Reisemobil den letzten Schliff. Sie im Zuge einer Renovierung zu erneuern, ist nicht so schwierig, wie es aussieht.

### Grundsätzliches zu Polsterschäumen

Alte Polster sind meist ausgesessen, der Schaum porös oder die Qualität entspricht nicht mehr den Anforderungen. Deshalb entsteht der Wunsch nach Austausch der Polster. Wir wollen uns auf die wichtigsten Auswahlkriterien für den Kauf der Rohmaterialien beschränken. Qualitätsmerkmale für gute Schaumpolster sind ein offenporiger Schaum aus der Gruppe der Polyurethane, hier meist dem Polyäther, und das Raumgewicht. Dieses sagt mehr aus über Haltbarkeit, Elastizität und Härte als jeder Liege- oder Sitztest. Man kann nämlich durch höheren Härteanteil beim schäumen minderwertige Qualität so frisieren, dass die Druckprobe ein höheres Raumgewicht vorspielt. Tatsächlich wird dadurch nur eine bessere Steifigkeit erreicht, die nach kurzem Gebrauch zum Bruch der Zellwandungen führt und das Polster unbrauchbar werden lässt. Das Mindestraumgewicht sollte deshalb 35 kg/cbm betragen, das Gütesiegel »Europur« vom Verband europäischer Schaumstoff-Hersteller wird ab 38 kg/cbm verliehen. Selbst bei einem großzügigen Raumgewicht von 40 kg/cbm wiegt eine 200 x 100 cm große Matratze lasche 8 kg, Gewicht sparen ist hier also kein entscheidendes Thema.

### Austausch der Polster

Konfektionierte Sitz- und Rückenpolster für die gebräuchlichsten Sitzgrößen im Reisemobil erhält man fix und fertig mit Bezügen in großer Auswahl bei Zubehörfirmen, meist Firmen, die Bausatzmöbel im Programm haben. Aus diesen Bausätzen werden immer die passenden Polster als Rohware oder mit Bezug geliefert. Vorteil hierbei ist, dass diese Fertigpolster meist in aufwändiger Sattlerarbeit mit Knopf- oder Nahtabsteppung ausgeführt sind und dadurch, neben professionellem Aussehen, die Bezüge nicht verrutschen. Es gibt aber auch spezielle Fachbetriebe, die sich auf den Austausch von Polstern für Reisemobile und Caravans spezialisiert haben.

Beim Selbstbau werden üblicherweise kastenförmige Querschnitte ohne Formteile verwendet. Diese erhält man nach Maß zugeschnitten in allen Qualitäten im Schaumstoffhandel. Bei der Maßermittlung muss darauf geachtet werden, dass der Schaumkern ringsum 20 mm kleiner sein muss als das fertige Polster. Diese Differenz wird benötigt für die dringend empfohlene Auflage aus Polsterwatte auf den Schaum. Diese etwa 25 mm dicke Vliesauflage erhöht durch die weiche Oberfläche den Sitz- und Liegekomfort und verhindert, dass der Bezug Falten wirft, da er auf ihr wieder in die Ausgangslage rutschen kann. Die Polsterwatte wird mit Sprühkleber ringsum auf dem Schaumkern befestigt oder an den Stoßkanten lose vernäht. Darauf kommt dann der Bezug, der fertig genäht und an der hinteren Längsseite mit einem Reißverschluss versehen wird. So besteht die Möglichkeit, ihn später zum Waschen abziehen zu können.

■ Neue Polster und Gardinen schaffen ein anderes Raumgefühl.

### Bezugsstoffe

Bei der Wahl der Bezüge scheiden sich die Geister. Profimäßiges Aussehen des fertigen Polsters verlangt nach stramm sitzenden Bezügen mit Knopfsteppung und Kedern an den Kanten, die Praxis, besonders bei Familien mit Kindern, nach leicht abnehmbaren und waschbaren. Einen Mittelweg gibt es nur in der Theorie. Für Hobbyschneider löst sich diese Frage meist von selbst, da sie kaum in der Lage sein werden, Festpolster mit Absteppung ohne Hilfe durch einen Polsterer selbst herzustellen. Es fehlen die entsprechenden Polsterpressmaschinen, durch die die Knöpfe tief im Polster sitzen und so ihren Zweck auch wirklich erfüllen. Deshalb wird hier überwiegend das Argument der Waschbarkeit zählen. Bezüge im »Ikea-Look« müssen nicht grundsätzlich schlampig aussehen. Besonders in Verbindung mit hellen Möbeln wirken lose Bezüge aus Baumwoll- oder Jeansstoff natürlich und jugendlich leger. Werden sie an einer Längsseite mit einem Reißverschluss versehen, können sie leicht abgezogen und gewaschen werden. Bei Stoffen aus Naturfasern ist es ratsam, diese vor dem Zuschneiden zu waschen, damit das Einlaufen beim Maßnehmen berücksichtigt ist. Selten laufen sie beim späteren Waschen nochmals wesentlich ein.

### Tipp

*Polsterstoffe in der für den Reisemobil benötigten, geringen Menge erhalten Sie oftmals äußerst preisgünstig in Restehandlungen. Dort werden Restposten der Preisklasse um 25,- Euro /m schon für unter 5,- Euro /m angeboten. Studium der Gelben Seiten lohnt sich allemal.*

### Nähen der Bezüge

Mit einer guten Nähmaschine ist das Nähen der Bezüge gar nicht so schwierig, wie es aussieht. Vorher sollte man jedoch einen Zuschneideplan anfertigen, damit genügend und doch nicht zu viel Stoff eingekauft wird. Das für Polsterstoffe übliche Breitenmaß von 130 bis 140 cm ist für die Sitzpolster im Reisemobil nicht gerade ein Idealmaß, besser ist es, wenn es gelingt, eine Bahnenbreite von 150 cm zu ergattern. Mit diesem Maß hat man noch genügend Nahtzugabe, um die Bezüge umlaufend ohne Zwischennaht nähen zu können. Dazu wird noch ein Reißverschluss in Länge der Polster, abzüglich etwa 20 cm, benötigt. Reicht die Stoffbreite für die Abwicklung des Polsters aus, wird er doppelt gelegt, mit der Rückseite nach außen. Die Breite der zusammengelegten Stoffbahn muss dem Maß der Polstertiefe plus 2 mal Polsterdicke plus Nahtzugabe von ungefähr drei cm betragen. Die Länge wird nach dem gleichen Prinzip ermittelt. Falls die Längskante des Stoffes zugeschnitten wurde, also keine Webkante mehr besitzt, muss sie eingesäumt werden, damit sie später am Reißverschluss nicht ausfranst. Mit genügendem Abstand zum Rand werden die Stirnseiten der zusammengelegten Stoffbahnen zusammengenäht, an der offenen Längsseite wird die Naht jeweils ungefähr 15 cm weitergeführt. Anschließend wird der Reißverschluss eingenäht. Zu beachten ist dabei, dass die Schlossseite nach innen zeigt, da die Bahn ja verkehrt herum liegt. Damit unser Bezug eine Kastenform in Dicke des Polsters

erhält, werden die vier Ecken flachgedrückt und dreieckförmig so abgesteppt, dass die Grundlinie dieses Dreiecks so lang ist wie die Polsterdicke. Der übrige Stoff kann abgeschnitten werden. Der fertige Bezug muss nur noch gewendet und über das Polster gezogen werden.

### Neue Gardinen schaffen neue Atmosphäre

Über Sinn oder Unsinn von Gardinen im Reisemobil zu streiten ist müßig, da Geschmacksache. Auf keinen Fall gehören sie an das Küchenfenster, da sie hier durch die Herdflammen gefährdet sind. Wenn schon Übergardinen, dann lichtundurchlässige, damit sie ihre Funktion als Blickschutz auch dann erfüllen, wenn keine Rollos an den Fenstern die Sicht von außen versperren. Aus dem gleichen Stoff der Übergardinen können dann auch Trennvorhänge am Etagenbett oder zur Abtrennung des festen Betts zum Wohnraum genäht werden. Je nach Konstruktion der Führung werden sie mit einem normalen Gardinenband zum Einfädeln der Laufröllchen für Gardinenschienen oder mit einem breiten Saum für Gardinenstangen oder Kunststoff ummantelte Spiralfedern, dem bekannten Spannfix, versehen. Damit sie bei geöffnetem Fenster nicht dauernd wedeln, werden sie unten durch Spannfix an die Wand geklemmt oder, wie bei der Eisenbahn, mit Raffhaltern gehalten. Spannfix hat dabei den Vorteil, dass sie auch in zugezogenem Zustand fest an der Wand anliegen. Bei den relativ geringen Kosten für das Nähen neuer Gardinen im Fachhandel sollte sich diese Arbeiten nur der zumuten, der als Hobbyschneider Spaß an der Fitzelarbeit hat. So geht die Auswahl des passenden Stoffs und der Nähauftrag in einem.

## Gesunder Schlaf ist der halbe Urlaub

### Krank durch Staub: Hausstauballergie

Das gesundheitlich einwandfreie Reisemobil für Allergiker wird es in Serie nie geben, dazu ist der Markt hierfür zu klein und die »Zielgruppe nicht interessant genug«, wie es im Fachjargon

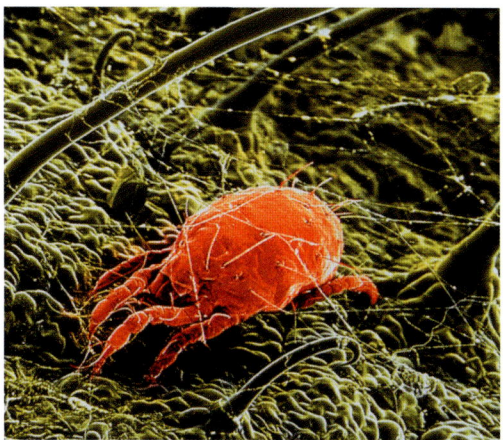

■ **Hausstaubmilbe im Dschungel der Körperhaare. Diese Bettgenossen bzw. deren Kot machen dem Allergiker das Leben schwer.**

heißt. Deshalb ist wie bei Vielem Selbsthilfe angesagt, wenn man unter Allergie gegen Milben und Hausstaub leidet oder einfach möglichst gesund wohnen und leben will. Es kommen doch eine Anzahl Maßnahmen in Frage.

### Grundsätzliches

Es ist verrückt, aber leider wahr: Je mehr Wert auf biologisches Wohnen gelegt wird, desto größer wird das Problem für Hausstaub-Allergiker. Hausstaub allein löst noch keine Allergie aus, es sind die mikroskopisch kleinen, an sich harmlosen Hausstaubmilben, genauer gesagt besondere Substanzen in deren Kotbällchen, die beim Allergie-Patienten innerhalb von Minuten nach Befall eine heftige Abwehrreaktion auslösen. Die Milben benötigen zum Überleben Dunkelheit, eine Temperatur zwischen 20 und 26 Grad C bei einer Luftfeuchtigkeit zwischen 70 und 80 Prozent, keine Zugluft, Naturmaterialien wie tierische Fasern  und die als Nahrung dienenden abgeschieferten Hautschuppen des Menschen oder von Haustieren. Idealer Brutkasten für die Milben ist daher das Bett. Ein einziger Mensch deckt in einer Nacht den Nahrungsbedarf eines ganzen Tages für eine Million Milben, die sich dabei rasend vermehren.

### Allergiefördernde Materialien

Wenn vom Arzt eine Allergie auf Hausstaubmilben festgestellt wurde, steht in der Behandlung das gezielte Meiden folgender Stoffe an erster Stelle:

- ☐ Matratzen oder Polster aus Naturmaterial oder zum Beispiel mit Winterseite aus Schafwolle
- ☐ Federn, Wildseide, Daunen in Zudecken und Kissen
- ☐ Bettbezüge und Laken aus Naturmaterialien wie Lammwolle
- ☐ Teppiche und Felle aus Tierhaaren wie Schafwolle oder Ziegenhaar
- ☐ Gardinen aus Naturmaterialien
- ☐ «Dumpfe» Ecken im Bettbereich, die schlecht zu reinigen, warm und ohne Lüftung sind
- ☐ Staubfänger im Schlafbereich wie Textiltapete oder Wandbespannungen

Die meisten dieser Materialien werden üblicherweise für ein biologisch ausgeglichenes Wohnen, auch im Caravan, empfohlen und sind nun plötzlich der Auslöser für jahreszeitunabhängigen Dauerschnupfen, Hustenanfälle und Atemnot, wenn man gegen Hausstaubmilben allergisch ist.

### Gegenmaßnahmen

Herr über die Milben und deren Kot und damit über die Allergie ist man nur, wenn man ihnen gezielt die Lebensräume nimmt. Dies gelingt am besten nach der Punkteliste auf Seite 216. Auch wenn man fortan von den Campingnachbarn als Putzteufel geschmäht wird, die eigene Gesundheit und das Wohlbefinden sollten hier Vorrang haben. Ein erläuterndes Fachgespräch über die 0,3 mm großen Feinde und die Aussicht, dem Nachbarn nicht durch dauerndes Niesen und Husten den Schlaf zu rauben, schafft sicher wieder gute Beziehungen.

- ☐ Systematisches Auswechseln aller Naturprodukte gegen synthetische Materialien.

- ☐ Austausch der Matratzen gegen Latexware oder Federkern mit Mikrobenschutz, der auf molekularer Basis die Membrane der Schädlinge durchdringt, die biochemischen Bestandteile der Membrane elektrostatisch auflädt und damit den Mikroorganismus abtötet.

- ☐ Häufiges Lüften des Innenraums, der Matratzen und der Matratzenschoner.

- ☐ Häufiges Saugen des Caravans, der Polster ringsum, aller Ecken auch in den Stauräumen im Schlafbereich und der Matratzen. Dabei sollte nicht die allergische Person saugen, sondern ein Gesunder und möglichst dabei den Staubsauger vor dem Caravan aufstellen. Im Innenraum nur mit dem Schlauch saugen wegen der milbengeschwängerten Abluft des Saugers, auch wenn dieser einen Feinfilter hat.

- ☐ Regelmäßiges Waschen der Bettwäsche, der Oberbetten und der Kopfkissen bei mindestens 60 Grad C.

- ☐ Bettwäsche und Betten aus waschbarem Synthetikmaterial verwenden

- ☐ Allergen- und milbendichte Spezialunterlagen auf den Matratzen aus vinylbeschichteter Baumwolle, einer Klimamembran oder einem Spezialgewebe verwenden, die den Allergenkontakt zum Schläfer hemmen oder im besten Fall vermeiden.

- ☐ Austausch der Teppiche gegen Allergikerware aus Kunstfaser oder gegen wischbare Bodenbeläge.

- ☐ Verbesserte Hygiene durch abwischbare und wasserdichte Oberflächen

- ☐ Gesundes Schlafklima ohne Feuchte- und Hitzestau schaffen

Auskünfte über Allergien und Maßnahmen erteilt:

Deutscher Allergie- und Asthmabund e.V. (DAAB)
Hindenburgstraße 110, D-41061 Mönchengladbach
Ausführliche Informationen auch im Internet.

### Gesunder Schlaf

Ein Drittel seines Lebens, und damit auch seines Urlaubs, verbringt der Mensch im Bett. Nicht, um die Zeit totzuschlagen, sondern zur Wiederherstellung seiner geistigen und körperlichen Schaffenskraft. Gerade im Urlaub, der zum Erholen vom Alltagsstress dienen soll, ist gesunder Schlaf besonders wichtig. Mit einem auf den Leib geschnittenen Bett ist dies eine leichte Übung.

### Matratze als Komfortunterlage.

Dem Fakir reicht ein Nagelbett. Dem Erholung suchenden Urlauber muten die Kalkulatoren der Reisemobilindustrie oft ähnliches in abgemilderter Form zu: Einfache Schaummatratzen mit niedrigem Raumgewicht und sehr hoher Stauchfestigkeit, dadurch möglichst dünn und damit billig einzukaufen. Auch Federkernmatratzen beinhalten oft nur ein paar wenige Federkerntaschen im Schaum, Hauptsache, der Prospekt kann wahrheitsgemäß auf »Federkernmatratzen« hinweisen. Als Unterlage dient ein preisgünstiger Lattenrost mit harten Federleisten und viel zu breitem Leistenabstand, man weiß ja, dass »hartes Liegen gesund ist«. Dieses Ammenmärchen stammt noch aus der Zeit, als harte Matratzen leichter und damit preisgünstiger herzustellen waren als weiche. Der Besuch in einem Spezialbetrieb für maßgeschneiderte Matratzen und Bettsysteme zeigt, dass es auch anders geht. Bettenberatungshäuser gibt es viele, die Wenigsten sind jedoch mit Betten in Freizeitfahrzeugen und den damit zusammenhängenden Sonderfällen vertraut. Deshalb gilt hier, vorher nachfragen. Das Wichtigste beim Neukauf einer Schlafausstattung ist neben der ausführlichen Fachberatung und ausgedehntem Probeliegen (in zwei Minuten Liegen mit Daunenjacke und Stiefeln kann man keine Matratze testen) die Maßanfertigung auf den jeweiligen Schläfer. Maßanfertigung bedeutet hier nicht Länge und Breite der Liegestatt, sondern die unterschiedlichen Härtezonen einer Matratze korrekt so anzuwenden, dass sowohl in Seiten- als auch in Rückenlage die Wirbelsäule immer ihrer Ideallinie einnimmt und nicht verkrümmt. Nur so können sich die Bandscheiben erholen und am nächsten Tag wieder ihre Pufferfunktion erfüllen. In Rückenlage muss dabei die Wirbelsäule ein Doppel-S, in Seitenlage eine Gerade bilden. Dies gelingt nur mit hochwertigen Schaum- oder Latexmatratzen, die unterschiedliche Härtezonen aufweisen. Und gerade die müssen individuell auf den Schläfer abgestimmt werden.

Neben den unterschiedlichen Härtezonen gehört zu einer guten Matratze noch, dass sie atmungsaktiv, luftdurchlässig und Feuchte regulierend aufgebaut sein soll. Dies gelingt nur mit hochwertigen, unter Vakuum hergestellten Latexschäumen. Dazu kommt hier noch eine ebenfalls maßgeschneiderte Auflage zwischen Schaum und Bezug. Hier kann gewählt werden zwischen klimatisierenden und Feuchte regulierenden Fasern, die meist kombiniert werden und auch wieder die individuellen Bedürfnisse der Schläfer berücksichtigen.

### Auch der Unterbau ist wichtig

Zu Recht heißt es »Bettsystem«, zu einer guten Matratze gehört ein abgestimmter Unterbau. Hier gibt es unterschiedliche Systeme, die wiederum am Besten der Fachmann dem Schläfer und der ausgesuchten Matratze zuordnet. Gute Lattenroste sind mit verstellbaren Härtezonen und engen Lattenabständen ausgerüstet, die eine individuelle Anpassung erlauben. Dabei stimmen Schieber an den Federlatten die Vorspannung und damit Härte auf den Schläfer ab.

■ **In der Härte verstellbarer Lattenrost.**

Noch bessere Anpassung erlauben Unterbauten mit Einzel-Federelementen aus Kunststoff in unterschiedlicher Härte und Komfortausstattung. Diese Unterfederungssysteme bilden ein leichtes und punktelastisches Liegsystem für tollen Komfort unterwegs. Sie können jederzeit individuell dem vorhandenen Bettenmaß angepasst und nachgerüstet werden. Ideale Unterlage ist eine glatte Holzplatte, wie sie bei Festbetten unter Heckgaragen oft als Standard anzutreffen ist.

Da der Mensch innerhalb einer Nacht rund einen halben Liter Flüssigkeit verliert, die bei direktem Kontakt der Matratze zum Untergrund, Holzplatte oder kunststoffbeschichtete Tischplatte der Dinette, nicht entweichen kann, ist hier eine Matratzenunterlage angesagt, die Schimmelbildung und Geruchsbelästigung vorbeugt. Auch beim Umbau von Sitzgruppen in Festbetten hat man mit Federelementen die ideale Unterlage. Eine glatte Sperrholzplatte mit entsprechenden Verstärkungsleisten auf die

■ **Unterbauten aus unterschiedlich harten Federelementen bieten hervorragenden Liegekomfort.**

Sitztruhen montiert, darauf die Federsysteme und eine maßgeschneiderte Matratze, Pech für den, dem das gute Bett zu Hause das Ende des Urlaubs versüßen soll. Er wird sich bald nach seinem Reisemobilbett zurücksehnen, oder sein häusliches Bett ebenfalls umrüsten.

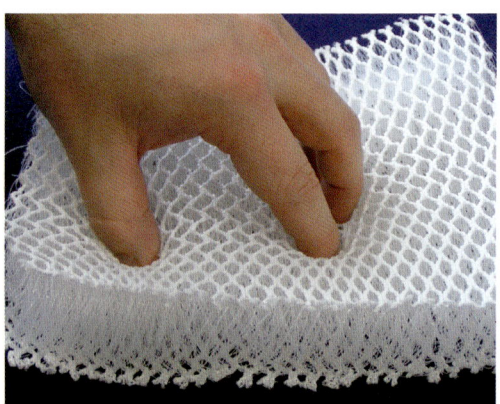

■ **Dreifache Wirkung: Die Matratzenunterlage Prima Klima von der Traumfabrik ersetzt dank großer Federwirkung den Lattenrost und spart damit Gewicht. Außerdem wird die Matratze gut unterlüftet. Sie ist in verschiedenen Dicken erhältlich.**

### Hier spricht die Brieftasche

Vor dem Bettgehen wird die Brieftasche zur Seite gelegt. Sie wird also nie den Unterschied zwischen gutem und schlechtem Liegen zu spüren bekommen. Wohl aber den Kauf eines Maßsystems. Aber ist ein gutes Bett nicht wichtiger als ein Fernseher mit teurem Flachbildschirm, den man sich mangels gutem Schlaf für das Reisemobil anschafft und der ungefähr das gleiche kostet wie ein gutes Bett?

Unterfederungssysteme in unterschiedlicher Härteauslegung kosten ohne Unterlage je nach Komfortstufe etwa 77,- bis 120,- Euro pro Quadratmeter, also für ein 140 cm breites Doppelbett zwischen 215,- und 335,- Euro. Auch bei den Matratzen ist eine deutliche Spanne, je nach Ausstattung und Komfort, aber immer in angepasster Härte für Rückengeschädigte oder solche , die dies nicht werden wollen, von 150,- bis hin zu 360,- für hochelastische Multizonen-Speziallatexmatratzen, jeweils pro qm. Eine Matratze für das Beispielbett kommt also auf 420,- bis stolze 1.000,- Euro für das Beste, was man seinem Rücken antun kann. Rechnet man eine durchschnittliche Lebensdauer für Reisemobil und Bettsystem von zehn Jahren und jeweils angenommenen 30 Tagen Nutzung im Jahr, bedeutet gesunder Schlaf und ein erholtes Kreuz gerade mal zwischen 1,- und 2,20 Euro pro Nacht und Schläfer für ein gesundheitsbewusstes Paar. Ist das zu viel für gute Erholung in den schönsten Wochen des Jahres?

■ **Das gleiche Produkt mit 5 mm Dicke sorgt als Matratzenüberzug für gute Entfeuchtung während des Schlafs.**

## Expertentipp: Schlafen mit System

■ Experte Sven Maier ist Chef des Matratzen- und Bettenausstatters Traumland in Bad Boll.

Unzählige Gespräche mit Rückengeschädigten, darunter auch vielen Campingfreunden, haben immer wieder eines gezeigt: Der eigene Körper ist unbestechlich. Alles was wir ihm zumuten, wird irgendwann quittiert. Dies gilt besonders für die oft mäßigen Schlafausstattungen im Reisemobil und im Caravan. Dennoch kann man in den schönsten Wochen des Jahres auch dem eigenen Rücken etwas Gutes zu tun. Was gehört zu einer gesunden Schlafausstattung für Unterwegs? Wie beim Hausbau fängt man mit der Basis, in diesem Fall, der Unterfederung der Matratze an. Wenn Sie sich für einen herkömmlichen Lattenrost entscheiden, sollten die Leisten schmal (maximal 3,5 cm) sein und einen geringen Abstand zueinander haben (maximal 3 cm). Zusammen mit einer flexiblen Lagerung der Leisten ist so eine gute Körperanpassung gewährleistet. Testen Sie, ob Sie die einzelnen Leisten gut mit der Hand kippen können damit sie sich richtig anpassen können. Wichtig ist eine Härtegradregulierung, denn damit passen Sie den Lattenrost an Ihr Körpergewicht und Ihre individuelle Schlafhaltung an. Moderne Systeme bieten eine weiche Schulterzone für seitliches Schlafen. Sehr zu empfehlen sind die deutlich flexibleren Tellersysteme. Diese passen sich hervorragend an den Körper an und bieten zusätzlich eine optimale Unterlüftung des Schlafsystems. Sie können ebenfalls an das Körperge-

wicht und sämtliche Schlafgewohnheiten angepasst werden und sind einfach zu montieren. Besonderes Augenmerk sollten Sie der Auswahl der Matzratze schenken. Sie leistet den Hauptbeitrag für einen erholsamen und gesunden Schlaf. Federkernmatratzen gelten oft als hochwertig. Im Campingbereich sind sie aus fachlicher Sicht jedoch nicht mehr zu empfehlen, da die Anpassung der dort eingesetzten Typen meist zu wünschen übrig lässt. Zu empfehlen sind besonders hochwertige Schaummatratzen oder spezielle auf den Campingbereich abgestimmte Latextypen. Sie verfügen über eine gute Belüftung und eine hervorragende Anpassungskraft an den Körper. Achten Sie auf eine Zonierung der Matratze, so können Sie auch gut auf der Seite schlafen und haben im Hüft- und Lendenwirbelbereich genügend Unterstützung. Ein Qualitätsmerkmal von Matratzen ist das Raumgewicht. Sparen lohnt sich hier nicht. Die Matratze sollte mindestens ein Raumgewicht (RG) von 40 kg haben. Je höher dieses ist, desto länger hält die Matratze. Die Festigkeit sollten Sie so wählen, dass Sie nicht durchhängen aber die Matratze gut am ganzen Körper anliegt. Eine zu harte Matratze führt dazu, dass Sie nachts sehr unruhig schlafen und unter Umständen Durchblutungsstörungen in den Armen oder Händen auftreten. Saum und Latex sind besonders für Allergiker geeignet. Wichtig ist für Allergiker ein waschbarer Matratzenbezug, der nach dem Urlaub auch in einer Haushaltswaschmaschine gewaschen werden kann Das gleiche gilt für die Zudecken und Kissen. Besonderes zu empfehlen sind knöpfbare Decken gefüllt mit einer leichten Hohlfaser. Sie bieten einen hohen Schlafkomfort und sind sehr Temperatur ausgleichend. So können Sei auf Temperaturschwankungen schnell reagieren und haben eine allergikerverträgliche Schlafausstattung. Eine ausführliche fachliche Beratung hilft Ihnen die richtige Wahl zu treffen. Mit einer auf Sie abgestimmten Schlafausstattung verbringen Sie nicht nur die schönsten Tage, sondern auch die schönsten Nächte unterwegs.

# Zubehör

## Zubehör richtig einkaufen

Rund zehn Prozent des Fahrzeugneupreises – bis zu 4.000,- Euro – investieren Reisemobilkäufer durchschnittlich in Zubehör, beim Selbstbau ist der Prozentsatz naturgemäß erheblich noch höher.

Ein lukratives Geschäft für Hersteller, Händler und Zubehörausrüster. Für den Käufer stellt sich die Frage was, wie und wann. Dabei ist es wichtig, sich über die Bedürfnisse am und im Mobil klar zu werden. Viele sinnvolle Zubehörwünsche wie beispielsweise eine Markise oder eine Solarnachrüstung entstehen erst nach praktischen Erfahrungen mit dem Mobil im Urlaub.

## Zubehör für das Basisfahrzeug – eine einfache Angelegenheit

Beim Basisfahrzeug ist die Frage nach Zubehör recht einfach: Hier kann und muss beim Kauf schon gezielt auf die Ausstattung mit Komfortmerkmalen wie Automatikgetriebe, Geschwindigkeitsregler, Fahrzeugklimaanlage, Sicherheitsausrüstung wie ABS oder Airbags oder Zubehör wie Anhängekupplung geachtet werden. Der Fahrzeugzubehörhandel oder Spezialausrüster wie zum Beispiel Waeco decken modellspezifisch alle weiteren Wünsche für Zubehör am Basisfahrzeug ab, teilweise können einfache Nachrüstungen wie elektrische Scheibenheber oder Tempomaten mit ausführlichen Anleitungen bei handwerklichem Geschick selbst ausgeführt werden.

## Tipp

*Nachrüstungen, die in sicherheitsrelevante Teile eingreifen, die Allgemeine Betriebserlaubnis ABE tangieren oder eventuell die Gewährleistungsbedingungen des Fahrzeugs beeinflussen, müssen von einer Fachwerkstatt oder der Niederlassung des Herstellers ausgeführt werden.*

## Zubehör für den Auf- und Ausbau – verwirrendes Angebot erfordert Beratung

Nicht ganz so einfach stellt sich das Angebot für den Auf- und Ausbau dar. Die Suche nach dem passenden Zubehörteil kann zu einer zeitaufwändigen Arbeit werden. Hat man das gewünschte Teil ausgesucht, sollte man sich über das Zubehörteil in Fachzeitschriften oder beim Hersteller informieren. Ist dann die Entscheidung gefallen, stehen für den Einkauf selbst drei Möglichkeiten zur Wahl: Einmal der Besuch im Zubehörladen eines Händlers, dann eine Bestellung aus einem Katalog und schließlich der Einkauf im Internet.

Der Kauf beim Händler vor Ort hat den Vorteil, dass man dort von Fachpersonal umfassend beraten wird, das gewünschte Produkt vorher in die Hand nehmen und genau anschauen kann, auf Schnäppchen- und Restpostenjagd gehen sowie ggf. über Preise und Rabatte verhandeln kann. Nachteil: Nicht jeder Händler hat alle Produkte auf Lager. Vorteil: Meist kann der Händler auch für einen fachgerechten Ein- oder Anbau sorgen, und darüber hinaus gibt es bei ihm für die Montage natürlich auch die gesetzliche Gewährleistung.

## Kataloge schaffen Übersicht und Transparenz

Wesentlich bequemer geht es, wenn man bei einem guten Tropfen am heimischen Couchtisch genussvoll in den Katalogen der Zubehörlieferanten stöbern kann. In den schwergewichtigen Wälzern mit bis zu 520 Seiten bieten Versender wie Camping Profi, Fritz Berger, Frankana/Freiko, Movera oder Reimo und die Zubehörkataloge der Reisemobil-Hersteller eine Auswahl von bis zu 12.000 Produkten aus den Bereichen Caravaning, Camping, Freizeit und Outdoor an. Aber Achtung: Nicht alle Artikel werden auch verschickt, besonders gekennzeichnete Produkte müssen bei einer Niederlassung abgeholt werden. Die Versandkosten und -bedingungen der einzelnen Versender variieren beträchtlich, hier sollte man genau vergleichen.

◼ **Die Kataloge der großen Zubehörhändler sind umfangreiche Werke und bieten alles, was das Herz begehrt.**

◼ **Zubehörangebot im Internet: Bequemes Einkaufen zu jeder Zeit.**

## Bei Internetkauf auf Geschäftsbedingungen achten

Die großen Versender stellen auch eine große Auswahl an Produkten in ihren Internet-Shops zum direkten Bestellen bereit. Als Tipp: Zur Sicherheit einmal vorab in die Allgemeinen Geschäftsbedingungen schauen und diese gegebenenfalls vor dem Kauf herunterladen und ausdrucken, um eventuelle Veränderungen zwischen Kauf und Lieferung dokumentieren zu können. Auch für den Einkauf per Internet gelten immer die dann gerade aktuell hinterlegten Geschäftsbedingungen. Bei Bestellungen im Netz müssen die AGBs, zum Beispiel ein 14-tägiges Rückgaberecht mit Geld-zurück-Garantie für den gekauften Artikel und die Versandart und -konditionen enthalten.

## Bei Zubehör auf Markenqualität mit Garantie achten

Grundsätzlich ist bei allen Varianten des Zubehörkaufs wie bei jedem Einkauf ein ausgiebiger Preisvergleich angeraten, hier kann man für das gleiche Produkt schnell einige Euros sparen. Dennoch: Qualitativ hochwertiges Zubehör hat seinen Preis, wer möchte sich Schund und billigen Plastikkram aus Fernost an oder in sein teures Mobil schrauben? Also auch beim Zubehör auf bekannte Markenqualität mit Brief und Siegel, bzw. Gewährleistung setzen. Als Orientierung können Qualitätssiegel von TÜV und Dekra wie GS – geprüfte Sicherheit – oder Qualitätsplaketten von Fachverbänden und Brancheninstituten wichtige Kaufhinweise geben.

◼ **Gutes Zubehör ist an den bekannten Qualitätssiegeln zu erkennen.**

**Auktionsbörsen wie »ebay.de« bieten manchmal Zubehörschnäppchen.**

### Klein-Auktionär

Großer Beliebtheit erfreut sich mittlerweile auch der Kauf von Zubehör – neu und gebraucht – aus Internet-Auktionen wie beispielsweise »ebay.de«. Hier wird Zubehör, das man sich vorher mit ausführlicher Beschreibung und Bildern auf der entsprechenden Seite im Netz anschauen kann, in einer zeitlich limitierten, prickelnden Auktion mit dem Nervenkitzel des ständigen Bieten- und Überbietens regelrecht ersteigert. Nachteil: Es ist natürlich nie sicher, dass man den gewünschten Artikel letztlich auch – zu vernünftigen Konditionen – bekommt, das Steigern kann aber trotzdem viel Spaß machen.

### Vorsicht bei Selbstmontage

Wie beim Basisfahrzeug gilt auch beim Aufbau: Selbstmontage kann Gewährleistungen des Herstellers wie Dichtigkeits- oder Funktionsgarantien zum Erlöschen bringen. Deshalb vorher abklären, was ohne Folgen selbst montiert werden kann und was durch die Werkstatt des Händlers ausgeführt werden sollte. Das gilt besonders auch für Anbauteile mit Teilegutachten oder ABE wie zum Beispiel eine Anhängekupplung, die eine Vorführung bei einem Sachverständigen von TÜV / Dekra / GTÜ / KÜS sowie eine Eintragung in die Fahrzeugpapiere erfordern.

### Zubehörmontage und die Folgen

Ganz ohne Folgen bleibt eigentlich kein Zube-

hör am Fahrzeug: Ein Anbau wie eine Markise, ein Fahrradträger oder die Anhängekupplung erweitern die Außenmaße des Fahrzeugs, Ein- und Anbauten erhöhen das Leergewicht und reduzieren die Zuladung. Das ist ein Aspekt, den viele Mobilisten stark unterschätzen. Wie »schwer« Zubehör wiegt, kann aus der Gewichtstabelle oder den Zubehörkatalogen ersehen und addiert werden. Also, viel Zubehör bringt viel Gewicht – beim Zubehöreinkauf den Taschenrechner nicht nur zum Addieren der Kaufpreise nehmen, sondern auch die Zuladung und das Gewichtslimit des Mobils berechnen.

### Das wiegt Reisemobil-Zubehör:

| Artikel | Gewicht in kg |
| --- | --- |
| Abwassertank unterflur isoliert | 14 |
| zusätzliche Luftfederung | 38 |
| Anhängekupplung | 26 |
| Außendusche | 1 |
| Außenstauklappe | 1 |
| Automatikgetriebe Fiat Ducato | 44 |
| Automatik-Sprint Shift-Getriebe Mercedes | 20 |
| Autoradio rnit Navigationssystem und CD-Spieler | 3 |
| Backofen, Gas | 10 |
| Batterie zusätzlich, Gel, 80 Ah | 20 |
| Dachreling mit Heckleiter und Alu-Dachplattform | 25 |
| Einstiegstufe elektrisch, einstufig | 12 |
| Ersatzradhalterung unterflur | 7 |
| Fahrerhaus-Klimaanlage | 30 |
| Fahrradhalter für zwei Räder, Zuladung 50 kg | 9 |
| Falttrennwand statt Vorhang | 4 |
| Fliegenschutztür | 3 |
| Frontscheibenrollo und Vorhänge Fahrerhaus | 4 |
| Fußmatten Fahrerhaus | 3 |
| Gasfernschalter Truma | 1 |
| Gassteckdose | 1 |
| Gaswarner | 1 |
| Geschirrspülmaschine | 18 |
| Geschwindigkeitsregler | 2 |

| | |
|---|---|
| Heckgarage mit Klappe | 20 |
| Heckrundsitzgruppe statt Doppelbett | 15 |
| Klappbett zusätzlich | 20 |
| Klimaanlage 12 Volt für Wohnraum | 15 |
| Kühlschrank / Froster 135 statt 103 l | 30 |
| Markise 3,0/3,5/4,0 Meter | 25/30/40 |
| Mikrowelle | 10 |
| Motorradhalter absenkbar, Zuladung 100 kg | 54 |
| Motorradhalter ausziehbar, Zuladung 100 kg | 26 |
| Rückfahr-Videoanlage | 4 |
| Satellitenanlage komplett | 19 |
| Schmutzfänger hinten | 0,5 |
| Sicherheitsschloss Aufbautür | 0,5 |
| Solaranlage 2 x 50 W komplett | 15 |
| Teppichboden im Wohnraum | 8 |
| Tischverlängerung /-verbreiterung | 2 |
| Triomatic mit Fernanzeige, Eis Ex | 2 |
| TV-Auszug mit Drehkonsole | 2 |
| Unterflurschubkasten 48/91 cm breit | 12/17 |
| Vorzeltleuchte | 0,5 |
| Winkelsitzgruppe statt Gegensitzgruppe | 8 |

Quelle: Hymer-Preisliste 2009

**Modernste Lagertechnik beschleunigt die Lieferung der Online-Bestellung.**

## Expertentipp: Stöbern und bestellen auch nach Ladenschluss

**Karsten Neumann ist PR-Manager beim Zubehör-Spezialisten Frankana.**

Seit Frühjahr 2008 ist die neue Homepage von Frankana online. Hier können alle Artikel aus dem aktuellen Sortiment genau betrachtet werden — auf nutzerfreundliche und praktische Weise. Auch die Bestellung über den Fach-

händler wird über die Internetseiten erleichtert. »Zwei Jahre haben wir an unserem neuen Online-Auftritt gearbeitet. Unser Ziel war es, auch online mit unseren Fachhändlern bestmöglich kooperieren zu können«, sagt Karsten Neumann, PR-Manager von Frankana.

Mit der überarbeiteten Homepage bietet Frankana den Händlern wie auch den Endkunden eine bequeme Möglichkeit, sich detailliert über Camping- und Freizeitartikel zu informieren. »Wir haben damit ein Konzept gefunden, das unseren Kunden fachlichen Rat zur Verfügung stellt«, sagt Neumann und erklärt die einfache Handhabung: »Die Navigationsleiste an der Seite strukturiert das Angebot und vereinfacht das Surfen. Dabei sind die einzelnen Rubriken durch unterschiedliche Piktogramme und farbliche Absetzungen eindeutig gekennzeichnet.« Die Abbildungen und Schlagworte orientieren sich hierbei am plastischen Inhaltsverzeichnis des Frankana Katalogs.

### Umfassende Produktinformationen

In der Artikelauswahl findet sich eine Kurzbeschreibung jedes Produkts. Neben der Artikelnummer und -beschreibung erfährt der Nutzer wichtige Eckdaten wie etwa Größe, Gewicht, Packmaß, Farbe oder Material und natürlich auch den Preis. Fotos aus unterschiedlichen Perspektiven oder Nahaufnahmen vermitteln dem

User ein konkretes Bild vom Produkt. Darüber hinaus gibt es auch eine Freitextsuche, um unter Schlagwörtern nach Produkten zu suchen, sowie eine Rubrik für aktuelle Neuheiten und Informationen.

### Der Händler steht weiter beratend zur Seite

Ist der Kunde fündig geworden, so wählt er einfach den Frankana-Fachhändler aus, bei dem er die Ware anliefern lassen möchte. »Dann können wir die Produkte einfach und zeitnah an den Fachhändler liefern. Und der Endkunde kann schließlich bei seinem Händler in der Region die Ware beziehen«, ergänzt Neumann. So kann der Camper rund um die Uhr in der Online-Auswahl von Frankana stöbern und macht sich unabhängig von Ladenöffnungszeiten. Gleichzeitig kann er weiterhin auf die fachkundige Beratung seines vertrauten Händlers setzen und wie gewohnt über ihn die Ware beziehen.

### Vorzelte, Sonnendächer und Markisen

### Vorzelte sorgen für mehr Wohnkomfort beim Standurlaub

Ein Reiseurlaub verlangt alles, nur kein Vorzelt. Ein Standurlaub ohne Vorzelt ist nur die halbe

■ Leichte, freistehende Vorzelte sind gerade für Campingbusse als Wohnraumvergrößerung ideal.

Miete. Ein Winterurlaub ohne Vorzelt ist undenkbar. Wieder einmal sorgt die Art des Urlaubs und die Gewohnheiten für oder gegen ein Zubehör zum Reisemobil.

Besonders kleine Mobile, allen voran die Campingbusse, kommen für den längeren Aufenthalt auf dem Campingplatz ohne Vorzelt nur schwerlich aus. Da tagsüber mit dem Mobil die Gegend erkundet werden soll, sind freistehende, möglichst leichtgewichtige Vorzelte, die über einen Tunnel mit dem Mobil verbunden sind und eine verschließbare Rückwand haben, von Vorteil. Darin können während der Abwesenheit die Campingmöbel verstaut werden, der schön gelegene Stellplatz ist Abends nach der Rückkehr auf den Platz noch frei und während der Fahrt nehmen sie wenig Platz und Zuladung weg. Solche leichten Zelte sind im Zubehörhandel in verschiedenen Ausführungen vorrätig. Auch Heckzelte, die an der geöffneten Heckklappe befestigt werden, gehören zu dieser Spezies. Zwar sind diese nicht freistehend, müssen also zum Wegfahren abgebaut werden, aber das geht schnell und der zusätzliche Raum im Heck ist als Umkleide-, als Toiletten- und Duschzelt oder auch nur als Vergrößerung des Luftraums im Mobil ideal.

### *Materialien der Vorzelte und die richtige Pflege*

Moderne Vorzelte sind durchweg aus synthetischen Materialien hergestellt, die allen Witterungen trotzen und bei pfleglicher Behandlung eine Lebensdauer bis zu 15 Jahren erreichen. Natürlich ist der Dachbereich besonders sensibel und so kommen hier hauptsächlich hochfeste Polyestergarne zum Einsatz. Verschiedene Kunststoffbeschichtungen, zum Teil auf beiden Seiten, versiegeln quasi das Gewebe. Dadurch ist es absolut wasserdicht, lichtecht und verrottungsfrei. Nachteilig ist allerdings die Schwitzwasserbildung sowie das relativ hohe Gewicht von bis zu 580 Gramm pro Quadratmeter. Leichter sind dagegen die einseitig beschichteten Polyestergewebe, die ebenfalls synthetisch sind und zudem den textilen Charakter unter-

streichen. Leacril und Dolan heißen die spinn-
düsengefärbten Markenfasern, die besonders
farbecht und atmungsaktiv sind. Intensive Im-
prägnierung und hohe Verrottungsfestigkeit machen das Gewebe sehr widerstandsfähig und
langlebig. Airtex und Trailtex sind ebenfalls
synthetische Materialien, die überwiegend für
die Seiten- und Vorderwände verwendet werden. Das sehr leichte Gewebe (170-240
Gramm pro Quadratmeter) eignet sich hervorragend für den Reiseeinsatz, da es außerdem
knickbeständig ist und das häufige Auf- und
Abbauen ohne Materialermüdung übersteht.

### Auf die Naht kommt es an

Wichtig sind auch die Nähte, die normalerweise aus einer Kombination von Nähen und
Schweißen bestehen. Hochwertigkeit und Haltbarkeit der Nähte ist auch abhängig von der
Qualität des verwendeten Fadens. Eine optimale Verbindung der Materialen ist die sogenannte Kappnaht. Hierbei werden die Schnittkanten
der Stoffbahnen ineinander gefaltet und doppelt genäht. Auf einfache Weise wird so erreicht, dass das Wasser nach unten abfließt
und nicht in den Zwischenraum der beiden
Bahnen dringen kann, was sonst unweigerlich
zu Stockflecken führen kann und ein Zelt auf
Dauer unbrauchbar macht. Herzstück eines
Vorzeltes ist das Gerüst, wobei in der Regel ein
verzinktes Stahlrohr zum Einsatz kommt. Für
Dauercamper empfiehlt sich ein Durchmesser
von 32 Millimeter, damit der Zusatzraum auch
allen Witterungsbedingungen Stand hält. Für
alle Camper, die mit ihrem Reisegewicht haushalten müssen, sollten auf ein dünneres Stahl-
rohrgerüst oder auf ein Alu-Gerüst ausweichen,
welches jedoch wegen des größeren Durchmessers mehr Stauvolumen in Anspruch nimmt.
Zu beachten ist auch der Mehrpreis, der je
nach Zeltgröße bis zu 200,- Euro betragen
kann. Leicht und völlig rostfrei sind Gestänge
aus Glasfiber, die aber hauptsächlich für die
leichten Bus- und Reisevorzelte verwendet werden.

■ **Ein Heckzelt wird an der geöffneten Heckklappe
befestigt und vergrößert den Lebens- und Luftraum mit
einfachen Mitteln.**

### Regelmäßige Pflege zahlt sich aus

Wer mit seinem Vorzelt pfleglich umgeht, verlängert die Lebensdauer. Dazu gehört das regelmäßige Reinigen, unter Beachtung der jeweiligen Herstellerhinweise. Klares Wasser, Tuch
und Bürste reichen bei stetiger Pflege zumeist
aus. Bei beschichtetem Gewebe kann auch bei
starker Verschmutzung ein fettlösendes Spülmittel dem Wasser beigemischt werden. Fensterfo-
lien werden grundsätzlich nur mit klarem Wasser und weichem Lappen gereinigt. Reißverschlüsse sollten hingegen mit einem handelsüblichen Reißverschlussspray behandelt werden.
Eine Todsünde sollte man auf jeden Fall vermeiden: Das Zelt nass oder feucht einzupacken.
Lässt sich das bei der Abreise dennoch nicht
vermeiden, ist eine umgehende Trocknung zu
Haus unbedingt erforderlich.

### Auf qualifizierte Beratung achten

Oberstes Gebot beim Vorzeltkauf ist eine fachkundige Beratung sowie eine Vergleichsmöglichkeit der verschiedenen Modelle. Das kostet
zwar viel Zeit und Mühe, erspart aber den zumeist unnötigen Ärger hinterher. Nur wer das
richtige Zelt mit der richtigen Qualität für den
richtigen Verwendungszweck kauft, wird daran
langfristig seine Freude haben. Auch die fach-
lich qualifizierte Einweisung und der Probeaufbau sollten nicht fehlen.

## Checkliste – Vorzeltkauf

- ☐ Qualifizierte Beratung beim Fachhändler oder Hersteller
- ☐ Verwendung und Nutzung auf den individuellen Anspruch abstimmen
- ☐ Vergleichsmöglichkeit von Qualität und Preis
- ☐ Auswahl an Katalogen, Stoff- und Farbmustern
- ☐ Zelt im aufgebauten Zustand begutachten
- ☐ Erweiterungs- und Variationsmöglichkeiten
- ☐ Ausreichende Belüftungsmöglichkeiten
- ☐ Kleine Sprünge bei den Umlaufmaßen bzw. Zeltgrößen
- ☐ Reparaturmöglichkeit und Service seitens Händler oder Hersteller
- ☐ Sind Sonderwünsche möglich
- ☐ Garantieleistungen
- ☐ Standardausrüstung inkl. Wind- und Radblenden, Abspannleinen, Erdnägeln, Häringen, schraubenfreien Beschlägen und Packsäcken
- ☐ Verpackungsinhalt sofort auf Vollständigkeit prüfen
- ☐ Probeaufbau vor der ersten Urlaubsreise

### Sonnendächer und Markisen

Gibt es etwas Schöneres, als im Urlaub vor dem Reisemobil zu sitzen, bei einem Glas Wein der Region, ohne Angst vor einem Sonnenstich, weil die Markise wohltuenden Schatten wirft und trotzdem den leichten Wind, der vom See her weht, nicht abwehrt?

### Schnelle Schattenspender

Wer auf seiner Urlaubsreise häufiger den Standort wechselt oder für kurze Trips sein zumeist schweres Vorzelt aus Gewichts- und Arbeitsgründen Zuhause lässt, sollte seine Campingausrüstung unbedingt um ein Sonnendach oder eine Markise ergänzen. Gerade in südli-

chen Gefilden kommt man ohne ein schatten-spendendes Zusatzdach kaum aus und wenn dennoch mal ein Regenschauer einsetzt, sind die Campingmöbel schnell unter dem schützen-den Dach verstaut. Grundsätzlich sind die Son-nendächer in zwei Gruppen einzuteilen. Zum einen die Universellen in unterschiedlichen Brei-ten, jedoch unabhängig von der Mobilgröße und zum anderen die speziell angepassten Dä-cher, die sich aus der Vorzeltschienenlänge des Reisemobils ergeben.

### Einfache Sonnendächer

Die universellen Sonnendächer werden einfach in die Kederschiene eingezogen und an zwei oder drei Aufstellstangen abgespannt. Dabei kann die Dachneigung je nach Sonneneinstrah-lung oder Witterung mit den Teleskopstangen variiert werden. Wegen der blitzschnellen Montage empfiehlt sich diese Variante beson-ders für diejenigen, die während ihrer Reise häufiger den Standort wechseln. Ein weiterer Vorteil ist das leichte Gewicht (je nach Größe 3-8 kg) und der geringe Platzbedarf. Manche Sonnensegel können zudem mit einer Seiten-wand ausgestattet werden, die lästigen Wind abhält.

Eine Besonderheit bietet Reimo mit der Sonnen-dachbefestigung Unirail an. Mit diesem neuarti-gen Befestigungssystem können Sonnendächer an allen glatten Stellen befestigt werden. Dazu wird mittels zwei Hochleistungssaugern eine Kederschiene am Fahrzeug, meist an den glat-ten Seitenwänden des Kastenwagendachs, be-festigt und darin ein beliebiges Sonnendach eingezogen. Zum Abbau werden die Sauger mit Schnellverschluss geöffnet und die Schiene in drei Teile zerlegt.

### Markisen

Solche Schattenspender werden immer belieb-ter und gehören zunehmend zur Serienausstat-tung neuer Mobile. Hier sind sie teilweise Be-standteil der Kantenleisten zwischen Seiten-wand und Dach und verschwinden so fast un-sichtbar. Für die Nachrüstung ist ein umfangrei-ches Sortiment lieferbar. Dazu kommen bei vie-len Typen noch die Zubehörteile, durch die Markisen bis hin zum kompletten Vorzelt aufge-rüstet werden können. Gegenüber den einfa-chen Sonnendächern werden die Markisen fest am Fahrzeug angebracht und am Standort kurz mal ausgerollt. Typen mit Showeffekt lassen dies auch schon mal durch einen integrierten

■ **Leichte Sonnen-segel werden mit angenähtem Kederprofil schnell in der Dachrinne des Campingbus-ses befestigt und über zwei Tele-skopstangen mit Zeltschnüren auf-gestellt. Mit optio-naler Seitenwand halten sie auch noch den Wind ab.**

Elektromotor erledigen, der Rest mit einer Kurbel und wenigen Umdrehungen. Den Markisenmarkt teilen sich heute hauptsächlich die Firmen Dometic, dwt, Fiamma, Omnistor und Prostor by Brustor untereinander auf. Alle Anbieter halten eine große Modellvielfalt für nahezu alle Einsatzbereiche bereit. Besonders groß ist die Auswahl an Halterungen, mit denen die Markisen je nach Fahrzeug und Kundenwunsch auf dem Dach, an der Seitenwand oder am Übergang Dach / Seitenwand befestigt werden kann. Eine Besonderheit ist hierbei die Omnistor-Caravan von Fiamma, die natürlich auch für Reisemobile benutzt werden kann. Diese von Hand ausrollbare Markise ist in einer PVC-Hülle mit durchgehendem Reißverschluss verstaut, die mit einem angenähten Keder in die Vorzeltschiene eingezogen wird und auch während der Fahrt dort verbleibt. Sie ist schnell aufgebaut und kann sogar mit Seiten und Frontwänden bis zum kompletten Vorzelt erweitert werden. Dies ist auch einer der vielen Vorteile der Markisen aller Fabrikate. Damit kann man auf Reisen entweder nur schnell mal die Markise ausrollen, bei Wind eine oder zwei Seitenteile einfädeln oder zum Langzeiturlaub das komplette Vorzelt aufbauen. Zum Brötchenholen geht's dann allerdings mit dem Fahrrad, da diese Vorzelte nicht freistehend sind.

■ Die Abmessungen des Reisemobils bestimmen die Größe der Markise, bis zu der nachgerüstet werden kann.

■ Eine Besonderheit ist die Omnistor Caravan, die in ihrem PVC-Sack in die Vorzeltschiene eingezogen wird und dort verbleibt. Im Sack sind sämtliche Aufstellstangen und die Markise zum Handaufrollen verstaut.

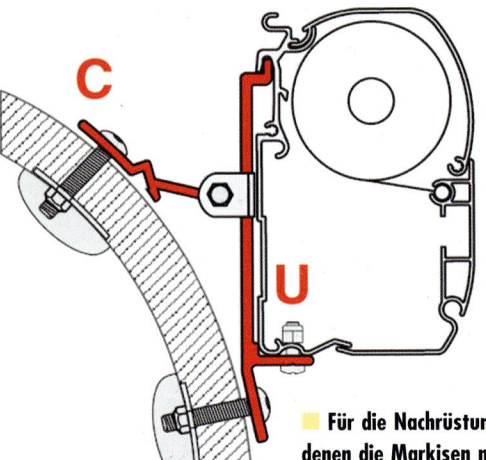

■ Für die Nachrüstung gibt es für alle Fahrzeuge passende Halterungen, mit denen die Markisen mit ihrem Gehäuse montiert werden.

■ Manche können von Markisen gar nicht genug bekommen.

## Expertentipp: Vorzelt und Markise fit gemacht

■ Experte Claus Winneknecht ist Geschäftsführer des Zelte- und Markisenherstellers DWT.

Wird das Vorzelt nach der Winterpause erstmals wieder »auf die Beine« gestellt oder die Markise ausgefahren, sind die Sünden der Sommersaison oft deutlich zu sehen. Eine gründliche Überholung ist deshalb jetzt und nicht erst zwei Tage vor Reisebeginn angesagt.

### Klares Wasser schont die Umwelt und reinigt gut

Mit klarem Wasser ist Schmutz und Flecken auf der Zeltbahn oder Markise ganz gut beizukommen. Werden dennoch Reinigungsmittel eingesetzt, unbedingt darauf achten, dass sie umweltverträglich sind, sie schonen die Umwelt und das Zelt- oder Markisenmaterial. Für nicht beschichtetes Gewebe wie Baumwolle oder Mischgewebe aus Polyester und Baumwolle gilt: Trocken ausbürsten. Ein regelmäßiges Ab- und Ausbürsten des Zeltgewebe empfiehlt sich auch während des Zeltgebrauchs, denn durch Feuchtigkeitseinfluss sind die Bakterien allge-

mein die Ursache und Auslöser für spätere Stockflecken. Und der Aufwand, die Zeltwände abzubürsten, ist wirklich gering. Ausbürsten aber bitte nur in trockenem Zustand. Bei Flecken hilft lauwarmes Wasser mit Kernseife oder Neutralreiniger. Einfach mit der Hand auswaschen und – falls erforderlich – die Stelle später wieder imprägnieren. Beschichtetes Gewebe am besten mit warmem Wasser, PVC-Reiniger und einer weichen Bürste säubern. Dann mehrmals mit klarem Wasser ausspülen. Wichtig ist, dass die Seife rückstandslos aus dem Zeltgewebe entfernt wird. Denn Rückstände würden ebenfalls eine Flecken-/Pilzbildung fördern. Von einem »alten Hausmittel« wird dringend abgeraten: Spiritus. Er bringt zwar zu Anfang bei matten Scheiben im (Markisen-) Zelt wieder Durchblick, aber die so wertvollen Weichmacher in den Folien gehen verloren, die Folie härtet vorzeitig aus und wird brüchig.

Bevor scharfe chemische »Keulen« eingesetzt werden, bitte einmal kurz auf die Pflegeanleitung schauen: Diese Mittel können die Plane schädigen oder zerstören, ein Garantieanspruch erlischt bei ihrer Verwendung. Sind Zelt oder Markise feucht verpackt worden, ist es möglich, dass im Winterlager Pilzbefall oder Stockflecken auftreten. Kein Problem: Mit einer dreiprozentigen Natronlauge werden beschichtete Zelte und Markisen zumindest optisch wieder einigermaßen fit. Aber Achtung: Einen einmal vorhandenen Stockflecken, aber auch Pilz, kann nie wieder restlos aus einem Gewebe entfernt werden. Ist er erst einmal vorhanden, dann bleibt er für immer. Der Einsatz von Natronlauge hilft zwar der optische »Entschärfung«, die »Wurzel« jedoch bleibt und der Flecken/ Pilz kehrt nach kurzer Zeit zurück. Ebenso kann keine pauschalisierte Aussage zur Pflege von Materialien gegeben werden, existiert doch eine Vielzahl unterschiedlichster Gewebe in einem Zelt oder an einer Markise. Wichtig ist dabei, die Zeltinnenseite vorher anzufeuchten! Aber bitte auf die richtige Mischung achten, denn mit konzentrierter Natronlauge kann gebeizt werden. Ist unbeschichtetes Gewebe stark »befallen«, hilft nichts mehr, die Stelle muss ersetzt werden.

### Der Reißverschluss muss laufen wie geschmiert

Wichtiges, aber anfälliges Teil am Vorzelt ist der Reißverschluss. Hier machen sich Qualitätsunterschiede sofort bemerkbar. Aber auch der beste Verschluss muss gewartet werden, damit er leicht öffnet und schließt. Neben einer Paste aus Silikon gibt es auch ein altes Hausmittel: Kerzenwachs. (Ein besonderes Augenmerk hat dabei der Reißverschluss-Schieber verdient. Er muss stets sauber gehalten werden. Sollte einmal ein Reißverschluss nicht ganz sauber und korrekt mehr schließen, dann kann ein leichtes und sorgsames Zusammendrücken des Schiebers bereits zu dem gewünschten Erfolg führen.)

Besondere Sorgfalt sollte auf die Pflege des Zeltgestänges gelegt werden. Stahlstangen können rosten, Alustangen laufen durch Kondenswasser leicht an, hier treten dunkle Stellen an der Gestängeoberfläche auf, haben aber keine nachhaltige Auswirkung auf die Stabilität. Zur Pflege kann ein harzfreies Öl benutzt werden. Es ist jedoch unbedingt darauf zu achten, dass dieses vor Gebrauch und Benutzung des Zeltes wieder rückstandslos entfernt wird (zum Beispiel mit Waschbenzin), da es ansonsten zum Einen durch Kontakt mit dem Zeltgewebe zu einer Fleckenbildung am Zeltgewebe kommen kann, bzw. an diesen Stellen je nach Material das Zeltgewebe wasserdurchlässig wird. Zum Anderen ist gerade bei den neuen Feststellmechanismen der Zeltgestänge (PowerGrip, DLS oder Raplock) mit starker Einschränkung der Funktionen zu rechnen, da diese überwiegend durch eine Art Klemmung funktionieren. Und jede Art von Fett würde hier eine Einschränkung bedeuten. Tropfende Nähte sind kein Beinbruch. Es gibt spezielle Nahtdichtungsmittel im Fachhandel. Wenn man jetzt noch beim Aufstellen von Zelt und Markise darauf achtet, dass die Plane nicht durch harzende Bäume beschädigt wird, steht einem ungetrübten Urlaubsvergnügen nichts mehr im Weg.

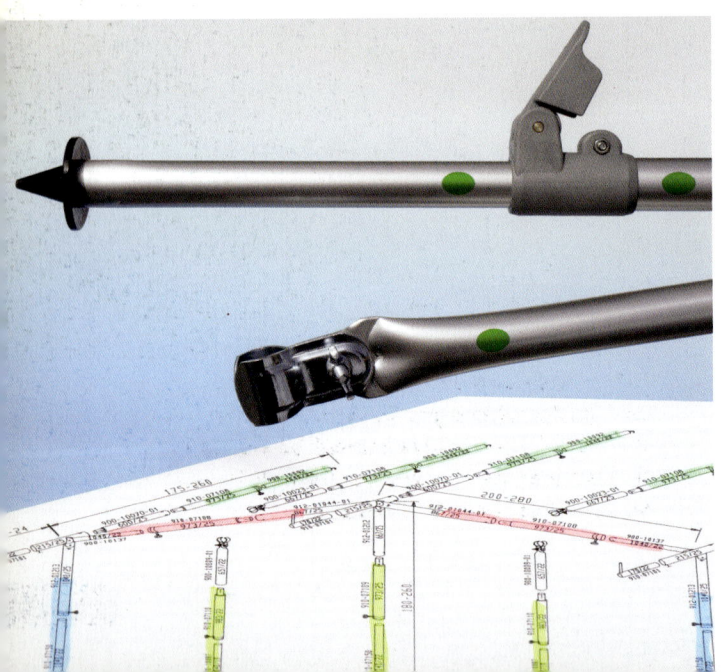

Das Zeltgestänge mit harzfreiem Öl regelmäßig pflegen und sorgsam verpacken.

## Lastenträger

Eine verwinkelte, romantische Altstadt mit engen Gassen und ein sieben Meter langes Wohnmobil, das geht kaum zusammen. Deshalb raus mit der Kiste auf den außerhalb gelegenen Stellplatz und Erkundung der Altstadt mit dem Fahrrad, das ist es. Wohnmobil und Fahrrad waren schon immer die ideale Kombination. Was sie während der Fahrt untrennbar vereint, stellen wir Ihnen im Folgenden vor.

»Vorsicht auf der A 8 in Höhe Merklingen: Auf der rechten Fahrbahn liegt ein Fahrrad«, dieser Warnhinweis im Verkehrsfunk sollte nicht von Ihnen ausgelöst worden sein, Sie haben hoffentlich Ihr Fahrrad richtig verstaut und sicher befestigt. Nicht alle Reisemobile haben die so praktische Heckgarage, in der, bei richtiger Höhe, die Räder sicher verstaut werden können.

### Heckträger: Flexibel und weit verbreitet

Hat das Mobil keine Garage oder ist es ein Kastenwagen, bleibt für die Unterbringung der Drahtesel während der Fahrt nur das Heck des Fahrzeugs. Ein Transport auf dem Dach, wie es die Freunde mit ihrem Wohnwagen hinter dem Pkw praktizieren, scheidet wegen der Höhe des Mobils und dem Gewicht der Räder von vornherein aus. Wer will schon bis zu zwanzig Kilo über die schmale Heckleiter auf knappe drei Meter Höhe balancieren und anschließend bei jeder Landstraßenbrücke kalkulieren müssen, ob man da noch durchkommt. Nein, das ist keine Lösung. Bleibt das Heck und die Qual der Wahl für einen geeigneten Träger.

Bei Kastenwagen mit geteilten Hecktüren wird es da schon eng, man muss in Kauf nehmen, dass die Türen nur noch schwierig zu öffnen sind und die Träger samt Ladung über die geöffnete Türhälfte hinausstehen, man sich also bei unachtsamem Hantieren an der geöffneten Tür verletzen kann. Ansonsten sind diese Träger durchwegs stabil und leicht zu befestigen, sie werden überwiegend geklemmt und verschraubt, ohne zusätzliche Bohrungen an der Hecktüre. Wichtig bei der Auswahl des Trägers und bei der Montage ist, darauf zu achten, dass das Nummernschild und die Heckleuchten des Mobils aus jedem Blickwinkel noch einwandfrei zu erkennen sind. Ist dies nicht der Fall, muss ein zusätzlicher Leuchtenträger mit drittem Nummernschild an den Träger.

■ Bei Kastenwagen mit Heck-Flügeltüren ist die Montage eines Heckträgers nicht ganz unproblematisch, da er beim Öffnen der Türen hinderlich ist. Das Kennzeichen und die Beleuchtung dürfen durch den Träger aus keiner Richtung verdeckt werden.

Kastenwagen mit Heckklappe kennen das Problem mit der geteilten Öffnung nicht, dafür muss beim Öffnen der Klappe und montierten Rädern olympiareifes Stemmen praktiziert werden. Die sonst für das leichte Öffnen und für das Offenhalten der Klappe zuständigen Gasdruckdämpfer versagen hier ihren Dienst und müssen mit Muskelkraft unterstützt werden. Die Montage der Träger erfolgt in gleicher Weise wie bei Hecktüren.

Anders sieht es bei Aufbauten aus. Hier sind überwiegend montagefreundliche, gerade Rückwände vorhanden, keine Tür oder Klappe stört, der Aufbau ist so breit, dass die Räder sicher nicht seitlich überstehen, was zum Beispiel in Spanien verboten ist. Einzige Hürden sind hier die freie Sicht auf Nummernschild und Heckleuchten und die richtige Wahl des Einbauorts. Einfach nur schrauben ist bei den Sandwichwänden keine haltbare Lösung. Hier sollte der Fachmann konsultiert werden, er weiß, wo die meist vorhandenen werkseitigen Verstärkungen liegen, die beim Durchschrauben verhindern, dass der Isolierkern zusammengedrückt wird. Die Gefahr des Ausreißens der Schraubverbindung wird durch eine Gegenplatte innen verhindert. Dann hält der Träger mindestens so lange wie das Mobil. Bei Nichtgebrauch lassen sich die Heckträger hochklappen und sichern, so bleibt die Fahrzeuglänge in ungefähr gleich wie ohne Träger. Äußerst bequem zu beladen sind absenkbare Träger, die praktisch am Boden beladen und dann auf Reisehöhe geklappt oder gekurbelt werden. Hier entfällt der Kraftakt, besonders bei schweren Rädern eine große Erleichterung.

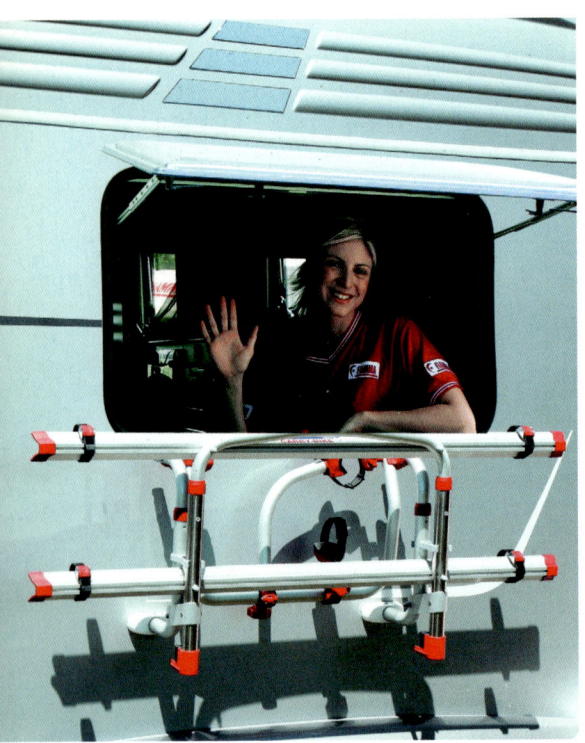

■ **Heckträger an Fahrzeugen mit Aufbau sind problemlos anzubringen, meist sind werkseitige Verstärkungen im Sandwich bereits vorhanden.**

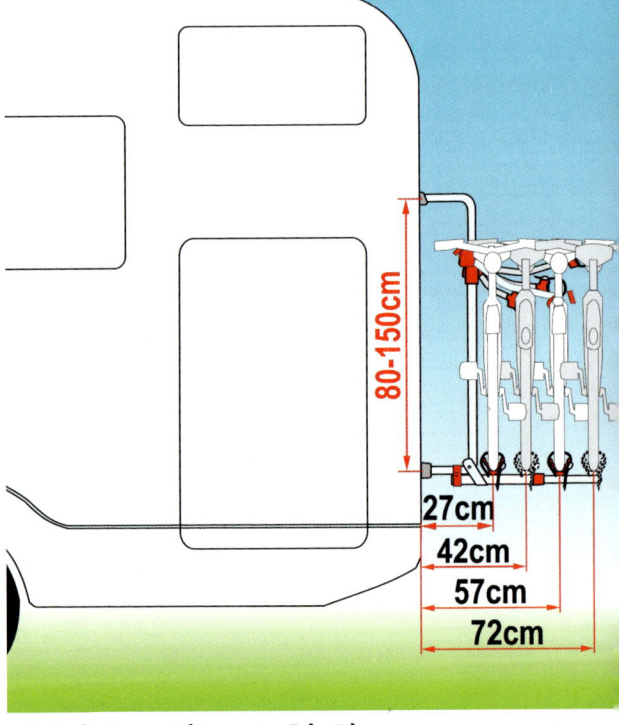

■ **Heckträger mit bis zu vier Fahrrädern laden bis zu 72 cm aus.**

**Anhängerkupplungsträger: Universell und praktisch**

Eine Alternative sind die Träger, die samt Heckleuchtengruppe auf der Anhängerkupplung verschraubt werden. Nicht nur Caravaner, auch Reisemobilfahrer haben heute mehr und mehr Kupplungen am Mobil, die solch eine universelle, wenn auch teure Halterung verkraften. Hier wird das Gestell wie ein Hänger befestigt und zusätzlich verschraubt, der Leuchtenträger wird elektrisch mit der Anhängesteckdose verbunden, dann kann beladen werden. Zuhause kann der Halter am Pkw montiert werden,

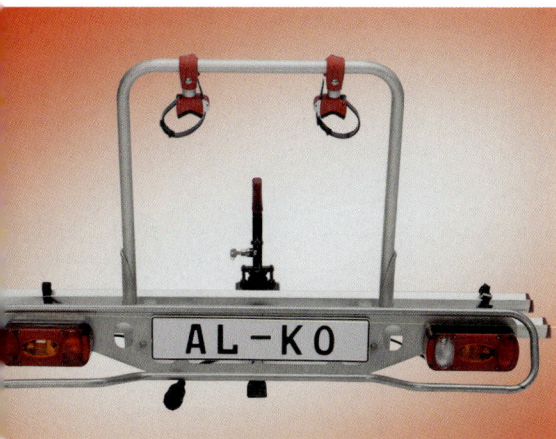

🟨 **Das Universalgenie Kupplungsträger: Montage am Reisemobil mit Kupplung, am Pkw, mit Adapter auch auf der Caravandeichsel und an der Garagenwand.**

wenn auch hier eine Kupplung vorhanden ist. Sollte es zusätzlich einen Caravan in der Familie geben, ist dafür eine Deichselaufnahme lieferbar. Für die Garagenwand gibt es einen passenden Adapter, damit Halter und Fahrräder dort problemlos überwintern können. Ein wahres Vielfältigkeitsgenie. Zu beachten ist aber bei wechselseitigem Betrieb am Wohnmobil und Pkw, dass jeweils das passende Kennzeichen am Träger befestigt wird. Das notwendige dritte Kennzeichen benötigt weder TÜV- noch Zulassungssiegel. Anhängerkupplungsträger gibt es auch in zusammenfaltbarer Leichtbauweise für zwei bis drei Räder, die bei Nichtgebrauch im Kofferraum oder in einem Stauraum Platz finden. Mit einer der Gründe für diese inzwischen beliebte Trägerausführung ist der geringe Höhenunterschied, über den die Fahrräder beim Beladen gehoben werden müssen. Allerdings ist bei solchen Trägern zu beachten, dass sie in unbeladenem Zustand nicht gefahren werden dürfen, da sonst eine doppelte Beleuchtung (Wohnmobil und Heckträger) gleichzeitig sichtbar wäre, was der Gesetzgeber nicht mag.

**Ausziehbare Träger: Stabil und variabel**

Darf der Roller oder gar das Motorrad mit in Urlaub, kommt man ohne ausziehbare Stoßstange mit Motorradbühne oder einer fest montierten oder abklappbaren, stabilen Bühne nicht mehr aus. Dazu gehören dann noch Auffahrrampen aus Aluprofilen, damit das Zweirad standesgemäß hinauf- oder heruntergerollt und nicht gewuchtet werden muss. Solche Lastenträger gibt es einschließlich Stoßstange und Leuchteneinheit in unzähligen Varianten, auch Designerstücke sind darunter, die das Fahrzeugheck aufwerten, egal ob ausgezogen oder eingeschoben. Bei Fahrzeugen, die mit einem Zugang zum Stauraum vom Heck aus verfügen, ist es ratsam, einen Träger zu wählen, der so weit nach hinten herausgezogen werden kann, dass man auch mit geladenem Zweirad noch die Heckklappe betätigen kann. Wer sowohl

Roller als auch Fahrräder transportieren will, bekommt solche Träger mit oder ohne Fahrradaufsatz, der Phantasie sind keine Grenzen gesetzt. Beachten sollte man bei Heckträgern und aufgesatteltem Roller oder gar Motorrad und ganz besonders bei Fronttrieblern, dass die Physik irgendwann einmal das Hebelgesetz erfunden hat, ein schweres Bike auf schwerem Träger kann den Vortrieb zunichte machen, mit der unbeschwerten Urlaubsfahrt ist es dann vorbei. Es steht vorher Rechnen auf dem Stundenplan. Auch bei diesen Trägern ist zu beachten, dass in unbeladenem Zustand und eingeschoben keine doppelte Beleuchtung sichtbar sein darf. Am besten ist es, wenn bei fest montiertem Träger die eventuell noch sichtbare Originalbeleuchtung außer Betrieb gesetzt und das Kennzeichen ausschließlich am Träger montiert wird. Dies ist im Einzelfall abzuklären.

■ Hat das Mobil eine Heckklappe, sollte der ausziehbare Motorradträger so konstruiert sein, dass er ausgezogen Zugang zur Klappe ermöglicht. Bei Nichtgebrauch kann er dann wieder eingeschoben werden.

■ Ein schicker Motorradträger, der werkseitig bereits integriert ist.

### Garagenplatz: Die perfekte Lösung

So groß das Angebot an Heckträgern auch ist, der wahre Aufbewahrungsort für die oft kostspieligen Zweiräder ist eine Heckgarage. Hier sind sie trocken, sauber und nicht einsehbar untergebracht. Kein Spitzbube sieht die wertvollen Stücke und kein Polizist kann wegen fehlendem oder für das Land falschem Warnschild für Hecklasten ein Strafmandat ausstellen. Trotzdem sind sie stets griffbereit und können genauso fest verzurrt werden, wenn man die richtigen Grundschienen oder passenden Träger instal-

■ Motorradbühnen können fest montiert oder ausziehbar konstruiert sein. Mit eigener Beleuchtungseinrichtung und drittem Nummernschild sind sie vorschriftsmäßig ausgerüstet.

liert hat. Außer einem Tandemfahrrad dürfte wohl keines länger sein als ein Aufbau breit und damit Stauschwierigkeiten bereiten. Selbst in die nur zwei Meter breiten Van-Reisemobile passen locker alle Fahrräder quer hinein. Ganz bequem wird es, wenn man einen ausziehbaren Träger mit integriertem Fahrradhalter einbaut, bei dem man die Grundschienen herausziehen und die Räder dann bequem von außen beladen und festzurren kann. So erspart man sich das lästige Herumkriechen in der mit Fahrrädern meist recht engen Heckgarage. Die eingefahrenen Träger werden verriegelt und sitzen bombenfest. Sollen schwerere Kaliber, also Roller oder gar ein Motorrad, in die Garage, ist eine Auffahrtschiene zum Überbrücken des Höhenunterschieds beinahe unerlässlich. Sie ist oft Teil der Halterung, das Gefährt wird auf ihr festgezurrt und kann dann angehoben und eingeschoben werden. Bei anderen Modellen sind die Auffahrtsrampen ein gesondertes Teil und müssen dann auch gesondert fixiert werden.

Idealer Standort für Räder sind die Heckgaragen der modernen Mobile. Selbst bei vier Rädern ist in der Garage noch Platz für Tisch und Stühle oder das Schlauchboot. Die Räder lassen sich an den integrierten Trägern fest verzurren.

Ausziehbare Ladebrücke für das einfache Beladen von Roller oder Motorrad.

**Zubehör: Für alles einen Halter**

Mit den Trägern, Zweiradbühnen und Grundträgern allein fängt man noch nicht viel an. Die rührige Zubehörindustrie hat für jeden Träger und für jede Art von Zweirad sicher den passenden Träger, den entsprechenden Halter, den typischen Spanngurt oder passende Abdeckplanen und Gepäckboxen für den jeweiligen Träger parat, ohne die ein Halter nichts taugt. Einfach mit Gummispannern vom Discounter befestigt, hört man bald im Radio die Verkehrsmeldung vom Anfang des Artikels. Um den richtigen Halter einzukaufen, sollte man am besten mit allen zur Mitnahme angedachten Zweirädern beim Händler aufkreuzen und das Fahrradpuzzle starten. Die Auswahl ist unübersehbar, in den Zubehörkatalogen nehmen die Fahrradträger samt Zubehör bis zu 35 Seiten Platz in Anspruch. Egal, ob der Rahmen aus Rundrohr, eckig, oval oder sonst wie gestaltet ist, man benötigt einen passenden Halter. Da diese zudem für die einzelnen Schienen unterschiedlich lang sind, muss jetzt bereits die Beladefolge fixiert werden. Papas Rad hinten, Muttis in der Mitte und Sohnemanns vorne, oder umgekehrt, egal, aber bindend, außer man hat alles gleiche Räder. Dazu kommen dann noch für das Wintercamping passende Skihalter.

Aber nicht nur Halter umfasst das Zubehör, auch so praktische Teile wie Stauboxen in unterschiedlichen Größen für Helme, Skistiefel und sonstigen Kram findet man, passend zu den Trägern und fest zu verschrauben. Diese werden meist oberhalb der Räder montiert. Manche Hersteller von Alarmanlagen bieten auch passende Sicherungsseile für die wertvollen Räder an, die beim Durchtrennen Alarm auslösen. Zusammen mit einer kräftigen Seilsi-

cherung mit Schloss eine nützliche Anschaffung. Geht die Fahrt in den Süden, nach Italien oder Spanien, dürfen auch die Warntafeln nicht fehlen, die Hinterherfahrende vor der überstehenden Ladung warnen.

■ **Für Räder mit sämtlichen Rahmenquerschnitten gibt es passende Spanner.**

### Alles was Recht ist

Vor der Freude haben die Gesetzgeber bekanntlich überall Hürden gesetzt. Auch bei den Lastenträgern für Reisemobile gilt es einige Vorschriften zu beachten, die teilweise vor Unfällen schützen, teilweise den Behörden Geld einbringen sollen. Zu den Ersteren gehört, dass die Träger, soweit es sich um Heckträger handelt, die außen demontierbar angebracht sind, als Ladung gelten. Anders sieht es bei den Kupplungsträgern aus, hier wird eine EU-Zulassung oder eine Abnahme verlangt. Eine EU-Zulassung haben die meisten Träger, diese muss mitgeführt werden, eine Eintragung in die Zulassungsbescheinigung und damit eine Anbauprüfung durch einen Sachverständigen ist dann nicht erforderlich. Träger innerhalb der Heckgaragen sind nicht von den Vorschriften betroffen.

Bei ausziehbaren Heckträgern ist die Frage der Beleuchtung ein Thema, das man im Einzelfall am besten der Fachwerkstatt zur Klärung überlässt. Diese hat die Erfahrung festzustellen, ob an der Fahrzeugbeleuchtung hier Änderungen

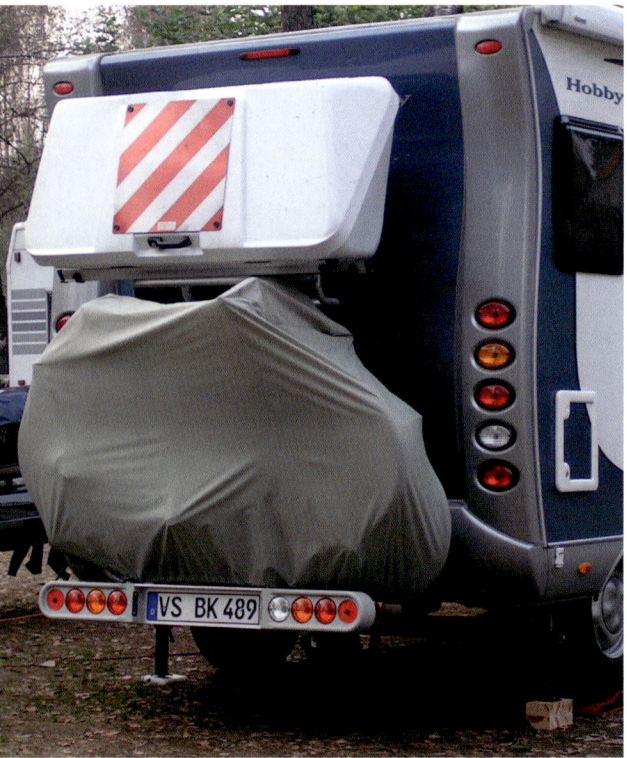

■ **Zubehör satt: Ein gut beladenes Mobil, die Räder wohlverpackt in der Schutzhülle. Darüber die Staubox für allerhand Ausrüstung. Auf der Box findet die Warntafel ihren festmontierten Platz.**

erforderlich sind, zum Beispiel mit der ausschaltbaren Nebelschlussleuchte. Bei Kupplungsträgern darf die maximale Stützlast der Kupplung mit dem Gewicht des beladenen Heckträgers nicht überschritten werden. Dies gilt natürlich auch für die zulässige Achslast des Fahrzeugs. Heckträger, ausziehbare Träger und Kupplungsträger einschließlich der Ladung sollten nach kurzer Fahrtstrecke auf guten Sitz und Sicherung der Räder überprüft werden.

Für Italien und Spanien sind Warntafeln für überstehende Ladung vorgeschrieben, auch bereits für leere, hochgeklappte Heckträger. Getreu dem vereinten Europa haben beide Länder unterschiedlich gestaltete Warntafeln, die gegenseitig nicht anerkannt und genauso wie das Fehlen dieser Tafeln geahndet werden. Italien schreibt Metalltafeln im Format 50 x 50 cm, reflektierend und mit fünf diagonalen, roten Streifen auf weißem Grund vor. Spanien will drei weiße Streifen und eine schwarz umrandete Tafel. Im Format 50 x 50 cm sind sich beide Länder einig. Im restlichen Europa können die bekannten Kunststofftafeln mit fünf Streifen und vier Rückstrahlern verwendet werden, hier ist keine detaillierte Spezifizierung vorgeschrieben. Eine solche Warntafel kostet zwischen 30,- und 45,- Euro und ist im Zubehörhandel erhältlich. Befestigt werden sie mit Riemen oder Spannern.

### Expertentipp: Worauf bei Lastenträgern zu achten ist

■ Autor Thomas Zeppelin ist Leiter Technik bei der A. Linnepe GmbH in Ennepetal.

Wer kennt das nicht: Das Reisemobil steht auf dem schönen Stellplatz, die Markise ist ausgefahren und der nächste Bäcker ist Kilometer weit entfernt. Jetzt alles abbauen zum Brötchen holen? Nein, denn da hilft der Motorroller weiter, den der Komfort gewohnte Reisemobilist auch für Spritztouren in die Umgebung nutzt. Wie aber transportiert man seinen kleinen Helfer sicher, wenn das Mobil keine große Heckgarage hat oder diese anders genutzt wird?

Solche Trägersysteme – zum Beispiel vom Zubehör-Spezialisten Linnepe – werden heckseitig an das Reisemobil montiert. Wer die Anschaffung plant, muss vorab einiges klären: Geht das an meinem Wohnmobil überhaupt? Welche Tragkraft muss der Träger haben, wie viel Zuladung verträgt das Fahrzeug noch, wenn ich gut ausgerüstet unterwegs bin? Was sagt der TÜV dazu? Gibt's eventuell sogar Ärger bei der nächsten Fahrzeugkontrolle?

Fragen über Fragen, zu deren Beantwortung man systematisch vorgehen muss. Da ist zunächst das Reismobil selbst. Die Frage der grundsätzlichen Eignung zur Montage eines Lastenträgers kann in der Regel der geschulte Händler beantworten, oder aber direkt der Hersteller solcher Systeme. Bei Linnepe verfügt man über umfangreiche Datenbanken der meisten europäischen Reisemobile und deren Aus- oder Vorrüstung am Chassis.

Die nächste wichtige Frage ist das Gewicht des Mobils. Hier ist natürlich keine telefonische Diagnose möglich, also fährt man auf eine Waage und ermittelt das tatsächliche Gesamtgewicht des Fahrzeugs und das der Hinterachse. Der Abgleich mit dem Fahrzeugschein ergibt die noch verbleibende Zuladung. Ob die ausreicht, wird durch eine einfache Formel errechnet, die auch den Hebelarm der hinten herausragenden zusätzlichen Last berücksichtigt:

Gewicht des Rollers (mit Träger!) multipliziert mit dem Abstand zur Vorderachse (a) geteilt durch den Radstand (r). Das Ergebnis ist die zusätzliche Hinterachsbelastung (H). Diese Darstellung verdeutlicht die Formel:

## HINTERACHSBELASTUNG BEI HECKTRÄGERN

$$H = \frac{G \times a}{r}$$

G:  Gewicht Motorrad inkl. Träger in kg
H:  Hinterachsbelastung in kg
r:  Radstand in cm
a:  Abstand zur Vorderachse in cm

G = 150 kg
r = 320 cm
a = 470 cm

$$H = \frac{150 \times 470}{320}$$

H = 220,3125 kg

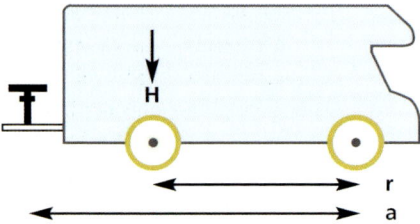

Wer's einfacher haben will, gibt die Daten auf den Internetseiten von Linnepe ein (www.a-linnepe.de) und erhält so automatisch das Ergebnis. Jetzt wird schnell klar, dass man ein möglichst leichtes Trägersystem wählen sollte, will man seinen Roller huckepack mit in den mobilen Urlaub nehmen. Linnepe stellt alle Lastenträger aus Aluminium her, sie bieten einen erheblichen Gewichtsvorteil gegenüber anderen aus Stahl. Wenn es dennoch knapp wird, kann man nicht benötigte Ausrüstung zuhause lassen, weniger Frischwasser tanken usw., um die benötigte Zuladung heraus zu schinden. Für einen normalen Roller reicht es dann meistens aus.

Die Montage sollte in einer Fachwerkstatt erfolgen, ein guter Händler bietet diesen Service und kennt die Eigenheiten »seiner« Marke. Wer die Montagekosten scheut und selbst Hand anlegen will, sollte begabt sein und sich mit Fahrzeugelektrik auskennen. Weil die Heckleuchten durch den Anbau meistens verdeckt werden, müssen sie am Träger »wiederholt« werden, so die Amtssprache der weiteren Beleuchtungseinrichtung. Dazu wird, wie bei einer Anhängekupplung auch, eine Steckdose am Fahrzeug installiert. Als »selbstständige technische Einheit« wird der Lastenträger auf Antrag des Herstellers durch eine EG-Behörde geprüft und abgenommen. So mit einer Genehmigungsnummer ausgestattet, entfällt eine Vorführung beim TÜV nach der Montage. Alle Linnepe Systeme

haben so eine EG-Erlaubnis. Die Vorschriften in der entsprechenden EG-Richtlinie sind allerdings etwas schwammig, sie schreiben im Wesentlichen lediglich die Prüfung der Außenkanten und einen Nachweis über die Tragfähigkeit der Konstruktion vor. Deshalb nehmen Linnepe Systeme zusätzlich den Weg über den TÜV, um eine EG-konforme Beleuchtungseinrichtung zu gewährleisten. Die Bedienungsanleitung des Herstellers zum Beladen gehört mit der Genehmigungsurkunde ins Reisemobil. Sie sollte genau beachtet werden, denn sie dient nicht nur der Sicherheit des Benutzers, sondern auch dem Schutz der nachfolgenden Fahrzeuge auf der Reiseroute. Verzurren mit geprüften Spanngurten, mit denen der Roller fest in die Federn gezogen wird, gehört zum Standardrepertoire beim Befestigen eines Rollers. Wer den festen Sitz der Ladung auch während der Fahrt regelmäßig überprüft ist immer auf der sicheren Seite. Aber auch für die Heckgarage gibt es von Linnepe eine praktikable Lösung. Ohne beim Beladen einen Hexenschuss zu riskieren oder zur Befestigung mit in die Heckgarage kriechen zu müssen, wird dieses System wie eine Schublade heraus gezogen und abgesenkt. Kräftige Gaszugfedern erleichtern zudem das Anheben des Rollers auf das Garagenniveau ganz erheblich. Wer also gut vorbereitet auf die Suche nach einem passenden Roller und Trägersystem geht, hat denn auch gute Karten bei der Vorauswahl und verringert so das Risiko eines teuren Fehlkaufs. Wussten Sie das? Auch Fahrradträger für die Anhängekupplung eines Pkw verfügen meistens über eine EG-Typgenehmigung. Die Breite des Leuchtenträgers ist aber für eben diese Fahrzeugart konzipiert – nicht etwa für Reisemobile. Die sind nämlich durchweg viel breiter und benötigen immer einen anderen Leuchtenträger, damit die Vorschriften in der EG-Richtlinie erfüllt werden können. Das bedeutet gleichzeitig, dass der Betrieb solcher Fahrradträger am Reisemobil nicht erlaubt ist. Und das wussten Sie bestimmt schon: Unwissenheit schützt vor Strafe nicht!

## Ordnung in der Heckgarage

»Vadder, räum endlich mal die Garage auf«, mit zunehmender Verbreitung der Heckgaragen in Reisemobilen hört man diesen Satz mehr und mehr auch im Zusammenhang mit dem Mobil. Aber wie, wenn alles nach den ersten Kilometern wieder durcheinander gerät? Dafür gibt es sinnvolles Zubehör.

Je geräumiger die Garagen in den Reisemobilen werden, desto schwieriger wird es, darin Ordnung zu halten und den Inhalt so zu sichern, dass nichts beschädigt wird, trotzdem aber leicht erreichbar bleibt. Die findigen Zubehörhersteller haben sich dem Trend zur Garage angeschlossen und sowohl Befestigungs- als auch Stauzubehör entwickelt, das diese Aufgaben übernimmt. Begonnen hat alles mit Befestigungsmöglichkeiten für Fahrräder, weiter ging es mit Regalen aller Art und heute gibt es für praktisch jedes Zubehörteil eine geeignete Lösung. Darüber hinaus ist es jedem selbst überlassen, zusätzliche Gags für eine mehr oder weniger sinnvolle Garagenordnung zu erfinden.

## Zweiradsicherung

Beliebt ist die Unterbringung von Zweirädern in der Heckgarage. Hier stehen sie diebstahlsicher und sind vor Verschmutzung geschützt. Für die sichere Fixierung hat der Zubehörhandel ein umfangreiches Sortiment an hochklappbaren oder festen Fahrradträgern, die denen am Heck ähneln. Auch auszieh- und abklappbare Schienen für Roller oder leichte Motorräder finden sich in den Katalogen der Versender und im Fachgeschäft. Es reichen hierfür aber auch leichte Spannschienen, in denen Ösenschrauben für Spanngurte fixiert werden können. Diese Schienen kann man, je nach gewünschtem Zweck, an der Wand oder dem Boden der Garage verschrauben.

■ Hochklappbarer Fahrradhalter in der Garage. Wird ohne Bikes gefahren, nimmt er keinen Platz weg.

### Lagerregale

Im häuslichen Keller normal, in der Heckgarage des Mobils mehr und mehr im Kommen sind raffiniert ausgeklügelte, leichte Regalkonstruktionen, die zur Aufnahme der in jedem Baumarkt erhältlichen Kunststoff-Stauboxen geschneidert sind und diese ohne weitere Befestigung halten. Diese Boxen kann man bequem zuhause beladen und dann in das Regal heben. Sie rasten in der richtigen Lage ein und halten bombenfest. Die Regale selbst werden nach Maßangabe gefertigt und meist als Bausatz zur Selbstmontage geliefert. Aber auch Festeinbau ist möglich. Regale dieser Art, die hier gezeigten stammen von Idea, werden von verschiedenen Herstellern im Programm geführt. Auch in Eigenleistung kann man aus Aluwinkeln entsprechende

Gestelle zaubern, ob man dabei günstiger wegkommt, muss von Fall zu Fall verglichen werden. Aluwinkel entsprechender Belastbarkeit aus dem Baumarkt sind nicht gerade Schnäppchen. Als Anhaltspunkt für den Vergleich: Ein maßgefertigtes Idea-Regal als Komplettbausatz für 16 Boxen kostet ab ungefähr 390 Euro, für acht Boxen 225 Euro, jeweils ohne die Boxen. Findige Selbstbauer bauen sich aus Sperrholz oder sonstigen Materialien passgenaue Regale für ihre ganz spezielle Ausrüstung und zeigen diese dann stolz auf dem Stellplatz, interessierte Gesprächspartner finden sich dafür schnell. Die Kunststoff-Lagerboxen sind auch ideal geeignet zum Ordnung halten im Doppelboden oder dem Stauraum unter dem Bett. Wenn diese von außen zugänglich sind, bieten sich Schlitten auf Vollauszügen an, die es ermöglichen, die Boxen ohne Kraftanstrengung und ohne andere wegzuräumen nach außen zu ziehen und wieder zu verstauen. Auch hierfür gibt es Bausätze und fertige Konstruktionen.

■ Die Regale aus Aluwinkeln nehmen Baumarkt-Lagerboxen auf, sind leicht zu beladen und sichern die Boxen ohne weitere Befestigung.

■ Für den Einbau in Außenstauräumen und Doppel-boden eignen sich Regale mit Vollauszug, maßgefertigt für Baumarktboxen.

■ **Nach oben werden die Regale mit Gewindespannern gesichert. Wenn die Decke fest genug ist, kann ohne Verschraubung gearbeitet werden.**

entnommen werden können. Viele passen auch nicht in die Boxen. Weiter gibt es da die vielen Kleinteile, die man in den großen Boxen nicht mehr findet oder zumindest nicht so leicht. Die Schlauköpfe bei den Zubehörherstellern haben auch daran gedacht und bieten zweckmäßige Lösungen an. Meist werden hierfür leichte Aufnahmeschienen für Spanngurte, Hängeboxen und Utensilos an den Wänden oder der Garagentür angeschraubt. Aber auch große Falttaschen mit Zwischenfächern eignen sich hierfür besonders gut. Wenn man die Zubehörkataloge mit wachem Auge durchstöbert, findet man schnell das Richtige für die eigenen Wünsche.

### Ausrüstung ordnen

Alles kann und will man aber nicht in Lagerboxen verstauen und diese jedes Mal herausnehmen. Da ist der Rolltank, die Kabelbox, die Tasche mit Werkzeug, die Campingmöbel. Alle diese Dinge sollen sicher verstaut, aber leicht

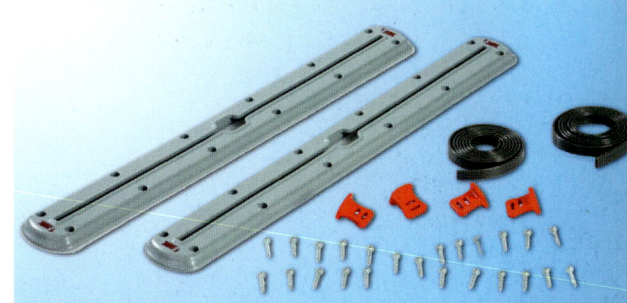

■ **Ein Komplettset Spanngurtschienen für die Montage in der Garage.**

■ **So ist alles sicher befestigt und leicht erreichbar.**

■ **Alles was nicht befestigt werden kann, findet in geräumigen Taschen seinen angestammten Platz.**

## Technik

### Ergänzung und Umbau der Elektroanlage

Obwohl Reisemobile vom Hersteller meist ein fertig installiertes Stromnetz haben, kann es durchaus sinnvoll sein, hier Ergänzungen vorzunehmen. Auch die Fehlersuche bei eventuellen Kurzschlüssen oder stromlosen Geräten fällt leichter, wenn man das Elektronetz kennt.

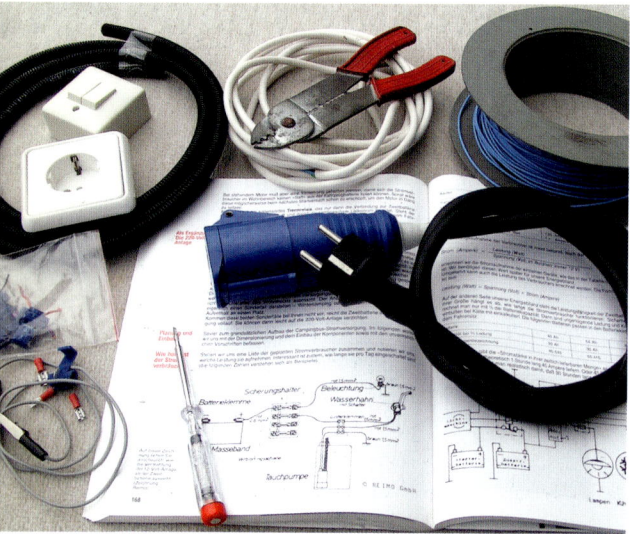

### Erweiterung der Installation

Reisemobile, die ausschließlich auf dem Campingplatz und mit externem Stromanschluss bewohnt werden, könnten theoretisch mit 230 V als vorherrschender Spannung betrieben werden. Sie benötigen also weder einen Umformer, der die Netzspannung auf 12 V reduziert, noch eine Batterie als Stromspeicher. Diese ist autarken Reisemobilen vorbehalten, also Fahrzeugen, die auch unterwegs fern vom Campingplatz oder auf einem Platz ohne Stromanschluss, benutzt werden sollen. Hier ist es angebracht, ein zweites Netz mit 12 V zu installieren. Aber auch Reisemobile, die mit einer elektronischen Heizung wie der Trumatic C oder E ausgestattet sind, benötigen eine 12-V-Versorgung. Diese Heizungen gibt es im Gegensatz

zu den Gebläseheizungen nicht für Netzanschluss. Hier ist ein kleiner Umformer 230 V / 12 V angesagt. Dies gilt auch für die Tauchpumpen der Wasserversorgung. Damit ist festgeschrieben, dass alle Reisemobile mit einer 12-V-Anlage ausgerüstet sein müssen, die unabhängig von der Starterbatterie des Basisfahrzeugs ist. Werkseitig sind sie dies in den meisten Fällen, wenn auch oft mit einfachsten Umformern, die nur einen grob oder gar nicht geglätteten Gleichstrom an den Steckdosen zur Verfügung stellen. Für Beleuchtung, Pumpe und Heizung reicht diese Spannung aus. Sollen elektronische Geräte damit versorgt werden, muss ein Umformer mit Phonosieb, also geglätteter Spannung eingebaut sein oder der vorhandene gegen einen solchen ausgetauscht werden. Oder ein Bordakku als Puffer dazwischengeschaltet werden.

Kompakte Umformer mit Ladegerät und Zusatzgeräten zur Steuerung, wie das Calira MES, gibt es als erweiterbare Steckmodule im Handel.

Im »Zweinetz«- Reisemobil hat man es nicht nur mit zwei verschiedenen Spannungen, 12 bzw. 24 V je nach Basis und 230 V, zu tun, sondern auch noch mit unterschiedlichen Stromarten, Gleich- und Wechselstrom. In der Schaltungstechnik liegen hier die Hauptunterschiede: Bei Gleichstrom muss peinlich genau auf die Polarität, also Plus und Minus, geachtet werden, bei

Wechselstrom auf die absolut neutrale Behandlung der dritten Ader, dem Schutzleiter. Niemals dürfen irgendwelche Querverbindungen zwischen den Netzen geschaffen werden, es sei denn über einen Schutztransformator. Da im Umfeld der Wechselstromleitungen durch das sie begleitende Magnetfeld in anderen, parallel laufenden Leitern Störspannungen induziert werden können, dürfen 12-V- und 230-V-Leitungen auch nicht parallel im gleichen Kabelkanal oder Schutzrohr verlegt werden. Für Kabelkanäle gibt es aus diesem Grund Trennstege, die in eingearbeitete Nuten eingeklipst werden können. Bei der Verlegung in Schutzrohren bleibt nur der Weg über getrennte Rohre. Eine getrennte Führung kann entfallen, wenn beide Spannungen in Leitungen mit 230-V- Isolierung, also als Gummischlauchleitung H05 RN-F, geführt werden.

### Kabelführung

Überwiegend wird die Ergänzung der Elektroanlage in einem fertig ausgebauten Fahrzeug Anlass für die Beschäftigung mit diesem Thema sein. Hier sind die Möbel bereits eingebaut und damit die Wahl eines günstigen Leitungsverlaufs zum neuen Verbraucher oft nicht leicht. Es bieten sich in diesem Fall Kabelkanäle oder Leerrohre an, die auch nachträglich verlegt werden können und die Leitungen optimal aufnehmen.

Die Kabelkanäle werden so verlegt, dass auch zu einem späteren Zeitpunkt noch möglichst viele Punkte der Einrichtung vom zentralen Kontrollbord aus erreichbar sind. Selten wird die ursprüngliche Installation auf Dauer ausreichen, der Wunsch nach Erweiterung kommt über kurz oder lang. Es ist deshalb günstig, einen Ringkanal zu verlegen und von diesem Abzweige zu den Verbrauchern anzuordnen. Kabelkanäle gibt es in allen benötigten Querschnitten im Elektro-Fachhandel. So können in den Möbeln normale Kanäle in ausreichendem Querschnitt für eine spätere Erweiterung montiert werden. In den freien Zonen, zum Beispiel im Fußbe-

reich der Sitzgruppe, eignen sich Sockelleistenkanäle besonders gut. Muss der Fußboden an einer freien Stelle überquert werden, kann dies mit einer Höckerschwelle geschehen. Dies sind Kanäle ohne Deckel, deren Längskanten abgeflacht sind und so keine Stolperfallen bilden. Sie sind erhältlich zum Beispiel in Fachgeschäften oder Versandhäusern für Büroausstattung.

### Leitungen

Nicht nur die für die Installation von Elektroanlagen in Fahrzeugen zuständige DIN 0100, sondern auch der gesunde Menschenverstand verbieten die Verlegung von Leitungen mit starren Adern. Die gesamte Verkabelung sowohl für 12 V als auch für 230 V darf nur mit »Aderleitungen aus feindrähtigen Leitern (H07 V-K) in Isolierrohren« oder »mehrdrähtigen Leitern (H07 V-R)«, so die DIN-Bezeichnungen, ausgeführt werden. Hierzu sind bevorzugt »Gummischlauchleitungen (H05 RN-F)« zu verwenden. Eindrahtleitungen würden die Erschütterungen im Fahrbetrieb bald mit Leitungsbruch quittieren. Auch die für den Anschluss an das Leitungsnetz des Campingplatzes benötigten Kabeltrommeln müssen mit Gummikabel der Qualität H07 RN-F 3 G 2,5 qmm und CEE-Kupplung oder einem entsprechenden Adapterkabel ausgestattet sein. Kunststoffkabel ist für die Verwendung im Freien nicht zugelassen. Da verseilte Adern (Volksmund: Litze) in Anschlussklemmen dazu neigen, aufzuspleißen und dadurch sowohl die Gefahr eines Kurzschlusses durch abstehende Einzeldrähte besteht, als auch der Leitungsquerschnitt im Bereich der Verschraubung nicht mehr dem berechneten entspricht, müssen die abisolierten Enden mit quetschbaren Adernendhülsen versehen werden. Das früher übliche Verzinnen mit Lötzinn ist heute verboten. Die Leitungsquerschnitte im 12-V-Netz richten sich nach der Stromaufnahme des angeschlossenen Verbrauchers und der Leitungslänge. Er kann für den Einzelfall unter Berücksichtigung des Spannungsverlustes nach folgender Formel berechnet werden:

Querschnitt (qmm) = 2 x Kabellänge (m) x Stromaufnahme (A) : 47

Ist die Stromaufnahme des Verbrauchers nicht bekannt, weil nur die Leistung in Watt angegeben ist, berechnen wir diese nach folgender Formel:.

Stromaufnahme (A) = Leistung (W) : Spannung (V)

Ein Beispiel hierzu: Kühlschrank mit 60 Watt Leistung, Leitungslänge bis zum Verteiler 7 Meter, Bordnetz 12 V

Stromaufnahme 60 (W) : 12 (V) = 5 A
Leitungsquerschnitt: 2 x 7 (m) x 5 (A) : 47 = 1,48 qmm

Gewählt wird der nächsthöhere, genormte Querschnitt 1,5 qmm als Mindestquerschnitt. Überdimensionierung schadet auf keinen Fall, der Spannungsverlust wird dann geringer und die Leistungsfähigkeit des Netzes steigt.

### Tipp

*Alle Leitungen sollten sofort nach dem Verlegen an beiden Enden mit Ursprung und Ziel gekennzeichnet werden. Hierfür eignen sich Klebebänder als Fahnen oder die Direktbeschriftung auf dem Kabel mit einem Permanentschreiber. Nur so lassen sie sich später bei einer Fehlersuche verfolgen.*

### Das Leitungsnetz mit Bordspannung

In Abhängigkeit von der Stromaufnahme bzw. Absicherung der Verbraucher gelten folgende Kabelquerschnitte als Faustwert:

| | |
|---|---|
| bis 10 A | 1,5 qmm |
| bis 16 A | 2,5 qmm |
| bis 20 A | 4,0 qmm |
| bis 25 A | 6,0 qmm |
| bis 36 A | 10,0 qmm |

Diese Querschnitte müssen jeweils für die Zu- als auch für die Rückleitung, also für plus und minus, verlegt werden. Sind mehrere Verbraucher an einer Leitung angeschlossen, was nicht zu empfehlen, aber manchmal unumgänglich ist, müssen die einzelnen Stromaufnahmewerte addiert werden. Die Summe dient zur Festlegung des Querschnitts. Grundsätzlich ist es empfehlenswert, als Mindestquerschnitt Leitungen mit 2,5 qmm zu verlegen. Zum einen haben diese eine wesentlich höhere mechanische Festigkeit, zum andern kann später auf einen größeren Anschlusswert der Verbraucher gewechselt werden ohne Austausch der Leitung.

### Das Bordnetz mit 230 V

Die Leitungen des 230-V-Netzes unterliegen etwas anderen Gesetzen. Bedingt durch die im Vergleich zu Gleichstrom hohe Spannung würden sich bei der Querschnittsberechnung geringste Leitungsquerschnitte ergeben, die mechanisch nicht mehr tragbar wären. Deshalb schreibt die DIN einen Mindestquerschnitt für abgesicherte Leitungen von 1,5 qmm vor. Nicht abgesicherte Leitungen mit einer Länge über 200 cm, also die Verbindungsleitung von der Einspeisedose zum Sicherungsautomaten, müssen einen Querschnitt von 2,5 qmm haben. Als Potenzialausgleichsleitung wird zwischen dem Schutzkontakt der Einspeisung und der Verteilung eine einadrige Litze H07 V-K mit grün-gelber Isolierung und einem Mindestquerschnitt von 4,0 qmm verlegt. Mit ihr werden über entsprechende Verteilerklemmleisten die Schutzkontakte der Steckdosen und die Gehäuse der Einbaugeräte und Leuchten, soweit sie aus leitendem Material bestehen, verbunden.
Verbraucher in 230-V-Ausführung sind außerhalb des Campingplatzes wirkungsloser Ballast und die gesamte Anlage wird durch ein weitverzweigtes Starkstromnetz zum unnötigen Risiko.
Eine Erweiterung oder komplette Neuinstallation im Reisemobil wird meist in älteren Fahrzeugen vorgenommen werden. Hier kann es ohne weiteres sein, dass das Bordnetz noch nicht mit

einem Fehlerstrom-Schutzschalter, auch bekannt als FI-Schalter, ausgestattet ist. Diese sind heute Vorschrift und können Leben retten. Sie lösen bei einem Fehlerstrom von nur 10 mA aus, trennen sowohl Phase als auch Nullleiter und werden vor die Sicherungsautomaten geschaltet. Sicherungsautomaten, die nachgerüstet werden, können nicht in preiswerter Baumarktqualität für den Hausbau ausgeführt werden. Im Fahrzeug sind Automaten vorgeschrieben, die gleichzeitig und mechanisch gekoppelt, Phase und Null im Fehlerfall unterbrechen. Im Freizeitzubehör gibt es sie in Kombination mit Fehlerstromschaltern als vormontierte Einheit. Wichtig ist auch die Vorschrift, dass sich in Nassräumen keine 230 V Steckdosen befinden dürfen. Auch Trafos für Halogenspots fallen unter diese Sicherheitsvorschrift.

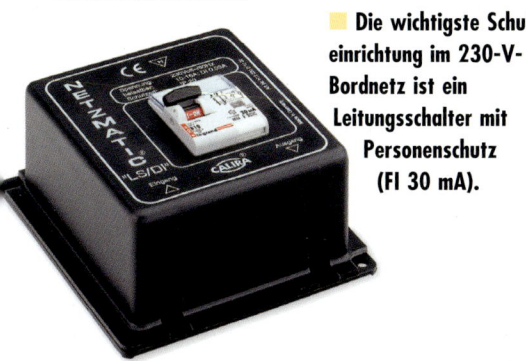

■ **Die wichtigste Schutzeinrichtung im 230-V-Bordnetz ist ein Leitungsschalter mit Personenschutz (FI 30 mA).**

Leuchtstoffleuchten dürfen dort nur dann installiert werden, wenn sie ausdrücklich als Feuchtraumleuchte 83012 gekennzeichnet sind. Wird ein bestehendes Netz, sei es 12-V- oder 230-V-seitig, erweitert, sollte zuerst die Zuordnung der Aderfarben festgestellt werden. Netzseitig ist hier die Phase durch einen Phasenprüfer, also den bekannten »Elektrikerschraubenzieher« mit eingebauter Glimmlampe, feststellbar. Dazu wichtig ist die Farbe des Schutzleiters, meist gelb-grün gestreift. Dieser ist mit den Gehäusen der Geräte leitend verbunden. Wird der Schutzleiter mit der Phase verwechselt, liegt am Gehäuse des Verbrauchers volle Netzspannung an, die bekanntlich zu schwersten Verletzungen, wenn nicht zum Tod führen kann. Ähnliche Geräte in Schraubendreherform gibt es auch für das Bordnetz. Hier wird über Leuchtdioden der Plus- und Minusleiter angezeigt. Auch kombinierte Geräte für 12 V und 230 V sind im Handel und vereinfachen die Suche gewaltig.

### Einbau von Zusatzgeräten

Grundsätzlich wird empfohlen, Leuchten, Ventilatoren und andere Zusatzgeräte nur dann aus dem Baumarkt-Sortiment zu verwenden, wenn sie den mechanischen Anforderungen im Fahrzeug, also Rütteln und starke Beanspruchung, standzuhalten versprechen und natürlich die geltenden VDE-Vorschriften erfüllen. Gerade bei Leuchten ist zu beachten, dass der Sicherheitsabstand sowohl zu Möbeln als auch zu Personen im Fahrzeug wesentlich geringer sein wird als in der Wohnung. Hierauf ist vor allen Dingen bei Strahlerleuchten zu achten.

Die Leuchten können direkt mit den Möbeln oder der Wand verschraubt werden, bei Wandmontage mit Blechschrauben, Blindnieten oder bei schwereren Geräten mit Hohlraumdübeln und den dazu passenden Schrauben.

Alles über Beleuchtung im Reisemobil erfahren Sie im Kapitel Beleuchtung.

### Einbau eines Bordakkus

Ein Akku ist nicht gerade ein Leichtgewicht. Deshalb verbietet sich der Einbau in einen Hängeschrank schon alleine aus Gewichtsgründen. Ideal ist der Einbau in einen Sitzstaukasten. Hier sitzt er tief, der eventuell notwendige Gas-

■ **Der Bordakku und das Ladegerät sind am besten in einem Sitzkasten untergebracht. Hier sind sie gut geschützt und leicht zugänglich.**

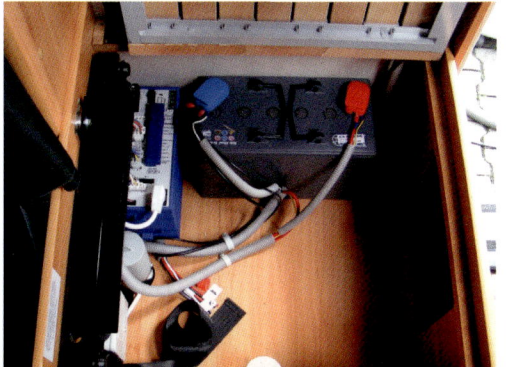

schlauch kann leicht nach außen geführt und die Elektroleitungen ohne Probleme zu den Verbrauchern verlegt werden. Die Befestigung erfolgt je nach Akkutyp mit Klemmprofilen an den dafür vorgesehenen Wulsten seitlich am Akku oder mit stabilen Spannriemen, die am Boden festgeschraubt werden. Diese Befestigung muss allerdings von Zeit zu Zeit kontrolliert werden.

### Welcher Akku ist richtig

Grundsätzlich unterscheidet man zwischen Starter- und Langzeitakkus. Starterakkus sind so aufgebaut, dass sie in der Lage sind, kurzzeitig einen hohen Strom abgeben können, wie er für den Startvorgang eines Fahrzeugmotors notwendig ist. Anschließend wird er sofort wieder nachgeladen. Langzeitakkus dagegen sind in der Lage, einen geringen Strom über längere Zeit abzugeben. Ihr innerer Aufbau ermöglicht eine hohe Zyklenfestigkeit, also die Anzahl der Lade- / Entladevorgänge. Sie ist gegenüber Starterakkus um mindestens 100 % höher. Also nicht nach preisgünstigen Starterakkus schielen, sie wären in kürzester Zeit reif für die Entsorgung. Für den Einbau im Reisemobil eignen sich vor allem die sogenannten Solarakkus. Sie sind zukunftsorientiert, auch wenn man nicht sofort an die Nachrüstung eines Solarpanels auf dem Mobildach denkt. Irgendwann ist man reif dafür und dankbar, dass nicht auch noch ein neuer Akku eingebaut werden muss. Solarakkus zeichnen sich durch einen hohen Ladewirkungsgrad, wartungsarmen Betrieb und hohe Zyklenfestigkeit aus. Besonders aber ihre geringe Selbstentladung ist beim Reisemobil mit den meist langen Standzeiten ohne Nutzung und Nachladung interessant.

Wichtig beim Einbau in das Reisemobil ist, dass der Akku (nicht die Gelakkus) eine Gasableitung nach außen besitzt. Hier wird am Akku ein dünner Schlauch angeschlossen und ins Freie geführt, der die beim Ladevorgang entstehenden Gase (Knallgas) ableitet. Ohne diesen Anschluss ausgestattete Akkus müssen außerhalb des Fahrzeugs montiert werden. Aber nicht im Gaskasten, dort hat eine elektrische Einrichtung nichts zu suchen! Noch besser geeignet, aber auch wesentlich teurer, sind Gelakkus. Diese sind praktisch wartungsfrei, ohne Säure und damit auch gasdicht, gefüllt mit einem Mehrkomponentengel, das in Zusammenhang mit dem inneren Aufbau eine Entladung von nur 10 % innerhalb von sechs Monaten verspricht. Einige Hersteller versprechen eine Haltbarkeit von bis zu 700 Zyklen bei einer Entladetiefe von 60 %.

### Kapazitätsbestimmung

Wie groß muss die Kapazität des Akkus sein, dass er die an ihn gestellten Anforderungen erfüllt? Dazu ist wieder Rechnen angesagt: Die Kapazität des Akkus richtet sich nach der Summe der Leistung und der täglichen Betriebszeit der anzuschließenden Verbraucher. Die auf dem Akku angegebene Amperestundenzahl (Ah) bezieht sich auf eine lineare, 20-stündige Entladung bei 27 Grad C. Der Wert verringert sich durch steigenden Entladestrom, tiefere Temperaturen und Alterung. Deshalb wird der errechnete Kapazitätsbedarf mit dem Faktor 1,7 multipliziert. Die Formel für die Berechnung des Kapazitätsbedarfs jedes einzelnen Verbrauchers lautet demnach:

Leistung (W) : 12 V x tägliche Betriebszeit (h) x 1,7 = Kapazitätsbedarf (Ah).
Die Summe der Ergebnisse aller Verbraucher ergibt die benötigte Kapazität.

Der Ladezustandes eines Akkus kann mit Hilfe eines digital anzeigenden Präzisions-Voltmeters festgestellt werden. Als Anhaltswert diesen die folgenden Werte:

| Spannung | Ladezustand |
|---|---|
| 12,7 V | 100% |
| 12,5 V | 75% |
| 12,3 V | 50% |
| 12,1 V | 25% |
| 11,8 V | leer, zur Vermeidung von Schäden sofort nachladen, Verbraucher abschalten |

Die Spannungsmessung gibt nur dann Aufschluss über den Ladezustand, wenn der Akku unbelastet ist und unmittelbar vor der Messung weder ge- noch entladen wurde.

Nachgeladen wird der Akku während der Fahrt über den Generator des Basisfahrzeugs. Dafür muss ein Ladekabel vom Pol 10 des Steckers über ein Trennrelais, das Akku und Generator im Stand trennt und damit Rückstrom vermeidet, zum Akku geführt werden. Die Masseleitung wird an Pol 13 angeschlossen und zum Minuspol des Akkus geführt. Damit der Akku auch bei externem Stromanschluss geladen werden kann, benötigt man ein Automatikladegerät, das gleichzeitig auch die Aufgabe der Bordstromversorgung des 12-V-Netzes übernimmt. Hier ist die Auswahl geeigneter Geräte und die Preisspanne so groß, dass eine Einzelaufstellung den Rahmen des Buches sprengen würde. Die Wahl richtet sich wiederum nach der Summe der Verbraucher, den Anforderungen und der Brieftasche. Katalogstudium und Beratung beim Fachhändler helfen hier auf jeden Fall weiter.

Nachgeladen wird der Akku vom Generator des Basisfahrzeugs. Dafür muss ein Ladekabel vom Pol 10 des Steckers über ein Trennrelais, das Akku und Generator im Stand trennt und damit Rückstrom vermeidet, zum Akku geführt werden. Die Masseleitung wird an Pol 13 angeschlossen und zum Minuspol des Akkus geführt. Damit der Akku auch bei externem Stromanschluss geladen werden kann, benötigt man ein Automatikladegerät, das gleichzeitig auch die Aufgabe der Bordstromversorgung des 12-V-Netzes übernimmt. Hier ist die Auswahl geeigneter Geräte und die Preisspanne so groß, dass eine Einzelaufstellung den Rahmen des Buches sprengen würde. Die Wahl richtet sich wiederum nach der Summe der Verbraucher, den Anforderungen und der Brieftasche. Katalogstudium und Beratung beim Fachhändler helfen hier auf jeden Fall weiter.

Die dritte Möglichkeit der Nachladung ist die Montage eines oder mehrerer Solarpanels auf dem Dach des Reisemobils oder im Standbetrieb als Stativkonstruktion mit Aufstellung neben dem Mobil.

Alles über Auswahl und Montage von Photovoltaikanlagen erfahren Sie im Kapitel Alternative Energien.

### Vorschriften zur Elektroinstallation

Für Interessierte, die sich gerne in die Materie einlesen wollen, hier die für den Caravan wichtigsten Vorschriften:

**HD.384.7.708.S1** Elektrische Anlagen auf Campingplätzen und in Caravans und Reisemobile

**VDE 0100** Bestimmungen für das Errichten von Starkstromanlagen mit Nennspannung bis 1000 V

**VDE 0100 Teil 410** Schutzmaßnahmen: Schutz gefährliche Körperströme

**VDE 0100 Teil 701** Räume mit Badewanne oder Dusche

**VDE 0100 Teil 721** Caravans und Reisemobile, Boote und Jachten sowie ihre Stromversorgung auf Camping- bzw. Liegeplätzen

**VDE 0100 Teil 708** Elektrische Anlagen auf Campingplätzen

**VDE 01200 Teil 724** Elektrische Anlagen in Möbeln und sonstigen Einrichtungsgegenständen, z. B. Gardinenleisten, Dekorationsverkleidung

**VDE 0100 Teil 729** Ersatzstromversorgungsanlagen

**VDE 0100 Teil 730** Verlegen von Leitungen in Hohlwänden sowie in Gebäuden aus vorwiegend brennbaren Stoffen

**VDE 0100 Teil 0165** Errichten elektrischer Anlagen in explosionsgefährdeten Bereichen

**VDE 0298** Verwendung von Kabeln und isolierten Leitungen für Starkstromanlagen

**VDE 0510** VDE-Bestimmungen für Akkumulatoren und Batterie-Anlagen

VDS-Merkblätter NV Beleuchtung

Die VDE-Bestimmungen sind erhältlich beim VDE-Verlag GmbH, Bismarckstraße 33, 10625 Berlin. Die VDS-Merkblätter beim Verband der Sachversicherer Pasteurstraße 19, 50735 Köln.

### Einbau einer Solaranlage

Jeder einigermaßen geübte Heimwerker kann eine Solaranlage auf sein Mobil bauen und die erforderlichen Anschlüsse vornehmen. Damit man weiß, worauf es beim Einbau ankommt und was man zu beachten hat, wird hier der Einbau Schritt für Schritt erklärt.

Bei der beschriebenen Anlage handelt es sich um eine handelsübliche Komplett-Solaranlage mit einer Gesamtleistung von 150 Wp von Mobile Technology mit zwei Solarmodulen à 75 Wp. Im Verkaufsgebinde dieser Anlage sind alle gezeigten und benötigten Teile enthalten. An Einbauzeit ist ungefähr ein Tag zu veranschlagen, die Arbeiten können von einer Person durchgeführt werden. Da die Verarbeitungstemperatur des verwendeten Klebesets zwischen 5 und 35 Grad Celsius liegt, kann der Aufbau zu fast jeder Jahreszeit stattfinden. In eine geheizte Halle muss demnach nur in den Wintermonaten ausgewichen werden.

Zusätzlich zum Material in der Packung werden benötigt:

- Eine gebräuchliche Handhebelpresse für Standardkartuschen.
- Eine elektrische Bohrmaschine mit verschiedenen Bohrern.
- Schraubendreher, Quetschzange, Abisolierzange, Kabelschneider, etwas Geschirrspülmittel und Abklebeband.

Zur Kabelverlegung sind eventuell kleine Kabelkanäle aus dem Baumarkt notwendig, falls die neuen Kabel zwischen den Solarpanelen und dem Bordakku nicht in vorhandene Kanäle des Mobils zusätzlich verlegt werden können.

### Vorbereitung

Vor dem Kauf der Anlage haben wir an unserem Mobil geprüft, ob die Solarpanele der vorgesehenen Größe auf dem Dach problemlos untergebracht und befestigt werden können. Dazu ist eine ebene Fläche in Größe der einzelnen Panele notwendig, die so liegt, dass nach Montage noch alle Dachluken geöffnet werden können und sich die Sat-Antenne noch problemlos drehen und einfahren kann. Auch über die Lage der Dachdurchführung sind wir uns einig, haben geprüft, ob von da die Leitungen in das Innere geführt werden können, ohne dass Einbauten gefährdet sind. Wenn dies alles klar ist, kann es losgehen.

■ Im Einbauset der Firma Mobile Technology für eine Solaranlage mit zwei Modulen und einer Gesamtleistung vom 150 Wp sind alle für die Montage und Verdrahtung notwendigen Einzelteile und eine ausführliche Montageanleitung enthalten.

## Montage der Anlage und Verdrahtung

### Befestigung der Halteprofile

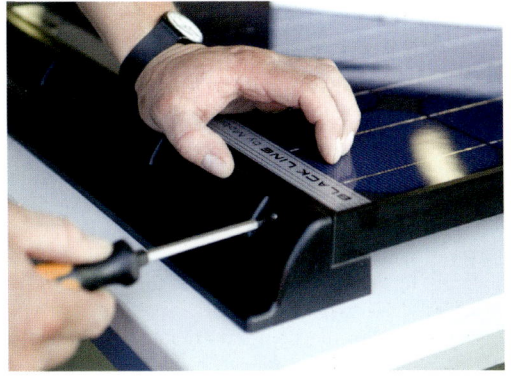

Die Halteprofile müssen am Rahmen der Solarmodule angebracht werden. Sie werden deshalb erst einmal alle an den dafür vorgesehenen Befestigungsfenstern vorgebohrt. Das Solarmodul wird beim nächsten Arbeitsschritt in das Halteprofil gelegt und der Alurahmen mit einem entsprechend kleineren Bohrer durchbohrt. Bevor die restlichen Löcher gebohrt werden, wird die erste Edelstahlschraube eingedreht, so kann nichts verrutschen und die Bohrungen passen immer.

### Solarmodul verkabeln

Die rückseitigen Anschlussdosen der Solarmodule werden geöffnet, das UV-beständige Außenkabel wird in die Anschlussdose geführt, abisoliert und angeschlossen. Bei Anlagen mit nur einem Modul wird lediglich Plus und Minus angeschlossen, bei Anlagen mit mehreren Modulen wird jeweils eine Kabelbrücke zum nächsten Modul vorbereitet. Die Anschlussdose wird geschlossen. Bei Anlagen mit mehreren Modulen wird empfohlen, das nächste Modul erst kurz vor dem Verkleben auf dem Dach an das vorherige anzuklemmen. Zum besseren Hantieren werden nun die Anschlusskabel zur Dachdurchführung und das weiterführende Kabel zum nächsten Modul mit Malerkrepp auf der Oberfläche fixiert.

### Halteprofil und Dach abkleben

Um später eine einfache und saubere Verklebung zu gewährleisten, wird empfohlen, die Halteprofile mit Malerkrepp abzukleben. Danach die Module auf das Reisemobildach auflegen und rund um die vorgesehene Klebefläche im Abstand von ungefähr zwei bis drei mm ebenfalls abkleben.

### Dachdurchführung herstellen

Die vorab grob festgelegte Position der Dachdurchführung wird nun genau markiert und die Bohrung mittel Bohrmaschine und einem dem Kabeldurchmesser entsprechenden Bohrer vorsichtig durchgeführt. Am besten ist die Dachdurchführung so angesetzt, dass das Kabel später in einem Hochschrank oder einem Hängeschrank mündet. Von dort kann es problemlos und unsichtbar weiterverlegt werden. Jetzt wird die Dachdurchführung und rund um die spätere Klebefläche mit Malerkrepp sorgfältig abgeklebt.

### Halteprofile und Dachfläche vorbereiten

Die Module werden wieder vom Dach genommen, umgedreht und die Klebefläche der Halteprofile mit dem beiliegenden Poliervlies bearbeitet. Danach wird die Klebefläche mit einem speziellen Cleaner gereinigt und nach kurzer Ablüftzeit mit einem fusselfreien Lappen oder einem neuen Pinsel eine Primerflüssigkeit aufgetragen, die ungefähr 30 Minuten ablüften muss. Zwischenzeitlich wird das Dach vorbereitet. Dort wird ebenfalls mit dem Poliervlies die spätere Auflagefläche der Halteprofile sowie die Dachdurchführung bearbeitet und die Klebeflächen mit dem Cleaner vorbehandelt.

### Klebstoff aufbringen

Nach Ablauf der vorgeschriebenen Ablüftzeit wird die Klebemasse mit einer handelsüblichen Handhebelpresse in dicken Raupen auf die Halteprofile des Solarmoduls aufgetragen.

### Solarmodule aufkleben

Die nächsten Schritte fallen leichter, wenn eine helfende Hand zur Verfügung steht.
Solarmodul gemeinsam auf das Fahrzeugdach heben. An der Abklebung orientierend die Solarhalterung ausrichten und auf das Fahrzeugdach auflegen. Um einige Millimeter kann jetzt noch genau ausgerichtet werden, bevor das Modul aufgedrückt wird. Und zwar so fest, dass die Klebemasse leicht an allen Seiten austritt. Der Klebeabstand sollte mindestens zwei mm betragen, damit genügend Haltekraft ansteht.

## Tipp

*Wenn keine helfende Hand zur Montage des Moduls zur Verfügung steht, hilft ein einfacher Trick: Luftmatratze aufpumpen, Modul vorsichtig auflegen, ausrichten und dann einfach die Luft aus der Matratze ablassen.*

### Klebemasse verstreichen

Mit etwas Geschirrspülmittel am Finger lässt sich die ringsum ausgetretene Klebemasse optimal verstreichen und ein sauberer Abschluss herstellen. Danach sofort das Klebeband vom Dach und von der Halterung abziehen.

### Kabelkanal aufkleben

Wenn die Kabelwege zum nächsten Modul oder zur Dachdurchführung lang sind, wird die Verlegung in einem handlesüblichen Kabelkanal empfohlen, der im Baumarkt in vielen Abmessungen und in Weiß erhältlich ist. Kabelkanal ablängen und mit dem Poliervlies bearbeiten. Kabelkanal und Dachfläche. Auf der geklebt werden soll, mit Cleaner vorbehandeln und nach dem Ablüften den Kabelkanal verkleben.

### Dachdurchführung aufkleben

Anschlusskabel in die Dachdurchführung einschieben und die wasserdichte Kabelverschraubung festziehen. Klebemasse auf die breite Klebefläche der Dachdurchführung aufbringen, Kabel in den Innenraum führen und dabei die Dachdurchführung positionieren und aufkleben. Klebemasse sauber verstreichen und Abklebeband abziehen. Bis die Verklebung angezogen hat, empfiehlt sich, die Kabeldurchführung mit Klebeband zu fixieren oder mit geeignetem Gewicht zu belasten.

### Innenraum verkabeln

Um die Kabelverlegung im Innenraum zu erleichtern, liegt dem Einbauset ein Kabelverbinder bei, der unmittelbar nach der Durchführung montiert werden sollte. Da die Entfernung von hier bis zum Bordakku beziehungsweise dem Energieblock EBL des Reisemobils, falls ein solcher vorhanden ist, erfahrungsgemäß recht lang sein kann, wird der Kabelquerschnitt des weiterführenden Kabels stärker ausgelegt. Der Solarregler wird unmittelbar beim Bordakku oder dem EBL platziert.

### Solarregler bei Fahrzeugen mit Energieblock EBL anschließen

Bei Reisemobilen, die als Elektrozentrale den Energieblock EBL der Firma Schaudt eingebaut haben, besteht die Möglichkeit, die Solaranlage, anstatt direkt mit der Batterie, mit dem EBL zu verdrahten. Bei Fahrzeugen von Hymer mit dem EBL 101 wird zusätzlich der Ladestrom am Digitaldisplay angezeigt, wenn ein spezieller Solarregler (zum Beispiel MT 220 von Büttner Elektronik) montiert wird. Ob ein Reisemobil mit diesem EBL ausgestattet ist, lässt sich in der Bedienungsanleitung oder auf dem Typenschild der Elektrozentrale feststellen.

Dem Einbauset liegt für die Verkabelung mit dem EBL ein Kabelsatz mit Dreifach-Stecker bei, die in den Solareingang des EBL passen sollte. In diesem Fall wird der Kabelsatz am Solarregler angeklemmt und der Stecker in die Buchse des EBL eingeklipst. Damit ist die Anlage funktionstüchtig. Ist alles in Ordnung, muss bei tageslicht die Ladekontrollleuchte (Charge) leuchten und eine Ladung des Bordakkus anzeigen.

Falls der EBL keinen Solareingang hat, wird bei der Verkabelung wie bei Fahrzeugen ohne EBL vorgegangen.

### Solarregler bei Fahrzeugen ohne EBL anschließen

Solarregler unmittelbar in der Nähe des Bordakkus montieren, Kabelösen aufquetschen, Verbindungskabel zum Bordakku verlegen und dort an Plus und Minus anschließen. Bei längeren Kabelverbindungen wird empfohlen, hier noch eine Sicherung vorzusehen. Dies gilt vor allem für die Verbindung zum Starterakku, der zusätzlich am Solarregler angeschlossen werden kann. Ist die Verbindung zu den Akkus hergestellt, werden am Solarregler die beiden Leitungen vom Solarmodul kommend angeklemmt. Jetzt muss bei Tageslicht die Ladekontrollleuchte leuchten und damit die funktionstüchtige Fertigstellung bestätigen.

## Zubehör zur Gasversorgung nachrüsten

Ganz komfortabel wird die Gasanlage, wenn sie mit weiterem Zubehör ausgestattet wird, das leicht selbst zu montieren ist, wenn man die Sicherheitsrichtlinien beachtet und anschließende eine Gasprüfung durch einen anerkannten Sachverständigen durchführen lässt.

## Eis-Ex

Wintercamper kennen das Problem mit eingefrorenen Reglern und als Folge eine ausgefallene Gasanlage. Dieses Problem verhindert die Reglerheizung Eis-Ex von Truma, die auf den Abgang des oder bei der Triomatic der Regler geklemmt wird. Sie wird mit 12 V betrieben, kann aber über einen Trafostecker auch mit Netzstrom betrieben werden. Die Fernanzeige der Triomatic ist bereits für den Anschluss und die Schaltung von Eis-Ex vorbereitet. Zum Nachrüsten muss lediglich eine Anschlussleitung für das Bordnetz verlegt und die Durchdringung der Gaskastenwand abgedichtet werden.

## Gasfernschalter

Ängstliche Gemüter wiegen sich gerne in Sicherheit und möchten die Gasversorgung bei Nichtgebrauch abschalten. Damit deshalb nicht jedes Mal der Gaskasten geöffnet und die Flaschenventile geschlossen bzw. geöffnet werden müssen, gibt es von Truma den Gasfernschalter. Er wird an den Flaschenregler angeschlossen und damit vom Innenraum über die Fernbedienung das Gas abgesperrt oder freigegeben. Auch hier ist die Nachrüstung einfach, ein Kabel wird zwischen Schalter und Fernbedienung geführt

und dort mit dem 12-V-Bordnetz verbunden. Er ist für Ein- und Zweiflaschenanlagen erhältlich.

■ Mit dem Gasfernschalter kann die Gasflasche bequem vom Innenraum aus abgesperrt werden. Es ist nur eine elektrische Verbindung vom Steuergerät innen zum Schalter notwendig.

## Gassteckdose

Sommercamper, die gerne draußen mit dem Gasgrill hantieren und Wintercamper mit Vorzeltheizung schätzen einen Gasanschluss im Vorzelt ohne zusätzliche Gasfaschen, die unkontrolliert herumstehen. Hier hilft eine Gassteckdose, die von erfahrenen Heimwerkern mit Kenntnissen in der Gasinstallation selbst eingebaut werden kann. Diese Arbeit führt aber auch jeder mit einer Werkstatt ausgestattete Händler durch, zumal anschließend wieder die obligatorische Gasprüfung ansteht. Je nach Lage der Steckdose wird eine Gasleitung vom zentralen Verteilerblock mit Reserveabgang aus zum Einbauort der Dose verlegt. Da diese aber mit einem Schnellschlussventil ausgestattet ist, kann sie auch über ein T-Stück, das in die Gasleitung im Bugkasten nach dem Regler eingebaut wird, versorgt werden. Dies wird meist der einfachere Weg sein. Der zum Einbau der Gassteckdose notwendige Ausschnitt aus der Karosseriewand wird mit der Stichsäge vorgenommen. Aber erst, nachdem man sich davon überzeugt hat, dass im Inneren an dieser Stelle keine sonstigen Leitungen laufen, der Weg frei ist und der Händler einem diesen Platz bezüglich Karosseriestruktur freigegeben hat. Einen tragenden Rahmenschenkel durchzutrennen, ist nicht ratsam. Die Dose kann in diesem Fall bestimmt 10 cm nach links oder rechts verschoben werden. Aber nur dann, wenn noch kein

Loch gesägt wurde. Die Gassteckdose verbirgt sich in dem abschließbaren Gehäuse, der Schlauch des Grills oder der Vorzeltheizung wird lediglich aufgesteckt und die Gaszufuhr mit dem Schnellschlussventil freigegeben. Nach neuester Vorschrift darf der Schlauch erst abgezogen werden können, wenn die Gaszufuhr abgesperrt ist. Diese Forderung berücksichtigen die im Handel befindlichen Einbauteile.

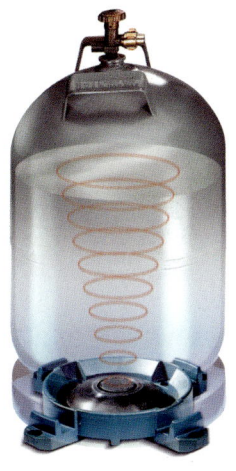

■ **Die Truma Sonatic erlaubt eine komfortable Inhaltsmessung der Gasflasche.**

### Gasinhalt feststellen

Gas geht selten neben einem Händler und während der Geschäftszeit zur Neige. Auch interessiert vor Fahrtantritt, ob der Vorrat noch für den geplanten Urlaub ausreicht oder ob zur Sicherheit eine volle Flasche besorgt werden soll.

Die einfachste und billigste Möglichkeit zum Feststellen des Gasvorrats ist die Wiegung. Das Leergewicht der Flasche steht eingeprägt auf dem Typenschild, der Rest ist eine Kleinigkeit. Zuhause kann die Badezimmerwaage zweckentfremdet werden, für unterwegs gibt es unterschiedliche Möglichkeiten der Wiegung, zum Beispiel mit einer Federwaage.

Aber im Zeitalter der Elektronik geht es auch komplizierter. Dazu wird das Messgerät mittels Magnet außen an der Flasche im Krümmungsbereich angesetzt und der Inhalt abgelesen. Es gibt diese Messgeräte auch mit Fernanzeige in den Innenraum. Nur bei Aluflaschen funktioniert diese Methode wegen des Magnets nicht. Hier funktionieren auch die mit Magnethaftstreifen auf der Flasche zu befestigenden Folien mit

Flüssigkristallanzeige der Temperatur nicht. Sie zeigen nach kurzer Inbetriebnahme der Flasche den Temperaturunterschied zwischen Gasfüllung und Leerraum darüber. Damit kann der Füllstand abgelesen werden, nicht das Gewicht und damit der exakte Vorrat. Eine genaue Angabe erhält man sowohl bei Alu als auch bei Stahlflaschen mit 5 oder 11 kg Füllgewicht durch die Truma Sonatic L Anlage. Hier wird die Flasche auf der Messunterlage stehend befestigt und per Ultraschall und einem Display mit Flaschensymbol der Füllstand gemessen und angezeigt. Dazu liefert die Elektronik noch eine Prognose der Restnutzungsdauer.

### Umbau und Erweiterung der Wasseranlage

#### Einbau einer Zweikreisversorgung

Die Diskussionen pro und kontra Tank und Kanister zum Wasserbunkern füllen ganze Stammtischrunden unter alten Reisemobilfahrern. Beide haben ihre Vor- und Nachteile. Da Trinkwasser nur kurze Zeit zum Genuss geeignet ist, sollte man davon nur wenig lagern. Die ideale Wasserversorgung besteht aus einer Doppelanlage: Für das reine Trinkwasser, zum Kaffee kochen und zum Zähneputzen ein kleiner Kanister mit Tauchpumpe und eigenem Wasserhahn an der Spüle. Für den Abwasch und die Sanitäreinrichtung ein ausreichend groß dimensionierter Festtank mit kräftiger Pumpe, die auch gelegentliches Duschen ermöglicht.

■ **Gas auch im Vorzelt oder für den Grill mit einer Gassteckdose an der Außenwand.**

Selbstbauer können eine Kanisterversorgung für die Spüle in wenigen Arbeitsstunden nachrüsten. Sämtliche Einzelteile sind im Zubehörhandel erhältlich, passen einwandfrei zusammen und sind leicht zu installieren. Eingriffe in das Reisemobil sind nur beim Stromanschluss für die Tauchpumpe notwendig. In die Spüle wird ein Loch für den zusätzlichen Hahn der Kanisterversorgung gebohrt, der Durchmesser richtet sich nach der Armatur, die eingebaut werden soll. Um möglichst geringe Leitungswege zu erreichen, wird der Kanister mit der eingesetzten Tauchpumpe im Spülenunterschrank aufgestellt und durch einen am Möbel befestigten Spannriemen gegen Verrutschen oder Umkippen gesichert. Als Schalter für die Pumpe eignet sich, wenn man keine Automatikarmatur mit Mikroschalter eingebaut hat, ein einfacher Drucktaster oben auf der Arbeitsplatte oder ein Fußschalter vor der Küchenfront. Ist unter der Spüle genügend Platz oder verfügt das Mobil gar über einen Doppelboden, kann auch in Erwägung gezogen werden, an Stelle des Trinkwasserkanisters einen nicht zu großen Rolltank einzubauen. Er sollte aber wegen der leichteren Reinigungsmöglichkeit nicht fest installiert, sondern hinter einer neu einzubauenden Au-

ßenklappe so verstaut werden, dass er zum Wasserfassen bequem herausgenommen werden kann. Den Einbau einer Außenklappe haben wir Ihnen an anderer Stelle dieses Buches erläutert.

### Citywasseranschluss

Ein wesentlicher Punkt pro Tankversorgung ist der sogenannte Citywasseranschluss, geeignet für Standplätze mit Wasseranschluss. Es handelt sich um einen festen Anschluss mit Schwimmerschalter im Tank. Der Einbau ist unkompliziert und in maximal einer Stunde zu schaffen. Er ist für ungefähr 25,- Euro im Handel. Ein Citywasseranschluss kann aber auch in einen Kanister eingebaut werden. Dann verliert man allerdings die Flexibilität und kann mit diesem Kanister nicht mehr zum Wasserfassen gehen.

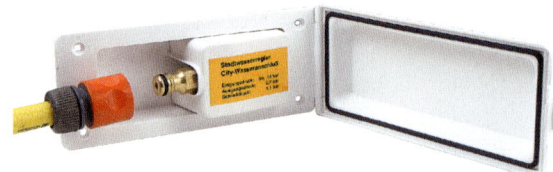

■ Leicht selbst in die Außenhaut einzubauen ist ein Citywasseranschluss.

### Austausch einer Tauchpumpe

Tauchpumpen sind eine preisgünstige Art des Wassertransports, allerdings mit nur begrenzter Lebensdauer. Deshalb ist es ratsam, immer eine Austauschpumpe im Reisegepäck mitzuführen. Es empfiehlt sich, hier das gleiche Produkt zu nehmen, wie es im Mobil werkseitig verbaut ist. Dann ist man sicher, dass nachher alles weiterfunktioniert wie vorher. Zum Austausch wird, mit gewaschenen Händen wegen möglicher Verunreinigung des Wassers, die Pumpe samt Schlauch und elektrischer Zuleitung aus dem Tank geholt, sowohl Schlauch als auch elektrische Leitungen abgeklemmt und gegen die neuen ausgetauscht. Das Problem ist gelöst.

Man kann aber bei der Gelegenheit auch eine eventuell schon lange gewünschte, stärkere

■ Eine Wasserversorgung mit getrenntem Trinkwasservorrat kann auch nachträglich mit einem Rolltank ausgeführt werden.

Eine Tauchpumpe kann mit einfachen Mitteln auch im Urlaub ausgetauscht werden, wenn eine Ersatzpumpe an Bord ist.

Pumpe einbauen. Im Prinzip funktioniert der Austausch gleich, eventuell sind kleine Änderungen am Schlauch oder der Zuleitung notwendig, die aber in den Griff zu bekommen sind.

### Schalter für Kurzzeitwasser

Sinnvoll sind Fußschalter an Stelle der Automatikarmaturen bei Anlagen mit Tauchpumpe. Hier muss nicht jedes Mal der Hahn auf- und zugedreht werden, wenn man nur kurz Wasser benötigt, ein Druck mit dem Fuß genügt. Auch eine Umrüstung auf diese Schalterart ist zumindest in der Küche sinnvoll. Hierzu muss lediglich der Elektroanschluss vom Mikroschalter an der Armatur entfernt und mit dem Fußschalter verbunden werden. Meist wird hier eine Leitungsverlängerung unumgänglich sein. Mit entsprechenden Klemmverbindern ist dies leicht zu schaffen. Verwechseln Sie hier nicht die Kabelfarben. Unabdingbar ist ein Rückschlagventil, das verhindert, dass die Leitung jedes Mal leer läuft. So fließt Wasser sofort nach dem Einschalten der Pumpe. Rückschlagventile sind entweder bereits in die Tauchpumpe integriert, oder es gibt sie als Einzelteil im Zubehörshop.

### Erneuern des Wasserleitungsnetzes

Vorab eine Warnung: Wer sich an die Erneuerung der Wasserleitungen in seinem Reisemobil wagt, ist mutig und gehört gehörend gewürdigt. Das Ausmaß dieser Aufgabe kann man nur ermessen, wenn man weiß, wie ein Mobil gebaut wird. Wie in diesem Buch gezeigt, werden zuerst die Möbel auf die Bodenplatte gestellt, dann hinter den Möbeln die Leitungen verlegt und das Ganze mit den Außenwänden kaschiert. So, und wie will man jetzt an diese Leitungen zwischen Wand und Möbelrückseite kommen? Je nach Fabrikat des Mobils und Type ist das nur sehr schwierig oder meist gar nicht möglich. Da hilft nur, von Fall zu Fall zu entscheiden, ob man die alten, veralgten und mit Krankheitserregern durchwachsenen Schläuche so gut wie möglich herauszieht oder stückweise kappt und dann entfernt. Für die neuen Leitungen müssen in den meisten Fällen neue Wege gesucht werden. Wer erzählt, dass es einfach ist, man müsse nur die neue Schlauchleitung an ein Ende der alten anhängen und dann beim Herausziehen die neue einziehen, hat dies entweder noch nie gemacht oder mit dem jeweiligen Mobil einen Fünfer im Lotto. Es kann aber durchaus sein, dass man mit dieser einfachen Methode zu Potte kommt, dann ist alles bestens. Es muss aber darauf geachtet werden, dass sich in den neuen Schläuchen keine Wassersäcke bilden, die in der Winterpause nicht entleert werden können, einfrieren und den Schlauch zum Platzen bringen. Hier eine bestimmte Methode zu empfehlen, geht wegen der geschilderten Umstände leider nicht.

Ideal ist, wenn man die neuen Leitungen aus frostfestem, lebensmittelechtem PE-Rohr einführen kann. Diese Systeme sind als Komplettengebot im Zubehörhandel. Sie bestehen aus dem Rohr in Kalt- oder Warmwasserausführung und allen nur möglichen Fittings einschließlich Übergangsstücken zu den Armaturen, Rückschlagventilen und, und, und. Da die Fittings nur über das Rohr gesteckt werden müssen und sich selbst abdichten, aber auch wieder lösbar sind, sind diese Systeme ideal für die Selbstmontage. Nur muss man die geraden Rohre verlegen können und den Platz zum Einfahren in die Möbel haben. Als Notbehelf kann man kurze Rohrstücke verlegen und diese mit Verbindern koppeln, aber das geht einmal gehörig ins Geld zum anderen ist mit jedem zusätzlichen Fitting die Gefahr einer Undichtigkeit vergrößert.

## Heizungsanlage erweitern oder umbauen

Ein serienmäßiges Heizsystem, das manchmal lediglich auf die kühlen Tage im Frühjahr oder Herbst ausgelegt ist, kann mit einigem handwerklichen Geschick ohne Weiteres selbst gegen eine stärkere Heizung ausgetauscht werden. Dabei sollte allerdings der Umbau der Gasanlage und das Anschließen der neuen Heizung an die Gasinstallation unbedingt einem erfahrenen Fachmann mit Gaszulassung überlassen werden. Er muss sowieso die Installation begutachten und in die Gasbescheinigung eintragen.

Für die erforderliche Heizleistung gilt überschlägig folgende Faustformel: Mindestens 600 Watt je Meter Aufbaulänge. Nach dieser Faustformel kann man überprüfen, ob ein angebotenes Reisemobil oder ein Caravan mit einer winterfesten Heizung ausgestattet ist. Der zum Umbau Entschlossene kann damit die benötigte Wärmeleistung grob berechnen und danach die neue Heizung einkaufen. Die angegebenen Kosten beziehen sich dabei lediglich auf das entsprechende Bauteil ohne eventuell benötigtes Zubehör – und natürlich auch ohne Arbeitskosten.

### Nachrüsten von Heizungen

Es gibt heute kaum noch ein Reisemobil ohne serienmäßige Heizung. Eine Nachrüstung wird sich also in den meisten Fällen darauf beschränken, bei preisgünstigen Reisemobilen mit einfacher Heizung eine Warmluftanlage einzubauen oder eine bestehende zu erweitern. Auch der Austausch einer überalterten Heizung ist dem Einen oder Anderen wert, sich mit der Materie zu befassen.

### *Trumatic aufrüsten auf Elektrobetrieb*

Neueste Zusatzeinrichtung zu den Warmluftheizungen von Truma ist die Elektro-Zusatzheizung »Ultraheat«. Diese für die verbreiteten Typen S 3002 ab Baujahr 7/81 und S 5002 ab Baujahr 9/98 lieferbaren Heizelemente werden im Innenraum der Heizung zwischen Wärmetau-

scher und Einbaukasten montiert und mit Netzanschluss betrieben. Ein eigenes Regelgerät dient als Fernfühler zur Temperaturregelung. Eingebaut werden darf diese Zusatzheizung nur vom autorisierten Fachmann, ist aber nachrüstbar. Drei Leistungsstufen von 500, 100 und 2000 Watt ermöglichen eine gute Grunderwärmung des Fahrzeugs gerade auch in der Übergangszeit.

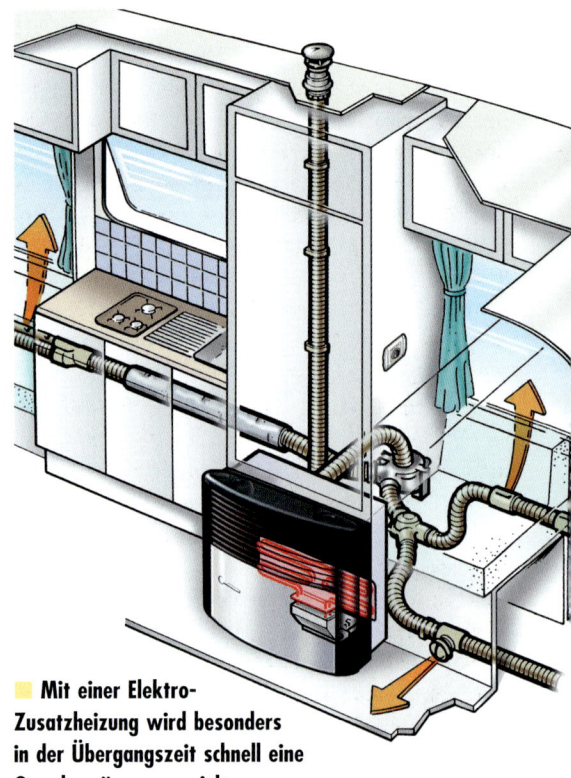

■ **Mit einer Elektro-Zusatzheizung wird besonders in der Übergangszeit schnell eine Grunderwärmung erzielt.**

### *Warmluftanlage nachrüsten oder optimieren*

Truma Gasheizungen lassen sich relativ einfach mit einer Warmluftanlage zur gleichmäßigen Verteilung der Heizungsluft nachrüsten. Der umfangreiche Baukasten sieht hier Einzelteile für alle möglichen Einsätze vor.

Ausgehend vom Trumaventgebläse für 12 V oder 230 V, das hinter der Heizung montiert und über einen Ansaugschlauch mit dem Anschluss im Einbaukasten verbunden wird, werden die Warmluftrohre im Wagen so angeordnet, dass möglichst alle Ecken erreicht werden. Das Lüfterrohr hat einen Durchmesser von 65 mm, Abzweigrohre für abgelegene Stellen 22 mm. Es wird in zwei Strängen, links und rechts der Heizung in den Sitzkästen und Schränken so verlegt, dass die Ausströmer möglichst dicht über dem Fußboden in die Möbelvorderseiten eingebaut werden können. Die notwendigen Wanddurchbrüche werden mit einem einfachen Sägebohrer mit entsprechendem Durchmesser gebohrt. Befestigt werden die Rohre mit passenden Schellen. Hinter den Rückenlehnen der Sitzbänke empfiehlt sich der Einsatz des Truma Isotherm-Systems. Hier werden über einen Abzweig im Hauptrohr die dünnen Isothermrohre mit Luftauslässen angeschlossen. Sie liefern einen gleichmäßigen Warmluftstrom hinter den Rückenlehnen und verhindern damit Schwitzwasserbildung zwischen Rückenlehne und Außenwand. Dieses Rohr eignet sich auch zum Einbau entlang der Matratze von Festbetten. Das Hauptrohr wird parallel dazu durchgeführt, falls an anderer Stelle des Strangs Auslässe notwendig sind. Ist dies nicht notwendig, kann der Abgang für den Strang auch verschlossen werden.

Das Bedienteil der Warmluftanlage mit Drehzahlautomatik wird so im Fahrzeug montiert, dass es nicht direktem Zug ausgesetzt ist und dadurch Fehlmessungen der benötigten Warmluft entstehen. Bewährt hat sich die Montage an einer Schrankwand im Bereich der Sitzgruppe in Augenhöhe. Gut ist aber auch ein Standort, der vom Bett aus erreichbar ist. So kann morgens vor dem Aufstehen schon mal geheizt werden. Es wird mit dem mitgelieferten Kabel nach der Skizze in der Montageanleitung mit dem Gebläse verbunden. Dieses wiederum mit dem Bordnetz, je nach gewählter Ausführung an das 230-V- oder 12-V-Netz, möglichst über eine eigene Sicherung. Mit einer Stromaufnahme von 4 bis 13 W ist das Gerät äußerst stromsparend.

Im Rohrzubehör sind auch Strangsperren mit Fernbedienung enthalten. Sie ermöglichen, einzelne Stränge, beispielsweise in das Schlafzimmer, abzustellen und so diese Bereiche unbeheizt zu lassen. Rohrabdeckungen verkleiden die Rohre in Bereichen außerhalb der Stauräume, also zum Beispiel zwischen den Sitzbänken der Dinette und schützen so die Rohre vor mechanischen Schäden.

Eine bereits eingebaute Warmluftanlage kann mit dem gleichen Zubehör erweitert werden.

### Nachrüstung eines Airmix-Komfortpakets

Eine Klappe im Ansaugrohr zwischen Heizung und Gebläse, angeschlossen an ein Lüfterrohr mit Durchführung im Boden, bildet das Airmix-Komfortpaket zur Verbesserung des Raumklimas im Reisemobil. Im Sommer wirkt es wie ein Ventilator. Es saugt die frische und kühlere Luft aus dem Schatten unterhalb des Reisemobils an und bringt sie mit Hilfe des Gebläses in den Innenraum des Fahrzeugs. Wird im Winter die durch die Heizung erwärmte Raumluft mit der Frischluft vermischt, erzielt man zusätzlich noch ein angenehmeres Raumklima. Die Klappe ist fernbedienbar. Nicht eingebaut werden darf der Airmix in Reisemobile, deren Heizung mit Abgasführung unter den Boden ausgestattet ist.

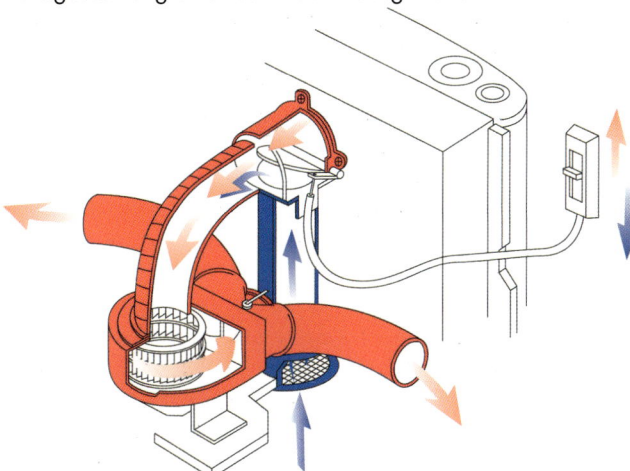

■ Leicht nachrüstbar ist die Frischluftbeimengung Airmix.

### Turboluft

Zur Steigerung der Luftumwälzung bei Warmluftanlagen mit langem Rohrnetz kann in den Hauptstrang mit einfachsten Mitteln ein Verstärkergebläse, das Multivent von Truma eingebaut werden. Dazu muss lediglich der Strang aufgetrennt und das Multivent dazwischen montiert werden. Das Radialgebläse sorgt, gesteuert durch eine 2-stufig schaltbare Fernbedienung, für den notwendigen Druck im Rohrnetz. Die Fördermenge dieses ca. 15 x 13 x 12 cm großen Helfers beträgt in Stufe 2 stattliche 80.000 Liter Luft pro Stunde bei einer Stromaufnahme von nur 0,5A. Es ist für etwa 95,- Euro im Zubehörhandel erhältlich und eignet sich übrigens auch für alle anderen Aufgaben, die mit Luftwechsel zu tun haben, zum Beispiel für die Entlüftung des Innenraums oder der Stauräume und für den Selbstbau einer besonders wirkungsvollen Dunstabzugshaube. Speziell für die Nachrüstung der S-Heizungen ist das zweite Gebläse von Truma gedacht, das Trumavent TEB2. Es passt zum Warmluftsystem und ist bei hoher Luftleistung und guter Regelbarkeit per Fernbedienregler um ungefähr 150,- Euro im Handel.

■ **Das Zusatzgebläse Multivent kann als Verstärkungsgebläse für die Heizung, aber auch für einen selbst gebauten Dunstabzug verwendet werden.**

### Warmwasserbereiter nachträglich einbauen

Eigentlich kommt das Teil aus dem Caravan, aber niemand wird daran gehindert, es in einem einfachen Reisemobil nachzurüsten, die Truma Therme. Dieser Warmwasserbereiter mit fünf Liter Inhalt bei kleinsten Abmessungen wird einfach in die Warmluftanlage des Mobils integriert und heizt sich bei Heizungsbetrieb in kurzer Zeit auf. Zum Betrieb auch ohne Heizung ist ein elektrischer Heizstab für 230 V integriert, der auf dem Standplatz mit nur 300 Watt Leistungsaufnahme das Wasser erwärmt. Diese Leistungsaufnahme ist auch bei schwacher Absicherung des Netzanschlusses möglich.

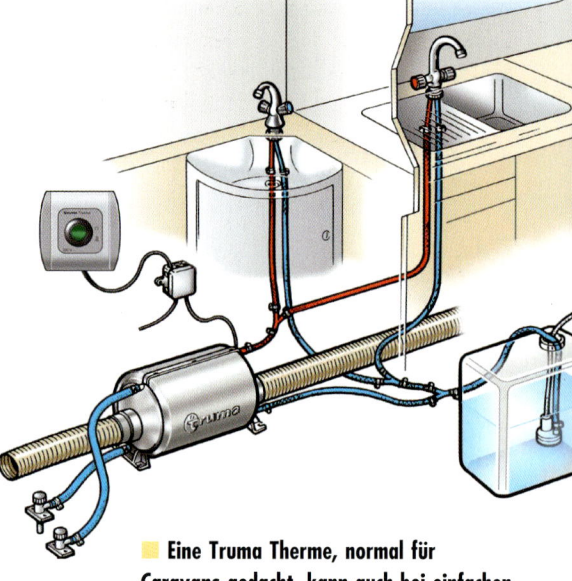

■ **Eine Truma Therme, normal für Caravans gedacht, kann auch bei einfachen Mobilen für Warmwasser sorgen.**

### Vorzeltheizung einbauen

Wer viel im Winter und dann auf dem Campingplatz Urlaub macht, wird sich über ein überschlagenes Vorzelt freuen, in dem auch mal gesessen werden kann. Dazu muss man nicht die Tür des Mobils geöffnet lassen, um die warme Luft ins Vorzelt zu bekommen. Mit einfachen Mitteln kann die von Truma als Erweiterungssatz für die Warmluftanlage angebotene

Vorzeltheizung eingebaut werden. Dazu muss nur auf der Vorzeltseite, also meistens rechts, ein geeigneter Platz an der Fahrzeugwand ausgewählt werden, an dem innen und möglichst an gut zugänglicher Stelle, Warmluftrohre vorbeilaufen. Dort wird mit dem Sägebohrer oder der Stichsäge, wie immer nach Rücksprache mit dem Fachhändler wegen der Lage der Bohrung, ein Loch gebohrt, das Warmluftrohr innen aufgeschnitten und das T-Stück mit dem auf die richtige Länge gekürzten Rohr aus dem Einbausatz eingesetzt. Jetzt muss nur noch der Auslasskasten nach Einbauanleitung in der Außenwand eingebaut und abgedichtet werden. An geeigneter Stelle innen wird noch die Strangabschaltung montiert und in einer knappen Stunde Arbeit ist für ein warmes Vorzelt gesorgt. Nur bei der Abfahrt nicht vergessen, den Ausströmer außen zu verschließen, sonst heizt man »für die Katz«. Das Einbauset kostet ungefähr 45,- Euro.

### Kamineffekt nachrüsten

Benötigt wird er nicht, aber wer schon alles hat und noch eine Heizung der Serie Trumatic S 5002 ab Baujahr 5/1998, kann sich mit einfachen Mitteln, wenn auch nicht ganz billig, Jagdhüttenzauber ins Mobil holen. Die Front wird durch das Einbauset »Kaminfeuer« ausgetauscht, ein elektrischer Anschluss für das lichtelektrische Flammenspiel und eventuell das Holzfeuerknistern gelegt und fertig ist der Feuerzauber. Allerdings wechseln dafür ungefähr 430,- Euro, mit Knistereffekt 470,- Euro den Besitzer.

### Fußbodenheizung

»Den Kopf halt kühl, die Füße warm, das macht den besten Doktor arm«, getreu diesem alten deutschen Sprichwort bietet Paroli eine elektrische Fußboden- oder Wandheizung zum einfachen Nachrüsten an. Dabei handelt es sich um eine 0,3 mm dicke, robuste Polyesterfolie, in

■ Die Vorzeltheizung ist in ungefähr einer Stunde in die Warmluftanlage des Mobils eingebaut und schon wird es im Vorzelt gemütlich war.

die die Heizleiter aus Teflon, Graphit, Kupfer und Silber eingebettet sind. Die Folie ist in den Breiten 25, 50, 60 und 75 cm bei Netzbetrieb und in 50 cm Breite für den Anschluss an 12 V lieferbar. Die Länge richtet sich nach den Anforderungen, die Matten werden auf Bestellung konfektioniert. Als Heizleistung werden 180 W pro qm angegeben, die Oberflächentemperatur beträgt ca. 30 Grad. Regelbar sind die Matten durch Zeitschaltuhr, Thermostat oder Spezialdimmer. Sie können unter geeignetem Teppich verlegt werden, wichtig ist die freie Wärmeabstrahlung, die nicht gedämmt werden darf. Interessant für die Verwendung als Bodenheizung ist, dass ohne weiteres Ausschnitte für Tischfüße in die Matte geschnitten werden können. Eine Matte im Format 60x100 cm ist für ca. 120 Euro im Handel. Bewährt haben sich die Matten im häuslichen und gewerblichen Bau als Unterstützungsheizung unter Fliesenböden, aber auch als Wandheizung. Wegen der geringen Wärmeabgabe ist die Elektroheizung nur als Zusatzheizung oder als Übergangshei-

zung neben der serienmäßigen einsetzbar, leistet aber dafür gute Dienste.

Zum Preis von ungefähr 115 Euro gibt es dieses System auch als »Wärmekörper Sahara«, einer 60x30 cm großen matten Aluminiumplatte mit integrierter Heizmatte und Trafo. Er eignet sich neben seiner Heizwirkung als Handtuchwärmer in Bad oder Küche, als Rückwand im Kleiderschrank beugt er muffigen Klamotten vor.

### Zweitheizung einbauen

Nur der Vollständigkeit halber sei diese Aufgabe hier erwähnt. Für den Heimwerker dürfte sie in vielen Fällen zu kompliziert sein. Es handelt sich hier um eine Zweitheizung als E-Heizung, also elektronisch geregelt und damit auch für Automatikbetrieb geeignet, in das Führerhaus eine Integrierten oder eventuell noch eines größeren Teilintegrierten. Diese Zusatzheizung unterstützt im Fahrbetrieb die Fahrzeugheizung, kann mit Zeitschaltuhr als Standheizung verwendet werden und hilft schnelles Aufheizen nach der fahrt auf dem Stellplatz.

**Eine E-Heizung im Führerhaus eines Integrierten als Zusatzheizung unterstützt während der Fahrt die Fahrzeugheizung und heizt im Stand schnell auf.**

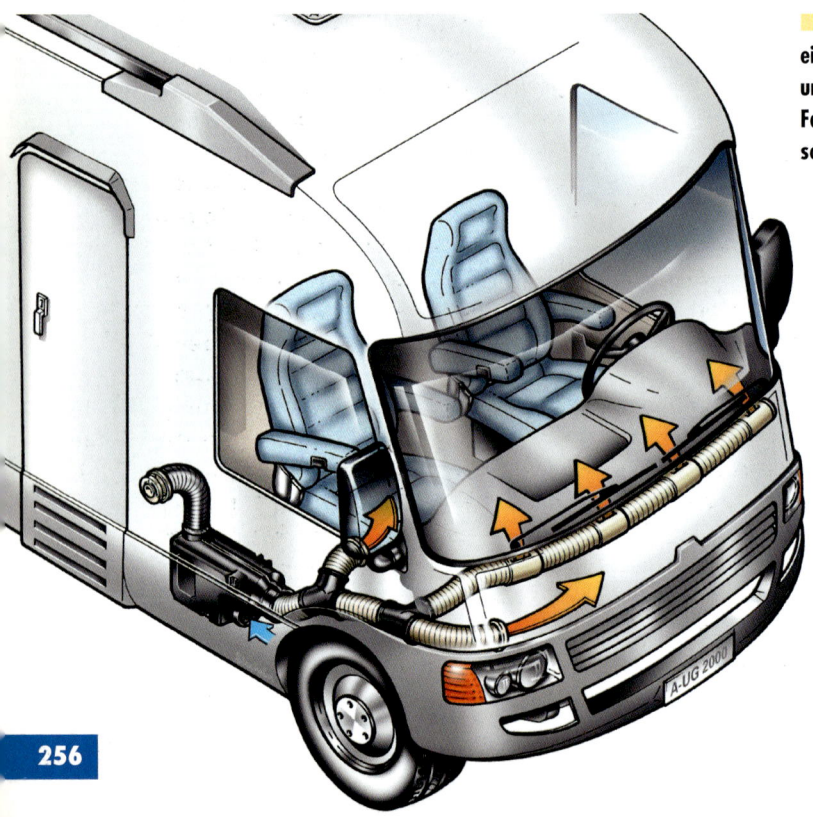

# Teil V: Auf der Reise

## Fahrzeug

### Die Last mit der Last

**Technisch zulässige Gesamtmasse, Zuladung und richtiges Beladen**

Ein Taschenrechner im Reisemobil, wozu hat man Urlaub! Ist das erste Bußgeld wegen Überschreitung der Achslast fällig, sieht das schon anders aus, ganz zu schweigen von einem Unfall wegen einseitiger Überladung und dadurch negativ veränderter Fahreigenschaften des Mobils. Es ist noch gar nicht lange her, als die Gewichtsgrenze für Lkw - Geschwindigkeitsbeschränkung bei 2,8 t lag, dass Reisemobile mit etwas über 100 kg Zuladung und sechs Schlafplätzen zur Auslieferung kamen. Um jeden Preis wurde darum gekämpft, ein 2,8-t-Chassis mit einem möglichst großen Aufbau zu versehen, damit die Besitzer in Deutschland ohne Geschwindigkeitslimit fahren konnten. Seit Anhebung der Grenze auf 3,5 t technisch zulässige Gesamtmasse, wie der neue Begriff für das frühere zulässige Gesamtgewicht richtig lautet,

stehen auch in Deutschland stehen dafür immerhin 700 kg mehr zur Verfügung. Kritisch wird es in Zukunft wieder bei ganz großen Mobilen und Führerscheinneulingen. Hier wirkt sich die neue EU-Führerscheinregelung aus, die mit der neuen Klasse B, früher Klasse 3, nur noch Fahrzeuge bis zu einer zulässigen Gesamtmasse von 3,5 t zulässt. Auch hier wird mit zunehmendem Komfortanspruch und immer besser ausgestatteten Fahrzeugen die Gefahr der Überladung wieder größer werden. Peinlich genaue Planung der Zuladung ist daher unerlässlich, denn Überladung kostet, neben veränderter Fahreigenschaften, echt Geld, wenn man ertappt wird. Und das passiert immer öfter, seit die Autobahnpolizei exakte Digitalwaagen angeschafft hat und diese sich amortisieren sollen. Die wichtigste Grundregel lautet daher: Schwerpunkt möglichst tief legen und schwere Gegenstände nach unten oder zwischen die Achsen packen. Offene Ablagen sind stets leer zu halten und sämtliches Inventar muss rutschfest und sicher verstaut sein. In Hängeschränken haben Dosen nichts zu suchen. Bei einem Unfall könnten sie zu gefährlichen Geschossen werden. Auch der Wasservorrat ist wichtig. Fließt Frischwasser in den Abwassertank, verändert sich die Masseverteilung. Die erlaubte Zuladung lässt sich aus Angaben im Fahrzeugschein und den Papieren des Aufbauherstellers ermitteln. Unter Ziffer 14 im alten Fahrzeugschein beziehungsweise Feld G im neuen findet sich das Leergewicht des Basisfahrzeugs. Addiert werden muss nun das Gewicht des Aufbaus, das aus den mitgelieferten Papieren ersichtlich ist. Die Summe wird nun vom zulässige Gesamtgewicht abgezogen, das sich im alten Fahrzeugschein unter Ziffer 15 oder im neuen in Feld F1 findet. Das Ergebnis gibt die erlaubte Zuladung an. Achtung: Jedes Zubehörteil, das nachträglich angebracht wurde, erhöht das Leergewicht und reduziert die Zulademöglichkeiten. Wer auf Nummer Sicher gehen will, fährt deshalb zweimal auf die Waage. Einmal mit dem leeren Wohnmobil und im Idealfall mit jeder Achse einzeln. Später mit dem voll bepackten Fahrzeug, wobei jede Achse unter Last gewogen werden sollte. Geeignete Waagen findet man beim TÜV, Baustoffhändlern sowie Deponiebetreibern. Wer diese kleine Mühen nicht scheut, ist damit sicherer unterwegs. Außerdem lassen sich dadurch Bußgelder und Punkte in Flensburg vermeiden.

🟨 **Vorsorge ist preiswerter: Das Mobil vorher wiegen, Zuladung errechnen und nochmals nach dem Beladen wiegen.**

Hier die wichtigsten Sätze aus dem Bußgeldkatalog, bezogen auf ein Fahrzeug bis 7,5 t technisch zulässige Gesamtmasse:

| Überladung | Verwarnungs-/ Bußgeld | Punkte |
|---|---|---|
| mehr als 5-10 % | 10,- Euro | 0 |
| mehr als 10-15 | 30,- Euro | 0 |
| mehr als 15-20 | 40,- Euro | 0 |
| mehr als 20 % | 50,- Euro | 3 |
| mehr als 25 % | 75,- Euro | 3 |
| mehr als 30 % | 125,- Euro | 3 |

Mit der reinen Zahlung des Bußgeldes ist es dabei nicht getan, die zu viel geladenen Kilo müssen vor der Weiterfahrt weg, wie, das ist jedem Einzelnen überlassen.

### Rechnen ist angesagt

Aber wozu der Taschenrechner, die einzelnen Massen kann doch jeder mehr oder weniger flott im Kopf addieren? Hier versüßt oder erschwert einen die Physik das Beladen, sie hat den Momentenschlüssel erfunden und dafür eine Formel gebastelt, nach der man die Be- oder Entlastung der Achsen je nach Lage der Masse errechnen kann, nämlich

Gewicht x Hebelarm : Radstand

Ein kleines Beispiel soll diese Formel begreifbar machen:

Ein 5 kg wiegendes Bauernbrot, im Heckstauraum deponiert, 200 cm von der Hinterachse entfernt, be- beziehungsweise entlastet das mit einem Radstand von 320 cm ausgestattete Mobil mit 5 x 200 : 320 = 3,12 kg. Die Vorderachse wird um diese 3,12 kg entlastet, die Hinterachse mit eben dieser Masse plus der Masse des Brots, also mit 5,0 + 3,12 = 8,12 kg belastet. Das gleiche Brot zwischen den Achsen deponiert, zum Beispiel 200 cm von der Vorderachse entfernt, sieht völlig anders aus: Hier belastet das Brot die Vorderachse mit 3,12 kg, die Hinterachse mit 5,0 - 3,12 = 1,88 kg. Durch gekonnte Gewichtsverlagerung kann man also die Achslasten verringern oder erhöhen. Wenn es sich im Beispiel an Stelle eines Brotes um ein Motorrad auf Träger handeln würde, wäre bei einem Frontantriebswagen von Traktion und Lenkfähigkeit keine Rede mehr, da die Vorderachse zu stark entlastet wäre. Dass schwere Gegenstände nicht nur zwischen die Achsen, sondern auch noch zur Tieferlegung des Schwerpunktes möglichst auf den Boden gehören, versteht sich fast von selbst. Ein riesiger Stauraum in der Heckgarage, weit hinter der Hinterachse birgt also speziell für

Fronttriebler Probleme, die aber zu meistern sind. Hier gehören nur leichte Fahrräder und allenfalls Campingstühle hinein, schon das Vorzelt ist im Sitzstauraum der Mitteldinette oder im Doppelboden zwischen den Achsen besser aufgehoben. Der Taschenrechner ist also kein übertriebenes Ausstattungsdetail eines Reisemobils. Grundsätzlich gehört ein bepacktes Mobil vor dem Start auf eine Waage. Aber nicht erst auf die der Polizei bei einer Kontrolle unterwegs, sondern bereits vor Abfahrt auf die öffentliche Waage des Heimatortes. Dabei wird zuerst nur die Vorderachse, dann die Hinterachse gewogen, die Summe ergibt die Gesamtmasse. Im Kfz-Schein sind die zulässigen Achslasten ersichtlich. Nur so sind Korrekturen der Lage und eventuell die Reduzierung der Ausrüstung bei Überladung noch leicht möglich. Aber Vorsicht: Nicht nur die Summe der Achslasten beachten, da diese immer höher ist als die Technisch zulässige Gesamtmasse, und diese hat immer Vorrang.

Ein Beladungsschema sollte unter Beachtung folgender Regeln aufgestellt werden:

- Bei mitfahrenden Passagieren vorher die Sitzplätze festlegen und danach das Belegungsschema erstellen.
- Schwere Ausrüstung zwischen den Achsen möglichst tief gelegen.
- Lastverteilung links und rechts möglichst gleichmäßig.
- Wassertanks nur teilbefüllen, wenn vorauszusehen ist, dass problemlos nachgetankt werden kann. Jeder unnötig mitgeschleppte Liter wiegt ein Kilogramm!
- Bei Frisch- und Abwassertanks Gewichtsverlagerung im Gebrauch beachten, Frischwassertank wird leichter, Abwassertank schwerer.
- Be- und Entlastung der Antriebsachse unter Berücksichtigung des Momentenschlüssels beachten.
- In die Dachstaukästen gehört nur leichte Ausrüstung wie Wäsche oder Ähnliches.
- Schwere Gegenstände in den Staukästen so platzieren, dass sie beim Bremsen nicht in Fahrtrichtung rutschen können.
- Empfindliche Einbauten in den Staukästen vor Beschädigung schützen (Wasserpumpe, Ladegerät).
- Keine schweren Gegenstände auf den Dachträger.
- Offene Ablageflächen während der Fahrt nicht beladen.
- Kühlschrank unter Fahrtbedingungen füllen: Flaschen und sonstige Gefäße mit Flüssigkeit kippsicher in den Türfächern, Eier in speziellen Gefäßen oder Eierkartons, in die Türfächer nur dann, wenn diese fahrttauglich ausgestattet sind, alle Speisereste in Behältnisse mit dicht schließendem Deckel.

### Alles neu macht die EU: Neue Definition der Zuladung laut EU-Betriebserlaubnis

Die europäische Betriebserlaubnis EBE, Grundvoraussetzung für die Hersteller, ihre Fahrzeuge ohne Einzelzulassung in den verschiedenen

Moderne Reisemobile bieten viel Platz und manchmal aber sehr knappe Zuladung.

Ländern innerhalb der EG verkaufen zu können, definiert den Begriff »Masse im fahrfertigen Zustand« käuferfreundlicher als die bisherige deutsche Zulassungsverordnung, die in der Angabe des Leergewichts lediglich 75 Kilo für den Fahrer plus das Gewicht des zu 90 Prozent gefüllten Kraftstofftanks enthält. Dies führte immer wieder dazu, dass mit Zulademassen geworben werden konnte, die für viele irreführend waren, da sie weder das Gewicht der Beifahrer noch das der gefüllten Frischwassertanks und der Gasflaschen enthielt. Mit der EBE wird nun festgelegt, dass die Angabe der Masse im fahrfertigen Zustand, dem früheren Begriff »Leergewicht«, das Gewicht der Wasser- und Gasvorräte einschließlich Tank- oder Flaschengewicht hinzugerechnet wird. Noch einen Schritt weiter geht der Entwurf der neuen Euronorm DIN EN 1646-2, nach der in Prospekten und sonstigen Verkaufsunterlagen zusätzlich pro eingetragenem Sitzplatz je 75 Kilo für den Passagier plus 10 Kilo für dessen Ausrüstung angegeben werden muss. Hinzu kommen für allgemeine Ausrüstung weitere 10 Kilo pro Meter Mobillänge und 4 Kilo für eine Kabeltrommel. Der Wert für die Zuladung darf nach dieser DIN, die über kurz oder lang geltendes

Recht werden dürfte, nur so hoch angegeben werden, wie die Differenz zwischen dem danach errechneten Wert und der zulässigen Gesamtmasse ist. Dies führt zum einen zu besseren Vergleichsmöglichkeiten, zum anderen wird dem Käufer die Gewichtsrechnerei vor dem Kauf erspart. Freilich wird es auch hier als sportliche Disziplin unter den Herstellern gelten, Gesetzeslücken auszunutzen und ein zum Beispiel eigentlich als Sechssitzer konzipiertes Reisemobil als Viersitzer auszuweisen, schon hat man 170 Kilo mehr Zuladung im Prospekt stehen als die Konkurrenz. Deshalb dürfen nachher trotzdem sechs Personen transportiert werden, wenn ausreichend gesicherte Sitzplätze für alle vorhanden sind. Alles in allem ist der Markt durch die neue DIN transparenter geworden und die Gefahr, dass Reisemobile schon im nicht ganz beladenen Zustand ausgelastet sind, geringer. Trotzdem sollte das Mobil reisefertig beladen einschließlich Passagieren vor der Abfahrt gewogen werden. Dies kann auf jeder öffentlichen Waage sowie bei TÜV- und Dekra-Prüfstellen gegen geringe Gebühr, aber nach Voranmeldung, durchgeführt werden. Telefonnummer und Lage der öffentlichen Waagen erhält man von der Gemeindeverwaltung.

## So wird richtig geladen

■ Diese Ladezonen sollten beim Beladen beachtet werde.

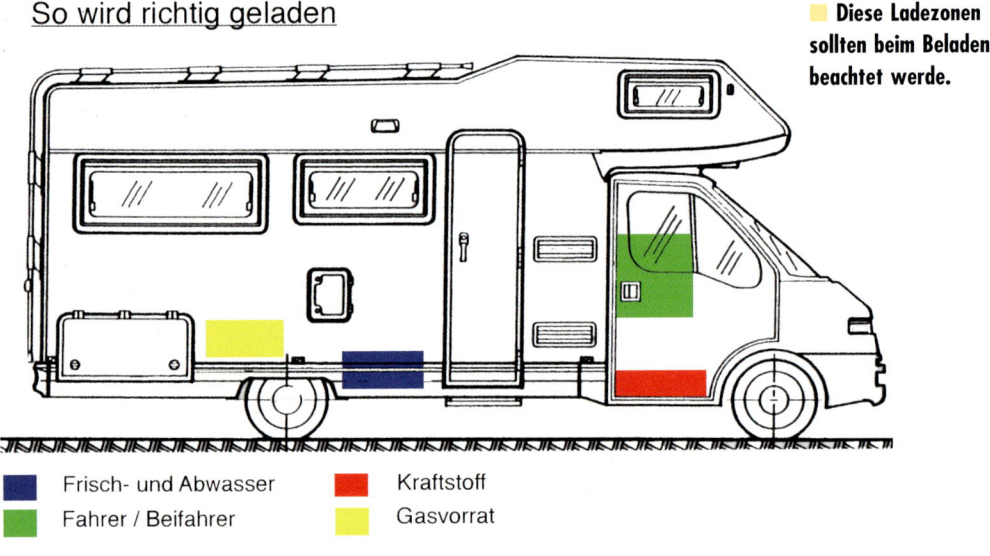

■ Frisch- und Abwasser

■ Fahrer / Beifahrer

■ Kraftstoff

■ Gasvorrat

## Frühlingserwachen und Winterschlaf

### Check nach dem Winterschlaf

Nach hoffentlich gut überstandener Winterpause soll das Urlaubsdomizil wieder flott gemacht werden für den harten Einsatz und unbeschwerte Urlaubstage garantieren. Dazu braucht es gründlicher Vorbereitung und Kontrolle.

Der gemeinsame Fahrzeugcheck im Frühling ist für die Familie Vorfreude auf die kommenden Urlaubserlebnisse, für das Wohnmobil die Wiederinbetriebnahme nach der Winterpause und Wert erhaltende Vorsorge.

### *Grundreinigung*

Bei der ganzen Vorbereitung wird davon ausgegangen, dass das Fahrzeug im Winter eingemottet war, eventuell nur zu einem kurzen Skiurlaub oder einer fröhlichen Silvestertour herausgeholt wurde.

Zuerst wird das gute Stück einer gründlichen Außenwäsche unterzogen, um den Winterstaub zu verabschieden. Grundreinigung heißt

nicht nur oberflächig, auch die Reinigung der Innenkotflügel und möglichst auch eine komplette Unterwäsche gehören dazu. Dies passiert vorzugsweise in einer Selbstbedienungswaschanlage, die einen Stand für hohe Fahrzeuge hat. Ist sie zudem mit einer Empore ausgestattet, die die Reinigung der oberen Partien einschließlich Dach ermöglicht, ohne eine schwankende Leiter benutzen zu müssen, ist das bereits die halbe Miete.

Vorsicht ist geboten beim Einsatz von Hochdruckreinigern an Fahrzeugen mit loser Dachhaut. Es besteht die Möglichkeit, dass der scharfe Strahl die Dachbahn an der Rändern unterwandert. Auch an Fensterdichtungen und den Kantenleisten sollte nicht mit hohem Druck gearbeitet werden, also Abstand halten zwischen der Düse und dem Blech. Lieber mit dem Schwamm nacharbeiten.

Den Innenraum in der Waschanlage mit dem Münzstaubsauger zu reinigen, würde ein kleines Vermögen kosten, zudem sind die Saugrohre selten lang genug. Diese Arbeit erledigt man nach Möglichkeit in Ruhe und mit dem Staubsauger zu Hause.

### *Pflege mit Langzeitwirkung*

Wenn jetzt der frisch gereinigte Wagen in neuem Glanz erstrahlt, wäre es schön, man könnte diesen Glanz erhalten und sich die vielen Mühen der Schlierenentfernung und das Rubbeln im nächsten Frühjahr ersparen. Das geht, wenn auch nicht ganz billig und mit einem Tag Mühe erkauft. Diese Zeit spart man sich aber beim nächsten Mal zum größten teil ein.

Das Produkt, das dies zu Stande bringt, heißt Uniglace 2000 von M.V.F. Foerg aus Reichenbach/Fils und kommt ursprünglich aus der Steinversiegelung. Die auf Polysiloxanbasis aufgebaute Versiegelung mit Langzeitschutz wird auf den gründlich gewaschenen und völlig trockenen Wagen bei einer Außentemperatur von mindestens 20 Grad C hauchdünn im Spritzverfahren aufgetragen und gleichmäßig verteilt, anschließend poliert. Nach der Trocknung ist der Wagen für viele Jahre geschützt. Die Versiegelung für ein Wohnmobil mittlerer Größe schlägt mit ungefähr 85 Euro ohne Arbeitszeit zu Buche. Im nächsten Frühjahr ist dann nur noch Waschen angesagt.

### Vorabcheck im Innenraum

Mit das Wichtigste nach dem Winterquartier ist die »Schnüffelprobe« im Innenraum. Diese wurde schon vor der Fahrt zur Waschanlage, beim ersten Öffnen der Eingangstür, durchgeführt. Ein Fahrzeug, das lange Zeit verschlossen stand, darf zwar dumpf riechen, aber niemals moderig. Ist dies der Fall, gibt es mit Sicherheit undichte Stellen, durch die Feuchtigkeit nach innen dringen kann. Abgesperrte Luft ohne Sauerstoffzufuhr, gleich bleibende Temperatur und Feuchtigkeit sind der ideale Nährboden für Pilzkulturen, die den berüchtigten und gesundheitsschädlichen Schimmel bilden. Da hilft nur kräftiges Lüften, Abwaschen aller Flächen mit Spezialmitteln aus dem Caravan-Zubehörshop, verdünnter Kochsalzlösung oder mit geringem Chlorzusatz im Waschwasser. Vor der Verwendung von Chlor und Salz sollte allerdings dringend eine Probestelle irgendwo hinten unten behandelt werden, damit die Reaktion des Materials auf diese Brutalomethoden getestet werden kann.

Den wegen noch vorhandener Seifenspuren gegen Schimmel besonders anfälligen Sanitärraum mit seinen Kunststoffverkleidungen kann man gut mit schwachem Chlorwasser abwaschen, aber auch mit einem Dampfreiniger sind sehr gute Ergebnisse zu erwarten, wenn das Material die Hitze verträgt. Auch hier unbedingt vorher eine kleine Probe vornehmen.

Mit Schwamm und Schmierseifenwasser wird dem Staub und Restschmutz in den Stauräumen und Schränken, der Garage und dem Gasflaschenkasten zu Leibe gerückt. Essigwasser ist die richtige Reinigungslösung für den Kühlschrank. Nicht zu vergessen das Kühlfach. Mangels Durchlüftung ist dieses besonders anfällig gegen dumpfen Geruch und Schimmel.

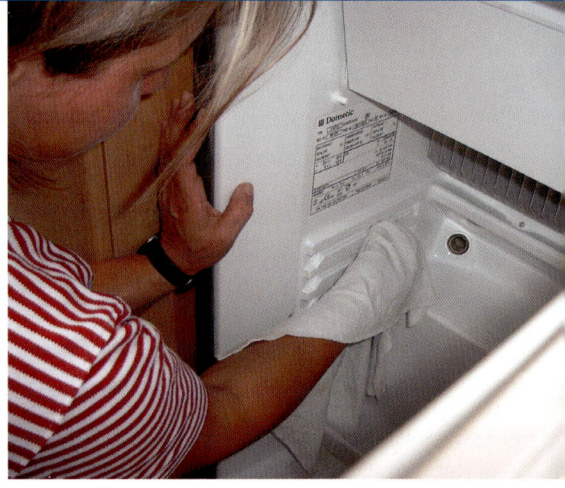

■ **Der Kühlschrank wird nach der Winterpause gründlich gereinigt, damit sich kein Schimmel ansetzen kann.**

Eine gründliche Reinigung des Herds mit seinen Gasbrennern dient der Vorsorge gegen Aussetzer. Gerade die Brennerkammern werden wohl den ganzen Sommer nicht mehr gewartet werden, die Reste übergekochter Milch führen irgendwann zu Aussetzern gerade dann, wenn man es am wenigsten brauchen kann. Zur Brennerreinigung werden zuerst die Topfgitter ausgehängt und in Wasser eingeweicht. Die Brenner selbst können bei den gebräuchlichen Modellen leicht zerlegt und gereinigt werden. Hartnäckiger Schmutz in den feinen Brennerrillen kann mit einer feinen Drahtbürste ausgebürstet werden. Vorsicht ist geboten bei Brennern mit Zündautomatik. Hier sollte nicht drauflos geschraubt, sondern peinlich genau die einzelnen Schritte gemerkt werden. Auch ein Blick in die Bedienungsanleitung des Herds ist angebracht, vielleicht ist dort die Brennerwartung beschrieben.

### Polsterreinigung

Die Pflege der Polster unterscheidet sich wenig von der häuslicher Sitzgruppe. Lose Polster werden im Freien gründlich ausgeklopft und gesaugt, eventuellen Flecken wird mit geeigneten Reinigern zu Leibe gegangen.

Schimmel in Polstern, nach dem Winterquartier leider oft anzutreffen, wird zur kleinen Katastrophe, wenn die Bezüge nicht abziehbar sind und nicht gewaschen werden können. Kleinere Schimmelflecken können noch mit reinem Alkohol aus der Apotheke gereinigt werden, bei größerem Befall, oder wenn der Geruch nach Reinigung nicht vergeht, hilft außer einer gründlichen Wäsche nur der Austausch. Dies gilt auch für die Polster und die Matratzen. Mit der Gesundheit ist nicht zu spaßen und Schimmel ist nicht gerade unschädlich.

Ein Tipp für nächstes Jahr: Sollte sich irgendwie die Möglichkeit bieten, die Polster vor dem Einwintern zu Hause luftig aufzubewahren, zum Beispiel auf dem Speicher, sollte von dieser Lösung auf jeden Fall Gebrauch gemacht werden. Müssen sie im Fahrzeug bleiben, unbedingt auf einer luftdurchlässigen Unterlage senkecht stellen, damit von allen Seiten Luft zirkulieren kann. So etwas mögen Schimmelsporen absolut nicht.

■ **Vor dem Einmotten muss das Reisemobil gründlich winterfest gemacht werden.**

### Fahrzeug- und Technikcheck

Nächster Punkt der Checkliste ist die »Sichtkontrolle auf der Hebebühne von unten«. Dabei unbedingt beachten: Bei einer Hebebühne mit Hubarmen sollte nicht einfach am Aufbau angehoben werden, entweder nur Punkte am Chassis wählen oder die Werkstatt nach geeigneten Aufnahmepunkten befragen.

Jetzt kann der Bauch mit allen Leitungen, Bremsseilen und die Achse mit Bremstrommeln und Stoßdämpfern genau inspiziert werden. Auch der Unterbodenschutz ist Punkt der Besichtigung und wird, wenn Fehlstellen ausgemacht wurden, am besten sofort ausgebessert. Ist dies alles erledigt, kann dem Freizeitvergnügen guten Gewissens entgegengefiebert werden.

### Vorbereitung auf die Winterpause

Wenn man sein wertvolles Reisemobil im Winter nicht nutzen will und die mobile Unterkunft vor Wintereinbruch einfach abstellt, ohne sich um die Vorbeugung vor Frostschäden zu kümmern, rächt sich dies bestimmt spätestens zum nächsten Frühjahr.

Reisemobileigner, die ab Herbst ihr Fahrzeug nicht mehr benutzen, tun gut daran, einen Nachmittag der Vorsorge zu opfern und ihr Feriendomizil für die Überwinterung herzurichten. Zum Einen, damit es später problemlos wieder in Betrieb gesetzt werden kann, und ihm zum Andern ein langes Leben beschieden ist. Deshalb müssen Technik und wichtige Funktionselemente an Basisfahrzeug und Aufbau optimal vorbereitet werden. Dabei ist beim »Einmotten« entscheidend, ob das Fahrzeug ein festes Quartier hat oder im Freien überwintern muss.

### Recht und Ordnung

Optimal ist als Winterquartier eine leergeräumte Scheune oder sonst eine geschlossene, möglichst luftige Unterkunft. Wer dies nicht besitzt und das Fahrzeug für die Winterpause abmeldet oder ein Saisonkennzeichen hat, das nur die Frühlings- bis Herbsttage umfasst, darf es nicht auf öffentlichen Straßen und Plätzen abstellen. Der Gesetzgeber hat hierfür den schönen Ausdruck »Zweckentfremdung von Verkehrsraum« geprägt. Wer es dennoch versucht, beginnt den Frühling mit Bußgeld und drei

■ Der Waeco Battery Refresher kann die Lebensdauer der Batterien erheblich verlängern.

Punkten mehr in Flensburg. Schlimmstenfalls vermisst er sein Fahrzeug eines Tages, weil es abgeschleppt wurde. Dann wird es richtig teuer. Bleibt als Alternative, wenn keine Halle verfügbar ist, nur die Ganzjahreszulassung. Damit kann dann beliebig lange auf der Straße geparkt werden. Dazu dringend beachten: Die Voll- oder Teilkaskoversicherung zahlt im Schadensfall, auch wenn der Vertrag ruht, für ein abgemeldetes Fahrzeug, aber nur dann, wenn es auf umzäuntem Privatgrund sicher abgestellt ist.

### Vorsorge an der Basis

Die heutigen Fahrzeuge sind von Haus aus auch ohne großartige Vorbereitungen winterfest, es schadet meist nur die Korrosion durch das lange Stehen, besonders auf einer öffentlichen Straße, die gestreut wird. Der Akku, besonders ein älterer mit Blei-Säure-Technik, leert sich durch Kriechströme oder Selbstentladung, deshalb sollten die Akkus, wenn kein Automatik-Ladegerät mit Stromanschluss vorhanden ist, voll geladen ausgebaut und in einem nicht frostgefährdeten Raum gelagert werden. Hier ist eine Nachladung in längeren Abschnitten auch leichter durchzuführen. Das Fahrzeug wird vor dem Einmotten gründlich abgedampft, zumindest aber gewaschen und, wenn die Möglichkeit dazu besteht, mit Heißwachs versiegelt. Dabei sollten auch die Kotflügel innen und der Unterboden nicht vergessen werden. Es geht hier nicht um Schönheit, sondern darum, Schmutznester, die feuchte Stellen verursachen, zu entfernen. Vor dem Abstellen wird der Kraftstofftank des Reisemobils randvoll gefüllt, so wird auch er vor Korrosion geschützt und das Öl geprüft. Nach einer Fahrt von mindestens einer halben Stunde wird das gut durchgewärmte Fahrzeug dann abgestellt und während des Winterschlafs der Motor nicht mehr gestartet. So kann man Korrosion im Motor verhindern.
Auch wenn der Bordakku im Winter oft ausgebaut wird, der Starter-Akku bleibt meist im Fahrzeug und ist dann Kälte und Frost ausgesetzt. Je nach Akkutyp können bei einem Austausch

mehrere hundert Euro anfallen. Zubehör-Profi Waeco aus Emsdetten bietet mit dem Mobitronic Battery Refresher eine kostengünstige Möglichkeit, die Betriebsdauer eines 12-Volt-Bleiakkus erheblich zu verlängern. Tests haben ergeben, dass die Lebensdauer auf bis zu fünf normale Produktzyklen erweitert werden kann. Möglich wird dies durch die Auflösung der Sulfatablagerungen in der Batterie. Ist der Battery Refresher am Autoakku angeschlossen, entnimmt er Energie und gibt diese als Stromstoß sofort zurück. Die Kristalle des Sulfates schwingen und zerfallen, wobei die frei werdenden Moleküle in den Aufladeprozess wieder integriert werden. Um diese Wirkung zu erreichen ist es wichtig, dass der Battery Refresher permanent – doppelseitiges Klebeband reicht –angeschlossen ist. Der Preis des Mobitronic Battery Refresher beträgt ungefähr 59 Euro im gut sortiertem Fachhandel.

■ Vor dem Winterschlaf muss das Reisemobil gründlich außen und innen gereinigt werden.

### Vorsorge am Aufbau

Ein gut durchlüfteter und sauberer Innenraum ist Voraussetzung für einen sorglosen Winterschlaf. Dabei sollten auch die Schrankfronten und der Duschbereich, natürlich auch Herd und Kühlschrank, gründlich entfettet werden. Ideales Hilfsmittel für diese Arbeiten ist ein handelsüblicher Dampfreiniger, der nicht nur säubert und entfettet, sondern auch noch entkeimt. Er kann an allen Oberflächen eingesetzt werden, die hohe Temperatur und Feuchtigkeit aushalten. Vorher an einer später nicht sichtbaren Stelle zur Sicherheit prüfen, ob das Material die Hitze des Dampfs aushält. Die Polster der Bänke und Betten müssen allseitig gut belüftet werden. Kann man sie nicht zu Hause trocken lagern, sollten sie im Fahrzeug hochkant und mit Abstand zur Wand gestellt werden. Die Schranktüren bleiben offen, ebenfalls die Stauraumklappen an den Truhen. Zusätzlich sollte auf jeden Fall im Innenraum ein Luftentfeuchter in ausreichender Größe aufgestellt werden. Diese mit einem Granulat gefüllten Behälter reduzieren die Luftfeuchtigkeit und bieten so einen wirksamen Schutz vor Schimmel, Korrosion und Feuchtigkeitsschäden. Eine Füllung hält etwa drei Monate vor. Die Luftentfeuchter kosten um die 15 Euro mit der Erstfüllung, Nachfüllbeutel mit 2 x 1 kg Granulat kosten ungefähr sechs Euro.

### Vorsorge an der Technik

Alles, was mit Wasser zu tun hat, gründlich reinigen, desinfizieren und entleeren. Dabei werden auch die Schlauchleitungen durchgeblasen und damit restlos entleert. Wer ganz sicher gehen will, dass er im Frühjahr vor Montezumas Rache gefeit ist, spült die Leitungen gründlich mit einem speziell dafür im Zubehörhandel erhältlichen Reinigungsmittel aus und entleert sie dann wieder, ohne mit Frischwasser durchzuspülen. Dies geschieht gründlich im Frühjahr beim »Entmotten«. Wie bei der Basis von Reisemobilen, wird auch der Bordakku abgeklemmt und, voll geladen, frostsicher aufbewahrt. Wer

dies alles beachtet und die folgende Checkliste peinlich genau durcharbeitet, kann sein Mobil ohne Bedenken in den Winterschlaf schicken.

■ **Die Küche und der Kühlschrank müssen entfettet und gesäubert werden, damit sich kein Schimmel bildet. Der Kühlschrank bleibt über Winter offen.**

■ **Die Cassettentoilette wird entleert, gereinigt und mit einem Sanitärzusatz in den Winterschlaf geschickt.**

### Fenster reinigen und pflegen

Reisemobilfenster aus Acrylglas verkratzen sehr leicht und wirken dadurch oft unansehnlich. Deshalb sollten ihnen am Saison-Ende besondere Aufmerksamkeit gewidmet werden. Spezial-Polierpasten schaffen es, die »Sünden« der Saison, die sich in Kratzern oder stumpfen

Flächen bemerkbar machen, wieder für klaren Durchblick zu sorgen. Xerapol, in Deutschland im Vertrieb der E.V.I. GmbH aus Darmstadt, bietet eine erstaunlich einfache Lösung für dieses weit verbreitete Problem. Mit dieser neuartigen Spezialpolierpaste hat der Anwender die Möglichkeit, Kratzer schnell und kostengünstig im Do-it-yourself-Verfahren zu beseitigen. Das Acrylglas erstrahlt anschließend in neuem Glanz. Die Anwendung ist denkbar einfach: Oberfläche reinigen und etwas Paste auftragen. Mit einem weichen, sauberen Baumwolltuch oder Watte-Pad die verkratzten Stellen 2-3 Minuten unter starkem Druck polieren. Keine bedruckten, lackierten oder beschichteten Oberflächen polieren. Bei tiefen Kratzern Anwendung mehrmals wiederholen. Rückstände mit einem Tuch entfernen. Sehr tiefe Kratzer vorher mit Spezial-Schleifpapier (Körnung: 1600) und etwas Wasser nass schleifen. Anschließend mit Xerapol nachpolieren.

### Gummiteile schützen und pflegen

Tür- und Fensterdichtung, die Gummiabdichtungen der Stauraumklappen oder Gummiprofile wie in der Cassetten-Toilette benötigen Schutz vor Versprödung. Damit sie auch bei kalten Temperaturen geschmeidig bleiben, sollte sie regelmäßig und gerade vor dem Winterschlaf mit einem speziellen Silikonöl eingesprüht werden.

## Expertentipp: Fensterpflege leicht gemacht

■ **Experte Matthias Fischer ist Geschäftsführer für Marketing und Verkauf beim Fensterhersteller Dometic-Seitz.**

### Welches Fenster?

Favoriten im Freizeitfahrzeug sind Ausstellfenster, die als Rahmenfenster oder als rahmenlose Fenster eingebaut werden; bei Letzteren liegt die Scheibe auf der Außenwand des Fahrzeugs auf. Bei Rahmenfenstern wird die Scheibe von einem Rahmen entweder aus Polyurethan-Hartschaum oder thermisch getrennten Alu-Rahmen gehalten. Rahmenfenster sind stabiler, isolieren zuverlässig und schützen besser vor Einbruchsversuchen. Je nach Größe hat das Fenster mehrere Verschlussriegel; bei Ausführung in einem Seitz-Alu-Rahmen ist auch eine praktische Zentralverriegelung lieferbar. Schiebefenster sind die Alternative zur Ausstellversion; sie sind in eine feste und eine bewegliche Scheibe unterteilt. Für welche Sie sich auch entscheiden: Richtige Pflege ist wichtig, wenn Sie lange Zeit viel Freude an Ihren Fenstern haben möchten.

### Kunststoff braucht Pflege

Die Acrylglasscheibe ist das empfindlichste Teil eines Fahrzeug-Fensters. Sie muss bestmöglich vor mechanischer und chemischer Beanspruchung geschützt werden. Zur Reinigung und Pflege empfehlen wir den gebrauchsfertigen Seitz-Acrylglas-Reiniger. Erst groben Schmutz mit Wasser abspülen, dann Reiniger auf Scheibe sprühen, Fläche mit Poliertuch waagerecht und senkrecht lückenlos wischen – nicht trocken reiben (Restfeuchte muss auf der Scheibe zwecks Antistatik-Filmbildung antrocknen). Der Reiniger verhindert die statische Aufladung und Staubanziehung an der Scheibe und führt nicht zu Spannungskorrosionen.
Übrigens: Acrylglas nicht in der prallen Sonne reinigen, Schatten ist viel besser.
Gefährlich für Acrylglas sind Reiniger mit Alkohol und/oder Lösungsmitteln – einschließlich der handelsüblichen Fensterputzmittel, die wir im Haushalt zur Säuberung von Echtglas verwenden. Deren Inhaltsstoffe führen zu einer chemischen Reaktion im Acrylglas – die Molekularstruktur des Werkstoffes wird angegriffen. Eine Zerstörung ist an den feinen Rissen erkenn-

bar, die auf den ersten Blick anscheinend nur an der Oberfläche liegen – in Wirklichkeit dringen sie tief in das Material ein; Wärme, mechanische Beanspruchung und die Zeit tun ihr Übriges.

Werden dann die falsch behandelten Scheiben zum Beispiel beim Schließen unter Spannung gesetzt, entstehen aus den erwähnten feinen Rissen sehr schnell und unwiderruflich sogenannte Korrosions-Spannungsrisse. Mit der bitteren Konsequenz, dass die Scheiben über kurz oder lang komplett ausgetauscht werden müssen. Die Gummidichtung wird von Zeit zu Zeit mit Talkum eingerieben – chemische Gummi-Pflegemittel sind ungeeignet, wenn sie schädliche Lösungsmittel enthalten.

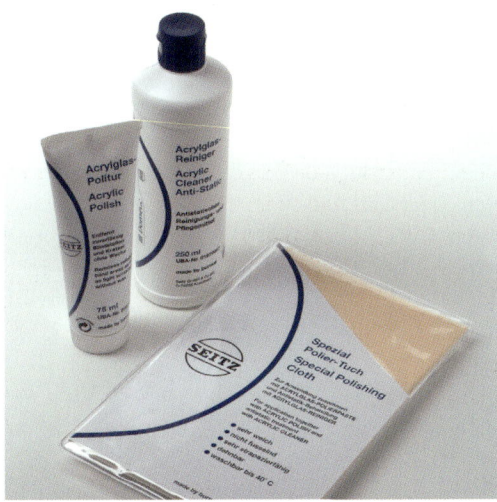

🔳 **Seitz bietet ein spezielles Pflege-Set für Hauben und Fenster aus Acrylglas an.**

### Vorsicht bei hartnäckigen Flecken

Standard-Reinigungsmittel für den Haushalt sind keine Lösung zum Reinigen von Acryl-Glasscheiben, wenn man zum Beispiel Teer entfernen will und die zuvor beschriebene Reinigungsmethode nicht gewirkt hat. Nehmen Sie zunächst Vaseline oder eine andere fetthaltige Substanz. Haben Sie damit nicht den gewünschten Erfolg, versuchen Sie es mit einer Rasierklinge oder einem Messer. Aber bitte ganz vorsichtig !

### Hochdrucklanzen verboten

Waschanlagen mit rotierenden Bürsten sind zu meiden. Anlagen mit Selbstwascher sind ebenfalls mit Vorsicht zu genießen – auf jeden Fall Finger weg von den Hochdruckreinigern, weil dort häufig Reinigungssubstanzen beigemischt werden, die die Acrylglasfenster zerstören können.

### Kratzer? Erst polieren!

Auch bei größter Sorgfalt: Irgendwann können Acrylglasfenster Kratzer bekommen. Im Prinzip kein Problem, denn fast immer kann man Kratzer aus dem Acrylglas entfernen. Zunächst soll Polieren helfen. Hierfür bietet Seitz jetzt eine Politur sowie ein Spezial-Poliertuch an. Sie wurden eigens für diese Aufgaben entwickelt, der Hersteller übernimmt somit eine Gewähr, dass das Polieren – bei richtiger Anwendung – funktionieren wird. Die zu polierende Acrylglas-Fläche sollten Sie zunächst von grobem Schmutz reinigen. Anschließend tragen Sie die Politur (etwa fünf Zentimeter langen Strang), am besten von Hand, mittels des Poliertuches unter leichtem Druck in kreisenden Bewegungen (ungefähr drei bis fünf Minuten) auf die Scheibe auf, anschließend die Polierpaste mit lauwarmen Wasser abspülen. Beim Einsatz einer Poliermaschine ist darauf zu achten, dass der Druck nur vorsichtig abgegeben wird, um ein Erwärmen der Scheibe zu verhindern. Bei maschineller Bearbeitung einer Scheibe ist in diesem Zusammenhang unbedingt auf eine niedrige Drehzahl und niedrigen Druck der Maschine zu achten. Unterschiedliche Temperaturen könnten nämlich Hitzespannungen zur Folge haben. Anschließend empfehlen wir die Nachbehandlung der Scheibe mit Seitz-Acrylglas-Reiniger.

### Notfalls Schleifen

Für den (hoffentlich seltenen) Fall, dass Polieren nicht das gewünschte Ergebnis gebracht hat, kann vom versierten Laien, besser aber vom Fachmann zur Schleifmaschine gegriffen werden. Mit wasserfestem Schleifpapier in der Reihenfolge der Körnungen 400 - 600 - 1000 unter Zugabe von Wasser in gerader Richtung schleifen. Vor dem Wechsel der Körnung sollten Sie die Fläche immer reinigen und die Schleifrichtung um 45 Grad ändern. Dabei die Schleiffläche immer vergrößern. Nach dem Schleifen wie oben angegeben polieren und dann die Schleif- und Politurreste mit lauwarmem Wasser abspülen. Bei Einsatz eines Poliergerätes unbedingt auf eine niedrige Drehzahl und niedrigen Druck achten; unbedingt hohe

Reibungswärme vermeiden. Anschließend wird eine Behandlung der Scheibe mit dem Seitz-Acrylglas-Reiniger notwendig.

**Kondenswasser ist kein Alarmsignal**
Läuft eine Scheibe von innen an, so ist das kein Anzeichen für eine Schadhaftigkeit, sondern das Resultat unterschiedlicher Luftfeuchtigkeit und/oder starker Temperaturunterschiede. Ausgiebig lüften und schon verschwindet das Kondensat wieder, wenn die Verklebung dicht ist oder keine sonstigen sichtbaren Beschädigungen vorhanden sind.

## Checkliste Frühlingserwachen und Winterschlaf

**Frühlingserwachen – Notwendige Kontrollen nach der Winterpause**
**Fahrzeug außen**
**Reifen**
- [ ] Luftdruck prüfen, auch Reserverad
- [ ] Profil auf Tiefe und Auswaschungen kontrollieren
- [ ] Abrieb auf Gleichmäßigkeit überprüfen

**Radhäuser**
- [ ] Rostansatz, Lackabblätterungen,
- [ ] Unterbodenschutz, Innenkotflügel
- [ ] Federbeine, nässende Stossdämpfer

**Schürzen**
- [ ] Risse oder Dellen
- [ ] Fremdkörper hinter den Schürzen
- [ ] Keder oder Abdichtung rissefrei und unbeschädigt
- [ ] Eintrittstufe leichtgängig, evtl. Bänder und Führungen abschmieren, Schalter der Kontrollleuchte gangbar

**Aufbau, Alkoven, Dach**
- [ ] Risse oder Dellen in der Außenhaut
- [ ] Kantenprofile festsitzend und rissefrei
- [ ] Versiegelung an den Anschlüssen zum Fahrerhaus nicht porös oder rissig
- [ ] Versiegelung der Fenster und Dachluken einwandfrei
- [ ] Dachgalerie und Heckleiter festsitzend, Dachbelag ohne Blasen
- [ ] Versiegelung des Laufbelages einwandfrei
- [ ] Applikationen auf festen Sitz prüfen

☐ Kennzeichen auf Befestigung und Gültigkeit der Zulassungsstempel, TÜV-, Gas- und AU- Marken prüfen

### Fenster, Dachluken, Stauräume

☐ Scheiben dicht anliegend und rissefrei, kein Kondenswasser zwischen den Scheiben

☐ Klappen und Stauraumtüren dicht schließend, Schlösser leichtgängig und nicht korrodiert, Dichtungen einwandfrei

☐ Bodenlüftung des Gaskastens frei, Gasflaschenhalterung einwandfrei

☐ Kiemenbleche des Gaskastens und der Kühlschranklüfter frei von Insekten und Verschmutzung

☐ Eingangstür dicht schließend, Schloss leichtgängig, Verriegelung der Tür in beiden Schließstellungen sicher, Stalltürbeschläge in Ordnung

☐ Tankdeckel für Frischwasser und CEE -Einspeisedose gangbar, rissefrei und dicht

☐ Aussenklappe der Cassettentoilette gangbar, dicht schließend und schließbar

☐ Cassette leicht entnehmbar, Verriegelung prüfen

### Beleuchtung, Spiegel

☐ Rück- und Bremslichtkontrolle, Blinker hinten, Rückfahrscheinwerfer Umrissleuchten, Kennzeichenbeleuchtung, Nebelschlussleuchte, Vorzeltleuchte

☐ Scheinwerfer, Standlicht, Blinker vorne, Zusatzscheinwerfer

☐ Rückspiegelglas rissefrei und klar, Verstellung einwandfrei und nicht zu leichtgängig, Spiegelbefestigung prüfen

### Motorraum, Basistechnik

☐ Sichtkontrolle des Motorraums und Reserverades

☐ Ölstandskontrolle, Flüssigkeitsstand im Kühler-Ausgleichsbehälter Scheibenwaschwasser und Bremsflüssigkeitsbehälter

☐ Undichtigkeiten an Motor und Nebenaggregaten, Leckstellen

☐ Öltropfen unter dem Fahrzeug im Winterquartier

☐ Sichtkontrolle auf der Hebebühne von unten an Auspuff, Bremsen, Gasrohren Abwasserleitungen und sonstigen Rohren und Zügen

☐ Unterbodenschutz auf Schadstellen untersuchen

☐ Kundendienstfälligkeit prüfen

### Innenraum, Stauräume und Caravantechnik
### Innenraum allgemein

☐ Modergeruch beim Betreten feststellen, gegebenenfalls Ursache suchen

☐ Schimmelbelag an Wand- und Dachverkleidung sowie im Sanitärraum prüfen

☐ Feuchtflächen nach der Außenreinigung im Innenraum feststellen

☐ Fensterbeschläge dicht schließend und leicht bedienbar

☐ Kombirollos leichgängig und Rastung funktionsfähig

☐ Teppichboden herausnehmen und lüften

☐ Alkoven auf Feuchtigkeit prüfen

☐ Schieberost im Alkoven auf Gängigkeit prüfen

### Stauräume, Technik

☐ *Wassereinbruch, Kondenswasser, Schimmelbildung kontrollieren*

☐ *Scharniere und Verschlüsse kontrollieren*

☐ *Heizung prüfen einschl. Batterie der Zündautomatik, falls vorhanden*

☐ *Alle technischen Geräte, Armaturen, Leuchten und Bedienknöpfe auf Funktion prüfen*

☐ *Akkus einbauen, falls im Winter entfernt, sonst falls möglich, ggf. Flüssigkeitsstand kontrollieren und nachladen*

☐ *Frischwassertank gründlich ausspülen und Innenreinigung mit Schwamm, alle Entleerventile der Wasseranlage schließen und Wasser auffüllen*

☐ *Boiler und Anlage entlüften und mit Frischwasser spülen*

### Möbel, Polster, Vorhänge

☐ *Alle Schränke innen auf Feuchtigkeit und Modergeruch prüfen*

☐ *Beschläge, Auszüge und Verschlüsse kontrollieren*

☐ *Tischhalterung auf Festigkeit prüfen*

☐ *Umleimer und Hohlkammerprofile auf Beschädigung oder lose Stellen prüfen*

☐ *Polsterbezüge auf Schimmel prüfen*

☐ *Reißverschlüsse der Polster prüfen*

☐ *Vorhänge auf Gängigkeit und Schimmel prüfen, Gardinenröllchen und Feststeller eventuell ergänzen oder ersetzen, Haltebänder prüfen*

### Sanitärraum

☐ *Wände, Decke und Objekte auf Schimmel und Modergeruch prüfen*

☐ *Armaturen, Schlauchschellen und Schläuche auf Gängigkeit und Leckstellen prüfen*

☐ *Verfugung der Duschwanne und sonstige Verfugungen auf Rissefreiheit und Haftung prüfen*

☐ *Spiegelschrank kontrollieren, Spiegel auf Blindstellen und stabilen Sitz prüfen*

☐ *Toilette prüfen, reinigen und spülen, Tank auffüllen, Tankanzeige kontrollieren, Zustand Außenklappe und ggf. Entlüftung und Geruchsfilter prüfen*

### Küche

☐ *Herd alle Brennstellen Funktion prüfen*

☐ *Funktion Zündsicherung prüfen, dazu brennende Herdflamme ausblasen, Gas darf nicht nachströmen*

☐ *Festigkeit und Funktion der Bedienknebel prüfen*

☐ *Abdeckung und Flammschutz auf Festigkeit und Gangbarkeit prüfen*

☐ *Spüle Wasser- und Abwasseranschluss prüfen*

☐ *Dichtigkeit zwischen Spüle und Unterschrank prüfen*

☐ *Kühlschrank auf Schimmel, Modergeruch und Verfärbungen prüfen*

☐ *Funktion der Zündung bei Gasbetrieb prüfen*

☐ *Betriebskontrolle bei allen Energiearten*

☐ *Verschluss und Öffnungssicherung prüfen*

☐ *Unterschränke und Schubkästen auf Schimmel, Modergeruch prüfen*

☐ *Gangbarkeit der Beschläge und Schlösser prüfen*

**Winterquartier – Notwendige Kontrollen vor der Winterpause.**

## Basisfahrzeug und Aufbau außen

- [ ] *Vorabcheck wie beim Frühlingserwachen*
- [ ] *Oben und unten gründlich waschen und mit Heißwachs einsprühen*
- [ ] *Kraftstofftank randvoll füllen*
- [ ] *Motor vor dem Abstellen gründlich durchwärmen, Fahrtstrecke ca. 10 bis 20 km*
- [ ] *Frostschutz im Kühler kontrollieren und ergänzen*
- [ ] *Frostschutz im Scheibenwaschwasser kontrollieren und ergänzen*
- [ ] *Luftdruck in den Reifen prüfen, eventuell auffüllen, ggf. Fahrzeug auf Stützen stellen bzw. aufbocken*
- [ ] *Batterie abklemmen, vollladen und frostsicher einlagern. Säurebatterien auf Säurestand kontrollieren, ggf. nachfüllen mit destilliertem Wasser*
- [ ] *Batterie zwischendurch nachladen, falls kein Daueranschluss an ein Ladegerät mit Erhaltungsladung möglich ist*
- [ ] *Fenster-, Dachlüfter- und Türdichtungen mit Glycerin oder Talkum einreiben*
- [ ] *Schlösser einölen*
- [ ] *Fahrerhaus gründlich reinigen und trocknen lassen*

## Aufbau innen

- [ ] *Aufbau und Möbel gründlich reinigen*
- [ ] *Polster absaugen und reinigen*
- [ ] *Polster senkrecht stellen mit Wandabstand*
- [ ] *Schränke und Stauräume offen stehen lassen*
- [ ] *Teppiche reinigen, trocknen lassen und lose aufrollen, senkrecht stellen*
- [ ] *Trockengranulat in ausreichender Menge aufstellen*
- [ ] *Sanitärraum gründlich reinigen, wenn möglich mit Dampfreiniger*
- [ ] *Herd und Kühlschrank gründlich reinigen und entfetten*
- [ ] *Kühlschranktür und Frosterfachklappe offen stehen lassen, zumindest auf Lüftungsstellung*
- [ ] *Innenraum von Zeit zu Zeit, mindestens jedoch einmal pro Monat, gründlich durchlüften*

## Technische Ausrüstung Aufbau

- [ ] *Akkus, soweit Blei-Säure-Technik, abklemmen, vollladen und frostsicher einlagern, Säureakkus auf Säurestand kontrollieren, ggf. nachfüllen mit destilliertem Wasser.*
- [ ] *Bordakkus zwischendurch nachladen, falls kein Daueranschluss an ein Ladegerät mit Erhaltungsladung möglich ist*
- [ ] *Sämtliche Frisch-, Abwasser- und Toilettenspültanks und gesamte Wasseranlage entleeren, reinigen und desinfizieren*
- [ ] *Leitungen durchblasen*
- [ ] *Wasserpumpe kontrollieren, evtl. entleeren*
- [ ] *Alle Entleerventile öffnen und offen stehen lassen*
- [ ] *Boiler, Therme und C-Heizung entleeren, Frostschutzventil offen stehen lassen*
- [ ] *Bei Warmwasserheizung Frostschutz prüfen und ergänzen*
- [ ] *Alle Wasserhähne offen stehen lassen*
- [ ] *Gasflaschen abklemmen und sicher lagern, Gasanlage schließen*

## Behindert und mobil: Reisen ohne Barrieren

Fernweh kennt keine Behinderung, deshalb haben gerade diese Menschen wegen ihrer teilweise schwersten körperlichen und geistigen Behinderungen Anspruch auf Urlaub, unabhängiges, barrierefreies Reisen. Dieses Menschenrecht auf Urlaub für Behinderte garantiert nicht nur der Antidiskriminierungsartikel des Grundgesetzes, sondern explizit auch eine UN-Charta. »Chancengleichheit besteht nicht darin, dass jeder einen Apfel pflücken darf, sondern dass der Zwerg eine Leiter bekommt.« (Reinhard Turre) Acht Prozent der Menschen in Deutschland leben mit einer schweren Behinderung. Nur die Hälfte aller mobilitäts- und aktivitätseingeschränkten Menschen fährt in Urlaub, während für drei Viertel aller Bürgerinnen und Bürger ohne Handicap reisen eine Selbstverständlichkeit ist.

◾ Ein rollstuhlgerechtes Reisemobil mit großer Eingangstür und Lift nach DIN-Norm 18025 von Hehn.

◾ Wichtige Umbauten: Drehbarer Beifahrersitz in passender Höhe, unterfahrbarer Küchenblock und ein rollstuhlbreiter Mittelgang.

Fast alle Fahrzeughersteller bieten ab Werk behindertengerechte Selbstfahrer-Umbauten für das Basisfahrzeug an und unterstützen den Umbau mit Rabatten beim Neukauf.

Immer mehr Schwerbehinderte entscheiden sich für die mobile Freizeit. Die Vorteile dieser Urlaubsform liegen klar auf der Hand: Durch den an die Behinderung angepasstes Reisemobil wird die sonst eingeschränkte Mobilität der Behinderten gesteigert, der individuelle Zuschnitt der Inneneinrichtung schafft beim Reisen in einer oft behinderten-feindlichen Umgebung eine barrierefreie Urlaubs-Enklave mit entsprechenden Schlaf- und Wohnmöglichkeiten sowie sanitären Einrichtungen. Eine erste Orientierung für die barrierefreie Einrichtung kann übrigens die DIN-Norm 18025 (Rollstuhlgerechter Wohnraum) geben.

### Barrierefreie Urlaubsziele sind rar

Hat sich mit viel Mühe ein passendes Mobil gefunden, bleibt die Wahl des Urlaubsziels. Zwar propagieren viele Campingplätze eine behindertengerechte Ausstattung auf ihren Prospekten, in der Realität sieht es meist aber anders aus. So ist es für den Behinderten unumgänglich, seine Fahrtroute exakt zu planen und vor einer Reservierung die von ihm anvisierten Campingplätze nach seinen Bedürfnissen genau zu prüfen. Hilfe bei der Suche gibt der Bundesverband der Deutschen Campingwirtschaft, BVCD, der über behindertengerechte Ausstattung seiner Mitgliedsplätze informiert. Über entsprechende Plätze im Ausland kann man sich entweder bei den Touristen-Büros der Länder oder beim Deutschen Camping Club und dem ADAC Informationen einholen.
Bundesverband der Campingwirtschaft in Deutschland e.V. BVCD, Kaiserin-Augusta-Allee 86, D-10589 Berlin, Tel. 030/33778320, E-Mail: info@bvcd.de, www.bvcd.de.

Deutscher Camping Club e. V. DCC, Mandlstraße 28, D-80802 München, Tel. 089/3801420, www.camping-club.de

### Die Wahl und Ausstattung des Mobils

Grundsätzlich wird zwischen behinderten Selbstfahrern und Mitfahrern unterschieden: Behinderte, die ihr Fahrzeug selbst steuern können, sind auf eine Basis mit Automatikgetriebe und Fahrhilfen angewiesen. Fast alle Hersteller gängiger Basisfahrzeuge bieten heute spezielle Fahrhilfen für Behinderte an, der Einbau von Handgas- und Handbremsanlagen stellt kein Problem mehr dar. Schon ab Werk werden zahlreiche Systeme von den Fahrzeugherstellern angeboten, sogar der Marktführer im Bereich Reisemobilbasis Fiat kann jetzt für seinen Transporter Ducato ein automatisiertes Schaltgetriebe anbieten. Meist aber sind der Behinderte und Betreuer aus Kostengründen auf das Mieten des mobilen Ferienheims angewiesen, obwohl es in Deutschland nur sehr wenige Vermieter von behindertengerechten Reisemobilen gibt. Siehe Adressen unten.

### Finanzierung und Zuschüsse

Da ein behindertengerechtes Reisemobil schnell einmal 60.000,- Euro und mehr kosten kann, ist man, selbst wenn gut situiert, auf Zuschüsse angewiesen. Bei den chronisch leeren Sozialkassen sieht es mit Beihilfen oder Zuschüssen für alle Arten von Behinderten allerdings nicht mehr gut aus. Grundsätzlich gilt: Bei Wiederherstellung der Fahrtüchtigkeit zum Arbeitsplatz mit dem Mobil ist für Zuschüsse das Arbeitsamt zuständig, das sich dann an der BfA schadlos hält. Bei Behinderung durch unverschuldeten Unfall zahlt gegebenenfalls die gegnerische Versicherung. Bei Behinderung ab Geburt oder privat in der Familie gilt die Mobilisierung für dem Urlaub als reines Privatvergnügen, der/die Behinderte wird so doppelt bestraft. Dennoch sollte versucht werden nach § 39 ff. des Bundessozialhilfegesetzes (BSHG) im Rahmen der Eingliederungshilfen Zuschüsse zu notwendigen Umrüstungen eines Fahrzeugs zu beantragen. Beratungen zu den Finanzierungshilfen können Sie sich bei den örtlichen Sozialämtern oder den Behinderten-Selbsthilfe-

organisationen einholen. Die Bundesarbeitsgemeinschaft Hilfe für Behinderte, Kirchfeldstraße 149, 40215 Düsseldorf, Tel. 0211/ 310060, ist die richtige Ansprechpartnerin und kann zudem Kontakte zu einzelnen Behindertenfachverbänden vermitteln. Unter dem Motto »Urlaub mit Handicap« hat sich eine Nationale Koordinationsstelle Tourismus für Alle (NatKo) gegründet, die räumlich bei der Bundesarbeitsgemeinschaft angesiedelt ist. Sie koordiniert die Arbeit verschiedener Verbände und Vereine, die sich speziell mit Reisen für behinderte Menschen befassen. Infos:
NatKo, Kirchfeldstraße 149, 40215 Düsseldorf, Tel. 0211/3368001, www.natko.de.

🟨 **Der italienische Hersteller Elnagh bietet mit dem CPT ein rollstuhlgerechtes Reisemobil an.**

## Tipp

*Viele Fahrzeughersteller von Basisfahrzeugen erleichtern die Mobilität. Beim Kauf eines Neufahrzeugs gewähren Hersteller wie Citroën, Fiat, Opel, Peugeot, Renault oder VW bis zu 15 Prozent Rabatt für Behinderte beim Kauf. Grundlage für diesen Preisnachlass ist ein Rahmenabkommen des Herstellers mit dem Bund behinderter Autofahrer e. V. (BbAB e.V.). Das Angebot gilt für Selbstfahrer und Behinderte, die chauffiert werden, also auch für Angehörige. Voraussetzung ist, dass das rabattierte Fahrzeug auf die behinderte Person zugelassen wird.*

Der Dachverband der Reisemobil-Touristen, die Reisemobil Union e. V., hat als eine der ersten Organisationen einen Berater für Handicap-Reisen mit dem Reisemobil installiert. Er kümmert sich um barrierefreie Reisemobilstellplätze und ist Ansprechpartner und Berater für Behörden und Gemeinden in diesen Angelegenheiten. Infos: Reisemobil Union e.V., German Saam, St.-Brauer Straße 13, D-97424 Schweinfurt, Tel. 09721/83205, E-Mail: saam-sw@t-online.de.

### Familienurlaub auch barrierefrei

Wie können Reisende mit und ohne Handicap gemeinsam einen herrlichen Urlaub verbringen? Welche Erwartungen haben Familien an ihre Ferien? Wie müssen Orte und Quartiere für Gehbehinderte oder Blinde, Hörgeschädigte oder Urlauber mit Lernbehinderungen beschaffen sein? Diese Fragen beantwortet die neue Broschüre »Familienurlaub auch barrierefrei« vom Bundesministerium für Familie, Senioren, Frauen und Jugend und dem Deutschen Tourismusverband (DTV), die jetzt auf der Internationalen Tourismus-Börse (ITB) in Berlin der Fachwelt vorgestellt wurde. Sie informiert über die Ergebnisse des Bundeswettbewerbs »Willkommen im Urlaub – Familienzeit ohne Barrieren« und über die Preisträger der ausgezeichneten Betriebe. Die Broschüre kann bei der Broschürenstelle des Bundesministerium für Familie, Senioren, Frauen und Jugend kostenlos bestellt werden. Tel. 0180/5329329 (0,12 Euro/Anruf) oder E-mail: broschuerenstelle @bmfsfj.bund.de.

## Buchtipps

»Campen mit Handicap, Behindertengerechte Campingplätze in Deutschland«, 4,- Euro beim Fezer Verlag, D-73061 Ebersbach, Tel. 07163/6941.

»Reise-ABC 2008 - für Menschen mit Körperbehinderung«, Broschüre, 140 Seiten, Bundesverband Selbsthilfe Körperbehinderter e. V. (BSK e.V.), Peter Reichert, Postfach 20, D-74236 Krautheim, 5,- Euro, Tel. 06294/68225.

Handicaped-Reisen Deutschland / Ausland / mit Kindern
Ivo Escales, FMG-Fremdenverkehrsmarketing Verlag GmbH, D-53121 Bonn,
Tel. 0228/9636990.

Umrüster und Hersteller von behindertengerechten Reisemobilen

Bimobil GmbH,
Aich 15, D-85567 Oberpframmern,
Tel. 08106/29888, Fax 29880,
www.bimobil.com

Caravania GmbH
Kircheimer Straße 205, D-73265 Dettingen / Teck,
Tel. 07021/950850, www.caravania.de

Dopfer Individual, Sudetenstraße 7, D-86476 Neuburg an der Kammel, Tel. 08283/2610, www.dopfer-reisemobile.de

Grimm Wohnmobile und Wohnwagen GmbH
Untere Hauptstraße 23, D-76887 Oberhausen
Tel. 06343/7122, E-mail: grimm-wohnmobile@t-online.de
www.grimm-reisemobile.de

Hehn-Reisemobile, Schauenstraße 30,
47228 Duisburg,
Tel. 02065/77160, Fax 66402, www.hehn-mobil.de

Rolli-Mobil, Edgar Datené, Schwabenstraße 9
D-71101 Schönaich, Tel. 07031/657771,
Fax 75 09 30
E-mail: info@rolli-mobil.de, www.rolli-mobil.de

SEA-Deutschland, Elnagh CPT, Leutkircher Straße 18, D-88316 Isny,
Tel. 07562/9765840, E-Mail: Info@sea-d.de,
www.sea-d.de.

Woelcke Reisemobilbau, Schafwäsche 2,
71296 Heimsheim, Tel. 07033/390944,
E-Mail: info@woelcke.de, www.woelcke.de

## Vermieter

Die Behinderteninitiative StiB in Erlangen, Tel. 09131/28539, bietet ein behindertengerechtes Reisemobil zur Vermietung an. Auch die Firma Rolli-Mobil vermietet behindertengerechte Freizeitfahrzeuge, von Hehn aus Diusburg gebaut, die direkt im Internet unter www.rolli-mobil.de gebucht werden kann. Das Mieten von behindertengerechten Mobilen ist nicht preiswert: Je nach Größe, Komfort und Ausstattung kostet so ein Fahrzeug ab 85,- Euro pro Tag.

Rolli-Mobil, Edgar Datené, Schwabenstraße 9
D-71101 Schönaich, Tel. 07031/657771,
E-mail: info@rolli-mobil.de, www.rolli-mobil.de

CPT Rolli-Mobil
Jennifer Simon, In der Au 11, D-88356 Levertsweiler
Tel. 07585/934769, Handy 0173/3252206

Reisemobilvermietung Loskill, Das Reise-Rolli-Mobil, Ehrenstraße 19, D-40479 Düsseldorf, Tel + Fax 0211/442836

Reisemobile und Caravans für Handicap-Urlaub.
Das Unfallopfer-Hilfswerk in Heilbronn verlegt die Broschüre (auch als CD-ROM) »Wer hilft Wem«, einen Wegweiser im Sozial- und Behindertenbereich mit Infos und Anschriften zu allen relevanten Vereinen, Behörden und Verbänden in Deutschland. Dazu betreibt der Verein eine Reisedatenbank für Handcap-Reisen, barrierefreie Hotels, Ferienwohnungen, Pensionen und Campingplätze in Deutschland und vermietet für passiv reisende Behinderte Wohnwagen und Vans. Unfallopfer-Hilfswerk, Reise- und Betreuungsservice, Herbststraße 13, D-74072 Heilbronn, Tel. 0700/86325567, E-Mail: info@unfallopfer-hilfswerk.de, www.unfallopfer-hilfswerk.de

Bundesverband Selbsthilfe Körperbehinderter e.V.
BSK-Reise Service GmbH, Postfach 20, D-74236 Krautheim
Tel. 06294/68304, E-Mail: reiseservice@bsk-ev.de
www.bsk-ev.de

VdK Reisedienst
Friedrich Henss, Elsheimerstraße 10
D-60322 Frankfurt am Main, Tel. 069/432662

Grimm Wohnmobile und Wohnwagen GmbH
Untere Hauptstraße 23, D-76887 Oberhausen
Tel. 06343/7122, E-mail: grimm-wohnmobile@t-online.de, www.grimm-wohnmobile.de.

### Service von Behinderten für Behinderte
Das Internet-Portal www.handicap-network.de informiert über Wissenswertes und bietet Menschen mit Handicap Einkaufsmöglichkeiten Die Idee, ein Internet-Portal für Behinderte zu ge-

stalten, wurde von Silke Poelmeyer geboren. Infos: O&S online & service GmbH , Kirchbergstraße 23 , D-86157 Augsburg Tel. 0821/2527970, E-Mail: redaktion@online-und-service.de, www.online-und-service.de.

### Kabinen-Roller: Beiboote für Reisemobile
Irgendwann ist es – speziell für die Fahrer größerer Reisemobile – soweit. Um schnell mal in die Stadt zu fahren oder die Umgebung zu erkunden soll ein motorisiertes Beiboot her. Schließlich will man nicht immer mit dem Rad fahren, manche Strecken sind einfach zu groß. Wir stellen ein paar motorisierte Zweiräder vor, die besonders gut als Ergänzung des Reisemobils geeignet sind.

■ Bei geringen Gewicht lassen sich motorisierte Zweiräder auch von einer Person in die Heckgarage befördern, hilfreich ist eine Auffahrrampe.

Die grundlegenden Fragen vor der Anschaffung eines motorisierten Zweirades sind beinahe immer gleich. Neben der Frage nach dem Kaufpreis ist wohl die nach dem erforderlichen bzw. vorhandenen Führerschein eine der wichtigsten. Gut dran ist, wer seinen alten 3er Führerschein (für Pkw) vor dem Stichtag 01.

**Schnell mal in die Stadt, zum Einkauf oder zum Bummel? Kein Problem mit der Honda Varadero.**

April 1980 erworben hat. Denn mit diesem alten »Lappen« darf man motorisierte Zweiräder bis 125 ccm Hubraum (diese gelten heute als Leichtkcrafträder, die mit dem Führerschein der Klasse A1 gefahren werden dürfen) ohne weitere Fahrprüfung bewegen. Nicht nur diese Regelung ist der Grund dafür, warum die meisten am oder im Reisemobil mitgeführten motorisierten Zweiräder in der Klasse bis 125 ccm liegen. Die Bikes sind in der Regel auch noch recht leicht und handlich, und können so bei vielen Reisemobilen noch untergebracht werden, ohne dass es Probleme mit dem zulässigen Gesamtgewicht oder der (Hinter-)Achslast gibt. Und auch das Ein- oder Ausladen lässt sich noch ohne größeres Bodybuilding-Training – oder den Einsatz zahlreicher weiterer Helfer oder technischer Hilfsmittel – bewerkstelligen.

### Für jeden Zweck das richtige Bike

Dann gilt es noch einen Grundsatzentscheidung zu treffen: Zweitakter oder Viertakter. Unter Umweltgesichtspunkten ist ein Viertakter eigentlich erste Wahl, ein Zweitakter gewinnt das Rennen wenn es um den simplen Motoraufbau und – im Falle eines Defekts – die entsprechend einfachen Reparaturen geht. Andererseits ist das charakteristische »Rängtängtäng« der Zweitakter nicht jedermanns Sache, der Klang nach Rasenmäher ist auch für die Nachbarn nicht gerade angenehm. Auch ist das Angebot an Zweitaktern in den letzten Jahren doch ein wenig ausgedünnt worden, die Viertakter haben massiv aufgeholt und machen heute einen guten Teil der Produktpalette aus. Grundsätzlich gilt: Wer auch mal vom Stellplatz aus in die nächst gelegene Stadt fahren möchte, der sollte besser zu etwas mehr Hubraum greifen und lieber 125 als 50 ccm wählen. Denn die Fahrzeuge, die mit dem kleinen Versicherungskennzeichen bewegt werden dürfen, taugen wegen ihrer geringen Höchstgeschwindigkeit nur sehr bedingt für Überlandfahrten. Da ist man mit den hubraumstärkeren Modellen, die auf der Landstraße locker im Verkehr mitschwimmen können, eindeutig besser bedient. Und auch sicherer unterwegs, da man nicht ständig von Autos bedrängt wird. Vom angepeilten Einsatzzweck hängt die Auswahl des Motorrad-Typs ab. Der Markt bietet – wie bei den »großen« Maschinen auch – beinahe alles: Chopper, Enduros, Straßenmaschinen »nackt« und mit Vollverkleidung, selbst (kleine) Gespanne, also Motorräder mit Beiwagen, sind zu haben. Wer entspannt cruisen will und die optischen Anleihen bei »Easy Rider« mag, dem sei ein Blick auf die Chopper – die mittlerweile auch als Cruiser bezeichnet werden – empfohlen. Auch wenn echte Freaks der Auffassung sind, dass Hubraum – und Drehmoment – nun mal zwingend zu einem Chopper dazu gehören und deswegen über die »kleinen« nur die Nase rümpfen. Denn mit gerade mal 125 ccm ist natürlich nur wenig zu reißen. Tropfentank, dickes Hinterrad und gestufte Sitzbank gehören dennoch dazu. Eine Enduro eignet sich mit ihren verhältnismäßig langen Federwegen und ihren Stollenreifen recht gut für Touren abseits befestigter Wege. Durch die relativ große Sitzhöhe sind Enduros jedoch für Zeitgenossen mit eher kurzen Beinen nur bedingt geeignet. Mit den klassischen Straßenmaschinen macht man für die meisten Einsatzzwecke nichts verkehrt, problematisch kann es allerdings mit den vollverkleideten kleinen »Renn-Maschinen« werden. Denn mit den Verkleidungen passen die kleinen Bikes nur bedingt in die Heckgaragen, außerdem sind die Verkleidungsteile immer latent bruchgefährdet. Und ein Bruchschaden ist dann entsprechend ärgerlich, und kostspielig.

■ **Einziges Angebot von Kawasaki in der 125er Klasse: Die Eliminator.**

### Bequem und mit Wetterschutz: Motorroller

Wer häufiger zu zweit – und dann möglicherweise auf längeren Strecken – unterwegs ist, der sollte auf ein komfortables Fahrzeug mit bequemer Sitzbank zurück greifen. Für viele Reisemobilisten stellen in dieser Hinsicht offenbar Motorroller das Nonplusultra dar, das belegt zumindest die hohe Zahl dieser Fahrzeuge auf den Heckträgern. Die Roller bieten üblicherweise recht breite, große und komfortable Sitzbänke, mit ihren Beinschilden einen guten Wetterschutz – der durch serienmäßige oder nachzurüstende Windschutzscheiben noch gesteigert werden kann – und in aller Regel auch ausreichend Stauraum, sei es unter der Sitzbank oder in – meist aufpreispflichtigen – Topcases oder Packtaschen. Durch diese Anbauten geraten Roller jedoch leider etwas voluminös. Damit passen sie bei einigen Reisemobilen nicht mehr in die Heckgarage, und auch die Unterbringung auf dem Motorradträger ist nicht immer möglich. Auch hier gilt also: Vor einem Kauf auf die Abmessungen achten und im Zweifel nachmessen, ob der Scooter auch auf – oder ins – eigene Reisemobil passt. Keine Platzpro-

bleme gibt es mit Falt- oder Klapp-Mokicks, die allerdings nur noch selten neu zu finden sind. Besonders bliebt unter Reisemobilisten waren und sind die Dax, Monkey und Gorilla von Honda, die auf dem Gebrauchtmarkt mittlerweile recht üppige Preise erzielen. Die Nachbauten aus Fernost, die immer wieder bei uns angeboten werden, kommen in Qualität und Haltbarkeit leider nicht an die Originale heran. Doch es gibt Alternativen: Beinahe unschlagbar in Sachen kompaktes Format ist die Di Blasi, die auch noch als Neufahrzeug zu bekommen ist. Es handelt sich bei ihr um ein faltbares 50 ccm-Mokick, das bereits seit 1974 gebaut wird. Gedacht war – und ist – das Teil für den Boots- und Campingbereich. Das Konzept ist relativ einzigartig. Die gerade mal knapp 30 Kilo wiegende Di Blasi bringt es auf rund 45 km/h, zusammen geklappt misst sie lediglich 78 x 37 x 61 Zentimeter. Damit passt das Mokick notfalls auch in einen VW Bus, in wenigen Sekunden lässt es sich zusammen- und wieder auseinander klappen, ohne dass etwas montiert oder geschraubt werden muss. Die Standardausführung (R7E) besitzt Rahmen-Bestandteile aus mit Polyesterpulver beschichtetem Karbonstahl, für die Verwendung in Meeresumgebungen gibt es die Ausführung (R7ES) mit Rahmen und Bolzen in Edelstahl AISI 304. Das kleine Ding lässt sich auch aufrüsten, etwa mit ausziehbarem Gepäckträger und Einkaufstasche, eine Aufbewahrungstasche gibt es auch als Zubehör. Ab rund 1.900,- Euro ist das italienische Kleinteil zu bekommen, für die Nirosta-Modelle sind rund 2.400,- Euro zu berappen. Will das reisende Paar gemeinsam motorisiert zweiradeln, ist der Kaufpreis gleich doppelt fällig, denn die Di Blasi ist ein Einsitzer. Ebenfalls nur einsitzig ist Hondas Zoomer, der allerdings – trotz des minimalistischen Konzepts »ein Rohr, ein Sitz, ein Lenker« – etwas erwachsener ausfällt als die Di Blasi, und sogar einen E-Starter mitbringt. Gut vier Pferdchen lässt der flüssigkeitsgekühlte Einzylinder-Viertakter aus 50 ccm traben, Katalysator-gereinigt sogar. Gerade

**Ein Roller im etwas anderen Design: Hondas Zoomer.**

**Kleiner geht's nimmer: Di Blasi in zusammen-gefaltetem Zustand.**

mal 84 Kilo wiegt das skurril geratene Gefährt, unter dessen Sitz auch längere und größere Gegenstände verstaut werden können. Preis des Rollers, der zum Transport-Wunder mutieren kann und für deutlich mehr als nur zum Brötchen-Holen taugt: 2.040,- Euro. Um jedoch zwei Zoomers im Mobil unterzubringen, dazu bedarf es dann aber schon einer recht großzügig dimensionierten Garage.

### Design muss sein: Sachs MadAss

Mit 100 Kilo kaum schwerer ausgefallen als der Zoomer, aber tauglich für den Transport von zwei Personen ist die MadAss von Sachs. Das scharfe Teil gibt es als 50er und 125er, das Design ist minimalistisch und polarisiert. Geschmackssache eben, mancher mag es, mancher nicht. Fast neun PS lässt die 125er los, über 90 Klamotten soll die MadAss mit ihren Ellipsoid-Scheinwerfern damit schaffen, angezeigt wird das Tempo mit digitalen Instrumenten. Per Kick- und E-Starter kann man den Viertakter in Gang setzen, und hier darf man noch richtig schalten. Vier Gänge stehen zur Verfügung, knapp 2.000,- Euro sind ein ausgesprochen fairer Preis. Wer mal durch den Dreck räubern und asphaltierte Straßen verlassen möchte, kommt bei Sachs ebenfalls auf seine Kosten. Etwa mit der X-Road 125, die nicht nur aussieht wie ein »richtiges« Motorrad, sondern sich auch (annähernd) so fährt. Sechsgang-Getriebe, Scheibenbremsen vorne und hinten, gute 13 PS und eine schicke Optik, das alles gibt es für knapp unter 3.000,- Euro. Preiswerter kommt man weg mit der 125er Dirty Devil. Die schaut ein wenig aus wie eine »echte« Enduro, die man zu heiß gewachsen hat und die eingelaufen ist (Abmessungen: 1.700 x 770 x 1.020 mm, L x B x H). Runde 1.100,- Euro kostet das Ding mit Straßenzulassung, unschlagbar günstig. Mit den geringen Abmessungen – und dem zulässigen (Gesamtgewicht von gerade mal 152 Kilo) ist das PitBike jedoch für allzu wohlgenährte Zeitgenossen nur bedingt zu empfehlen. Ähnlich filigran geraten ist den

Nürnbergern auch Oliver, ihr Electro Miniscooter. Das Ding schaut aus wie ein Tretroller, wiegt gerade mal 28 Kilo (zul. Gesamtgewicht 130 kg), lässt sich zusammenfalten, kostet 599,- Euro und soll eine Reichweite von bis zu 20 Kilometern haben. Mit der Yamaha YBR 125 sind wir dann wieder bei den »richtigen« Motorrädern. Denn die Yamaha sieht durchaus erwachsen aus, mit 2.200,- Euro ist das Leichtkraftrad mit seinen zehn PS ein faires Angebot. Die Yamaha taugt nicht nur für den Urlaub, sondern durchaus auch für die Fahrt ins Büro. Ebenfalls im Angebot der Marke mit den gekreuzten Stimmgabeln im Emblem: Einige Enduros in der 125er Klasse. Bei Kawasaki kommen mit der 125 Eliminator die Freunde des Cruisers auf ihre Kosten. Damit hat sich das Programm in der 125er Klasse bei Kawasaki auch schon, mehr Modelle gibt's nicht bei den Grünen.

### Retro-Look bei Suzuki

Da sieht es bei Suzuki schon etwas üppiger aus. Mit dem Burgman 125 und dem SIXteen gibt's zwei Roller in der 125er-Klasse, die Katana tritt mit 50 ccm an. Pfiffig ist die VanVan 125, gewissermaßen eine Replik der alten RV aus den 80er Jahren. Kleine dicke Knubbelräder sorgen für Komfort, lassen die VanVan auch über Dünen krabbeln und schaffen einfach für eine sympathische, knuffige Optik des Leichtkraftrads. Der Nostalgie-Look hat allerdings auch seinen Preis: 3.399,- Euro ruft Suzuki auf. Aber damit ist die VanVan immer noch günstiger als das Cruisen bei Suzuki, denn die Intruder 125 LC als Vertreter in dieser Kategorie, kostet gar schlappe 4.290,- Euro. Honda tritt bei den 125ern mit immerhin vier Modellen an, CBR 125 (ein kleines »Rennerle« mit Vollverkleidung), Varadero 125 (Hondas Reise-Enduro), der die XR125 L als reinrassige Enduro zur Seite steht, und der Shadow 125 (dem Cruiser im Programm). Und auch wer Angst hat, auf zwei Rädern umzukippen, findet ein – auffallendes – Angebot. Den praktischen Palmo

T150, einen Roller mit drei Rädern und einem »Kofferraum« mit 25 Litern Inhalt. Das Ding hat eine Zulassung für zwei Personen und fällt nicht unter die Helm- oder Gurtpflicht fällt. Es bietet Dach, Frontscheibe plus Scheibenwischer und Waschanlage, dazu einer »Neigetechnik« für den Aufbau, die es möglicht macht sich trotz

■ **Small is beautiful: Sachs 125er DirtyDevil.**

■ **Rund 80 km/h schnell ist der skurril geformte Roller Palmo mit Stauraum im Topcase.**

■ Für dicke(re) Brocken: Ablassen per Seilwinde.

dreier Räder in die Kurve zu legen. Angetrieben wird das Teil von einem 150 ccm-Motor (damit fällt der Palmo aus der 125er Klasse heraus), der elf PS (8 kW) leistet und es auf eine Höchstgeschwindigkeit von rund 80 km/h bringt. Preis: 3.499,- Euro. Es ist also für alle was dabei, in den kleinen Hubraumklassen, bei den Herstellern aus Europa, Japan und Deutschland. Vom Klapp-Mokick bis zum Dreirad-Roller. Da sollte für – fast – jeden das passende Beiboot zu finden sein. Na und wenn nicht hier, dann spätestens ein paar Hubraumklassen höher.

### Kaufberatung: Worauf achten beim Kauf eines motorisierten Zweirads?

■ Welches Motorrad darf ich bewegen, über welche Führerscheinklasse verfüge ich?

■ Zweitakter oder Viertakter?

■ Welche Zuladung brauche ich beim Motorrad?

■ Genügt ein Einsitzer, oder soll es ein Fahrzeug für den Transport von zwei Personen sein?

■ Enduro, Straßenmotorrad, Cruiser/Chopper, oder Scooter/Roller, was darf es sein?

■ Wie viel Zuladung bietet das Reisemobil (zulässiges Gesamtgewicht und Achslast beachten)? Steht eine Heckgarage zur Verfügung, oder soll das Motorrad auf den Heckträger? Wie steht es um das Platzangebot?

■ Muss es wirklich das »günstige« Angebot aus dem Baumarkt sein? Oftmals entpuppen sich die vermeintlich teureren Angebote aus dem Fachhandel unter dem Strich als günstiger – denn hier bekommt man auch Ersatzteile und Reparaturen.

# Vorbereitung

## Gastkommentar: Camping im Wandel der Zeit

■ Dipl. Ing. Karl Zahlmann ist Präsident des Deutschen Camping Club e. V. München.

Camping hat in den vergangenen Jahren eine gewaltige Wandlung vollzogen – und zwar in vieler Hinsicht: Den ersten Nachkriegs-Campern war es wichtig, in der freien Natur zu sein und sich zu erholen, Gemeinschaft mit Gleichgesinnten zu genießen. Komfort war zweitrangig. Wichtig war das Naturerlebnis. Mit steigendem Einkommen, änderte sich zunächst das Anspruchsdenken und zwar nicht nur im punkto Komfort, sondern auch in die Qualität der verwendeten Materialien. Das war allein deshalb notwendig, weil auch die Reiseziele immer exotischer wurden. War in den ersten Nachkriegsjahren noch der Badesee vor der Haustür das Ferienziel Nr. 1, so zog es die Deutschen bekanntermaßen bald schon nach Italien. Allein der Anreiseweg dorthin stellte jedoch ganz andere Ansprüche an das Reisegefährt. Eine große Zeit der Caravanhersteller begann, erste Reisemobile wurden als Konzeptstudien vorgestellt, bahnbrechende und wegweisende Innovationen machten das Leben im Freien angenehmer. Der erste Schritt zur heutigen, beinahe schon grenzenlosen Bequemlichkeit beim Campingurlaub wurde getan.

## Camping wird komfortabel

In den Folgejahren entwickelte sich Camping weiter. Dank neuer Bauweisen, verbesserter Konstruktionstechniken und dank des Ideenreichtums der Visionäre dieser ersten Jahre, denen die nicht minder wichtigen Ingenieure in die verantwortlichen Positionen folgten, gelang Camping der Schritt zum komfortablen Freizeitvergnügen. Was in diesen Boomjahren nicht so ganz mit der rasanten Entwicklung Schritt hielt, war das Image, das wir Camper bei den anderen, den Nicht-Campern hatten. Wir waren fast schon ein bisschen verpönt als Geizhälse und als diejenigen, die sich von daheim so wenig trennen können, dass sie immer »ihr« Zuhause dabei haben müssen.

## Camping wird chic

Nun, ich glaube, hier ist in den letzten fünf Jahren endgültig eine neue Entwicklung im Gange: Immer mehr Menschen entdecken, wie angenehm es ist, sein »daheim« auch im Urlaub dabei zu haben. Das beweisen nicht zuletzt die Zulassungszahlen der Branche. An Caravans oder Reisemobilen ist längst nichts mehr »spießig« oder »miefig«, wie häufig geäußerte Kritik in der Vergangenheit vermutete. Auch und gerade die Inneneinrichtung ist hier Vorreiter: Edles Design, technische Spielereien, Leichtbau und die neuesten Materialien gehören längst zum Camping-Alltag. Das trifft bevorzugt selbstverständlich in vollem Umfang auf die Spitzenmodelle der Hersteller zu, ist aber in leicht abgeänderten Versionen längst auch in der Mittelklasse Standard. Zusätzlich ist beim Außendesign in den vergangenen Jahren auch mehr Experimentierfreude angesagt. Reisemobile bekommen »automotiven« Charakter dank entsprechender Scheinwerfer-, Bug- oder Hecklösungen. Caravans glänzen mit neuen Farb-Kombinationen, innovative Lösungen für die Vorzeltmarkise werden gefunden, wir Camper haben Spaß daran, unsere Experimentierlust zu zeigen und versuchen uns, in immer stärkerem Maße auch einmal von der breiten Masse abzuheben. Ein Trend, den die Hersteller mit gezielten Lösungen zu mehr Individualität unterstützen.

### Campingplätze müssen sich der Entwicklung anpassen

In einem weiteren Schritt haben sich in den kommenden Jahren auch die Campingplätze an diese Entwicklung angepasst. Wellnessoasen, Sportangebote und Freizeitgestaltung mit generationenübergreifenden Angeboten gehören hier dazu. Gerade für viele Reisemobilisten sind Campingplätze jedoch immer noch das berühmte »Rote Tuch«. Schließlich will man seine Freiheit genießen und nicht an einen Campingplatz gebunden sein. Ich möchte jedoch den Reisemobilisten ausdrücklich einmal Mut machen, Campingplätze zu testen: Probieren Sie aus, wie angenehm es auf einem Campingplatz ist, erfahren Sie selbst, wie erholsam es sein kann, den Komfort und die Unterhaltungsangebote zu nutzen, die es auf den Plätzen gibt – vor allem, wenn eventuell das Reisewetter mal wieder zu wünschen übrig lässt und man sich darüber freut, in den gemütlichen und bequemen Freizeiteinrichtungen oder im Platzrestaurant eines Campingplatzes mehr Platz zu haben als in den eigenen rollenden vier Wänden. Genießen Sie es, einmal die teilweise hochklassigen Restaurants und Gaststätten eines Campingplatzes zu nutzen. Ihr Heimweg zum Reisemobil ist wesentlich kürzer, als wenn man nach einem Abendessen in der Stadt noch hinters Steuer muss, weil man direkt vor dem Lokal doch nicht über Nacht stehen darf? Längst gibt es unter den Campingplatz-Betreibern erfreulich viele mit Ideenreichtum. Das muss sich nicht unbedingt in teuren Investitionen auf dem Campingplatz niederschlagen, wichtig ist es, dass man dort auf Camper eingeht. Denn wir Camper freuen uns auch, wenn nicht nur die Hersteller auf unsere gestiegenen Ansprüche eingehen und unsere Lust am Experimentieren mit neuen Designs unterstützen, auch auf den Camping- und Stellplätzen freuen wir uns über gute Ideen für unseren Komfort. Rundum ausgestattete und längst nicht mehr überall kostenlose Stellplätze sind sicherlich nur ein Weg dazu, aber bestimmt nicht der einzige.

Ich bin überzeugt davon, dass sich in den kommenden Jahren ein breites Feld für Innovationen und Ideenreichtum auftut und ich würde mir ebenfalls wünschen, dass neben den Freizeitfahrzeugherstellern weiterhin auch die Campingplatzbetreiber ihre Chancen erkennen und damit auch den letzten Camping-Muffeln, ebenso wie uns Campern zeigen, dass Camping eine ewig junge und immer im Wandel befindliche Freizeitphilosophie und Lebenseinstellung ist, die es Wert ist, dass man sich mit ihr beschäftigt und sie lebt.

### Gastkommentar: Es kommt immer auf den Standpunkt an

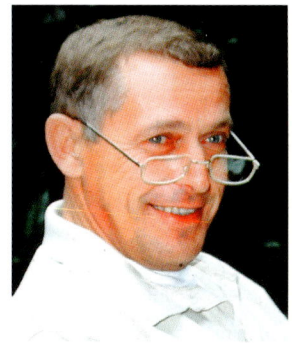

■ Manfried Gesemann, ehemaliger Verkehrsamtsleiter in Rotenburg an der Fulda, ist ein Pionier der kommunalen Reisemobil-Stellplätze.

Präzisieren wir den Begriff Standpunkt und sagen Standort, dann sind wir schon mitten in der Diskussion. Der normale Reisemobilist sucht sich gerne seinen Standort (gleich Stellplatz) direkt an seinem Reiseziel. Die aufgeschlossenen und weitsichtigen Gemeinden und Städte bemühen sich, dass ihre Stadt der richtige Standort ist, die satten, überlaufenen Urlaubszentren ignorieren oft diese touristische Zielgruppe und verweisen auf ihre Campingplätze. Die Campingplatzbetreiber sehen nur einen akzeptablen Standort für Reisemobile – natürlich ihre Campingplätze. Die Standortfrage ist also eine Frage des Standpunkts. Keine Frage ist, dass die Gruppe der Reisemobilisten längst nicht mehr zu der der klassischen Campingplatzgäste gezählt werden kann. Wie in jeder anderen

Branche auch, sollte der Bedarf und Wunsch der Kundenzielgruppe an erster Stelle stehen, will man denn von diesem Markt profitieren. Das heißt nichts anderes, als dass man sich der Philosophie dieser Touristen weitgehend annehmen und diese übersetzen sollte, dass man dem Trend folgen muss. Sowohl die Idee, ein solch autarkes Fahrzeug zu konstruieren, als auch der Wunsch ein solches Reisegefährt zu kaufen, beinhalten die Überlegung bzw. das Verlangen nach einer gewissen Unabhängigkeit. Kein Gebundensein an den Standort eines Campingplatzes bei der Wahl des Urlaubszieles, keine vorgeschriebenen An- und Abreisezeiten, Mittags- und Nachtzeiten, keine schiefen Gesichter, wenn man nur eine Nacht vor Ort bleiben möchte. Es war also nur folgerichtig, als sich Städte und Regionen mit dem Problem »Stellplätze für Reisemobile« befassten und an die Verwirklichung entsprechender Angebote gingen. Das sowohl wegweisende wie auch bahnbrechende Engagement der nordhessischen Stadt Rotenburg an der Fulda und der Vereinigung »Pro Nordhessen« mit Sitz in Kassel, der neuen Zielgruppe »Reisemobilisten« ein flächendeckendes Stellplatznetz in ihrer Region anzubieten, entsprach sowohl dem Wunsch der mobilen Gäste als auch den Erfordernissen des Marktes. Im Nachhinein hat die ständig wachsende Zahl dieser Urlaubsfahrzeuge die Richtigkeit solcher Bemühungen bestätigt. Allerdings hat sich mit der rasanten Entwicklung dieser touristischen Nische und den Neueinsteigern, die längst nicht mehr aus dem Campingbereich kommen, auch ein anderes Anspruchdenken eingestellt. Waren die Reisemobilisten aus den ersten Jahren dankbar für ein Angebot simpler Stellplätze, natürlich mit den notwendigen Einrichtungen für Ver- und Entsorgung, so wuchsen in den letzten Jahren teilweise die Forderungen nach campingplatzähnlichen Einrichtungen. Leider wuchs nicht in gleichern Maße die Bereitschaft entsprechende Stellplatzgebühren zu akzeptieren. Und wieder kommt es auf den Standpunkt an: Stellplätze für Reisemobile sollten mehr oder weniger »Sonderparkplätze für Sonderfahrzeuge«sein und da es sich um umsatzstarke Touristen handelt, sollte man als notwendige Serviceleistung auf diesen Platzen Ver- und Entsorgungseinrichtungen anbieten. Weitere Ausgestaltungen und die Lage des Platzes entscheiden allerdings über dessen Auslastung. Wer nun auf solchen Stellplätzen Toilettenanlagen, Waschräume und großzügige Strom- und Wasseranschlüsse erwartet, muss sich auf höhere Stellplatzgebühren einstellen oder sollte sich wieder den Campingplätzen zuwenden. Die diffizile Frage nach den Stellplatzgebühren entscheiden die Stellplatzanbieter. Der Reisemobilist aber entscheidet für sich, welchen Stellplatz er anfahren und wo er auch länger verweilen möchte Alles eine Frage des Standpunktes.

### Wenn einer eine Reise tut, dann kann er was erleben

Dieses alte Sprichwort findet im positiven wie leider auch im negativen Sinne meistens seine Bestätigung. Keiner weiß das besser als Reisemobilisten. Sicher kann Sie auch die Neuauflage des »Reisemobil Praxisbuch« vor dem einen oder anderen unliebsamen Erlebnis auf Ihren Reisen bewahren. Zum Beispiel »wo bin ich mit meinem Reisemobil willkommen, stimmt die Relation zwischen Gebühren und Angebot, sind an meinem geplanten Urlaubziel überhaupt genehmigte Stellmöglichkeiten vorhanden was wird mir an Sehenswürdigkeiten geboten.« Es ist gut, dass mittlerweile fast flächendeckend eine Fülle von Stellplätzen in Deutschland für Reisemobile angepriesen werden. Das sah vor nicht all zu langer Zeit noch völlig anders aus. Die »Pioniere« unter den Reisemobilisten können von dieser Zeit sicher abenteuerliche Geschichten erzählen. Stellplätze in dem heutigen Sinne gab es noch nicht. Man musste damit rechnen, dass man nächtens oder in den frühen Morgenstunden von einer Amtsperson geweckt und des Platzes verwiesen wurde. Wollte man in einer bestimmten Gemeinde verweilen, wurde man unter Umständen auf einen vielleicht 30 km weit entfernten Campingplatz geschickt. Das Problem der Entsorgung wurde, wollte man korrekt handeln, zu einem Canossa-Gang. Frischwasser zu ergattern war seinerzeit wesentlich problematischer als man es sich heute vorstellen kann. In manchen Regionen Deutschlands war der Reisemobilist eine Art Freiwild. All dies hat sich inzwischen weitgehend verändert.

### Nordhessen als Vorreiter

In Nordhessen wurde das Signal zum Aufbruch gegeben: Vor bald zwanzig Jahren schenkte die Stadt Rotenburg an der Fulda und der Verein »Pro Nordhessen«, Sitz in Kassel, den Wünschen der Reisemobilisten größte Aufmerksamkeit und sie mobilisierten rund 35 Gemeinden zu wohnmobilfreundlichem Verhalten. Es entstanden wohnmobilgerechte Stellplatze, spezielle Angebote für diese Zielgruppe, kurz, die Philosophie der Wohnmobilisten wurde weitgehend übersetzt. Der sich zeigende touristische Erfolg in dieser Region wurde mit Unterstützung der Fachzeitschriften und einiger Wohnmobil-Clubs publik. Mehr und mehr Städte und Regionen baten um Information und Hilfe in dieser Sache. So hat Rotenburg a. d. Fulda allein etwa 150 Interessenten beraten und im Sinne des Reisemobil-Tourismus überzeugt. Unzweifelhaft hat diese Entwicklung das rasante Anwachsen von Reisemobilen sehr gefördert. Bedauerlicherweise haben viele Campingplatzbetreiber die Zeichen der Zeit immer noch nicht erkannt und beziehen Front gegen die Stellplatzanbieter. In ureigenem Interesse ignorieren die Campingleute, dass es sich bei den Reisemobilisten nicht mehr um den klassischen Campingplatzgast handelt. Auf der anderen Seite sind viele Neueinsteiger der Reisemobilisten der Ansicht, dass die Stellplätze – die von ihrem Ursprung her nur Sonderparkplätze für Sonderfahrzeuge sein sollen – einen campingplatzähnlichen Komfort vorweisen sollten. Diese Forderungen gehen an der Realität vorbei und hier bleibt nur

die Empfehlung »Dann fahren Sie doch bitte auf Campingplätze!« Letztlich noch etwas zum Thema »Stellplatzgebühren«: Es ist wie in den meisten Fällen, Angebot und Nachfrage regulieren den Preis. Touristische Hochburgen oder sehr beliebte Standorte können mehr fordern als die anderen. Auch verlangen hohe Investitionen in einen Stellplatz höhere Standgelder. Es bleibt also dem Reisemobilisten selbst überlassen, zu entscheiden, ob er einem fairen Angebot folgen oder sich abzocken lassen will. In diesem Sinne wünsche ich eine gute Reise und möglichst nur gute Erlebnisse!

## Reisemobil-Stellplätze und umweltgerechte Ver- und Entsorgung

Umweltgerechtes Reisen mit dem Wohnmobil erfordert eine entsprechende Infrastruktur an Stellplätzen sowie Ver- und Entsorgungsanlagen.

Neben reisemobilfreundlichen Campingplätzen mit eigenen Reisemobilstellplätzen bieten über 200 Regionen, Städte, Gemeinden sowie Bauernhöfe und Restaurants in Deutschland etwa 2.500 separat ausgewiesene Stellplätze für Reisemobil-Touristen an. Für derartige Übernachtungsplätze gibt es einige allgemein gültige Anforderungen: Grundsätzlich ist ein Reisemobil-Stellplatz für eine begrenzte Verweildauer (ein bis zwei Tage) gedacht und muss deshalb nicht den Luxus eines Campingplatzes bieten. Entsprechend liegen die Gebühren für einen Stellplatz in Deutschland im Schnitt nur zwischen fünf bis sechs Euro, die Mehrheit kommunaler Einrichtungen sind sogar gebührenfrei. Der Stellplatz sollte eben, für Gewicht und Länge eines Reisemobils tauglich sein und zudem zentrums- oder citynah liegen. Neben einer nicht so wichtigen Stromversorgung gehört eine fachgerechte Ver- und Entsorgungsanlage an oder in die Nähe jedes größeren Stellplatzes. Es ist selbstverständlich, dass für Service am Stellplatz, der meist auch eine Müllentsorgung enthält, eine angemessene Gebühren (etwa zwei bis drei Euro) vom Benutzer entrichtet wird. Leider sieht man sehr häufig »Schwarze Schafe« unter den Reisemobil-Touristen, die mit allerlei Tricks versuchen, sich um jede noch so geringe Unkostenbeteiligung am Stellplatz zu drücken. Diese »Freibier«-Mentalität schädigt das Image einer ganzen Tourismus-Gruppe und bekräftigt natürlich Vorurteile und Vorbehalte gegen dieses mobilen Gäste. Die Reisemobil-Union e.V., Dachverband der Reisemobil-Touristen, der Herstellerverband CIVD, die Fachmedien und die örtlichen Clubs sind aufgerufen, dagegen weiterhin wirksame Aufklärungsarbeit zu leisten.

### Die gängigsten Ver- und Entsorgungsstationen Europas im Überblick:

Ver- und Entsorgungsanlagen für Reisemobile decken folgende Bereiche ab:

- Versorgung mit Frischwasser und Netzstrom.
- Entsorgung von Abwasser und Fäkalien aus transportablen Tanks wie Porta Potti, Cassetten-WC oder Abwasserkanister.
- Entsorgung von Abwasser und Fäkalien aus Festtanks.

### 1. Holiday Clean Station (Freizeit Reisch, Röthlein)

Die Holiday Clean ist in Deutschland die am häufigsten installierte, industrielle Ver- und Entsorgungsstation. Die Station ist eine robuste Metallkonstruktion, die sehr einfach zu bedienen ist. Sie arbeitet als Einleitungsentsorgung mit Zuspülen von Frischwasser. Die Entleerung von portablen und festen Tanks (alle Schlauchgrößen und Stutzen passen) geschieht durch einen Einlaufkanal mit Klappdeckel und ist generell kostenlos. Die Frischwasserabgabe besteht aus einem genormten 3/4 Zoll Wasserhahn mit Standard-Schlauchgewinde und wird über ei-

■ Reisemobil-Stellplätze sind für eine begrenzte Übernachtungsdauer ausgelegt.

nen Münzautomaten (1,- Euro oder Jeton) geregelt. Je nach Ausführung wird damit auch die Abgabe von Netzstrom (ECE-Stecker blau) geregelt. Eine thermostatgeregelte Heizung macht die Station wintertauglich, sie ist nachts beleuchtet und hat eine mehrsprachige Bedienungsanleitung.

Info: Freizeit Reisch, Mühläckerstraße 11, D-97520 Röthlein, Tel. 09723/91160, www.freizeit-reisch.de.

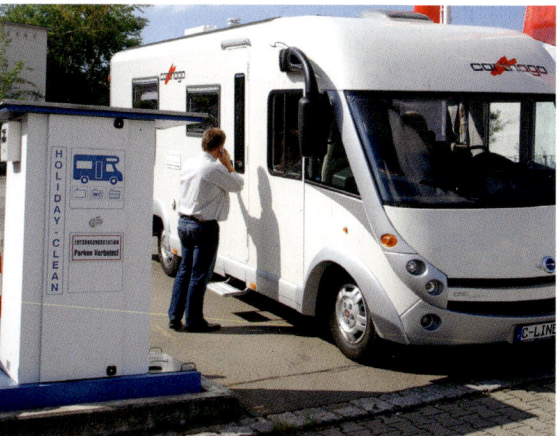

■ **Die Holiday Clean Station ist robust, wintersicher und einfach zu bedienen.**

### 2. Sani Service Station (L.A.S. GmbH, Iserlohn)

Die Sani Service Station 3 in 1 ist der Pionier der Entsorgungs-Stationen, als Sealand-Anlage von »Entsorgungs-Pabst« Mike Kindermann aus den USA importiert. Sie arbeitet als einzige Station bei der Festtankentsorgung zeitgetaktet (durch Münzeinwurf) mit einer Absaugpumpe, die über einen genormten 3-Zoll-Schlauchadapter mit dem Tankstutzen des Reisemobils verbunden wird. Da sich diese Norm mit dem Bajonettverschluss am Tankstutzen im Reisemobilbau nicht durchgesetzt hat, ist die Entleerung von gängigen Abwasser- und Fäkaltanks mit dieser Station ohne zusätzliche Adapter unmöglich, sie wird nach und nach durch andere Stationen mit einfacher Schwallentleerung ersetzt. Transportable Tanks und WC-Cassetten können bei

der Sani Service Station in einem Ausgussbecken mit Zuspülung entsorgt werden. Die Frischwasserabgabe erfolgt über einen handelsüblichen Wasserhahn (3/4 Zoll-Gewinde) mit Münzbetrieb. Die Station ist wintertauglich, nachts beleuchtet und mit einer dreisprachigen Bedienungsanleitung ausgestattet.

### 3. Sani Station (L.A.S. GmbH, Iserlohn)

Die Sani Station ist die etwas einfacher gestaltete Nachfolgerin der Sani-Service-Station. Sie arbeitet als Einleitungsentsorgung mit Zuspülen von Frischwasser. Die Bedienung erfolgt am Frontpanel per Münzeinwurf und einfachem Tastendruck. Für die Entsorgung von Abwasser und Fäkalien aus portablen und festen Tanks steht ein Ausgussbecken an der Rückseite der Station zur Verfügung, das durch ein Rollo geschützt ist (alle Schlauchgrößen und Stutzen passen). Mit Einwurf der Münze öffnet sich das Rollo, gibt zeitgetaktet (3 1/2 Minuten) den Entsorgungskanal frei und spült automatisch das Ausgussbecken. Die Frischwasserabgabe (3/4 Zoll-Wasserhahn) wird ebenfalls über einen Münzzähler geregelt. Die Station ist mit einer thermostatisch geregelten Heizung wintertauglich, nachts beleuchtet und hat eine mehrsprachige Bedienungsanleitung.

Info: L.A.S. GmbH, Löhmann-Akustik-Systembau, Osemundstraße 19, D-58636 Iserlohn, Tel. 02371/963080, www.sani-station.de.

■ **Robust mit durchdachter Technik: Umweltgerechtes Ver- und Entsorgen an der Sani Station wie hier in Weingarten.**

### 4. ST-San (RWD, Berlin)

Die ST-San Station ist eine kompakte und robuste Einfachlösung. Sie ist so konstruiert, dass zum Entleeren von Tanks (alle Schlauchgrößen und Stutzen passen) eine verlängerte Bodenplatte mit dem Reisemobil überfahren wird. WC-Cassetten und portable Tanks können nach Öffnung der Bodenplatte ebenfalls in diesen Einlaufkanal entleert werden. Ein Druckschalter auf der Frontplatte sorgen für die manuelle Zuspülung beim Entsorgen. Je nach Ausführung ist ein separater Wasserauslauf mit Schlauchstück für die Spülung von portablen Tanks oder WC-Cassetten vorhanden. Die Frischwasserversorgung (3/4-Zoll Wasserhahn) erfolgt entweder zeitgetaktet mit Münzeinwurf (1,- Euro) oder per Tastschalter. Die Station aus gebürstetem Edelstahl kann als Option eine Beleuchtung erhalten und ist mit einem thermostatischen Heizelement wintersicher ausgelegt, eine Anleitung oder Piktogramme zur Bedienung fehlen.

■ Hat sich durch ihre einfache Bedienung und robuste Qualität auf dem Markt etabliert. Die ST-San Station.

Info: Reise- und Wirtschaftsdienst, Postfach 520535, D-12595 Berlin, Tel. + Fax 030/9933465, www.st-san.de.

### 5. Euro-Relais / Euro-Relais Junior (Raclet S. A., Mamers, Frankreich)

Die in Frankreich und der Schweiz weit verbreiteten Euro-Relais Stationen arbeiten als Einleitungsentsorgung mit Zuspülen. Für die Entsor-

gung (alle Schlauchgrößen und Stutzen bis drei Zoll passen) von Abwassertanks und portablen Tanks sind zwei klappbare Einlaufkanäle mit Schutzgittern vorhanden, die per Druckknopf manuell nachgespült werden. Fäkaltanks und WC-Cassetten entsorgt man an einem separaten Einlaufkanal, der mit einer Klappe geschützt ist und ebenfalls zugespült werden kann. Frischwasser (3/4 Zoll-Wasserhahn / teilweise nur Auslaufhahn ohne Gewinde) und Netzstrom (zwei CEE-Dosen) können je nach Ausführung per Münzautomat entnommen werden, oder sind kostenlos. Die aus Kunststoff gefertigten Stationen sind mit integrierter Heizung wintertauglich ausgelegt und nachts beleuchtet. Die einzelnen Bedienelemente sind mit Piktogrammen gekennzeichnet, eine mehrsprachige Kurzanleitung fehlt.

Info: Raclet Constructeur, Département Euro-Relais, Haut Eclair, F-72600 Mamers, Tel. 0033/02/43311230, Fax 43311231.

### 6. Flot Bleu Europa (Sede S. A., Seynod, Frankreich)

Die knallblaue Flot Bleu-Station ist mittlerweile sehr beliebt in Frankreich. Sie arbeitet elektronisch gesteuert als Einleitungsentsorgung mit automatischer Zuspülung. Die Entsorgung von Festtanks und portablen Tanks sowie WC-Cas-

■ Technisch anspruchsvoll mit mehrsprachiger Bedienerführung: Die Flot Bleu Europa Station aus Frankreich.

setten (alle Schlauchgrößen und Stutzen passen) sind über eine Münzanlage geregelt, die nach Einwurf der Münze (V+ E je 2,- Euro) eine Klappe zum Einlaufkanal öffnet und zeitgetaktete Netzstrom (zwei CEE-Anschluss an der Frontseite) abgibt. Die Bedienelemente sind mehrsprachig beschriftet, eine ausführliche Bedienerführung in einem Display ist in vier verschienenen Sprachen wählbar. Die Station ist nachts beleuchtet und soll winterfest sein.

## Pfadfinder: Von der Routenplanung zur Navigation

Der gute alte Straßenatlas hat ausgedient, könnte man vermuten, wenn man die stetig steigenden Verkaufszahlen der mobilen Navigationsgeräte sieht. Rund 3,2 Millionen dieser Alleskönner, so vermuten Experten, werden pro Jahr von deutschen Autofahrern gekauft. Grund dafür sind auch die drastisch gesunkenen Preise: Während Festeinbauten ab Werk immer noch horrend teuer in den Zubehörlisten angeboten werden, gibt es mobile Navigeräte schon für weniger als 300,- Euro. Die Auswahl und Typenvielfalt ist riesig.

◼ **Szenario von gestern? Navigationsgeräte bringen Sicherheit und vermeiden Stress während der Fahrt.**

◼ **2D Kartenansicht, Maßstab acht Kilometer: Die Routenführung in zweidimensionaler Darstellung ...**

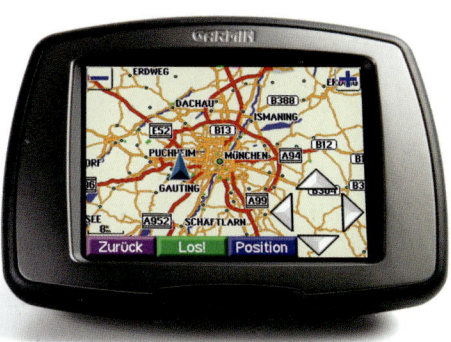

◼ **... und hier in 3D-Darstellung.**

Bis vor einigen Jahren war der Markt noch einigermaßen überschaubar. Wer auf den richtigen Weg gelotst werden wollte, der brauchte ein im Fahrzeug fest installiertes Navigationssystem. Etwas anderes gab es nicht. Das erste Navigationssystem für den Straßenverkehr in Europa kam erst 1989 mit dem TravelPilot IDS von Blaupunkt auf den Markt. Aktuelle Position und Ziel wurden seinerzeit noch in einer elektronischen Straßenkarte markiert.

Heute lässt sich zwischen beiden Punkten eine möglichst zeitsparende Route berechnen, daraus wird für jeden Verkehrsknoten eine entsprechende Empfehlung abgeleitet. Der Markt hat sich gewandelt, unterschiedliche Systeme werden angeboten. Der wohl größte Vorteil der stark zunehmenden Nutzung von Navigationssystemen liegt darin, dass der Fahrer sich ganz auf den Verkehr und die Landschaft konzentrieren kann und nicht durch Kartenstudium abgelenkt wird. Zudem wissen viele erfahrene Reisemobilfahrer, dass man mit des Kartenlesens nicht besonders kundigen Beifahrern unterwegs ist. Was schon hier und da für kleinere oder größere Streitereien sorgen kann, vom Verfahren gar nicht zu reden. Kurz, es ist recht komfortabel, per Navigationsgerät zu reisen.

Nicht unerwähnt bleiben soll jedoch ein kleiner Nachteil: Vor allem Geräte mit – zu kleiner – und rein optischer Anzeige können den Fahrer ablenken. Eine zusätzliche Sprachausgabe ist also empfehlenswert. Derzeit bietet der Markt eine Vielzahl unterschiedlicher Geräte zur Navigation. Die wichtigsten Typen und ihre konzeptionsbedingten Unterschiede mit Vor- und Nachteilen stellen wir nachfolgend vor.

### PDA plus Navigations-Software

Mittlerweile haben mobile, transportable Lösungen gegenüber den Festeinbauten heftig aufgeholt. Die Kombination aus Navigationssoftware und einem Personal Digital Assistant (PDA), also einem kleinen Taschencomputer, ist zwischenzeitlich sehr beliebt. Nicht nur, weil die oft gemeinsam, im sogenannten Bundle, verkauften Lösungen relativ preiswert sind und oft nur einen Bruchteil eines im Fahrzeug fest installierten Systems kosten. Der wohl größte Vorteil ist ihre Variabilität. Die Systeme können mit wenigen Handgriffen von einem Fahrzeug ins andere mitgenommen und dort eingesetzt werden. Auch eine Nutzung beim Wandern, auf dem Fahrrad oder Motorrad ist denkbar. Der Haken bei den PDA-Systemen: Sie lassen sich während der Fahrt vom Fahrer nur schwer bedienen, erfordern zudem eine gewisse Eingewöhnungs- und Einarbeitungszeit – und zur Installation der Software ist oft noch ein PC notwendig. Für ausgesprochene Computer-Muffel ist diese Lösung also vielleicht nicht unbedingt

## Was ist GPS?

*Im Grundsatz gilt: Alle Navigationsgeräte führen einen zum Ziel, irgendwann, irgendwie. Für den täglichen Betrieb nicht ganz uninteressant sind die unterschiedlichen Leistungen. Bleibt die Frage, wie machen die Dinger das? Im Prinzip sind die Grundfunktionen aller Geräte gleich: Sie empfangen aus dem weltumspannenden GPS-Satellitennetz Signale, aus denen die Position des Gerätes bzw. des Fahrzeugs metergenau bestimmt wird. Dabei steht die Abkürzung GPS für »Global Positioning System«, auf Deutsch etwa weltweites Positionsbestimmungs-System. Der Empfänger bekommt die Positionsangaben von den um die Erde kreisenden GPS-Satelliten. Mindestens vier Satelliten müssen empfangen werden, sonst klappt die Berechnung der aktuellen Position nicht zuverlässig. Aus den Signalen von drei Satelliten kann die genaue Position und Höhe bestimmt werden. Aus dem Signal von Satelliten vier bzw. dessen Laufzeit berechnet der Empfänger dann nicht nur seine genaue Position, sondern obendrein auch seine Geschwindigkeit. Kein Problem, denn überall auf der Erde sind für das Empfangsgerät immer mindestens fünf Satelliten »sichtbar«. Der GPS-Empfänger selbst sendet übrigens keine Signale aus, ist ein »passives« Gerät. Und kann daher selbst auch nicht geortet werden. Bei Tunneldurchfahrten fehlt das Satellitensignal. Da muss dann improvisiert werden. Mobile Geräte orientieren sich nach der Tunnel-*

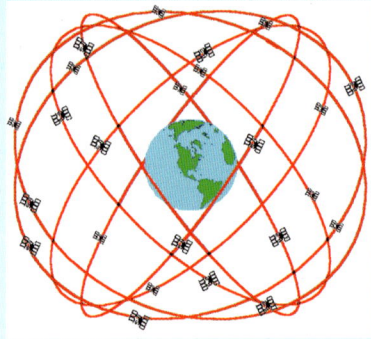

24 Satelliten umkreisen in sechs Bahnen in einer Höhe von 20 km die Erde im 12 Stunden-Rhythmus.

ideal. Der ab und an etwas umständlichen Bedienung und Zielführung – über Tastatur, Touch-Screen oder per Eingabe-Stift – steht der Vorteil eines auf der Reise mitgeführten Taschencomputers mit seinen umfangreichen Funktionen gegenüber. Surfen im Netz, Termin- und Adressverwaltung, Anwendungen wie Excel, Outlook und Word können so auch auf Reisen jederzeit mit dabei sein, ebenso wie etwa Hörbücher oder Musik per MP3-Dateien. Ab rund 200,- bis 250,- Euro ist man für ein vernünftiges Gerät dabei. Selbst Lebensmitteldiscounter bieten die Geräte mittlerweile regelmäßig zu durchaus volkstümlichen Preisen an. Dabei ist aber ein Vergleich mit anderen Geräteangeboten ratsam, denn oft errechnen sich die Sonderangebote nur über den Umfang der im Paket enthaltenen Karten. Müssen mehrere Länderkarten

*durchfahrt, oder dem Verlassen eines Parkhauses, neu, das klappt unterschiedlich schnell. Bei Festeinbauten erkennt ein eingebautes Gyroskop Richtungsänderungen und errechnet daraus dann die neue Position. Auch Berge oder Häuserschluchten können die Zahl der erreichbaren Satelliten einschränken. Im Prinzip ist aber in Deutschland und Westeuropa die Abdeckung durch Satelliten beinahe jederzeit ausreichend.*

**So sehen die Satelliten im All aus: Der Navigationssatellit Navstar 2.**

hinzugekauft werden, ist der Preisvorteil gegenüber einem Gerät mit z. B. ganz Europa als Standardinhalt schnell verspielt. Auch die oft angebotenen Kartenausstattungen »Hauptstraßen Europas« nutzen letztendlich nur wenig, wenn man nicht nur über Autobahnen donnern will, sondern zum Beispiel einen Campingplatz sucht.

### PNA: Für Computermuffel

Für Computermuffel bieten sich sogenannte PNA-Geräte (Personal Navigation Assistent) an, auch unter dem Begriff Personal Navigation Device (PND) bekannt. Sie bieten den Vorteil, dass die Software bereits vorinstalliert ist (»plug and play«), also einstecken (in die Stromversorgung am Fahrzeug) und loslegen möglich ist. In einem Gehäuse vereint sind Sat-Empfänger, Akku, das – digitalisierte – Kartenmaterial, die Software sowie der Lautsprecher. Mehr und mehr sind die Geräte sogar schon mit Sprachsteuerung zu bedienen. Im Prinzip sind diese Geräte eine vernünftige Alternative für kostenbewusste Kunden. Wichtig ist eine anständige, solide Halterung für die Befestigung im Auto, damit das Gerät nicht im Falle eines Unfalls oder einer scharfen Bremsung quer durchs Fahrzeug fliegt und so zur Gefahr werden kann. Außerdem sind Lautsprecher mit hinreichender Lautstärke auch bei höherem Tempo wichtig, ebenso eine deutlich sichtbare Darstellung auf dem möglichst großen Display. Beinahe alle Geräte lotsen den Besitzer heute per Sprachausgabe und Kartenanzeige. Mehr als 40 Hersteller bieten mittlerweile Geräte an, deren Absatz sich von 2006 bis heute mehr als verdreifacht hat. Manche Geräte mit farbigen Displays taugen auch als Bildbetrachter und MP3-Player. Einige Geräte werden immer noch mit Speicherkarten mit eher geringer Kapazität ausgeliefert. Nachteil daran: Wer mehrere Länder auf dem Gerät haben will, der muss entweder immer umprogrammieren – was bei einer spontanen Änderung der Reiseziele unterwegs zumindest lästig ist – oder zusätzlich größere

Speicherkarten kaufen. Zusätzliche Länder gibt es dann auf DVD oder CD-ROM oder auf entsprechenden Speicherkarten. Auch zur Sicherheit am Steuer kann ein modernerer PNA beitragen: Viele Geräte bieten eine integrierte Freisprecheinrichtung auf Blootooth-Basis an, die eine einfache Bedienung des Handys – konform der Straßenverkehrsordnung – auf dem Navigationsgerät ermöglicht. So lassen sich beispielsweise Adressbuch und Anruferliste aus dem Handy importieren und dieses komplett über das Navi bedienen, solange es in der Tasche steckt.

🟨 **Wer mit Navigation sicher an sein Ziel kommen möchte, kann auf ein PNA-Gerät zurückgreifen.**

### MNO: Alles in einem

Die neuen Generationen von Geräten, die Mobile Navigation Organizer (MNO), bieten zu den Funktionen des PNA die Eigenschaften und Fähigkeiten eines Organizers, vereint in einem Gerät. Also perfekte Navigation plus Mini-PC, integriert in einem Gehäuse. Der MNO kann zum Datenabgleich, etwa von Adressdaten oder Terminen, mit dem PC verbunden werden. Außerdem kann man mit den Geräten teilweise auch E-Mails lesen und schreiben, im Internet surfen oder Multi-Media-Anwendungen nutzen, beispielsweise Musik, Spiele, Fotos oder Videos.

### Navigation per Handy

Langsam aber sicher beginnt sich auch die Navigation per Handy oder Smartphone, also einer Mischung aus Handy und einem Mini-Computer, durchzusetzen. Wenig sinnvoll für Caravaner sind sogenannte »Offboard-Systeme«, bei denen das Routing über einen kostenpflichtigen Mobilfunkservice erfolgt. Das heißt, man zahlt für jede Streckenführung, die man benötigt. Und das kann gerade bei Urlaubsreisen mit täglichen Fahrstrecken, besonders im Ausland, rasch ins Geld gehen. Wohl auch aus diesem Grunde sind die entsprechenden Angebote, die eher für Ab-und-an-Nutzer taugen, nicht mehr besonders zahlreich. Mit Onboard-Systemen kommt man im Betrieb deutlich günstiger weg, also mit Geräten, welche Navigationssoftware und Kartenmaterial im Handy vereinen. Mit etwa 200,- bis 300,- Euro muss man rechnen, wenn man Kartenmaterial für Deutschland und Westeuropa für sein Handy haben möchte. Zur Navigation ist dann außerdem noch ein GPS-Receiver, eine sogenannte »GPS-Maus«, nötig, die per Kabel oder Bluetooth mit dem Handy verbunden wird. Die Kabellösung ist zwar günstig, aber auch hinderlich. Verbindungen per Bluetooth sind sowohl für das Mobiltelefon als auch für den Satelliten-Empfänger teurer als Varianten mit Kabel. Und sie ziehen den Akku des Handys doch recht schnell leer. Zwei bis sechs Stunden, dann ist Schluss. Für längere Reisen empfehlen sich also ein Ladekabel für das Handy und ein zweites für die GPS-Maus, evtl. auch der Kauf zusätzlicher Akkus. Sinnvoll sind zwei 12-Volt-Steckdosen im Auto zur Stromversorgung bzw. zum Nachladen der Geräte. Manche Hersteller bieten Kombi-Ladekabel für die Versorgung beider Geräte an. Positiv bei Bluetooth: Handy und GPS-Modul können flexibel miteinander kommunizieren, der Zukauf eigens passender Kabel bei Handy-Wechsel entfällt. Vor dem Kauf einer Software für das Mobiltelefon sollte man sich darüber informieren, ob das entsprechende Handy die ins Auge gefasste Software überhaupt unterstützt.

Denn es gibt Navigationsprogramme für Symbian-Betriebssysteme, für Windows Mobile und auf Java-Basis arbeitende Systeme. Von den Herstellern gibt es entsprechende Listen mit den unterstützten bzw. geeigneten Handy-Modellen. Vorsicht bei der Nutzung der Handy-Navis: Wer während der Fahrt bei der Eingabe am Handy erwischt wird, zahlt 40,- Euro – und bekommt im Gegenzug dafür einen Punkt in Flensburg. Also gilt: Die Route bei Navigations-Handys unbedingt vor Fahrtantritt programmieren oder dies dem Beifahrer überlassen.

### Navigations-Radios

In den Schacht des Autoradios einbauen lassen sich die Kombigeräte aus Navigationssystem und Autoradio, soweit das Fahrzeug über einen DIN-Schacht verfügt. Bei den Navi-Radios erfolgt die Routenanweisung durch Sprachausgabe und/oder Hinweise auf dem Display des Geräts. Letzteres ist jedoch meist bauartbedingt recht klein, die optische Anzeige daher eher Nebensache. Die Daten der Straßenkarten kommen von CD, DVD oder Speicherkarten, mittlerweile auch schon von eigenen Festplatten. Die Preise sind in ständigem Sinkflug begriffen, ab etwa 400 Euro sind leistungsfähige Geräte zu bekommen, der Einbau geht extra. Eine bessere Kartendarstellung bieten Geräte mit ausfahrbarem Bildschirm, der eine entsprechend größere Darstellungsfläche bietet. Haken dieser Lösung: Die Geräte sind fest eingebaut, lassen sich also nicht einfach zwischen verschiedenen Pkw wechseln, hinzu kommen die Einbaukosten.

### Festeinbau ab Werk

Die wohl teuerste Lösung im Bereich der Navigation sind ab Werk fest eingebaute Systeme. Die vom Fahrzeughersteller installierten Geräte sind üblicherweise mit der Fahrzeugelektronik gekoppelt und können so auch in Bereichen, wo ein GPS-Signal nicht zu empfangen ist (etwa in einem Tunnel) durch Daten des Kilometerzählers die Routenplanung weiter führen und fehlende Signale gewissermaßen »überbrücken«. Die relativ hohen Kosten entstehen einerseits durch diese Koppelung der Geräte mit zusätzlichen »Daten-Lieferanten«, andererseits durch Einbindung in mehr oder weniger komplexe Bordkontroll- oder Bordcomputer-Systeme. Optisch ist diese Lösung meist die gelungenste, zudem stören weder Kabel noch Saugnapf-Befestigungen an der Windschutzscheibe, was auch unter Sicherheitsaspekten ein eindeutiger Gewinn ist. Ob einem dies jedoch die teilweise üppigen Kosten von 1.500,- bis weit

■ Namhafte Hersteller wie VDO, Becker oder Blaupunkt bieten Navigations-Radios zum nachträglichen Einbau mit Normmassen an.

■ Navigation ab Werk: Alle Fahrzeughersteller haben Festeinbauten ab Werk in der Zubehörliste.

über 2.500,- Euro Wert ist, das muss letztlich jeder für sich selbst entscheiden. Außerdem: Böse Buben interessieren sich mehr und mehr für Navigationsgeräte. Beim Festeinbau ist dieses sofort von außen sichtbar und wird zunehmend geklaut. Mobile Geräte können während der Standzeit mitgenommen werden. Dazu sollte dann aber auch die Saugnapfhalterung demontiert und versteckt werden, sonst wird das Fahrzeug trotzdem aufgebrochen und durchsucht.

### Outdoor-Geräte

Kompakte GPS-Geräte eignen sich auch zum Einsatz beim Wandern oder am Fahrrad. Die Geräte sind klein, meist nur etwas größer als ein Mobiltelefon, aber auch als Mini-Gerät am Handgelenk zu tragen. Für den Einsatz im Fahrzeug taugen die Geräte meist nur bedingt bis gar nicht, da meist zwar Längen- und Breitengrade angezeigt, Richtungsangaben gemacht und Entfernungen berechnet werden können, es aber mit der reinen Straßenführung eher dürftig aussieht. Neben Wegpunkten lassen sich auch Routen oder digitale Karten speichern, die etwa für den Outdoor-Einsatz beim Wandern im Maßstab 1 : 25.000 geladen werden können.

◼ **Wetterfeste Outdoor-Geräte für alle Zwecke: Ob bei Wanderungen, in Uhr-Form, auf Fahrrad oder Motorrad oder in der Hemdtasche – für alle Outdoor-Anwendungen gibt es passende Navigationsgeräte wie die Garmin-Serien.**

### Am Stau vorbei: TMC

Verkehrsmeldungen des sogenannten TMC-Systems (Traffic-Message-Channel) verarbeiten heute wohl beinahe alle ab Werk lieferbaren Festeinbauten ebenso wie neuere PDA- oder PNA- bzw. MNO-Geräte. Meldungen vom TMC-System, also Meldungen von Staus oder Behinderungen, werden vom Gerät in die Routenplanung einbezogen und erlauben so eine Umfahrung der Verkehrsbehinderungen. Nutzt man ein Mobiltelefon mit Navigations-Software, so kann man auf eine entsprechende GPS-Maus zurückgreifen, welche die Nutzung von TMC ermöglicht, geeignete Software vorausgesetzt.

### Eigentumssicherung per GPS

Auch zur Eigentumssicherung können GPS-Systeme genutzt werden. Dazu wird eine entsprechende Anlage mit einem GSM-Modem verbunden. Mit einem PC, der mit entsprechender Software ausgestattet ist, lässt sich das Fahrzeug über das Gerät dann zielgenau orten. Einige Geräte schlagen auch bereits selbstständig Alarm, wenn das Fahrzeug einen bestimmten, vorab definierten Radius um seinen letzten Standort herum verlässt.

### Die Zukunft

Mobile Navigation ist zwar längst ein Milliarden-Markt, aber selbst in Europa besitzen mehr als 50 Prozent der Bevölkerung noch kein Navigationssystem. Mit Hochdruck arbeiten deshalb die Entwicklungsabteilungen an der Entwicklung von AGPS (Assisted Global Positioning System), einer Technologie für schnelle und präzise Ortung. Aber auch an kleinen und leichten Geräten wird gearbeitet, mit denen man nicht nur navigieren können wird, sondern man sich auch jederzeit und an jedem Ort multimedial unterhalten und informieren kann. Auch die Bildschirmdarstellung wird sich verändern. Man arbeitet bereits an dreidimensionaler Kartendarstellung, kombiniert mit Gebäudeansichten, die sehr detailliert sein werden. Ab

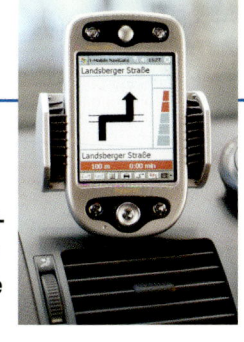

Werk werden wohl sogenannte »Head-Up-Displays« kommen, die Informationen wie Geschwindigkeit und Navigationshinweise direkt in die Windschutzscheibe spiegeln. Damit soll die Ablenkung der Fahrzeuglenker auf ein Minimum reduziert werden. Zudem soll in wenigen Jahren das europäische Satelliten-Navigationssystem Galileo (www.galileo-industries.net) zum Einsatz kommen. Es untersteht nicht, wie das amerikanische GPS, der militärischen Kontrolle, wird auf 30 Satelliten basieren und soll noch genauer sein als das aktuelle GPS-System.

### Worauf achten beim Kauf?

Zwei Kriterien beim Kauf eines Navigationssystems sind die Punkte Ausstattung und Bedienungskomfort, ein dritter ist die Flexibilität, ein vierter der Preis. Sinnvoll ist eine schnelle und einfache Eingabe des Zielortes, wichtig eine möglichst rasche Berechnung des Weges. Eine ausreichend gut sichtbare Bildschirm-Darstellung mit kontrastreichem Bild erleichtert den Umgang mit dem Navi ebenso wie eine klar verständliche Sprachausgabe. Teilweise erhöht die Software bei höherem Tempo die Lautstärke selbständig. Die Art der Kartendarstellung ist Geschmackssache, man sollte sich vorher die entsprechende Art der Anzeige selbst ansehen. Manches System blendet an größeren Kreuzungen die entsprechende Beschilderung im Dis-

**■ Die Halterungen von Navigeräten sollten fest montiert sein und keine Gefahrenstelle bei einem Unfall darstellen.**

play ein und zoomt die Kartendarstellung der Kreuzung. Das kann eine echte Orientierungshilfe sein. Staumeldungen (TMC) sind nicht bei jedem Gerät ab Werk mit dabei. Ein zweiter Blick lohnt sich auch beim Kartenmaterial. Denn gerade für Reisen mit dem Caravan ist ein Kartensatz für ganz Westeuropa vernünftig. Doch einige Hersteller liefern ihre Geräte nur mit Karten von Deutschland oder dem deutschsprachigen Raum aus. Und kassieren für die Karten weiterer europäischer Länder extra. Sollten Sie auf andere Kontinente reisen – und Ihr (mobiles) Navigationsgerät auch dort nutzen wollen – achten Sie auf die Kosten für das zusätzliche Kartenmaterial. Die Preise, etwa für Nordamerika-Karten, sind sehr unterschiedlich, Preisunterschiede bis zum Vierfachen sind durchaus möglich. Fällt die Wahl auf einen PDA oder ein Handy mit Navigations-Software, gilt der erste Blick der Kompatibilität von Gerät und Software. Bei mobilen Geräten ist ein Umstellen der Routenplanung von »Fahrzeug« auf »Fußgänger« ein recht angenehmes Feature, etwa wenn man am Urlaubsort wieder zum abgestellten Fahrzeug zurück finden möchte. Manche Geräte, wie das Tom Tom, bieten hier als Orientierungshilfe das Kommando »Zurück zum Punkt der letzten Geräteentnahme aus der Autohalterung«. So muss sich nicht mal merken, wo man das Fahrzeug verlassen hat. Nützlich sind auch Systeme, die auf Wunsch vor zu hohen Geschwindigkeiten warnen. Der Markt bietet vielfältige Lösungen, für jeden Geschmack – und Geldbeutel – dürfte etwas dabei sein. Wer sich weiter informieren möchte, dem bietet das Internet einiges an Information, auch mit Berichten – und Problemen – von Nutzern. Etwa in den folgenden Foren: www.pocketnavigation.de, www.geo24.de oder www.naviboard.de.

## Schiff ahoi: Mit dem Reisemobil auf die Fähre

■ Einfache und bequeme Anreise in die Urlaubsregion: Mit dem Reisemobil auf der Fähre.

Immer schneller geht es mit modernsten Fähren zum Urlaubsziel. Insbesondere im Süden wollen die Reedereien mit neuen Schiffen für mehr Sicherheit sorgen und damit das Vertrauen der Gäste erwerben. So sind bereits viele Fähren auf dem Sicherheitsstandard, der die Schiffe in den nördlichen Regionen auszeichnet.

Für die Reise in zahlreiche Urlaubsländer ist eine Fährfahrt obligatorisch, andere Ziele sind hingegen mit einem Schiff schneller zu erreichen. Oberstes Gebot ist jedoch immer die sorgfältige Planung der Überfahrt und eine möglichst frühzeitige Buchung. Denn wer mit einer Fähre sein Reiseziel ansteuert, muss einen erheblichen Teil des Urlaubsbudget dafür einplanen. Da empfiehlt es sich, die Angebote der in Frage kommenden Fährlinien rechtzeitig und genau miteinander zu vergleichen. Folgende Kriterien sind dabei zu beachten: die kürzeste Strecke, die touristisch interessanteste Passage und die letztlich sparsamste Komplettreise. Doch die ersten Schwierigkeiten ergeben sich aus der Vielzahl bestimmter Vorgaben der Reedereien in punkto Zuordnung des vorhandenen Fahrzeuges. Ist die Länge noch einigermaßen einzuordnen, sind die Höhenbegrenzungen schon vieldeutiger. Von 1,8 Meter, über 1,85 Meter, 2 Meter, 2,2 Meter und 2,5 Meter sowie über 2,5 Meter reicht das Spektrum. Wer hier die Maße schon bei der Planung berücksichtigt, kann eine Menge Geld sparen.

Ein Beispiel macht es deutlich: Wer seine Fahrräder am Heck des Mobils transportiert, kann unter Umständen in eine teurere Längeneinstufung rutschen. Muss man in den nördlichen Regionen sein Fahrzeug zumeist auf ein, bei der Überfahrt verschlossenes Deck stellen, bieten die südlichen Regionen sogar Camping an Bord an. Insbesondere auf der Route nach Griechenland kann der Camper auf einigen Fährschiffen sein Freizeitgefährt auch während der Passage nutzen. Das erspart die kostspielige Kabinenbuchung. Ein genaues Studium der Fahrpläne gibt Aufschluss über das Angebot der ausgesuchten Fähre. Hat man das richtige Schiff erwischt, stellt sich sofort das Gefühl ein, auf einem Luxus-Traumschiff zu sein. Als Beispiel sei hier die Strecke Venedig-Patras erwähnt, die Dank der modernen und mit viel Luxus ausgestatteten Fähren absoluten Kreuzfahrt-Charakter bieten. Ohnehin ist zu bedenken, welche Strecke die meisten Vorteile bieten. Am Beispiel Griechenland ist die Passage ab Venedig sehr empfehlenswert, wenn auch teurer. Nimmt man alternativ den Abfahrtshafen Ancona, ist die Überfahrt zwar 15 Stunden kürzer, aber man muss die 600 Mehrkilometer, zeitlich und finanziell (Autobahngebühr und eventuelle Übernachtung) dagegen rechnen. Ideal ist in diesem Fall die Kombination beider Routen für die Hin- und Rückfahrt. Übrigens räumen nahezu alle Linien einen nicht unerheblichen Rabatt ein, wenn man gleichzeitig Hin- und Rückfahrt bucht, gleiches gilt ebenso für die Kombination verschiedener Routen. Bezüglich der Angebote werden von nahezu allen Fährgesellschaften spezielle Campertarife offeriert, jedoch beziehen sich diese, zum Teil sehr interessanten Offerten zumeist für die Vor- oder Nachsaison. Wer es dennoch versteht den Tarifdschungel zu entwirren, dessen Strategie führt unweigerlich zur Schonung der Urlaubskasse. Außerdem ist eine Seereise zum Start in den wohlverdienten Urlaub auch nicht zu verachten.

■ Der Verband der Fährschifffahrt und Fährtouristik e. V. (VFF) bietet auf seiner Webseite alle Fährunternehmen mit Fährverbindungen im Detail an.

■ Reisemobile werden dank erfahrenem Personal unter Deck sicher transportiert.

## Camping an Bord – die Alternative zur Kabine?

»Jássas Ellas, Hallo Griechenland«. Für die Überfahrt mit dem Caravan-Gespann nach Patras haben wir »Camping an Bord« gewählt, um zu erkunden, ob diese Form der Fährpassage eine brauchbare Alternative zu Schlafkabinen oder Deckpassage an Bord bietet. Längere Fährpassagen sind Seereisen, die auch für Nichtromantiker ihren eigenen Reiz haben. Die vielen negativen Schlagzeilen der letzten Jahre konnte da kaum Abbruch tun. Dennoch haben die Untersuchungen des ADAC und der Stiftung Warentest nach einigen gravierenden Fährunglücken massive Sicherheitsmängel aufgedeckt, die zum Umdenken bei Verantwortlichen in der Branche geführt haben. So wurden viele Oldtimer-Fähren ausgemustert, eine große Anzahl von neuen Mittelmeer-Fähren in Dienst gestellt und gängige Sicherheitsstandards werden nun gelegentlich auch überprüft. Die Idee der Reedereien, einen Teil der riesigen Pkw- und Lkw-Decks als schwimmenden Campingplatz auszuweisen, hat sich auf den klassischen Adria-Routen durchgesetzt. Während alte Fähren auf die Bedürfnisse der Onboard-Camper umgebaut werden mussten, haben Neubauten wie beispielsweise die Superfast-Schiffe schon eine komplette Ausstattung mit Stromanschluss, Du-

## Checkliste Fähren

- [ ] Frühzeitige Planung und Buchung
- [ ] Campertarif nachfragen
- [ ] Bei Dach- und Heckträgern zusätzliche Maße beachten
- [ ] Rechtzeitig am Fährhafen eintreffen
- [ ] Richtige Wartespur klären
- [ ] Bei steilen Rampen möglichst schräg auf- und abfahren
- [ ] Unbedingt die Zeichen der Einweiser befolgen
- [ ] Handbremse anziehen
- [ ] Gasflaschen müssen verschlossen sein
- [ ] 230-V-Netzanschluss für Kühlschranks besorgen
- [ ] Gepäck und Utensilien bereithalten, wenn das Deck während der Überfahrt verschlossen wird
- [ ] Beim Camping an Bord keine Nutzung der Gasanlage möglich

■ **Urlaub von Anfang an: Camping an Bord ist nur bei südlichen Fährpassagen erlaubt.**

schen und Toiletten für Camper vorgesehen. Je fünf Mal pro Woche verkehren die Fähren auf ihrer Route und haben in der Hauptsaison bis zu 150 Camper – Reisemobil und Wohnwagen-Gespanne – an Bord. Sinnvoll ist diese Art der Überfahrt natürlich nur für lange Passagen. Man zahlt für das Gespann und die preiswerten Deckpassagen der Insassen, spart die Buchung einer Kabine und kann bei mehrtägigen Törns in seinem Caravan leben und schlafen. Ein Service, der gerade für Familien, die sonst mehrere Kabinen dazubuchen müssten, eine preisgünstige Alternative. Die ausgewiesenen Stellplätze verfügen über Stromanschluss, sodass Kühlschrank und Beleuchtung über die 230-Volt-Bordversorgung betrieben werden kann. Kochen und Heizen mit Gas ist während der Überfahrt sind verboten. Weit verbreitet ist das Camping an Bord-Angebot bei Routen wie Italien-Griechenland, Süditalien – Türkei oder im östlichen Mittelmeer Frankreich-Marokko. Im westlichen Mittelmeer mit Überfahrten nach Korsika, Sardinien und Sizilien bietet nur die Reederei Linea dei Golfi eine Camping an Bord-Passage von Piombino nach Olbia / Sardinien an, die dann auch sehr früh ausgebucht ist. Im hohen Norden ist Camping an Bord seerechtlich verboten: Egal ob Überfahrten nach England, Schottland, Irland, Dänemark, Schweden, Norwegen oder Finnland, hier heißt es Gespann abstellen, Gang rein, Handbremsen anziehen und die gebuchte Kabine suchen.

## Campingplatz aus Eisen und Stahl – Für Familien besonders interessant

Der Lademeister der Kriti II ist sprachlos, ob seiner Trillerpfeife im Mund, in seiner leicht ramponierten Uniform weist er uns aber gestenreich und gekonnt ein. Wir werden nach den schnell abgewickelten Zollformalitäten eingewinkt, fahren durch den dunklen Schlund im Heck über die rostige Laderampe in den Rumpf des Schiffes ein. Steil führt dann die Rampe hinauf zum Camperdeck, besondere Fahrkünste sind selbst mit großen Caravans für das Einparken nicht erforderlich, es gibt viel Platz auf dem Deck in der Nebensaison. In der Hochsaison sieht das etwas anders aus. 150 bis 200 Camper sind dann an Bord, dicht an dicht, erzählt der freundliche Lademeister Kostas. Stromkabel kreuz und quer verlegt, Markisen, Wäscheleinen von Wohnwagen zu Wohnwagen und Campinggarnituren prägen das Bild, es sieht aus wie auf einem waschechten Campingplatz. Das Treiben kann aber, wenn die Fährlinie keinen besonderen Wert auf den Onboard-Service legt, zum Alptraum werden. Abgesehen vom möglichen Tiefgaragen-Charme der Stellplätze unter Deck – wer eine Nacht direkt neben einem Kühltransporter mit seinem lärmenden Aggregat hinter sich hat, lernt die betäubende Wirkung von Ouzo und Retsina sehr zu schätzen. Nicht zu vergessen diverse schlecht gewartete Fischtransporter, aus denen entsetzlich stinkende Fischbrühe oder entsprechende Dämpfe austreten. Da sind dann auch schon mal an Bord die Toiletten verstopft und dreckig, die Duschen kalt oder überflutet. Große Reedereien, die für ihre Fähren Camping an Bord explizit in den Prospekten oder ihrer Homepage anpreisen, haben da meist recht clever vorgesorgt und den Bug-Teil des an den Seiten mit großen Luken offenen, obersten Decks für Camper ausgewiesen. Der Vorteil: Die Camper fahren zuerst an Bord, es hat frische Luft und Durchzug an Deck sowie einen direkten Zugang ins Schiff und zu den Duschen und Toiletten. Die Lkw stehen, wenn überhaupt, in gehöri-

■ So stellt sich eine Fährgesellschaft Camping an Bord vor: Viel Platz und buntes Campingleben unter Deck. Das klappt so nur in der Nachsaison.

gem Abstand dahinter oder in Decks darunter und belästigen so nur minimal. Traum eines jeden Campers an Bord bleibt jedoch eine Passage vorne oder hinten auf dem offenen Deck, ein Stellplatz unter freiem Himmel. Hier beginnt und endet der Urlaub entspannt in exponierter Position während der Fährpassage. Wenn man nicht gerade im Abzugsbereich der mächtigen Schornsteine liegt und sein Gespann mit Rußpartikeln übersät bekommt. Deshalb vor der Buchung fragen, wo das Freideck für Camping an Bord ausgewiesen ist.

### Entspannen wie auf einer Kreuzfahrt

Klar, dass Camper an Bord auch die gesamten Annehmlichkeiten der Fähren nutzen dürfen. Ein gediegenes Restaurant der gehobenen Klasse, die propere SB-Theke sowie mehrere Bars und Cafeterias sorgen ausgiebig für das leibliche Wohl. Erstes Sonnentanken geht auf dem Oberdeck im Swimming-pool oder bei einem Nickerchen im Liegestuhl, Unterhaltung und Zerstreuung bieten Bord-Disco und ein Spiel-Casino. Wer gleich etwas Geld auf den Kopf hauen möchten, kann dies in den Shops sehr gründlich besorgen. Also baden, lesen, faulenzen und die warme Sonne genießen. Dazu bieten die meisten Reedereien einen tollen Service an: Sollte ein Pärchen gerade auf der Hochzeitsreise sein, laden sie das frischvermählte Paar zu einem festlichen Captain´s Dinner ein. Wer sich für die Technik eines solchen Stahlriesen interessiert, der kann auf Anfrage schon einmal einen Blick in die Brücke werfen oder die gewaltige Maschinenhalle im Rumpf besuchen. Dazu der Tipp: Die meisten großen

Reedereien oder ihre deutschen Repräsentanten bieten Informationen und Buchungsmöglichkeiten per Internet an. Ein genauer Preis-Leistungsvergleich und die Beachtung der Saisonzeiten lohnt sich auf jeden Fall. Sparen kann man ebenfalls, wenn Hin- und Rückfahrt zusammen gebucht wird, dafür geben die meisten Fährlinien Rabatte bis zu dreißig Prozent.

### Infos Camping an Bord – Mittelmeer-Fähren

#### Italien – Griechenland

Anek-Lines, Ikon Reiseagentur,
D-80336 München, Tel. 089/5501041,
www.Ikon-reiseagentur.de
Minoan-Lines, Seetours International,
D-63263 Neu-Isenburg, Tel. 069/1333262,
www.seetours.de

#### Italien – Sardinien

Linea dei Golfi, Turisarda, *
D-40231 Düsseldorf, Tel. 0211/222320 oder
Moby Lines, www.moby-lines.de.

#### Italien – Türkei

Med Link Lines, Patras-Reisen, D-73728
Esslingen, Tel. 0711/353906. www.ferries.de
Türkish Maritim-Lines, RECA-Reiseagentur,
D-71065 Sindelfingen, Tel. 07031/866010,
marmaralines.com

#### Frankreich / Spanien – Marokko

Comanav-Lines über Seetours International,
D-63262 Neu-Isenburg, www.seetours.de oder
faehreonlne.com

### Wintercamping: Ein Wintermärchen

Immer beliebter wird die Fahrt in den Winterurlaub mit dem Reisemobil. Dabei braucht man sich um die Wintertauglichkeit moderner Mobile keine Sorgen zu machen. Dennoch gilt es, einige wichtige Dinge zu beachten, damit das Unternehmen Wintercamping ohne Frust und Frost abläuft. Sie werden sehen, Winterurlaub ist eine echte Alternative zum Einmotten des guten Stücks.

der Schneebar des Campingplatzes im Gespräch mit Gleichgesinnten, bei der Silvesterfeier auf dem Platz, beim Après-Ski auf dem ausgewiesenen Stellplatz an der Talstation der Seilbahn zu den Skigebieten oder sonst wo, der kann nur analog zur Warnung auf Zigarettenpackungen, vorhersagen: »Vorsicht, Wintercamping macht süchtig«.

■ Wer möchte in solch einer Stimmung sein Reisemobil eingemottet haben?

Vergessen Sie alle Vorurteile und Unkenrufe wie »Wintercamping ist viel zu kalt, im Mobil bekommt man es nie warm«, »Wintercamping ist nur etwas für winterharte Typen ohne Interesse an Geselligkeit«, »Wintercamping ist viel zu teuer«, »Beim Wintercamping weiß man nie, wohin mit den nassen Klamotten«, »Im Winter haben die meisten Campingplätze dicht«, »Im Winter kann man nicht auf Stellplätze fahren« und deren mehr. Papperlappapp! Wer je einmal richtiges Wintercamping erlebt hat, mit einem Glas Glühwein abends im Fackelschein an

### Ausrüstung für Wintercamping

OK, die Kritiker haben Recht, Wintercamping ist teurer als Sommercamping. Mit leichten Campingmöbeln, einer Luftmatratze und eventuell einer Markise am Mobil kommt man bei Kälte, Schnee und Eis nicht weit. Sowohl die Ausrüstung als auch das Mobil sollten auf die Hauptunterschiede eingerichtet sein. Bei den Klamotten kommt es weniger auf ausgefallenen Chick an, wichtig ist, dass sie leicht zu trocknen sind, wenig Raum beanspruchen und trotzdem gut wärmen, dazu sollten sie Wind abweisen und nach dem Zwiebelschalenprinzip funktionieren. Das heißt, morgens bei Kälte komplett angezogen wärmen und dann, stufenweise mit steigender Tagestemperatur und eigener Erwärmung, platzsparend ausgezogen werden können, ohne dass gleich der ganze Anorak entledigt werden muss. Hier helfen Wetterjacken, deren Ärmel abgetrennt werden können und deren Kapuze ebenfalls zwar dick gefüttert, aber leicht verstaubar ist. Hat man dazu noch einen leichten, geräumigen Rucksack dabei, kann man die abgetrennten Teile verstauen und behält die Hände frei. Beim alpinen Abfahrtslauf gelten natürlich in punkto Kleidung andere Gesetze, die aber jeder, der diesen Sport betreibt, selbst weiß.

■ Ein frischgebrühter Tee aus der Mobilküche weckt die Lebensgeister.

Das Mobil ist von Haus aus in den allermeisten Fällen für den Einsatz im Winter geeignet. Unterschiedlich gute Isolierung ist kein ausschließendes Argument gegen den Einsatz beim Wintercamping, letztendlich benötigt ein weniger gut isoliertes Mobil »nur« mehr Heizenergie und damit mehr Gas als ein besser isoliertes. Den Hauptnachteil eines Reisemobils gegenüber einem Caravan, die nicht zu isolierenden Scheiben im Fahrerhaus, kann man eh nicht abstellen, maximal durch ein Isolierschott abtrennen, wenn man die Fahrerhaussitze nicht zum Wohnen benötigt. Sonst hilft nur, die Sicht nach draußen durch Isoliermatten zu begrenzen, die die Scheiben isolieren. Große Integrierte haben oft eine zusätzliche Heizung für das Fahrerhaus, denn Ausströmer der Wohnraumheizung sind zur Beheizung des Fahrerhauses meist zu schwach. Bei Alkovenmobilen ist eine Alkovenbeheizung über geschlitzte Belüfterrohre ein Muss, ohne die gesundes Schlafen da oben kaum möglich ist. Nicht Wenige haben bei nicht beheiztem Alkoven schon das Laken beim Bettenmachen zerrissen, weil es Morgens unter der Matratze festgefroren war. Entsprechend mies sieht hier die Kondenswasserbilanz aus.

Damit das Mobil auch nachts warm bleibt, wird die Heizung auf kleinster Stufe weiterbetrieben, auf jeden Fall sollte bei großer Kälte das Warmluftgebläse laufen, damit auch in den Stauräumen und der Garage nichts einfriert, besonders gefährdet ist hier die Wasserversorgung. Die Dachluken sollten in Lüfterstellung stehen, Mensch und Wagenklima benötigen Sauerstoff, die Wärme verteilt sich in sauerstoffhaltiger Luft auch besser. Alles zu verrammeln, spart weder Energie noch ist es gesund. Deshalb ist es nicht nur verboten, sondern auch falsch, wenn die werkseitig eingebauten Zwangsbelüftungen abgeklebt werden. Diese müssen schon wegen des Sauerstoffverbrauchs der Gasbrenner beim Kochen unbedingt geöffnet bleiben.

■ Auch die Matratze im Alkoven muss gut durchlüftet sein, damit Staunässe austrocknen kann.

### Das Mobil wird wintertauglich

Kommt man am Spätnachmittag durchfroren und mit nassen Klamotten zurück zum Mobil, gibt es nichts Schöneres, als einen gut durchwärmten Wohnraum und eine Trockenmöglichkeit für die Klamotten ohne Probleme mit dem abtropfenden Wasser oder auftauenden Schnee. Die gut durchwärmte Stube lässt sich leicht realisieren, schließlich laufen die modernen Gasheizungen problemlos. Aber ganztägiges Heizen bei Abwesenheit muss nicht sein, schließlich ist der Gasverbrauch im Winterurlaub nicht nur ein finanzielles Problem, sondern, zumindest im Ausland, ein logistisches. Noch immer gibt es im vereinten Europa keine Gasflaschen, die überall getauscht oder gefüllt werden können. Bei längerem Standaufenthalt auf einem ausländischen Platz helfen hier nur Leihflaschen, die, meist mit 33 kg Inhalt und damit groß genug, außerhalb des Wagens im Vorzelt aufgestellt und über einen langen, winterfesten Zusatzschlauch und entsprechendem Adapter mit der Gasanlage des Mobils verbunden werden. Es reicht oft aber auch, das Mobil nicht die ganze Zeit der Abwesenheit zu beheizen, sondern erst einige Zeit vor dem Eintreffen am späten Nachmittag. Dazu gibt es für die neuen Heizungen von Alde, Eberspächer, Webasto und Truma Zeitschaltuhren, die dafür sorgen, dass bei richtiger Programmierung die Stube rechtzeitig kuschelig warm ist. Aber auch mit dem Handy kann man die Heizung ferngesteuert einschalten, wenn man das entsprechende Funkmodul eingebaut hat. So kommt man mit zwei gefüllten 11-kg-Flaschen einige Zeit aus. Eine Zeitschaltuhr oder ein Funkmodul kann man vom Händler ohne große Probleme nachrüsten lassen, einigermaßen geschickte Heimwerker können dies auch selbst. Kommen Sie aber nicht auf die Idee, irgendeine Universal-Zeitschaltuhr aus dem Baumarkt einzukaufen, es muss eine zur jeweiligen Heizung passende Uhr sein, denn Gasheizungen zünden ist nicht mit Glühlampen einschalten zu vergleichen.

Wer noch nie im Winter bei Minustemperaturen, Schneetreiben und Wind nachts um 3:00 Uhr aus dem Mobil gekrochen ist, um die leergewordene Gasflasche gegen die Reserveflasche zu tauschen, weiß nicht, wie wertvoll eine Umschaltautomatik ist. Diese DuoComfort für die neuen und Duomatic für die alten Anlagen genannten Automaten werden auf die Gasflaschen beziehungsweise auf die SecuMotion-Gasregler aufgesetzt und ermöglichen eine automatische Umschaltung bei leerer Betriebsflasche auf die, hoffentlich volle, Reserveflasche. Morgens beim Frühstück erinnert einen dann eine LED am Anzeigegerät innen, dass man ohne Automatik nachts hätte aufstehen müssen und jetzt nur eine neue Flasche besorgen muss. Eine feine Sache.

■ Wer keine Umschaltautomatik an den Gasflaschen installiert hat, dem kann es passieren, dass er mitten in der Nacht raus darf und die Gasflaschen umklemmen muss.

Was passiert aber mit den nassen Klamotten? Hat man keines der wenigen Reisemobile mit beheiztem Außenkleiderschrank und Ablauf, baut man sich einen aus dem Sanitärraum. Es ist kein Hexenwerk, in der Dusche eine Kleiderstange zu befestigen, die das nasse Zeugs aufnimmt. Solche fertigen Kleiderstangen erhält man in Holz, Messing, Alu und in weiß samt Aufnahmelagern im Baumarkt. Die Stange kann leicht auf das erforderliche Maß gekürzt werden. Da die nassen Klamotten schwer sein können, sollte ein ovaler Rohrquerschnitt gewählt werden, der mehr trägt als ein rundes Rohr. Der Fachhändler wird einem solch eine Kleiderstange preisgünstig montieren. Bei Selbstmontage sollte man berücksichtigen, dass die Verschraubungen in die Duschraumwände abgedichtet werden. Dazu wird vor dem endgültigen Verschrauben Silikon auf das Aufnahmelager der Stange aufgebracht, das zuverlässig dichtet. Wird geduscht, ist die Kleiderstange schnell aus ihren Wandlagern ausgehängt. Ausgiebiges Duschen im Mobil ist im Winter allerdings nicht ratsam, da das anfallende Kondenswasser kaum in den Griff zu kriegen ist. Dafür eignet sich der Sanitärbereich des Campingplatzes viel besser.

## Tipp

*Die lästigen und mitunter auch gefährlichen Eiszapfen am Aufbau im Bereich des Abgaskamins der Heizung kann man mildern, wenn man eine ganz gewöhnliche Wäscheklammer an den Kamin steckt. So läuft das Kondensat weg vom Aufbau und der Eiszapfen kann mit der Klammer vor Fahrtbeginn abgebrochen werden.*

Die nassen Stiefel trocknen sehr gut in der Heckgarage oder in einem Sitzkasten, dazu hin kann ein solcher leicht beheizt werden, wenn ein Lüfterrohr durch ihn führt. Dieses wird mit einem scharfen Teppichmesser aufgeschnitten und gekürzt, ein im Fachhandel für ein paar Euro erhältlicher Ausströmer dazwischengesetzt und das Rohr wieder verbunden. Öffnet man dann den Lüfter, wird es mollig warm im Kasten und die Schuhe trocknen nicht nur schnell, sie sind morgens auch prima durchwärmt.

## Vorzelt oder nicht?

Unerfahrene Wintercamper bedauern bald, dass sie die Tipps von Freunden, unbedingt ein Vorzelt mitzunehmen, leichtfertig damit abgetan haben, sie säßen im Winter ja nicht draußen. Das ist keineswegs das Thema. Ein Vorzelt dient im Winter zum Einen als Wärmeschleuse, zum Andern als Lager für die Skier und die Schlitten. Außerdem kann man sich darin bereits ausziehen, die nassen Skianzüge müssen dann nicht im Mobil abgestreift werden. Es dient auch als Schmutzschleuse, Matsch an den Schuhen bleibt damit fern vom Wohnrau. Hat man weiterhin noch eine Vorzeltheizung am Mobil montiert, kann das Vorzelt überschlagen und so verhindert werden, dass beim Öffnen der Tür jedes Mal eiskalte Luft nach innen strömt. Eine Vorzeltheizung aus dem Zubehörprogramm von Truma kann mit einfachen Mitteln nachgerüstet werden. Zum Wintervorzelt eignen sich nicht unbedingt die Sommerzelte. Zum Wintereinsatz sollte das Zelt nicht zu groß sein, das Gestänge stabil genug, damit es auch einen größeren Schneebelag schadlos übersteht. Günstig ist ein steiles oder gar rundes Dach, damit sich darauf schon gar kein Schnee sammeln kann.

■ **Ein Wintervorzelt ist als Wärmeschleuse und Lagerraum für Ski und Schlitten unabdingbar. Wenn es mit einem runden oder besonders steilen Dach ausgestattet ist, kann kein Schnee darauf liegen bleiben.**

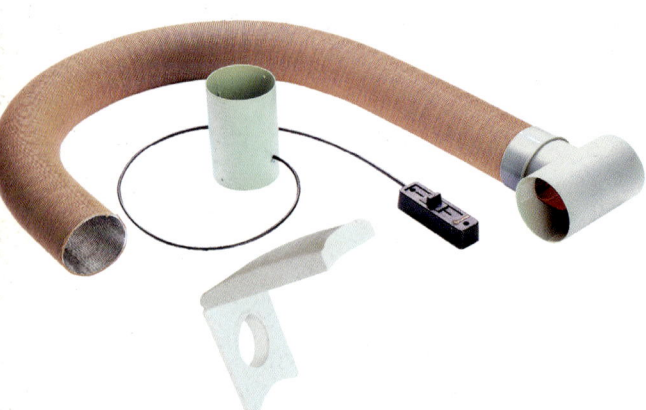

■ **Leicht selbst zu montieren ist eine Vorzeltheizung aus dem Zubehörprogramm der Heizung.**

### Jetzt geht's los

Das Reisemobil ist winterfest, die Ausrüstung zusammengetragen, es kann losgehen. Aber wo kann man Wintercamping erleben? Ist es besser, auf einen Campingplatz zu gehen oder auf einen Stellplatz? Ist für die Kinder auch Ani-

mation geboten? Welcher Platz eignet sich für unbeschwerte Winterfreuden? Fragen über Fragen, die vor dem ersten Winterurlaub mit dem Mobil auftauchen. Vorab gesagt, ein längerer Standurlaub, dazu noch mit den Kindern, ist auf dem Stellplatz kaum zu organisieren. Hier kann kein Vorzelt aufgestellt werden, Sanitäranlagen sind so gut wie nirgends vorhanden und auf den wenigsten Stellplätzen kann längere Zeit gestanden werden. Kinder langweilen sich mit Sicherheit auf einem idyllisch gelegenen Stellplatz ohne Animation oder Gesellschaftsräume bereits am zweiten Tag. Deshalb mit Kindern ab auf den Campingplatz. Wintercamping auf dem Stellplatz ist das Richtige für alpine Skiläufer, die an der Talstation der Skilifte oder Bergbahn einen offiziellen Stellplatz ergattern und ein unbeschwertes Wochenende genießen wollen. In den einschlägigen Campingführern und im Internet kann man die in der ausgesuchten Region liegenden Campingplätze vorsortieren, die Wintercamping anbieten und auch erheben, welche Annehmlichkei-

■ **Reist man ohne Kinder und ohne längere Standzeit, ist die Übernachtung auf einem Stellplatz denkbar.**

ten sie bieten. Je nach Veranlagung und Art des Wintersports, den der Einzelne betreibt, wird man einen Platz an den Skilifts wählen, mit Pendelbus ab Campingplatz, oder in einem Langlaufgebiet, oder auch außerhalb des Skirummels auf einem Platz, der sich für ausgedehnte Wanderungen eignet. Familien mit Kindern sind sicher auf einem Platz glücklich, der den Kurzen Skikurse bietet, auch Animation, damit die Eltern mal ein paar Stunden alleine Skifahren gehen können.

Ein idealer Wintercampingplatz, besonders für Familien, bietet auch im Winter unzählige Attraktionen und Events, seien es Skiveranstaltungen, Weihnachtsfeiern oder Neujahrsfeten. Trockenräume für nasse Klamotten und Schuhe, Skiräume und alles, was der Wintersportler benötigt, sind auf dem Platz vertreten. Die großzügigen Sanitärgebäude sind so über den Platz verteilt, dass sie leicht erreichbar sind. Wichtig ist dabei, dass sie freundlich und gut beheizt sind, schließlich macht man Urlaub und keine Abhärtungsveranstaltung.

■ Sonne, Schnee, nette Nachbarn und ein riesiger Schneemann, so macht Wintercamping und Après-Ski Jung und Alt Spaß.

■ Tolle Aussicht vom verschneiten Platz auf die Skihänge der Umgebung.

# Reisen

### Gastkommentar: Tempo am Limit – Ein Vergleich

■ Autor Gerhard Schauler ist seit bald 40 Jahre als Fachjournalist in der Branche tätig.

Die Basisfahrzeuge des Reisemobile werden immer schneller und stärker, moderne Commonrail-Dieselmotoren mit bis zu 160 PS Leistung erlauben aktuell schon Durchschnittsgeschwindigkeiten von bis zu 130 km/h und Höchstgeschwindigkeiten von über 160 km/h. Aber: Was bringt eigentlich der »Bleifuß« an Zeitersparnis, Kosten oder Spritverbrauch im Vergleich zum normalen Reisen?

Die Grafik führt es vor Augen: Die Bestätigung der Weisheit, dass jedes Ding zwei Seiten habe. Nämlich auch im Falle erhöhter oder verringerter Reisegeschwindigkeit: Einen mehr oder weniger großen Gewinn an Reiseschnitt, sprich an Zeit, steht ein, auch mehr oder weniger beträchtlicher, Verlust an Geld gegenüber. Gewinn an Zeit, die angeblich so kostbar ist, kontra Ausgabe an Geld, das der Wohnmobilfahrer, etwa proportional zum Reiseschnitt, in den Kraftstofftank schüttet. Und noch etwas zeigt das Diagramm, gewonnen aus dem Protokoll einer 1.000-Kilometer-Fahrt mit drei Reisemobilen, von denen das eine möglichst genau einen 80-er-Schnitt, das zweite einen 100-er-und das dritte einen, kaum noch einzuhaltenden, 130-er-Schnitt fuhr: Nämlich, dass besonders eine Erhöhung des Geschwindigkeits-Limits von 80 auf 100 Stundenkilometer dem Reisedurchschnitt spürbar zugute kommt. An dem deutlichen Knick an der Reiseschnitt-Marke 100 km/h unschwer zu sehen. Die Freigabe der Höchstgeschwindigkeit bei Fahrzeugen bis 3,5 t zulässiger Gesamtmasse mit dem Freibrief zum Bleifuß verkürzt bei Stundenmittel – wenn überhaupt technisch und praktisch realisierbar – an die 130 km/h die Reisezeit mit dem Mobil deutlich und hilft dem Trott des Schwerlastverkehrs zu entgehen. Diese Effekte werden aber mit erheblich mehr Stress und einem stark erhöhten, völlig unwirtschaftlichen Kraftstoffverbrauch Kraftstoff erkauft. Auch bei den erheblich sparsameren Dieselmotoren neuester Generation wie Commonraildiesel und TDI-Direkteinspritzer steigt die Verbrauchskurve bei derartiger Fahrweise in Maximalbereiche. Fakt ist, was man darüber hinaus an Zeit gewinnt, wird immer weniger. Dabei ist momentan von der mit sehr hohem Reisetempo sich vergrößernden Stressbelastung einmal gar nicht im Detail zu reden, die so ohne

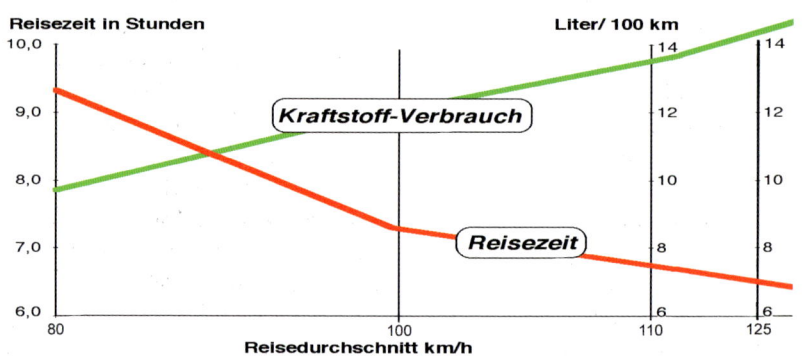

■ Zusammenhänge zwischen Kraftstoffverbrauch, Geschwindigkeit und Reisezeit.

Alkovenmobile sind ideale Kinderfahrzeuge, die Kuschelhöhle ist der große Gag.

weiteres gar nicht messbar ist und damit in die Zuständigkeit der Wissenschaft gehört. Das wäre schon die dritte Seite des Dings. Ähnlich verhält es sich mit der vierten Seite der, als Anschauungshilfe nun endgültig nicht mehr strapazierbaren, Medaille: Moderater Stress, des Schnellerfahrens, wiederum kann gegen eine Übermüdung des Fahrers aus Eintönigkeit und Langeweile des Dahinschleichens, wirken. Der gesunde Stress, sagen wir einmal, der Antrieb spendet, im Unterschied zu einem ungesunden, der verschleißt und krank macht. Was gleichwohl als Phänomen ebenfalls hier in die Zuständigkeit der Wissenschaft verwiesen sei. Der Gesetzgeber scheint hier ausschließlich auf Nummer Sicher zu gehen, indem er etwa die Fahrzeiten der Brummikapitäne strikt beschneidet und damit nicht zuletzt auch gegen die Ermüdung durch die Eintönigkeit der naturgemäßen Langsamkeit von Truckgespannen um Abhilfe sich müht. Fazit: Reisen statt Rasen muss die Devise heißen. Der Bleifuß kostet viel Geld und Nerven und bringt dafür sehr wenig.

## Reisen mit Kindern

### Mobil mit der ganzen Familie
Reisemobile sind dann ideale Kinderfahrzeuge, wenn die speziellen Bedürfnisse für einen Familienurlaub berücksichtigt werden.
Am Anfang steht beim Familienmobil die Wahl des richtigen Wohnaufbaus. Denn die Ferien sollen ja allen Erholung bringen, auch wenn die reisemobile Familie ihren Urlaubsalltag mit Kindern auf knappen zehn Quadratmetern organisieren muss. Der passende Grundriss und eine geeignete Ausstattung sind dabei die wichtigsten Merkmale, die Basis spielt nur in Hinblick auf die Zuladung und den Fahrkomfort eine erwähnenswerte Rolle. Für eine vierköpfige Familie reicht ein Kastenwagenausbau meist nicht aus: Es fehlt an Stauraum und wichtigem Lebensraum als »Schlechwetter-Reserve«. Kastenwagenmobile mit langem Radstand und Hochdach sind noch am ehesten eingeschränkt

familientauglich, als reines Sommerfahrzeug taugt auch ein Kastenwagen mit Aufstelldach.

### Alkovenmobile mit entsprechendem Grundriss sind die idealen Familienmobile
Optimale Familienmobile sind Alkovenfahrzeuge. Sie bieten vier und mehr Schlafplätze, ausreichend gesicherte Sitzplätze während der Fahrt, familiengerechte Küche und Nasszelle sowie viel Platz und genügend Stauraum für das Urlaubsgepäck. Den Grundriss bestimmen die Ansprüche und die Zusammensetzung der Familie. Sind die Kinder noch klein, kommen andere Grundrisse und Ausstattungsvarianten des Mobils in Frage als bei schulpflichtigem Nachwuchs. Soll nicht jeden Abend eine lästige Umbauaktion oder Bettenmachen starten und jeder sich auch einmal tagsüber in sein eigenes Reich zurückziehen können, bedeutet dies Festbetten für alle. Günstig sind da als Lösung Stockbetten für die Kinder, die Eltern können sich ungestört in den Alkoven zurückziehen und die Dinette-Sitzgruppe mit Tisch bleibt fest installiert der Lebensmittelpunkt im Mobil. Optimal für Familien mit einem Kind sind Versionen mit Etagenbett im Heck. Das untere Abteil erweitert klappbar den darunter liegenden Stauraum zur Fahrradgarage, oben hat der Sprössling seine kuschelige Höhle. Kommt weiterer Nachwuchs, wird aus dem Stauraum einfach wieder ein zweites Stockbett. Wichtig ist die Möglichkeit, den Kinderbereich wirksam zum Wohn- und Schlafabteil der Eltern abzuschotten. Mit einer Falttür oder einem Vorhang dichtgemacht, können die lieben Kleinen ungestört ruhen, und die Eltern genießen noch gemütlich an der Dinette das ein oder andere Glas Wein.

■ **Im Grundriss mit Kinderzimmer, wie hier mit Etagenbett und eigener Sitzgruppe, fühlen sich die Kids rundum glücklich.**

### Auch Küche, Bad und Sitzgruppe müssen familiengerecht gestaltet sein

Auch für die Küche und die Sitzgruppe soll viel Platz die Devise sein, also ausreichend Arbeitsfläche, Platz für vier am Esstisch und jede Menge Stauraum. Wobei eine Anordnung der Sitzgruppe gegenüber der Küchenzeile sinnvoll ist. Sie erweitert den Küchenbereich um Arbeits- und Ablagefläche in Griffnähe. Und bringt den Vorteil, dass die Kinder zur Entlastung der Altvorderen auch einmal beim Kochen helfen können und gleichzeitig kommunikativ eingebunden sind. Die Küche selbst sollte dann schon etwas mehr bieten, als einen einfachen Küchenblock mit Spüle, Herd und 100-Liter-Kühlschrank. So eine Standardausrüstung wird dann aufgrund akuten Platzmangels für die Vorbereitungen, beim Frühstück oder beim täglichen Kochen und Spülen eine drängende Enge hervorrufen, welche die Bewegungsfreiheit im gesamtem Mobil stark beeinträchtigt.

Lebensmittelpunkt im Mobil ist die Dinette-Sitzgruppe. Sie sollte so ausgelegt sein, dass die gesamte Mannschaft bequem Platz findet und gemütlich essen oder spielen kann. Ein weiterer Engpass im täglichen Ablauf kann ein zu kleiner Sanitärraum werden, zumal alles, was ein Reisemobilbad ausmacht – Dusche, Toilette, Waschbecken sowie Spiegel, Ablagen und Schränkchen – sich in dem kleinen Raum befindet. Deshalb muss auch hier ausreichend Bewegungsfreiheit herrschen, damit den Kindern bei der täglichen Hygiene im Bad noch Hilfestellung zuteil werden kann. In so einer maximal quadratmetergroßen Kabine mit umlaufendem Duschvorhang, die zudem noch die Toilette enthält, werden die Waschprozeduren der Kleinen schnell zum Dressurakt. Optimal ist ein Sanitärraum mit getrennter Dusche. Hier kann zur Not dann, ohne die »Sitzungen« zu beeinträchtigen, geduscht werden, die verdreckten Kinder grundgereinigt, nasse Kleidung oder Handwäsche aufgehängt werden. Zu guter Letzt die Toilette: Eine drehbare Toilette ermöglicht Sitzungen unter optimaler Ausnutzung der Platzgeometrie. Falls die Zwerge mal Probleme auf dem Thron haben, kann sie einen Toilettensitz für Kleinkinder aufnehmen und lässt auch für Erwachsene genügend Platz. Selbst für lange Beine.

■ **Lebensmittelpunkt im Mobil ist die Sitzgruppe. Hier ist ausreichend Platz Garant für entspannte Ferien.**

**So wichtig wie sicheres Reisen ist sicheres Schlafen**
Während Säuglinge noch bequem in ihrem festgezurrten Kinderwagenoberteilen oder Kleinkinder in einem Reisebettchen schlafen können, belegen die älteren natürlich ihre geliebten Höhlen im Alkoven oder den Stockbetten. Sind diese im Obergeschoss angesiedelt, muss sowohl der Auf- und Abstieg sicher sein als auch der kleine Schläfer gegen Abstürze geschützt werden. Ganz wichtig ist, die Befestigung der Absturzsicherung genau zu prüfen und für eine rundum geschlossene Sicherung des Bettes zu sorgen. Eine stabile Leiter sollte dazu fest arretierbar sein, da sie tagsüber meist noch als Turnstange mitverwendet wird. Die Leiter ist als Absturzsicherung wegen zu großer Abstände der Sprossen meist ungeeignet. Rauf geht es erfahrungsgemäß leichter als runter. Ist die Rasselbande oben angekommen, dann wird die offene Seite mit einem stabilen Netz oder Spannstangen gesichert. Wichtig ist, dass die Vorrichtung hoch genug ist, fest verankert und über die gesamte Breite des Bettes reicht. Solche Alkovensicherungen, falls nicht sowieso serienmäßig, lassen sich leicht selbst nachrüsten. es gibt im Zubehörhandel passende Rollos mit dem stabilen Netz, die unten am Querholm des Alkovens oder am Etagenbett angeschraubt und oben in passenden Einhängeösen befestigt werden. Alkovenfenster vorne oder seitlich müssen separat mit Netz oder Leiter abgesichert werden. Auch hier ist wirksame Sicherung leicht nachzurüsten. Generell gilt, dass alle Öffnungen nach draußen gegen Kindermanipulationen geschützt werden müssen. Also eventuell Tür- und Fenstergriffe abnehmen.
Für einen erholsamen Schlaf nach soviel Neuem in der Fremde hilft auch, den Kindern von zu Hause gewohnte Utensilien wie ihre Bärchen-Bettwäsche, natürlich das Kuscheltier oder die Schmusedecke und die heißgeliebten Wunsch-Schlafanzüge einzupacken. Dazu bringt der Urlaub für Mama oder Papa nun auch die Zeit, den durch Alltagsstress entwöhnten Zwergen endlich einmal das Bilderbuch oder den älteren eine Gutenachtgeschichte vorzulesen.

**Oberstes Gebot: Sicherheit für die Kinder im Mobil und vor allem während der Reise**
Die Fahrt im Wohnmobil bedeutet bei heutigen Grundrissen für Kinder die Verbannung in die dritte Reihe. Denn meist hat nur die Sitzbank in Fahrtrichtung die erforderlichen Rückhaltesysteme, um Kinder einigermaßen sicher reisen zu lassen. Das heißt, der Sprechkontakt zu den Eltern im Fahrerhaus ist durch die Entfernung schwierig und die Kinder sehen durch die Erwachsenen-Sitzposition kaum etwas von Land und Leuten. Folge ist, was unter allem Umständen vermieden werden sollte: Die Kinder werden schnell ungeduldig und rennen dann während der Fahrt durch das Mobil oder machen es sich gar im Alkoven bequem, was beides generell verboten ist und schon zu tödlichen Verletzungen durch Herausschleudern bei Unfällen geführt hat. Aktuelle Zahlen geben zu denken: Zwei Drittel aller Kinder sind während der Fahrt im Fahrzeug mangelhaft oder gar nicht gesichert. Leider gilt dies auch für das Reisemobil, obwohl seit Crashtests und Anschnallpflicht das Reisen mit Kindern im Mobil deutlich sicherer geworden ist. Der Gesetzgeber schreibt seit 1993 eindeutig vor, dass Kinder bis 12 Jahren oder einer Körpergröße unter 150 cm während der Fahrt in geeigneten Rückhaltesystemen gesichert werden müssen, auch im Reisemobil. Die Reisemobilhersteller haben sich aber bisher kaum ernstlich Gedanken speziell um die Kindersicherheit im Mobil gemacht, obwohl die meisten Mobile an Sitzplätzen in Fahrtrichtung mittlerweile Dreipunktgurte und Kopfstützen eingebaut haben. Trotzdem wird kaum eine Sitzbank im Reisemobil den Anforderungen an Reisen mit Kindern gerecht: Wenn der Kindersitz oder die Sitzschale überhaupt angebracht werden kann, bekommt das durch den Kindersitz zu hoch sitzende Kind aus Platzmangel seine Füße nicht unter den Tisch. An Schlafen ist nicht zu denken, weil die starre Lehne der Sitzbank

eine Schlafstellung der oft sperrigen Kindersitze nicht zulässt. Wird der Tisch abgebaut, entfällt ein für die Kinder optimaler Spiel- und Esstisch. Ganz wichtig: Sobald sich ein Kind während der Fahrt abgeschnallt hat, sofort anhalten, das Verletzungsrisiko wird unkalkulierbar.

■ Kindersitze aus dem Pkw können auch im Reisemobil verwendet werden, wenn sie außer mit Isofix auch mit Gurten gesichert werden können.

### Das Isofix-Sicherungssystem ist in Reisemobilen fast noch unbekannt

Schlechte Note für Reisemobilhersteller in Sachen Sicherheit für ihre zukünftigen Kunden: Lediglich die Firma Karmann kann hier bisher als Pionier gelten. Sie bietet für ihre Reisemobile das neue Isofix-System für Kindersitze an. Es gibt also schon Kindersitze mit dem Isofix-System (ISO/CD-Norm 13216-1) ein für alle Fahrzeuge genormtes universales Befestigungssystem, das Kindersitze nicht wie bisher mit den Gurten verbindet, sondern eine feste Verbindung mit der Karosserie des Wagens herstellt. Viele Pkw-Hersteller bauen die Vorrichtung mittlerweile serienmäßig ein, die darauf adaptierten Kindersitze sind längst in Betrieb – und leider dann nicht mehr für den Umbau in das Reisemobil zu gebrauchen. Hier hat die Reisemobilbranche deutlichen Nachholbedarf in Sachen aktive und passive Sicherheit.

■ Noch sind Isofix-Sicherungssysteme nur in wenigen Reisemobilen verfügbar. Mit ihnen ist eine sichere Kindersitzbefestigung gewährleistet.

### Tipps zum Familienurlaub

1. Das ausreichend große Familienmobil muss gute Stauraumkapazitäten haben. Utensilien wie Kinderwagen, Buggy, Bobbycar, Dreirad, Kinderfahrrad, Erwachsenen-Fahrräder plus Fahrradkindersitze, Badeboot, zwei Auto-Sicherheitssitze, Gasgrill, Kinderzelt, benötigen viel Platz im Unterboden, in der Heckgarage oder auf einem stabilen Fahrradträger.

■ Heckgaragen ermöglichen auch den Transport voluminöser Freizeitgeräte wie dieses Schlauchbootes.

2. Die Wahl der Reisezeit und des Urlaubsziels sind wichtige Grundlagen für das Gelingen eines Familienurlaubs. Wer sich mit Kinder in den Hauptsaisontrubel stürzt, riskiert schon bei der Anfahrt zur Urlaubsregion Stress und Nörgelei durch endlose Staus, volle Camping- und Stellplätze und besetzte Restaurants und Strände. Gehen die Kinder noch nicht zur Schule, kann man sich die günstigsten Reisezeiten aus Vor- oder Nachsaison heraussuchen. So schön reine Strandurlaube für Erwachsene auch sind, heißes und trockenes Klima im Sommer belastet Kinder nur unnötig. Ist man mit schulpflichtigen Kinder auf die Zeiten der Schulferien angewiesen, sollte das Urlaubsziel besser in gemäßigteren Klima-Regionen gewählt werden.

🟨 **Pausen an der Strecke sollten nicht auf überfüllten Rastplätzen passieren, besser ist ein kurzer Abstecher auf einen idyllisch gelegenen Platz. So wird die Reise kurzweilig.**

3. Ausflüge sowie viele sportliche Unternehmungen, Fahrradtouren oder Wanderungen sind für Kinder wichtiger als reiner Faulenzerurlaub am Strand. Besonders beliebt bei den Kurzen sind Nachtwanderungen und – wenn es die Gegebenheit erlaubt – ein zünftiges Lagerfeuer mit Grillen nach Western-Art.

4. Maßvoller Umgang mit der Mobilität des Reisemobils ist beim Urlaub mit Kindern angesagt. Reisen mit vielen Stationen und Aufenthalte für jeweils einen Tag werden für die Kleinen zum Stress. Der ständige Ortswechsel und das viele Fahren stört ihren gewohnten Rhythmus und unterbindet die wichtigen sozialen Kontakte am Urlaubsort.

5. Obwohl das Reisen mit dem Mobil zu spontaner Urlaubsgestaltung verführt, sollte der Urlaub mit Kind doch vorgeplant werden. Geschickt ist eine grobe Dreiteilung mit einem festen Standort im gewünschten Feriengebiet: Eine möglichst ereignisreiche Anfahrt, dann ein ruhigerer Mittelteil am Zielort und schließlich die Rückfahrt, die für interessante Abstecher unterbrochen werden sollte.

6. Vorzelt und ein eigenes Kinderzelt erweitern den Lebensraum im Mobil und können bei »dicker Luft« etwas entzerren. Zudem kann ein Vorzelt als Dreckschleuse und Abstellraum dienen.

7. Abende oder Schlechtwettertage im Mobil sind die ideale Zeit, ab vom Alltagsstress sich wieder einmal ausgiebig mit den Kindern zu befassen. Dazu gehört eine Sammlung klassischer Gesellschaftsspiele in das Urlaubsgepäck, die in launiger Runde viel Spaß auch in einen verregneten Tag bringen können.

8. Bei kleinen Kindern Tabuzonen im Mobil einrichten. Die Fahrerkabine, aber auch Funktionselemente, Schalter und Knöpfe von Gas, Elektrik und Wasser müssen vor neugierigen Zugriffen geschützt werden. Dasselbe gilt für Austrittsöffnungen, Klappen und ganz wichtig die Türen des Mobils. Notfalls Griffe demontieren, Öffnungen überkleben.

9. Für Kinder muss mit an Bord:
Auslandskrankenschein der gesetzlichen Krankenkassen: gilt für alle Familienmitglieder. Zusätzliche private Reisekrankenversicherung: Ihre Beiträge und Leistungen variieren, zum Beispiel unter welchen Bedin-

gungen die Kosten für Krankenrücktranspor-
te übernommen werden. Anbieter: Automobilclubs und private Versicherungsgesell-
schaften.

10. Kinderausweise sind Pflicht im Ausland,
auch in den EU-Ländern und der Schweiz.
Lichtbilder im Ausweis brauchen Kinder erst
ab 10 Jahren. Manche Nicht-EU-Länder verlangen auch schon für Kleinere ein Aus-
weisbild. Wer auf den Ausweis verzichten
will, muss die Kinder im Reisepass eines El-
ternteils eintragen lassen.

11. Impfpass mit frühzeitiger Grundimpfung
oder Auffrischungsimpfungen beim Kinder-
arzt. Urlauber, die in Ungarn, Tschechien,
Südost- und Osteuropa, den baltischen
Staaten, Südschweden, Österreich und dem
Bayerischen Wald unterwegs sind, sollten
sich gegen den Erreger der Frühsommer-
Meningoenzephalltis (FSME) impfen lassen,
den Zecken übertragen. Ebenso wichtig
sind Auffrischimpfungen gegen Polio (Kin-
derlähmung) und vor allem Tetanus – Kinder
sollten ab dem 3. Lebensmonat zusammen
mit der Impfung gegen Diphtherie und
Keuchhusten immunisiert werden.

12. Eine spezielle Reiseapotheke für Kinder ist
wichtig. Sie reagieren sehr sensibel auf die
Umstellungen und haben sich schnell mal etwas eingefangen: Erkältung, Grippe,
Durchfall. Meist ist es nach zwei, drei Tagen auch schon wieder überstanden. In die
Apotheke gehören für den Krankheitsfall:
Fieberthermometer, Zäpfchen, Nasentropfen, Hustensaft, eine Glukose-Elektrolytlö-
sung und Baby-Durchfall-Diätbrei in Pulver-
form. Für den kleinen Unfall sollte zusätzlich
zum Erste-Hilfekasten eine Brand- und
Wundsalbe, Jod, Pflaster und Zugsalbe dabei sein. Im Kühlschrank kann man ein gel-
gefülltes Kühl-Kissen lagern, das Beulen
kühlt und Schellungen mindert.

13. Happy Family heißt ein neuer Zusammenschluss deutscher Campingplätzen. Plätze
mit diesem Logo bieten eine einheitlich, fa-
milienfreundliche Ausstattung und spezielle
kindergerechte Angebote sowie besondere
Spiel- und Aktivitätsmöglichkeiten an. Infos
und Buchungen: Peter Schönwälder,
Tel. 02233/945264, Fax 945266,
eMail p.s.happy.family@t-online.de.

## Checkliste Reisen mit Kindern

Die Priorität der einzelnen Punkte hängt stark
vom Alter der Kinder ab und ist im Einzelfall
auf Notwendigkeit zu prüfen.

**Sicherheit**
- ☐ *Alkovensicherung einsatzbereit*
- ☐ *Alkoven-, Etagenbettenaufstieg sicher*
- ☐ *Kindersicherung in den 230-Volt-Steckdosen*
- ☐ *Herdsicherung gegen Topfkippen*
- ☐ *Kindersicherung an den Türen des Schranks mit den Gasabsperrventilen*
- ☐ *Kindersicherung an den Fenstern im Alkoven, falls Kinder dort schlafen oder spielen*
- ☐ *Tritt an der Eingangsstufe kindgerecht hoch*

**Ausrüstung**
- ☐ *Nur das wichtigste Spielzeug an Bord*
- ☐ *Lieblings-Kuscheltier zum Trösten und gegen Heimweh*
- ☐ *Malzeug und ausreichend Papier*
- ☐ *Hörspielkassetten für unterwegs mit Rekorder und Kopfhörer*

- ☐ Sagrotantücher und Papier-WC-Sitze für öffentliche Toiletten
- ☐ Picknickdecke und Kissen für Rast unterwegs
- ☐ Trinkflasche und Ersatzschnuller
- ☐ Gesellschaftsspiele für die ganze Familie
- ☐ Kinderausweis mit oder ohne Bild je nach angefahrenem Land und Alter
- ☐ Impfpass und Auslands-Krankenschein
- ☐ Reiseapotheke mit kindgerechter Ausstattung
- ☐ Akku-Kühlkissen im Kühlschrank gegen Beulen und Schwellungen
- ☐ Kindersitz für die Fahrt

### Während der Fahrt

- ☐ Polsterschutz unter den Kindersitzen gegen Flecken
- ☐ Frotteehandtuch auf dem Kindersitz gegen Schwitzen
- ☐ Flaschen- bzw. Dosenhalter an der Sitzgruppe
- ☐ Bequeme Kleidung und Schuhe
- ☐ Nur ungefährliches Spielzeug erreichbar
- ☐ Sichere Schlafmöglichkeit im Sitz
- ☐ Kein Verlassen der Sitzplätze
- ☐ Süßigkeiten als Trösterchen und/oder Bestechung für Wohlverhalten
- ☐ Spucktüten in Reichweite, falls empfindliche Mägen
- ☐ Gemeinsame Spiele zum Zeitvertreib (Kennzeichenraten der Überholenden, Satzbildung aus den Anfangsbuchstaben der Kennzeichen, »ich seh' etwas, was du nicht siehst«, »wer sieht das erste rote Reisemobil«, »wer sieht die erste schwarz-weiße Kuh am Straßenrand«)
- ☐ Pausen zur Lockerung und Bewegung mindestens jede Stunde
- ☐ Klimaanlagen- oder Heizungsauslässe nicht auf die Kinderplätze gerichtet wegen Erkältung und Augenreizung

### Standbetrieb

- ☐ Zündschlüssel abgezogen, Handbremse fest, Rückwärtsgang eingelegt
- ☐ Außenstromanschluss kindersicher verlegt
- ☐ Heckleiter zum Dachträger hochgeklappt oder gegen Besteigen gesichert
- ☐ Kindersitze sicher montiert bzw. befestigt
- ☐ Einstiegstufe oder fest stehender Schemel an der Tür
- ☐ Fahrerhaus ist kein Spielplatz
- ☐ Adressumhänger, auf dem Campingplatz mit Standplatznummer gegen Verirren und mit Handynummer

## Tierisch gut: Mit dem Haustier auf großer Fahrt

■ Mit guter Vorbereitung fühlt sich das Haustier auch auf großer Fahrt wohl.

Des Menschen treuester Freund ist das Haustier, natürlich auch im Urlaub – alles, was kreucht und fleucht, geht heutzutage mit auf die große Reise. Aber längst nicht jedes Haustier ist wirklich reisetauglich, dazu kommen oft strenge Einreisebestimmungen im Urlaubsland und viele Campingplätze lehnen Haustiere generell ab. Genaue Information und Planung vor der Reise ist daher dringend nötig.

Es ist erheblich einfacher mit einem Haustier im Reisemobil zu verreisen als ein Hotel mit Hund oder Katze zu buchen. Aber nicht alle Tiere sind tauglich für den mobilen Urlaub: Nach Aussagen von Tierärzten sind Katzen, Hamster und Vögel wenig geeignet, um mit auf die Reise zu gehen. Gerade Katzen, die eher an einen Ort als an den Menschen gebunden sind, haben oft ihre Schwierigkeiten mit dem häufigen Ortswechsel. Das einzige taugliche »Reise-Tier« bleibt, nach Bekunden von Tier-Experten, der Hund. Der hat seinen Rudelführer immer um sich und passt sich wie zu Hause den Ruhe- und Aktivitätsphasen der wechselnden Umwelt problemlos an. Dazu kommt ein wichtiger Sicherheitsaspekt: Der Hund als lebendige Alarmanlage. Auch wenn Waldi und Bello keine ausgebildeten Wachhunde sind, reicht manchmal schon das grimmige Knurren oder beherztes Bellen aus Innenraum um Einbrecher oder Diebe von ihren finsteren Plänen abzubringen.

### Haustiere vielerorts verboten

Viele Campingplatz-Unternehmer, Kommunen und Besitzer von Badestränden sind aufgrund langjähriger Querelen mit genervten Gästen dazu übergegangen, Haustiere aller Art auf dem Platz oder am Strand zu verbieten. Das mutet erst mal rigoros und tierfeindlich an, kann aber sicher gute Gründe haben. Wenn sorglose Hunde- und Katzenbesitzer ihr Tier frei auf dem Platz streunen lassen, fällt hier und da eine übel riechende Tretmine an. Verdreht noch eine läufige Hündin den Hunde-Männchen das Gemüt, werden alle Mobile und Vorzelte von Rüden gründlich markiert. Wenn dann noch Katzen im Sandkasten der Kinder ihre Hinterlassenschaften vergraben, dann laufen viele Gäste zu Recht Sturm. Aber dennoch sind bei mehr als der Hälfte aller deutschen Platzbetreiber Haustiere willkommen. Voraussetzung: Bestimmte Verhaltensregeln werden von Mobilisten mit Haustieren beachtet, damit keine übermäßigen Belästigungen auftreten.

### Bei Tieren auf Sicherheit achten

»So schwer wie ein kleiner Elefant« so titelte der ADAC eine Meldung über einen Unfall mit Hund im Fahrzeug. Ein ausgewachsener Hund von rund 30 Kilogramm Gewicht kann im Moment des Aufpralls zum kleinen Elefant werden, wenn er ungesichert bei einem Crash im Fahrzeug nach vorne geschleudert wird. Wer also ein Haustier ohne geeignete Transportsicherung im Reisemobil mitnimmt, riskiert nicht nur Leben und Gesundheit seines vierbeinigen Freundes, sondern gefährdet auch sich selbst. Dabei gibt es prima Möglichkeiten, Hunde oder Katzen relativ sicher im Fahrzeug unterzubringen. Auf dem Schoss von Fahrer oder Beifahrer und auf der beliebten Ablage der Frontscheibe bei Vollintegrierten hat ein Tier generell nichts zu suchen. Und den vierbeinigen Urlaubsbegleiter während der Fahrt ungeschützt im Reisemobil herumlaufen zu lassen, - was rechtlich erlaubt ist - scheint mehr als leichtsinnig. Auch Heckbett oder die Sitzbank sind im Reisemobil kein sicherer Platz für ein Haustier während der Fahrt. Die richtige Sicherung von Tieren im Mobil ist auch deshalb wichtig, weil andernfalls unter Umständen der Kaskoschutz gefährdet ist. Schon mehrfach haben Gerichte in Deutschland die Vollkaskoversicherung von der Leistung freigestellt, weil sie in der Beförderung von ungesicherten Tieren eine grobe Fahrlässigkeit gesehen haben.

### Die wichtigsten Sicherungen im Mobil

Transportboxen können recht einfach in den Wohnraum des Mobils gestellt und mit einem Gurt befestigt werden. Für viele Tiere die angenehmste Form des Reisens. Vor allem dann, wenn sie sich bereits einige Zeit vor der Reise zu Hause mit der neuen Schlafstätte anfreunden konnten. Die auf die Größe des Tieres abgestimmte Box aus Kunststoff bietet bei einem Unfall auch dem Tier bestmöglichen Schutz.

Hundesicherheitsgurte engen das Tier in seiner Bewegungsfreiheit ein, es kann bei einem Unfall nur so weit nach vorne geschleudert werden, wie die Länge des Gurtes dies zulässt. Die Gurte werden wie ein Geschirr über Kopf und Brust des Tieres gelegt und am Gurtschloss des Sicherheitsgurtes befestigt. Dadurch wird auch das ungewollte Herumlaufen im Fahrzeug verhindert. Bei schwereren Kollisionen besteht jedoch eine hohe Verletzungsgefahr für das Tier. Transportsicherungen für Haustiere sind in Tierfachgeschäften, Kaufhäusern aber auch im Versandhandel, teilweise sogar über das Internet erhältlich. Ganz gleich wie Hund oder Katze befördert werden, spätestens alle zwei Stunden muss ein Stopp eingelegt werden, damit sich die Tiere etwas austollen, Wasser trinken und ihre dringenden Geschäfte erledigen können. Trennnetze gibt es für alle herkömmlichen

Pkws. Sie werden hinter den Frontsitzen quer durch das Fahrzeug gespannt und verhindern, dass das Tier im Fahrzeug herumlaufen kann und bei einem Unfall nach vorne geschleudert wird. Allerdings ist die Montage im Reisemobil etwas aufwändig und der freie Durchgang in den Wohnraum geht verloren.

Schutzdecken werden im Pkw meist an den Kopfstützen von Rückbank und Vordersitzen befestigt. Im Reisemobil ist die Anbringung problematisch. Mit der Decke entsteht eine wannenartige Mulde, in der die Tiere untergebracht werden. So gesichert kann das Tier nicht in den Fußraum fallen. Haare und Schmutz gelangen nicht auf die Polster. Allerdings wird das Verletzungsrisiko für Tier und Autoinsassen nur bei leichten Kollisionen geringer. Ein weiterer Nachteil der Schutzdecken: Die vierbeinigen Passagiere können den Fahrer stören und im Ernstfall das Rettungspersonal behindern.

■ **Optimale Lösung: Die Hundebox in der Heckgarage von LMC.**

■ **Die beste Alarmanlage für das Reisemobil:
Wauzi und Bello passen auf.**

### Einreisebestimmungen verlangen rechtzeitige Vorsorge

Wenn der tierische Begleiter mitfährt, muss er natürlich genauso fit sein, wie sein Crew. Für sehr alte und nicht gesunde Tiere wird jede Reise zur Qual. Deshalb sollte das Tier ein bis zwei Monate vor der Reise beim Tierarzt gründlich untersucht werden, um ggf. den Impfschutz zu erneuern, den Impfpass zu aktualisieren und eventuell die Reisetauglichkeit zu prüfen. Zu beachten sind auf jeden Fall die Einreisebestimmungen der Urlaubsländer. Europaweit, mit besonderen Ausnahmen in Skandinavien, England und Irland, genügt ab Juli 2004 der neue, EU-einheitliche Reisepass für Haustiere. Oft unterscheiden sich länderspezifisch nur Fristen und die Gültigkeitsdauer der Bestimmungen. Viele Länder verlangen zusätzlich zur Impfung und dem Mikrochip das Mitführen von Leine und Maulkorb und verbieten jungen Tieren unter drei Monaten die Einreise generell.

### EU-Reisepass für Waldi und Mieze

Wer mit Hund, Katze oder Frettchen in ein anderes EU-Land reisen will, braucht ab 2004 an der Grenze den EU-Heimtierausweis für sein Haustier. Damit will die EU den Wirrwarr von derzeit 15 unterschiedlichen Reiseregelungen für Vierbeiner durch eine einheitliche Regelung ersetzen. Der Pass mit dem europäischen Sternenbanner soll Auskunft über vorgeschriebene Impfungen geben; er wird von einem Tierarzt oder Amtstierarzt ausgestellt, der dem Vierbeiner eine gute Gesundheit attestieren muss. Inhalte sind neben einem Foto des Tieres Angaben zu Rasse, Geschlecht, Geburtsdatum sowie Farbe und Typ des Haarkleides. Außerdem müssen die Tiere zur Identifizierung einen unter der Haut implantierten Mikrochip oder eine Tätowierung tragen. Neben dem Nachweis der Tollwut-Impfung können im neuen Haustier-Reisepass auch Angaben über sonstige Impfungen und die gesundheitliche Vorgeschichte stehen. Der Pass misst 100 x 152 mm und wird in Englisch sowie in der jeweiligen Amtssprache des betreffenden Mitgliedslandes ausgestellt. Der standardisierte Ausweis soll laut EU-Kommissar David Byrne die Einreise mit Haustieren erleichtern, weil dann besondere Bescheinigungen entfallen können, die von den Mitgliedsstaaten bisher gefordert wurden. Allerdings reicht der Heimtierpass auch in Zukunft nicht für eine ungehinderte Einreise aus einem EU-Mitgliedsstaat nach Irland, Schweden und Großbritannien. Für diese Länder gelten je nach Herkunftsland des Tieres weiterhin besondere Quarantänevorschriften. Das Vereinigte Königreich und Irland verlangen außerdem den Nachweis, dass die tierischen Touristen frei von Zecken und Bandwürmern sind.

■ **Der neue EU-Heimtierpass ist Vorschrift für die europaweite Einfuhr von Haustieren.**

## Checkliste Haustiere im Urlaub

☐ Ist das Urlaubsziel bekannt, bei Botschaften und Automobilclubs Infos zu den Einreisebestimmungen einholen.

☐ Jetzt kann man checken, ob Tiere in den ausgesuchten Regionen oder an den Campingplätzen willkommen sind. Hier helfen Camping- und Reiseführer oder ein Anruf beim
Campingplatz.

☐ Danach sollte der EU-Heimtierausweis kontrolliert werden und das Tier rechtzeitig beim
Tierarzt untersucht und ggf. geimpft werden. Möglicherweise ist noch der Besuch eines
Amtstierarztes notwendig.

☐ Bei weiblichen Tieren Zyklus beachten: Läufige Hündinnen oder rollige Katzen können den
Genuss am Urlaub beeinträchtigen.

**Das braucht ein Tier unterwegs:**

☐ Frauchen, Herrchen, soziale Kontakte, Auslauf

☐ EU-Heimtierausweis

☐ Mikro-Chip zur Identifizierung

☐ Leine, eventuell je nach Vorschrift Maulkorb

☐ Versicherungsnummer Tierhaftpflicht

☐ Anschrift- Adress-Schild

☐ Futternapf und Wasserschale

☐ Futtervorrat, Leckereien, Kauknochen

☐ Plastikschaufel, Kottüten

☐ Dosenöffner

☐ Katzenbox

☐ Katzenstreu, Katzenklo

☐ Spielsachen, wie Ball, Kauknochen, Quietsche-Ente

☐ Maulkorb und Leine, gegebenenfalls Ersatzleine

☐ Schlafdecke oder Schlafkorb

☐ Kamm / Bürste

☐ Tiermedikamente, wie Zeckenschutzmittel oder Wundsalbe

☐ Tiershampoo, Tierseife

☐ Handtuch zum Abtrocknen

☐ Zeckenzange, Schere, Pinzette

### Kochen im Reisemobil

Keine Angst, nicht noch ein Kochbuch für die
Sammlung. Wie ein Schweineschnitzel gebra-
ten wird oder welche kulinarischen Köstlichkei-
ten die Küche des Urlaubslandes auch zum
Nachkochen auf dem Campingplatz bietet, dafür gibt es spezielle Kochbücher, die wiederzu-
geben den Rahmen dieses Buches sprengen
und trotzdem nur den Geschmack Einzelner
treffen würden. Hier soll nur über die Küchen-

ausstattung, die Einrichtung und die grundsätzlichen Unterschiede zur heimischen Küche berichtet werden.

### Küchenausrüstung und Unterbringung

Eine häusliche Küche hat mindestens 6 qm Fläche und umlaufende Schränke ohne Gewichtsbeschränkung der Zuladung. Die Küche im Caravan hat oft nicht mal 1/2 qm, der Caravan bietet für die gesamte Ausrüstung im Schnitt 300 bis 400 kg Zuladung. Logisch, dass bei der Küchenausstattung für den Urlaub nur das mitkommt, was unbedingt benötigt wird und beim Einkauf nicht nur das Design, sondern auch und vor allen Dingen das Gewicht eine Rolle spielt. Dass damit unterschwellig »Plastikgeschirr« und »Aluminiumtöpfe« angesprochen sind, muss nicht negativ sein, so wenig Image diese Küchenteile auch noch vom früheren Zelturlaub mit dem Fahrrad haben, als mit Esbitkocher und verbeultem Aluminiumtopf die Erbswurstsuppe zubereitet wurde.

### *Töpfe und Pfannen*

Die schweren Edelstahltöpfe mit Sandwichboden für den Elektroherd, die gusseisernen Pfannen mit langem Stiel und stark gewölbtem Deckel mit hoch auftürmendem Griff dürfen dem Porzellan in der heimischen Küche Gesellschaft leisten. Im Urlaub ist nur gefragt, was leicht ist und universell eingesetzt werden kann, das alles bei geringstem Platzbedarf. Töpfe auf dem Gasherd des Caravans benötigen keinen schweren Boden, das dafür verwendete Edelstahlblech ist lange nicht so schwer, die Formen so, dass auch die Griffe kaum Platz benötigen, die Pfannenstiele sind abnehmbar bzw. es gibt zum Set eine passende Greifzange. Diese Kriterien sind bei der Auswahl wichtig. Dazu kommt eine sinnvolle Beschränkung in der Anzahl der Töpfe und des Geschirrs. Hat man zu Hause für jedes Gericht bzw. dessen Bausteine jeweils einen extra Topf, sollte im Urlaub eine Größe gewählt werden, die für möglichst viele Gerichte den besten Kompromiss bildet. Dazu

kommt noch der eingeschränkte Platz auf dem Herd. Sind drei Kochstellen vorhanden, wird man, nutzt man diese aus, kaum mehr als Minitöpfe benutzen können. Also lieber nur zwei Brennstellen gleichzeitig und das Rezept entsprechend aussuchen.

■ **Beschichtete Alutöpfe sind leicht und trotzdem widerstandsfähig.**

Überlegenswert ist ein Schnellkochtopf. Nicht nur wegen der schnelleren Zubereitung der Speisen, sondern auch wegen der Möglichkeit, mit einem eingelegten Sieb auf zwei Etagen kochen zu können, unten kommen die Kartoffeln oder das Fleisch, oben das Gemüse rein. So spart man sich den zweiten Topf. Das Sieb kann außerhalb des Topfes zum Nudeln abgießen oder Salat waschen verwendet werden, schon wieder ein Ausrüstungsteil weniger. Ein dampfdichter Topf bringt auch weniger Feuchtigkeit in den Wagen, besonders wenn man sich angewöhnt, den Topf draußen im Vorzelt zu öffnen. Dies gilt auch für einen Wasserkessel mit Pfeife. Hier kocht Wasser für den Kaffee schnell, es entweicht nicht so viel Dampf und das Aufbrühen klappt mit dem Ausgießer auch viel besser. Der Toaster kann getrost zu Hause bleiben, Brötchen und auch Toastbrot lassen sich genauso in einer Pfanne bei geringer Hitze knusprig aufbacken oder toasten. Dazu wird auf den Boden der Pfanne ein Sieb oder ein Topfuntersatz aus Edelstahl gestellt, der verhindert, dass die Brötchen direkt auf dem heißen Boden anbrennen. Ein Deckel schafft im Inneren die nötige Backofenhitze. Auch die praktische aber Platz raubende Kombireibe mit vier unterschiedlichen Reibeflächen kann Platz sparend durch einen flachen Halter mit verschiedenen Einsätzen ersetzt werden.

### Geschirr und Besteck

Einschränkung ist auch beim Geschirr angesagt. Ist der Campingtisch groß genug, kann auf einen Satz Dessertteller verzichtet werden, das Frühstücksbrot lässt sich auf einem Essteller sowieso viel besser streichen. Suppenteller können vielleicht durch Suppentassen ersetzt werden, in denen wiederum das Müsli zum Frühstück und auch die Soße zum mittäglichen Braten serviert werden kann. Gefragt ist wieder einmal der »Wolpertinger«, die bekannte österreichisch / bayerische »Eierlegende Wollmilchsau«. Hochwertiges Kunststoffgeschirr aus Luran oder Melamin steht Porzellangeschirr qualitativ nur wenig nach, ist aber wesentlich leichter und bruchsicher. Die Auswahl ist riesengroß und die Dessins so unterschiedlich, dass vermutlich jeder Geschmack getroffen wird. So wird ein Essen auf quadratischem Geschirr in schwarz/weiß Hochglanz schnell an einen First Class Flug erinnern, ein Geschirr in weiß/blauem Rautenmuster schon eher an eine zünftige Brotzeit mit Weißwurst und Bier. Sei's drum, das Porzellangeschirr bleibt zu Hause. Beim Besteck großartige Einschränkungen zu machen, lohnt wegen des geringen Platzbedarfs kaum. Lediglich etwas Gewicht kann gespart werden, wenn an Stelle von Ganzmetallbesteck solches mit Holz- oder Kunststoffheft besorgt wird.

■ Für engste Platzverhältnisse und für den Ausflug zu Fuß gibt es praktisches Faltgeschirr, das, man glaubt es kaum, selbst bei Suppen und Kaffee dichthält.

### Wie wird richtig eingeräumt?

Selbst bei geschrumpfter Auswahl bleibt die Frage des »Wohin mit dem Ganzen«. Im Hängeschrank über der Küche kann zwar das leichte Geschirr aufeinandergestapelt untergebracht werden, aber bei jeder Mahlzeit beginnt der Zinnober mit dem Ausräumen. Solche Ansatzpunkte für Urlaubsstress lassen sich mit Geschirrständern umgehen, die es für mache Geschirrsets maßgeschneidert und in passender Abmessung für die Hängeschränke gibt. Für alle anderen sind viele Universalständer aus beschichtetem Draht oder Kunststoff im Zubehör, die mit mehr oder weniger starken Einschränkungen und auf kleinem Raum das Geschirr so aufnehmen, dass es ohne Zauberkunst serviert und wieder eingeräumt werden kann.

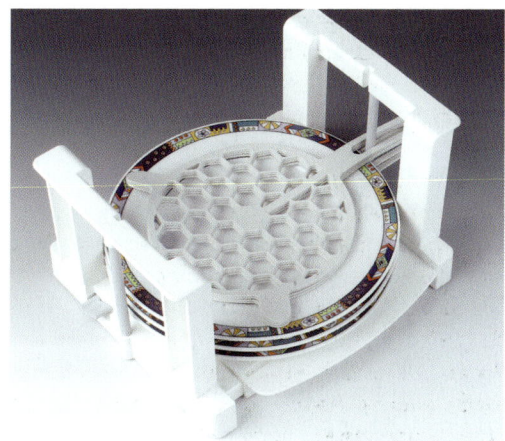

■ Teller können platzsparend und rüttelsicher in einem verstellbaren Halter, hier von Froli Kunststoffe, aufbewahrt werden.

■ Auch für Gläser gibt es von Froli die praktischen Halter.

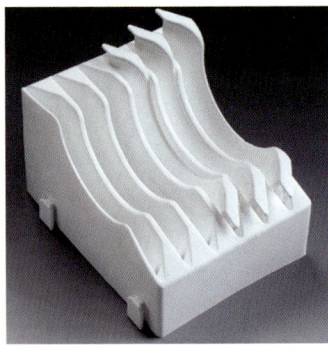

■ Aus der Hotelbar entlehnt ist dieser Gläserhalter mit Klammern für den Stiel des edlen Weinglases.

■ Noch platzsparender ist die senkrechte Lagerung von Tellern.

Neuestes Produkt für Platz sparende und sichere Fixierung von Tellern senkrecht oder waagrecht gestapelt, ist der Omni-Stop von Fiamma. Hier werden an die Rückwand des Geschirrschranks Aluminiumprofile geschraubt, in die kräftige Halteklammern aus Kunststoff eingeklemmt werden. Dies verspannen sich und halten den Tellerstapel sicher fest. Am Platz wird der Bügel ausgehängt und die Teller sind leicht zugänglich. Tassen und Trinkbecher stellt man am besten in Stapelbehälter übereinander, die es verstellbar in verschiedenen Höhen gibt. Das oft empfohlene Aufhängen am Henkel in Haken, die am oberen Fachboden befestigt sind, geht mit der Zeit auf die Nerven, da sie bei jeder Bewegung im Wagen zu klappern anfangen.

■ Beim Omni-Stop von Fiamma wird ein Aluprofil an die Rück- oder Seitenwand des Hängeschranks geschraubt und die Teller mit einer Halteklammer senkrecht oder waagrecht sicher festgehalten.

Töpfe werden schon beim Einkauf so ausgewählt, dass sie ineinander gestapelt werden können. Sie werden am besten in einem Unterschrank so untergebracht, dass sie leicht zugänglich sind, also in einem Vollauszug, der die Tiefe des Schranks ausnutzt.

### Unterteilungen selbst gebaut

Gewiefte Heimwerker werden auf Standardkörbe oder komplizierte Gläserständer verzichten und sich maßgeschneiderte Unterteilungen selbst bauen. Dazu gibt es viele Möglichkeiten, der Phantasie sind keine Grenzen gesetzt. Hier ein paar Anregungen aus Erfahrung als Gedankenanstoß: Nicht durch Plastik ersetzen mag man Trinkgläser für einen edlen Tropfen aus den Weingebieten des Urlaubslandes. Dieser schmeckt bekanntlich nur aus einem schönen Glas, das aber leicht zerbricht, wenn es nicht sicher aufbewahrt werden kann. Gläserständer können aus einem Stück dickem Schaumstoff von möglichst steifer Struktur oder aus Styrodur gebaut werden. Dazu werden mit einer Lochsäge Löcher im Durchmesser der Gläser so auf Abstand gebohrt, dass sie sich während der Fahrt nicht berühren und dadurch Schaden erleiden. Der Schaumstoffständer wird in den Hängeschrank gestellt, eine Befestigung ist wegen der rutschhemmenden Oberfläche nicht notwendig.

Platz sparend unterzubringen sind Gläser und Tassen auch in selbstgebauten Kleingefachen. Hierzu können zum Beispiel möglichst dicke Nadelfilz-Teppichfliesen in Streifen geschnitten und senkrecht zu Unterteilungen auf eine Grundplatte aus dem gleichen Material geklebt werden, die der Größe der Gläser entsprechen. Die Verklebung geschieht am besten mit der Heißklebepistole. In die Gefache werden die Gläser senkrecht eingestellt. Eine Reinigung dieses Gläserständers ist schwierig, die Herstellung aber so einfach, dass man es sich leisten kann, sie von Zeit zu Zeit zu entsorgen und durch neue zu ersetzen.

Tassen-Stapelständer können selbst gebaut werden. Dazu werden in eine Holzplatte, die etwas größer ist als die Tassen, senkrecht vier Holzübel so eingebohrt und verleimt, dass die Tassen dazwischen gestapelt werden können. Eine gleiche Konstruktion mit entsprechend großem Abstand der Dübel kann auch für die Teller gebaut werden.

■ Ein Gläserhalter aus Schaumstoff, in Minuten selbst gebaut.

### Vorräte haushalten

Auch bei den Vorräten heißt es im wahrsten Sinne des Worts »haushalten«. Es sollten nur solche mitgenommen werden, die man am Urlaubsort nicht genauso kaufen kann, und nur in solchen Mengen, die man unbedingt benötigt. Große Umkartons zum Beispiel bei Cornflakes, wandern schon im Supermarkt in den Abfall, die Innentüte alleine benötigt nur einen Teil des Platzes der ganzen Packung und lässt sich zudem entsprechend dem Platz modellieren. Gewürze lassen sich Platz sparend unterbringen, wenn man sich an Stelle einzelner Gläser eine Gewürzbox mit den meistbenötigten Gewürzen in einem Kombistreuer besorgt. Gewürzgläser können aber auch griffbereit und Platz sparend untergebracht werden, wenn man ihre Deckel an der Unterseite des Hängeschranks in Griffweite zur Arbeitsplatte anschraubt oder mit Heißkleber befestigt und die Gläser dann einschraubt. Sie halten absolut sicher, sind stets griffbereit und benötigen keinen Platz im Hängeschrank. Am besten untergebracht sind Vorräte in einem ausziehbaren Schrank, einem »Apothekenschrank«, der in manchen Caravans bereits serienmäßig eingebaut ist. Wenn nicht, stellen sich erfahrene Heimwerker gerne dieser Aufgabe, es lohnt sich immer.

## Tipp

*Ein bewährter Tipp aus der Praxis zum Aufbacken von Brötchen, wenn kein Backofen im Mobil ist: In einen normalen Kochtopf der haushaltsüblichen Größe 28 cm passt haarscharf das Topfgitter eines Gasbrenners. Man hat damit einen sicheren Abstandshalter, damit die Brötchen nicht anbrennen. Bei mittlerer Hitze, einer Spur Wasser am Boden des Kochtopfs und zugedeckt sind die Brötchen schnell aufgebacken. Richtig knusprig werden sie ohne Wasser, dann hat man aber seine liebe Not mit dem Reinigen des Topfs.*

## Checkliste Küchenausrüstung

- ☐ Kochtopf Durchmesser 25 cm mit Deckel
- ☐ Kochtopf Durchmesser 20 cm mit Deckel
- ☐ Schnellkochtopf als Alternative zu Kochtopf
- ☐ Bratpfanne
- ☐ Wasserkessel mit Flöte
- ☐ Griffzange für Töpfe und Pfannen, falls diese ohne Griffe sind
- ☐ Salatsieb
- ☐ Feinsieb oder Schnellkochtopf-Locheinsatz
- ☐ Kunststoffschüsseln groß und klein
- ☐ Messbecher
- ☐ Isolierkanne
- ☐ Kaffeefilter mit Filtertüten und Dosierlöffel
- ☐ Schneidebrettchen
- ☐ Topflappen
- ☐ Spülbürste, Spülmittel, Topfschwamm
- ☐ Schneebesen
- ☐ Bratenwender
- ☐ Kochlöffel
- ☐ Schöpflöffel
- ☐ Nudelzange
- ☐ Kartoffelschäler
- ☐ Dosenöffner
- ☐ Korkenzieher
- ☐ Kronenkorkenöffner
- ☐ Haushaltschere
- ☐ Brotmesser
- ☐ Küchenmesser
- ☐ Vorlagebesteck
- ☐ Besteck
- ☐ Geschirr
- ☐ Gasanzünder, Streichhölzer
- ☐ Vorrats- und Gewürzdosen
- ☐ Alufolie, Frischhaltefolie
- ☐ Gefrierbeutel mit Verschlussclips
- ☐ Müllbeutel
- ☐ Papier-Küchentücher

## Reisen ohne krank zu werden

### Rund um die Reiseapotheke

Ein Verbandskasten ist seit langem Vorschrift für jedes Kraftfahrzeug. Für die erste Hilfe reicht dies meist aus. Was aber, wenn trotz aller Vorsichtsmaßnahmen Montezuma zuschlägt?

Ferien, die schönste Zeit des Jahres. Da will man nicht an Krankheiten erinnert werden. Andererseits: Wenn es einen im Ausland erwischt, kann man die Risiken einer Reise nicht mehr verdrängen. Wie ärgerlich, wenn man feststellen muss, dass man die Unpässlichkeit oder sogar schwere Krankheit durch Vorsorge hätte vermeiden können. Wie ärgerlich auch, wenn man im Urlaub feststellen muss, dass einem die Pillen, auf die man dauernd angewiesen ist, entweder ausgegangen oder verlorengegangen sind. Zu Hause geht man zum Hausarzt und lässt sich neue verschreiben. Was aber im Ausland, unter Sprachproblemen, zwar mit dem Namen des Medikaments, das aber dort niemand kennt? Wohl dem, der vorsorglich den Wirkstoff seines Medikaments kennt und dessen lateinischen Namen in den Reiseunterlagen verwahrt hat. Mit dieser Information kann jeder Arzt im Urlaubsland ein Alternativmedikament verordnen, das weiterhilft.

Wie sieht es mit der sonstigen Vorsorge aus? Die nachfolgende Checkliste kann jeder Reisende nach seinem Gutdünken und/oder seinen Notwendigkeiten abändern. Sie unterscheidet sich in einigen Punkten grundlegend von Checklisten für zum Beispiel den Flugtouristen. Probleme, die dort auftreten, hat der Reisemobil-Urlauber nur selten: Wärmeempfindliche Medikamente wie Insulin werden eben im Kühlschrank aufbewahrt und sind dort jederzeit greifbar. Medikamente in Glasflaschen sind für den Reisemobilfahrer ebenfalls leichter bruchsicher zu transportieren als im Koffer. Für den Transport im Koffer wird Umfüllen in bruch-

## Checkliste Reisegesundheit

**Arzneimittel gegen**

- [ ] Durchfall und Elektrolytpulver zur Nachsorge
- [ ] Obstipation (Stuhlverstopfung)
- [ ] Reiseübelkeit
- [ ] Erkältungsmittel
- [ ] Magenschmerzen/Sodbrennen
- [ ] Schlafmittel, falls unumgänglich
- [ ] Kreislaufschwäche
- [ ] Reiseübelkeit
- [ ] Plötzlich auftretende oder ständige Allergien
- [ ] Präparate zur Wundversorgung und gegen Pilzerkrankungen
- [ ] Augentropfen
- [ ] Trockene Nase (feuchtende Nasentropfen oder Salbe)

**Freiwahl**

- [ ] Sonnenschutzmittel
- [ ] Insektenschutzmittel
- [ ] Verbandsmaterial
- [ ] Haut- und Haarpflegeprodukte
- [ ] Pflegende Kosmetik
- [ ] Mundhygieneprodukte
- [ ] Bücher über »Gesundes Reisen«
- [ ] Fertig zusammengestellte Reiseapotheken
- [ ] Homöopathische Reiseapotheken
- [ ] Einmalspritzen und Einmalhandschuhe

**Je nach Reiseziel Beratung in der Apotheke oder beim Hausarzt über**

- [ ] Ausstattung der persönlichen Reiseapotheke
- [ ] Reiseprophylaxe
- [ ] Insektenschutz
- [ ] Reiseimpfprophylaxe
- [ ] Gesundheitsprophylaxe am Urlaubsort
- [ ] Arzneimitteleinnahme Dauermedikation unter Berücksichtigung des Zeitunterschieds

Auch auf Reisen gilt der Pflicht-Hinweis der Medikamentenwerbung: »Zu Risiken und Nebenwirkungen lesen Sie die Packungsbeilage und fragen Ihren Arzt oder Apotheker.«

sichere Behältnisse oder Doppelausrüstung der sichere Weg sein.

Bei manchen Präparaten ist es jedoch angeraten, sie erst im Urlaubsland zu beschaffen, da sie dort speziell auf die dortigen Verhältnisse zugeschnitten sind. Dies gilt zum Beispiel für Präparate gegen Insektenstiche.

# Teil VI: Service und Adressen

## Das Reisemobil-ABC

Das Nachschlagewerk für den Einsteiger erklärt die komplexen Vorgänge rund um das Reisemobil, dessen Einrichtung und Nutzung in Kurzform. Es gibt Anregungen über sinnvolles und interessantes Zubehör auch für den Fortgeschrittenen.

### Abfallbehälter

Wichtiges Ausstattungsdetail für Reisemobils. Empfohlen wird ein Behälter mit Deckel und Beuteln von der Rolle, der an der Innenseite der Tür im Küchenblock befestigt wird. Bei genügend großer Arbeitsplatte kann ein Kunststoffeimer in dieser versenkt eingelassen werden. Der Plattenausschnitt wird zum Deckel, durch den Eimer erspart man sich die Tüten. Das führt jeder Schreiner in kurzer Zeit aus.

### Absorberkühlschrank

Im Reisemobil weit verbreiteter Kühlschrank, dessen Kälteaggregat nicht mit einem Kompres-

sor, sondern einem Verdampfer arbeitet. Dadurch lautloser Betrieb, aber relativ hoher Energieverbrauch von bis zu 2,6 kW pro Tag gegenüber ca. 0,4 kW bei einem Kompressor. Der Absorber arbeitet trivalent mit Gas, 12-Volt-Gleichspannung und Netzstrom 230 Volt. Bei hohen Außentemperaturen kann die Kälteleistung durch einen Kühlschrankventilator um bis zu 5 Grad erhöht werden.

### Abwasser

Abwasser sollte nur in eingebauten Tanks oder außen liegenden Rolltanks gesammelt werden, die mindestens das Fassungsvermögen des Frischwassertanks haben. Kritisch wird es beim Wintercamping, da viele Tanks nicht frostsicher montiert sind. Hier ist eine Tankheizung von Vorteil. Wenn nicht vorhanden, sollte der eingebaute Tank nur als Durchlaufstation zu einer angeschlossenen Abwasserlunge verwendet werden. Diese lässt sich leicht in einem geheizten Raum auftauen und dann entleeren.

### Adapter

sind die Antwort auf noch immer nicht überall Wirklichkeit gewordene Europäische Union in Bezug auf Anschlüsse für Strom und Gasflaschen. Sie gleichen die Systemunterschiede aus und gehören in jedes Fahrzeug. Neben Adaptern für die Stromversorgung, die langsam überflüssig werden, da sich das CEE-System mit den blauen Steckern immer mehr flächendeckend durchsetzt, sind nach wie vor Gasadapter notwendig, empfehlenswert als Europa-Entnahmeset. Ein solches Set ist notwendig, wenn im Ausland eine Leihflasche angeschlossen werden soll, gerade beim Wintercamping eine beliebte und notwendige Energieversorgung auf dem Platz.

## Allgemeine Betriebserlaubnis ABE

Zubehörteile mit ABE für das vorgesehene Fahrzeug müssen weder dem TÜV vorgeführt noch in die Papiere eingetragen werden. Die ABE-Zulassung muss mitgeführt werden. Sie liegt dem Zubehörteil als Urkunde bei. Hierbei handelt es sich überwiegend um Zubehör, das der Fahrsicherheit dient, wie beispielsweise Anti-Schlingerkupplungen, Stoßdämpfer und Sonderräder. Erwirbt man einen Gebrauchtwagen mit Zubehör, für das keine ABE mehr vorhanden ist oder wurde sie verlegt, gibt's Ersatz beim Kraftfahrt-Bundesamt in Flensburg. Auf telefonische Anforderung (Tel. 0461-3160) unter Nennung der KBA-Nummer, die auf dem Zubehör steht, verschickt das Amt eine Kopie der ABE oder legt sie aufs Fax.

## Aluminium-Sandwich-Bauweise

Gebräuchliche Bauweise bei modernen Kabinenwänden neben der immer noch verbreiteten Fachwerkbauweise. Kommt aus dem Kühlwagenbau und steht für Plattenmaterial, das aus Aluminiumblechen besteht, die mit dem Isoliermaterial aus Polystyrol oder Polyurethan vollflächig und kraftschlüssig verklebt sind. Innenmaterial meist foliertes Sperrholz oder teilweise auch Alublech. Außen geben Glattbleche oder bei preisgünstigen Modellen Stukkoblech dem Fahrzeug seine individuelle Note.

## Antirutschmatten

Was für Teppiche im Haushalt zur Vermeidung von Unfällen hilft, taugt auch für das Reisemobil. Antirutschgitter oder -matten passgerecht in die Fachböden der Hängeschränke geschnitten, lassen zum Beispiel das Geschirr sicher an seinem Standort, auch nach einer schnellen Passfahrt. Sie sind preisgünstig, waschbar und im Zubehörhandel, aber auch in Teppichgeschäften als Meterware erhältlich. Gut bewährt haben sich auch Schubkastenmatten als Meterware, die mit kleinen Noppen versehen sind und den gleichen Effekt bringen.

## Auffahrkeile

erleichtern die Arbeit des Aufbockens mit den Kurbelstützen und gleichen Geländeunebenheiten wirksam aus. Vorherrschendes Material für die Keile ist leichter Kunststoff mit Stabilisierungsstegen. Beim Verlassen des Platzes nicht vergessen, die Keile einzupacken!

## Autogas

kann zum Befüllen von Tankflaschen verwendet werden. Gastankstellen sind in Deutschland wenig, im Ausland häufig anzutreffen. Gasflaschen dürfen dort nicht befüllt werden, nur Tankflaschen und fest eingebaute Tanks.

## Automatik-Ladegerät

Netzgerät zum Nachladen der Akkus in autarken Reisemobils auf dem Stellplatz. Ermöglicht schonendes Beladen ohne Kontrolle, da der Ladevorgang nach Erreichen der Akkukapazität zurückgeregelt wird. Die meisten Geräte eignen sich bei Netzanschluss am Platz als Netzgerät für die Versorgung des 12-V-Bordnetzes.

## Automatik-Wasserhahn

Spezialhahn für Wasserversorgung mit Tauchpumpen. Ein in den Hahn eingebauter Mikroschalter schaltet die Pumpe ein und aus.

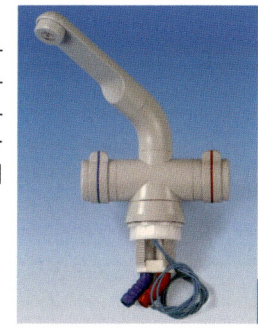

## Backofen

gibt es als Gasgeräte zum Einbau und als Zubehör zum Herd, das wie ein Kochtopf auf die Herdflamme gestellt wird. Reicht für Toast und kleine Speisen zum Überbacken völlig aus und benötigt keine eigene Installation mit Abgaskamin wie die Einbaugeräte.

## Beladen

Bedeutet nicht, auf möglichst kleiner Fläche möglichst viel zu verstauen, sondern die Zuladung so unterzubringen, dass einmal die Gegenstände sinnvoll angeordnet sind und zum anderen die zulässigen Gewichte, wie Achslasten und technisch zulässige Gesamtmasse, eingehalten werden.

## Beleuchtung

Der Innenraum sollte so beleuchtet sein, dass eine optimale Ausleuchtung bei minimalem Stromverbrauch erzielt werden kann. Die abendliche Lesestunde wird beim Licht von Leuchtstoffleuchten nicht gerade zum höchsten der Gefühle. Solche stromsparenden Leuchten sind aber zur Allgemeinbeleuchtung und über dem Küchenblock sinnvoll. Zumindest eine Leuchte sollte vom Eingang aus geschaltet werden können. Bewährt haben sich auch LED-Batterieleuchten mit integriertem Bewegungsmelder, die beim Betreten des Reisemobils oder Vorzelts das nötige Licht zum Einsteigen geben. Nach einer Minute schalten sie automatisch ab. Für die Außenbeleuchtung gelten die Vorschriften der StVZO § 51.

Neuester Gag einer Beleuchtung ist eine Heizung mit illuminiertem Kaminfeuereffekt

## Betten, Bettenbau

Reisemobils dienen der Erholung, deshalb sind gute Schlafmöglichkeiten Grundvoraussetzung. Betten, die aus Sitzmöbeln gebaut werden müssen, stellen immer einen Kompromiss dar. Besser sind feste Betten, die eine reine Liegematratze auf einem Lattenrost haben. So ist die richtige Liegehärte bestimmbar und das Kondensat kann abgeführt werden, ohne dass sich Schwitzwasser unter der Matratze bildet.

Beste Liegeergebnisse erzielt man mit einer Latexmatratze und einem Federrost mit spritzgegossenen, elastischen Federelementen aus Kunststoff, die allseitig beweglich sind und sich optimal dem Körper anpassen.

## Butangas

Flüssiggas für Campingzwecke. Im Gegensatz zu den üblichen grauen Campinggasflaschen, die Propan oder ein Butan-Propangemisch enthalten, ist in den weltweit erhältlichen, blauen Camping Gaz Flaschen Butangas eingefüllt. Butan verdampft erst ab einer Temperatur von 0 Grad, ist also für Wintercamping nicht geeignet.

## Caravaning-Waage

Zur Überprüfung des Gesamtgewichts des beladenen Wagens, der Einzelradlasten und der Stützlast. Die kleinen Geräte mit digitaler Anzeige sind leicht zu verstauen, sodass auch unterwegs nachgewogen werden kann. Die Polizei verwendet diese Geräte ebenfalls, billiger ist die Anschaffung einer eigenen Waage, denn weiterhin ist Sicherheit durch richtige Beladung oberstes Gebot.

## Cassetten-WC

Eine Mobiltoilette, deren Fäkaltank von außen durch eine Klappe entnommen und entleert werden kann. Heute bei den meisten Fahrzeugen Standard. Cassetten-WC sind in der Entsorgung der beste Kompromiss.

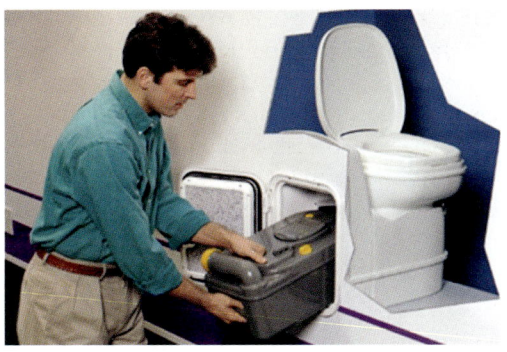

## CEE-Norm

Abkürzung für die EG-Norm über Stromversorgung, die »International Commission of rules for the approval of Electrical Equipment«. Hiernach dürfen u.a. die Einspeisungssteckdosen in Reisemobilen und die entsprechenden Steckdosen an den Anschlusskästen der Campingplätze nur noch dreipolig und die eingesteckten Kabel durch Fanghaken gesichert sein.

## CIVD

Caravaning Industrie Verband Deutschland. Neuer Name und neues Logo für den früheren VDWH, dem Verband Deutscher Wohnwagen- und Wohnmobil-Hersteller.

## Converter, auch Konverter

Umformer von 12-Volt-Gleichspannung aus dem Bordnetz auf 230-V-Netzstrom zum Betrieb von Netzgeräten geringer Leistung im Fahrzeug. Hierzu zählen zum Beispiel die auch auf Reisen immer beliebter werdenden Note-

books als Massenspeicher für Navigation und Digitalkamera.

## Dachgalerie

Festmontierter Dachgepäckträger auf dem Reisemobil aus meist dreiseitig umlaufenden Rohren auf Stützen, an denen Spezialhalter befestigt oder das Ladegut festgezurrt werden kann. Sinnvoll nur in Verbindung mit einer Heckleiter, da sonst kaum erreichbar. Zulässige Dachlast beachten.

## Dachhauben-Rollo

Sind notwendig zur Abdunkelung. Gut sind Kombirollo mit Fliegengaze gegen Mücken bei geöffneter Dachhaube.

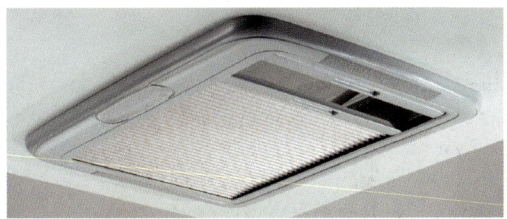

## Dachkamine

von Heizungen und Backöfen sollten so gesichert sein, dass sie durch Äste nicht abgerissen werden können. Außerdem sollte ein Schutzdach vor Regenwasser im Abgasrohr schützen. Bei Wintercamping ist ein Verlängerungsrohraufsatz dringend anzuraten, damit auch bei hohem Schnee die Abgase ungehindert ausströmen können.

## Dichtmasse

Sollte in keinem Bordwerkzeug fehlen, da an einem Reisemobil auf großer Fahrt oft etwas abzudichten ist. Bestens geeignet sind Dichtstoffe auf Polyurethanbasis, da diese gleichzeitig eine hohe Klebewirkung haben und unter der Luftfeuchtigkeit aushärten. Silikon ist preiswerter, aber auch anspruchsvoller in der Verarbeitung und nicht für alle Abdichtungen geeignet. Es kann außerdem nicht überlackiert werden.

## Dinette

Branchenüblicher Begriff für eine Sitzgruppe mit zwei gegenüberliegenden Bänken und dem Tisch dazwischen. Die Bänke bilden zusammen mit dem abgesenkten Tisch ein Doppelbett, wobei sie meist seitlich verbreitert werden können.

## Druckpumpe

Wasserpumpe, die im Gegensatz zur Tauchpumpe im Wassernetz einen konstanten Druck erzeugt. Automatikhähne, die beim Aufdrehen die Pumpe über einen eingebauten Mikroschalter einschalten, sind hier nicht notwendig, es können Haushaltsarmaturen verwendet werden.

## DVB-T-Standard

Digital-Video-Broadcasting-Standard: Mit der Einführung des neuen Fernseh- und Videostandards sollen zukünftig in den bundesdeutschen Ballungszentren und deren Umgebung digitale Fernseh- und Radioprogramme mit herkömmlichen Haus- und Zimmerantennen empfangen werden können. Interessant für Reisemobilfahrer, die in Deutschlands Ballungszentren Urlaub machen und auf Fernsehen nicht verzichten wollen, aber keine Sat-Schüssel aufstellen mögen.

DVB-T-Empfangsbereiche deutschlandweit

## DVGW Arbeitsblatt G 607

Vorschriften gleichgesetztes Arbeitsblatt über Flüssiggasanlagen in Fahrzeugen, herausgegeben vom Deutschen Verein des Gas- und Wasserfachs. In ihm sind alle Angaben und Vorschriften enthalten, die für die sichere Installation einer Gasanlage notwendig sind. Seit 2005 ist die neue Vorschrift auf EU Ebene, die DIN EN 1949 in Kraft.

## Entfeuchter

Abgestellte Reisemobile, die längere Zeit nicht gelüftet werden, neigen zu Feuchtigkeit, Schimmel und unangenehmen Gerüchen. Diese lassen sich vermeiden durch Aufstellen eines Entfeuchters. Die einzelnen Geräte sind grundlegend gleich aufgebaut: Ein Behälter mit unterer Wasserauffangschale wird im Oberteil mit speziellem Granulat gefüllt und im Wagen aufgestellt. Das Granulat entzieht der Raumluft Feuchtigkeit, die in die Auffangwanne abgegeben wird. Ein Kilo Granulat reicht bei einem mittelgroßen Wagen für zirka drei Monate. Zum Granulatwechsel muss auch der Wasserbehälter entleert werden.
Eine Alternative ist das Aufstellen eines Gefäßes mit Tausalz, etwas billiger als Granulat, aber nur für kurze Zeit wirksam.

## Entlüftung

Ist nicht nur wichtig für den Innenraum, auch für Frisch- und Abwassertank. Nur so kann Wasser nachfließen oder entnommen werden. Interessant für Fäkaltanks: Werden diese entlüftet, kann weitgehend auf Chemikalien verzichtet werden. Vorteilhaft für die Umgebung ist dabei eine Entlüftung über Dach oder mit Aktivkohlefiltern.

## Entlüftungs-Öffnungen

Für den Betrieb von Gasgeräten sind Entlüftungsöffnungen vorgeschrieben, die teilweise nicht geschlossen werden dürfen. Nachzulesen ist dies im DVGW-Arbeitsblatt G 607, das auf der Rückseite der Gasprüfbescheinigung abgedruckt ist.

### Fangnetz

Sicherheitszubehör am oberen Bett von Etagen- oder Alkovenbetten gegen Herabfallen. Ist als festmontiertes Netz und auch als Rollo im Handel.

### Fehlerstrom-Schutzschalter FI

Abkürzung FI-Schalter. Wird in den Netzstromkreis geschaltet und schaltet bereits bei minimalem Fehlerstrom von 10 Milliampere das Netz blitzschnell ab. Dadurch erhöhte Unfallvorsorge. Vorschrift im Reisemobil mit Netzanschluss.

### Feuerlöscher

Im Wohnteil sind Feuerlöscher in greifbarer Nähe des Herdes ein sinnvolles Zubehör. Nicht mehr erlaubt sind die früher wegen fehlender Rückstände so beliebten Halonlöscher.

### Fliegengitter

Ausstellfenster, Eingangstüren und Dachhauben werden sinnvollerweise komplett mit Fliegengitterrollos ausgerüstet. Beim Nächtigen an einem See oder auch auf dem Platz halten sie nächtliche Plagegeister von den Lichtquellen im Inneren und damit von den Bewohnern ab, ohne dass die Fenster geschlossen werden müssen.

### Garantie, Gewährleistung

Garantie- und Gewährleistungsbedingungen für Basisfahrzeug, Chassis, Aufbau, Dichtigkeit und für die einzelnen Einbaugeräte genau studieren und eventuell vorgeschriebene Werkstatttermine zur Aufrechterhaltung der Garantie einhalten.

### Gas-Druckregler

Begrenzt den hohen Druck in den Gasflaschen auf Gebrauchsdruck. Früher waren 50 mbar üblich, im Zuge der Europäisierung sind heute bei neuen Fahrzeugen nur noch 30 mbar zugelassen. Ältere Fahrzeuge müssen nicht umgerüstet werden. Bei der Neuanschaffung von Gasgeräten auf den Druck achten, damit das Gerät zum Netzdruck im Fahrzeug kompatibel ist.

Notfalls zweiten Regler 50 mbar / 30 mbar einbauen lassen.

### Gas-Fernschalter

Erspart das lästige Aussteigen und Öffnen des Gaskastens zur Bedienung der Gasversorgung. Das Zusatzteil wird hinter dem Gasregler in die Anlage eingebaut und erlaubt das Öffnen und Schließen der Gaszufuhr vom Innenraum aus mittels Bordstrom.

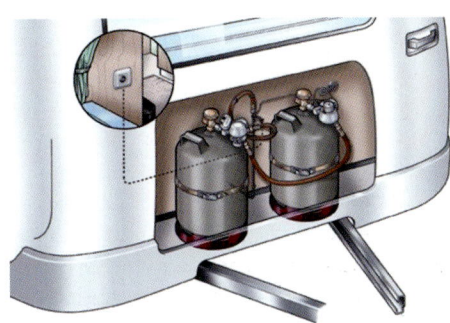

### Gas-Flaschen

Mit dem Erwerb einer grauen Campinggasflasche mit 5 oder 11 Kilogramm Inhalt steigt man in den Tauschring ein und kann fortan, zumindest in Deutschland, an zugelassenen Tauschstellen eine gefüllte Flasche gegen Rückgabe der leeren eintauschen. International klappt dies nur mit den blauen Camping-Gaz-Flaschen, die aber reines Butan enthalten und deshalb bei tiefen Temperaturen kein Gas abgeben. Mit Tankflaschen kann Gasnachschub an jeder Autogastankstelle im In- und Ausland beschafft werden. Sie vereinen die Vorteile der Gasflasche mit denen des fest eingebauten Gastanks. Neu im Tauschring sind gewichtssparende Alu-Gasflaschen.

### Gas-Kupplung, auch Gas-Steckdose

Steckverschluss, der meist in einer Aussenklappe untergebracht ist und den Betrieb von Gasgrill oder Vorzeltheizung aus dem Gasnetz des Reisemobils ermöglicht.

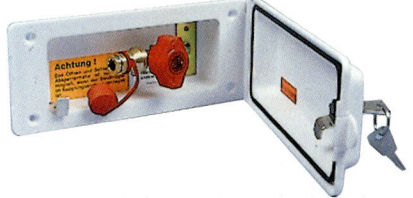

### Gas-Prüfbescheinigung

Bestätigung, dass die alle zwei Jahre fällige Prüfung der Gasanlage durch einen anerkannten Sachverständigen durchgeführt wurde.

### Gas-Waage

Hilfreiches elektronische Messgerät zur Feststellung des Flascheninhaltes. Ist in mobiler-, stationärer- und Zweiflaschenausführung auf dem Markt.

### Gas-Warnanlage

Meldet akustisch, wenn Gas im Fahrzeug ausströmt. In diesem Fall für Durchzug sorgen und keine elektrischen Schalter betätigen, natürlich auch nicht rauchen. Bei entsprechender Ausstattung wart sie auch vor Narkosegas bei einem Überfall.

### Kabel-Trommel

Unentbehrlich zur Verbindung des Reisemobils mit dem Stromnetz des Campingplatzes. Als Kabel muss, da der Einsatz im Freien stattfindet, eine sogenannte »Schwere Gummischlauchleitung« mit der Bezeichnung HO7RN-F3G mit einem Mindestquerschnitt von 3 x 1,5

qmm aufgerollt sein. Zum Betrieb muss immer die gesamte Leitungslänge abgespult werden, damit sich die Trommel nicht erhitzt. Restlänge notfalls lose unter das Fahrzeug legen. Für Komfort-Campingplätze mit Netzanschluss am Stellplatz reicht meist das Mitführen eines normallangen Verlängerungskabels aus zugelassener Gummileitung an Stelle der gewichtigen Kabeltrommel.

### Kompressor-Kühlschrank

Reisemobil-Kühlschrank der oberen Preiskategorie. Arbeitet wie ein Haushaltskühlschrank ausschließlich mit Strom und ist im Gegensatz zu Absorbergeräten auch bei hohen Außentemperaturen einsatzbereit, kann Tiefkühltemperaturen erreichen und benötigt wesentlich weniger Energie als ein Absorber.

### Kurbelstützen

Ermöglichen, das Fahrzeug eben auszurichten. Wichtig ist eine genaue Ausrichtung des Reisemobils in der Längs- und Querachse für guten Schlaf und einwandfreie Funktion der Wasserabläufe in der Dusche und Spüle. Neben normalen Ausführungen und Schwerlaststützen gibt es auch automatisch nivellierende Anlagen mit Elektromotoren.

### Laderegler (Solarmodul)

Wird zwischen Solarpanel und Akku geschaltet und verhindert eine Überladung des Akkus und damit Langzeitschäden.

### Lecksuchspray

Unentbehrliches Hilfsmittel zur Prüfung der Gasanlage auf Undichtigkeit. Dabei werden die Verschraubungen mit dem Spray benetzt. Schäumt dieses auf, ist die untersuchte Stelle undicht und muss dringend nachgezogen werden. Anschließend neu prüfen.

### Lüfter

Vielfältiges Zubehörteil für das Reisemobil. Ob als Kühlschranklüfter, Dauerlüfter im Dach, Möbellüfter oder Pilzlüfter, Luftaustausch in jeder Form ist für das Reisemobil und die Insassen wichtig. Hier ist bei den meisten Reisemobilen Nachrüstung angesagt. Eine große Auswahl im Zubehörhandel erleichtert die Verbesserung der Lüftung. Mit entsprechenden Dauerlüftern können Schimmelbildung und schlechter Geruch während des Winterquartiers verhindert werden. Gut sind hierfür Lüfter mit eigener Solarzelle, die automatisch arbeiten und keinen weiteren Anschluss benötigen.

### Markisen

Beliebtes, aber schweres und teures Zubehörteil als Alternative zum Vorzelt. Wird am Aufbau fest verschraubt und spendet Schatten ohne viel Aufbauarbeit. Ein Sonnensegel erfüllt nahezu den gleichen Zweck bei geringerem Gewicht und Kosten, benötigt aber wie das Vorzelt Stauraum. Komfortabel mit wenig Zusatzgewicht, aber sehr teuer sind Markisen, die durch Seitenteile zum Vorzelt erweitert werden können.

### Mikrowellen-Herd

Ausstattungsdetail besonders in größeren Reisemobilen. Meist nur mit Netzanschluss und damit nur auf Campingplätzen mit leistungsfähigem Stromanschluss einsetzbar.

### Nutzlast

Differenz zwischen zulässiger Gesamtmasse des Fahrzeugs und dessen Masse in fahrfertigen Zustand (früher Leergewicht), das gewogen werden sollte, da in den Fahrzeugpapieren Zubehörgewicht selten berücksichtigt ist.

### Pilzlüfter

Pilzförmiger kleiner Aufsatz auf dem Dach zur wetterfesten Dauerlüftung des Innenraums, meist in der Nasszelle eingesetzt und leicht nachzurüsten.

### Propangas

Im Gegensatz zu Butangas ist Propan bei jeder Temperatur in der Lage, vom flüssigen in den gasförmigen Zustand überzugehen und damit gebrauchsfertig zu sein.

### Prüfzeichen

Neben dem TÜV-Prüfzeichen im Nummernschild tragen Reisemobile mit Gasausrüstung das DVGW-Prüfzeichen. Die Gasprüfung muss – unabhängig von der Hauptuntersuchung – im zweijährigen Rhythmus durch einen zugelassenen Gasverständigen durchgeführt und im Prüfbuch bescheinigt werden.

### Reifen

Viele schwere Unfälle mit Reisemobilen wären nicht passiert, wenn den Reifen größere Aufmerksamkeit gewidmet worden wäre. Meist sind Überladung, falscher Reifendruck oder überalterte Reifen schuld an Plattfüssen oder Reifenplatzern, selten Nägel auf der Straße. Deshalb laufend kontrollieren und lieber Reifen einer Tragfähigkeitsklasse höher nehmen als vorgeschrieben. Dazu aber den Reifenfachmann befragen.

## Rückfahr-Warnanlage

Vereinfachte und etwas preisgünstigere Warneinrichtung vor Hindernissen im Heckbereich. Funktioniert mit Ultraschall und zeigt über unterschiedliche Piepstöne an, wie weit das Fahrzeug von einem Hindernis entfernt ist. Gewöhnungsbedürftig in der Anwendung, aber besser und preisgünstiger als eine Delle im Heck.

## Rundfunkgebühr

Wenn das Fahrzeug rein privat genutzt und im Haushalt Rundfunkgebühr bezahlt wird, ist das Radio und der Fernseher im Reisemobil anmeldungsfrei. Gewerblich genutzte Reisemobile mit Radio oder Fernseher, auch Mietwagen, unterliegen der Anmeldung durch den Halter.

## Schmutzwasserboy

Transportabler Sack aus stabilem PVC für Abwasser, der mit einem Schlauch an den Auslaufstutzen angeschlossen wird. Dient einmal zum Entleeren eines eventuell eingebauten Abwassertanks, wenn keine andere Möglichkeit vorhanden ist, zum andern als Winterlösung, bei dem der eingebaute Tank nur als Durchlauf dient. Gefriert dieser Sack, kann er in einem warmen Raum aufgetaut und entleert werden.

## Schneeketten

Unentbehrliches Zubehör bei Winterfahrten. Ein Trockenkurs zum Anlegen erspart Studium der Gebrauchsanleitung bei Schnee und Eis.

## Schutzgitter

Schützt Kleinkinder oder unruhige Schläfer im Etagen- oder Alkovenbett vor Absturz.

## Schwitzwasser

Entsteht durch Kondensation der Luftfeuchtigkeit an kalten Stellen. Treffen diese zusammen mit mangelhaftem Luftaustausch, z. B. hinter Polstern, entsteht Schimmel. Lüftung und Luftaustausch beugen Schwitzwasser vor. Dies ist gerade dann wichtig, wenn das Mobil zwischen den Fahrten lange Zeit abgestellt wird.

## Stauraum

Sollte immer unter Beachtung der Hebelgesetze ausgelastet werden. Dabei muss sowohl die zulässige Achslast als auch die Stützlast an der Kupplung berücksichtigt werden.

## Tauchpumpe

Einfache Pumpe zur Wasserförderung, die, auf dem Saugschlauch montiert, im Wassertank hängt und über Schaltkontakte in den Armaturen geschaltet wird. Benötigt wird ein 12V Anschluss.

## Toilettenentlüftung

Zubehör zur nachträglichen Montage an Cassettentoiletten, damit diese vollkommen ohne Einsatz von Zusätzen geruchsfrei benutzt werden können. Durch die vermehrte Zufuhr von Sauerstoff wird die Zersetzung des Inhalts beschleunigt. Ein Ventilator sorgt für Unterdruck im Tank und verhindert dadurch das Austreten von Gerüchen in das Fahrzeuginnere.

## Tresor

Zubehör, das wertvolle Ausrüstung vor fremdem Zugriff schützen soll.

## Trimatic

Eine automatische Gas-Regleranlage, bei der die Gebrauchs- und Reserveflasche mit jeweils eigenen Reglern am Netz hängen. Ist die Gebrauchsflasche leer, wird automatisch auf die Reserveflasche umgeschaltet und der Zustand im Innenraum am Kontrollteil angezeigt

## Unterbodenschutz

Schützt die empfindliche Unterseite des Fahrzeugs vor Zerfall. Sollte von Zeit zu Zeit kontrolliert und ergänzt werden. Dabei muss beachtet werden, dass bei Sandwich- und Holzböden andere Materialien wie beim Pkw verwendet werden. Vorher erkundigen.

## Unterflur-Tank

Spart Platz im Innenraum, ist aber nur für Fahrzeuge geeignet, die nicht zum Wintercamping benutzt werden, sonst muss der Tank isoliert und mit Tankheizung ausgestattet sein.

## Warmluft-Heizung

Gebräuchlichste Heizung im Wohnraum. Ist verhältnismäßig preisgünstig, heizt schnell auf.

## Wasser-Aufbereitung

Trinkwasserqualität ist nicht immer selbstverständlich, Montezumas Rache meist die Folge. Filtersysteme und auch chemische Mittel, die im Wasser gelöst werden, minimieren die gesundheitliche Gefahr. Für Ausflüge weg vom Reisemobil eignen sich kleine Handfilter mit Wasserbehälter. Mit ihnen kann jedes Bachwasser als Trinkwasser aufbereitet werden.

## Wasserleitungen

Sollten möglichst alle fünf Jahre ausgewechselt werden, um Gesundheitsrisiken auszuschließen, die durch Bakterien- und Algenansatz gefördert werden.

## Winter-Rückenlehnen

Verhindert als Abstandshalter zwischen Rückenpolster und Außenwand die Kondenswasserbildung und dadurch Schimmel in diesem Bereich. Kann leicht nachgerüstet werden, wenn nicht serienmäßig eingebaut.

## Zuladung

Ergibt sich aus der Differenz zwischen Zulässiger Gesamtmasse und der Masse im fahrfertigen Zustand des Fahrzeugs und ist oft zu gering. Wassertank leer oder nur knapp gefüllt transportieren und erst auf dem Platz füllen. Im Sommer keine unnötig großen Gasflaschen mitschleppen. Wird der Kühlschrank mit Netzstrom betrieben, reicht zum Kochen für einen zweiwöchigen Urlaub eine 5-Kilo-Flasche.

## Zündsicherung

Sicherheitseinrichtung an Gasgeräten, die das Ausströmen von Gas bei erloschener Flamme verhindert. Ihre Wirksamkeit kann geprüft werden, indem die Flamme, wenn möglich, ausgeblasen wird. Trotz aufgedrehtem Gashahn darf kein Gas mehr ausströmen.

## Zusatz-Stauraum

Das Fassungsvermögen des Kleiderschranks für Wäsche kann durch ein Hängeregal erhöht werden. Der Zubehörhandel bietet hier verschiedene Ausführungen, auch als Schuhregal, an. Gut bewährt haben sich auch kleine Schubkasteneinheiten aus Karton, die leicht sind und trotzdem ausreichend stabil. Sie können auf den Boden des Kleiderschranks gestellt werden und nehmen viel Krimskrams oder auch Strümpfe, Taschentücher und andere kleine Stücke auf.

# Die wichtigsten rechtlichen Bestimmungen für Reisemobile in Deutschland

## Reisemobile im Straßenverkehrsrecht

Im deutschen Straßenverkehrsrecht – bestehend aus den Straßenverkehrsgesetz (StVG), der Straßenverkehrsordnung (StVO) und der Straßenverkehrszulassungsordnung (StVZO) – wird das Reisemobil nur in der EU-Typenklassifizierung explizit angesprochen. Zwar existiert das beschränkende Zusatzzeichen 1048-17 »Wohnmobil« im Anhang des § 39 StVO, aber in der Praxis werden alle Vorschriften für Pkw und Lkw – je nach Tonnage – sinngemäß auch für das Reisemobil angewendet. Einzige Ausnahme hiervon ist die zulässige Höchstgeschwindigkeit für Wohnmobile über 3,5 t bis 7,5 t technisch zulässiger Gesamtmasse, die 100 km/h an Stelle von 80 km/h für Lastkraftwagen gleicher Tonnage fahren dürfen. Seit dem Jahr 2002 sind nämlich die Begriffe von Personenkraftwagen und Wohnmobil in der StVZO eindeutig definiert. Beide Begriffe haben keine inhaltliche Überschneidung, vielmehr einen sich wechselseitig ausschließenden Inhalt. Schließlich wird im neuen Gesetzestext für Wohnmobile ausdrücklich gefordert, dass die Wohnfläche den überwiegenden Teil der Nutzfläche einnimmt und der Wohnteil eine Stehhöhe von mindestens 170 Zentimeter sowohl an der Kochstelle als auch an der Spüle aufweist. Diese Begriffsbestimmung wurde fixiert in der Drucksache 837/06 des Bundesrates vom 16. November 2006 über den Gesetzesbeschluss des Deutschen Bundestages zum »Dritten Gesetz zur Änderung des Kraftfahrzeugsteuergesetzes« und lautet im Wortlaut des Artikel 1 Abs. (2b):
»Als Wohnmobile gelten Fahrzeuge der Klasse M mit besonderer grundsätzlich fest eingebauter Ausrüstung nach Anhang II Abschnitt A Nr. 5.1 der Richtlinie 70/156/EWG, wenn sie auch zum vorübergehenden Wohnen ausgelegt

und gebaut sind, die Bodenfläche des Wohnteils den überwiegenden teil der gesamten Nutzfläche des Fahrzeugs einnimmt und der Wohnteil eine Stehhöhe von mindestens 170 Zentimeter sowohl an der Kochgelegenheit als auch an der Spüle aufweist.«
Damit fallen Wohnmobile nach der EU-Fahrzeugklassen-Einteilung eindeutig unter die Klasse M:
Kraftfahrzeuge zur Personenbeförderung mit mindestens vier Rädern (umgangssprachlich Pkw, Wohnmobile und Busse) sowie Kraftfahrzeuge zur Personenbeförderung mit drei Rädern und einer zulässigen Gesamtmasse über eine Tonne.
Klasse M1: Fahrzeuge zur Personenbeförderung mit höchstens acht Sitzplätzen außer dem

## Zulässiges Gesamtgewicht

*Hauptuntersuchung § 29 StVZO*
*Abgasuntersuchung § 47 StVZO*
*Gasprüfung nach 607 DVWG*
*Kfz-Steuer*

*Geschwindigkeitsbeschränkung §§ 3 / 18 StVO*

*Sonntagsfahrverbot § 30 StVO*
*Parken § 12 StVO, Beleuchtung § 17 StVO*

*Geforderte Sicherheitsausstattung § 35 StVO*

*sonstige Vorschriften §§ 4, 7 StVO*

*Überholen § 5 StVO*

Fahrersitz (umgangssprachlich Pkw und Wohnmobile).

Klasse M2: Fahrzeuge zur Personenbeförderung mit mehr als acht Sitzplätzen außer dem Fahrersitz und einer zulässigen Gesamtmasse bis zu fünf Tonnen.

Klasse M3: Fahrzeuge zur Personenbeförderung mit mehr als acht Sitzplätzen außer dem Fahrersitz und einer zulässigen Gesamtmasse von mehr als fünf Tonnen.

### Europa-einheitliche Typengenehmigung soll nationale Typenklassen ablösen.

Eine EU-einheitliche Typengenehmigung (EGT) sollte ab 2000 nationales Recht ersetzen, ab 2002 galt sie für bestimmte Typen von Reisemobilen und Caravans und sollte ab 2003 für alle Neufahrzeuge die Homologisierungen der Länder ablösen. Viele Reisemobilhersteller - zumal wenn sie Fahrzeuge in EU-Länder exportieren – statten ihre Mobile mit dieser EG-Typengenehmigung aus. In Verbindung mit dem sogenannten »COC-Papier«,das »Certificate of Conformity« ist die EWG-Übereinstimmungsbescheinigung, also eine Herstellerbestätigung der EU-Typenprüfung, können solche Reisemobile in allen Ländern der EU problemlos zugelassen werden. Theoretisch – denn in der Praxis behindern immer noch länderspezifische Sonderregelungen dieses Verfahren. Die EGT beruht auf DIN-EN Normen und umfasst 54 einzelne Systemgenehmigungen, 21 davon sind für den Auf- und Ausbau eines Reisemobils relevant.

## Die straßenverkehrsrechtlichen Vorschriften für Reisemobile in Deutschland im Überblick

| über 2,8 t bis 3,5 t | über 3,5 t bis 7,5 t |
|---|---|
| ab 3. Zulassungsjahr alle 2 Jahre | bis 8. Zulassungsjahr alle 2 Jahre, dann jährlich |
| ab 3. Zulassungsjahr alle 2 Jahre | bis 8. Zulassungsjahr alle 2 Jahre, dann jährlich |
| alle 2 Jahre | alle 2 Jahre |
| Hubraum und Schadstoffklasse ab Januar 2009 nach $CO_2$-Ausstoß und Hubraum | Hubraum und Schadstoffklasse ab Januar 2009 nach $CO_2$-Ausstoß und Hubraum |
| keine | Wohnmobile 100 km/h, auf Landstraße mit Hänger 80 km/h |
| keines | Fahrverbot Sonn- und Feiertag mit Hänger |
| Parken auf Pkw-Plätzen und Gehwegen verboten | Parken auf Pkw-Plätzen und Gehwegen verboten, Warntafeloder Beleuchtung nachts auf Straßen innerhalb geschlossenerOrtschaften |
| Warndreieck, Verbandskasten Warnweste | ABS für alle ab 1. Januar 2001 zugelassenen Fahrzeuge,Warndreieck, Warnleuchte, Verbandskasten, Warnweste |
| keine; Hinweis: Die Grenze 3,5 t tzG errechnetsich einschließlich Anhänger: Womo 2,8 t + Anhänger 0,75 t = 3,55 t Gesamtgewicht. | Rechtsfahrgebot auf mehrspurigen Straßen in geschlossenen Ortschaften, 50 m Mindestabstand auf BAB zum Vordermann. |
| | Überholverbot und einschränkende Zeichen (wie Zeichen 253, 276, 277) sowie Verkehrsverbote für Lkw über 3,5 t gelten auch für Reisemobile über 3,5 t. |

### Selbstausgebaute Reisemobile

Auch Fahrzeuge, die selbst ausgebaut wurden und als »Fz.z.Pers.bef.b.8 Spl. Wohnmobil«, so die amtliche Abkürzung in den Fahrzeugpapieren, zugelassen werden sollen, unterliegen diesen Bestimmungen. Selbstausbauer müssen dazu ein Gutachten eines anerkannten Sachverständigen für den Kfz-Verkehr vorlegen, das bei den offiziellen Prüfinstituten wie TÜV oder DEKRA nach Terminvereinbarung erstellt wird. Auf Grundlage dieses Gutachtens wird das Fahrzeug dann von der Zulassungsstelle nach der Straßenverkehrs-Zulassungs-Ordnung (STVZO) Teil B. I. § 21 als Einzelfahrzeug zugelassen. Da die Vorschriften teilweise Handlungsspielraum lassen und auch nicht immer eindeutig formuliert sind, ist es angeraten, dass sich Selbstausbauer vor Beginn der Arbeiten mit dem zuständigen Abnehmer kurzschließen und mit ihm alle geplanten Arbeiten durchsprechen. Die Institutionen weisen immer wieder darauf hin, dass dies nicht nur möglich, sondern im gegenseitigen Interesse auch gewünscht ist. Wer sich im Detail vorbereiten will, vertieft sich in die STVZO, in der praktisch alle Details beschrieben sind. Das 261 Seiten umfassende Werk kann in der Originalversion im Internet eingesehen werden. Der Link dazu lautet: www.gesetze-im-internet.de/bundesrecht/stvzo/gesamt.pdf.

### KFZ-Steuer

Wer ein Reisemobil zulässt, um am öffentlichen Straßenverkehr teilzunehmen, muss im Rahmen des Zulassungsverfahrens auch Kfz-Steuer an das Finanzamt entrichten. Den Steuerbescheid bekommt man umgehend nach der Anmeldung ins Haus, die Steuer ist sofort für ein Jahr im Voraus fällig (Ausnahme: Steuerlasten über 500,- Euro können wahlweise viertel- oder halbjährlich entrichtet werden).

### Neue KFZ-Steuer für Reisemobile

In einem sehr langen Abstimmungsprozess zwischen Bund und Ländern wurde die Kraftfahr-

zeugsteuer für Reisemobile völlig neu geregelt, weil der Politik die niedrige Gewichtsbesteuerung der Pkw-ähnlichen Geländewagen ein Dorn im Auge war. Leider traf sie damit auch gleichzeitig die Reisemobile. So wurde im November 2004 eine Vorschrift der Straßenverkehrsordnung (§ 23 Abs. 6a) aufgehoben, die besagte, dass Fahrzeuge mit einer zulässigen Gesamtmasse von mehr als 2,8 Tonnen in keinem Fall als Personenkraftwagen angesehen werden können, selbst wenn sie es tatsächlich sind (zum Beispiel VW Touareg und andere SUVs). Das betraf dann auch die gesamte Gruppe Reisemobile mit einer zulässigen Gesamtmasse von mehr als 2,8 Tonnen. Diese Gruppe musste rückwirkend zum 1. Januar 2006 eine wesentlich höhere KFZ-Steuer zahlen, da die Steuer nicht mehr nach der günstigeren zulässigen Gesamtmasse sondern nach Hubraum und Schadstoffklasse berechnet wurde.

Der Ausgangspunkt für die neue Wohnmobilbesteuerung ist eine ganz andere Zielsetzung des Gesetzgebers gewesen. Er wollte eine niedrige Besteuerung für SUVs, die ein zulässiges Gesamtgewicht von mehr als 2,8 Tonnen hatten, beseitigen. Nur weil die Finanzverwaltung in diesem Zuge auch alle Wohnmobilbesitzer zur Kasse bitten wollte, sah sich der Gesetzgeber genötigt, einzugreifen. Das finanzpolitische, um nicht zu sagen fiskale Interesse beherrschte leider das Gesetzgebungsverfahren von Anfang bis Ende. So versteht sich die derzeitige Wohnmobilbesteuerung – aus Sicht der Parlamentarier des Deutschen Bundestages – als Kompromiss, in dem die Verwaltung sich mit Mehreinnahmen von 50.000.000,- Euro (durch Wohnmobilbesteuerung) zufrieden gab. Für den Januar 2009 plante die Bundesregierung im Rahmen der Konjunkturprogramme die komplette Umstellung der KFZ-Steuer für neu zugelassene Fahrzeuge von Hubraum und Schadstoffklasse auf die Basis des Kohlendioxid-Ausstoßes in Verbindung mit dem Hubraum.

### Fahrerlaubnis: neue EU-Führerschein-Klassen

Seit dem 1.1.1999 gilt in Deutschland die EU-einheitlichen Regelungen für Fahrerlaubnisse. Damit sind die Führerscheinklassen neu geregelt worden, wobei die bisher erteilten Fahrerlaubnisse – außer mit Einschränkung der Klasse II – wie gewohnt ihre Gültigkeit uneingeschränkt behalten. Gravierend für Reisemobilfahrer, die ihre Fahrerlaubnis verlieren oder neu erwerben: Sie dürfen mit dem EU-Führerschein der Klasse B – früher etwa Klasse III – nur noch Mobile bis 3,5 t anstatt wie bisher bis 7,5 t tzG chauffieren. Wer mit einem großen Reisemobil einen schweren Boots-Trailer fahren will, muss nun die Klassen B, C und CE mit jeweils einer eigenen Prüfung absolvieren. Wer einen Wohnwagen mit einem Gespanngewicht von mehr als 3,5 t hinter dem Reisemobil ziehen will, benötigt den Anhängerführerschein der Klasse E. Wichtig: Die bisherigen Führerscheine haben Bestandsschutz und sind auch im Ausland weiter gültig!

Klasse B:
Kraftfahrzeuge – ausgenommen Krafträder – mit einem zulässigen Gesamtgewicht bis 3,5 t und nicht mehr als acht Sitzplätzen ohne Fahrer und einem Anhänger mit nicht mehr als 750 kg tzG oder bis zur Höhe des Leergewichts des Zugfahrzeuges, sofern die Gesamtkombination 3,5 t tzG nicht übersteigt.
Klasse BE:
Kombination aus Zugfahrzeug (Klasse B) und Hänger, der nicht unter Klasse B fällt. Der klassische Gespannführerschein; der Hänger oder Caravan darf ein höheres tzG als das Zugfahrzeug haben.
Klasse C:
Kraftfahrzeuge – ausgenommen Krafträder – mit einem zulässigen Gesamtgewicht von mehr als 7,5 t und nicht mehr als acht Sitzplätzen ohne Fahrer und einem Anhänger mit nicht mehr als 750 kg tzG.
Klasse CE:

Kombination aus Zugfahrzeug (Klasse C) und Hänger, der nicht unter Klasse C fällt.
Klasse C1:
Kraftfahrzeuge – ausgenommen Krafträder – mit einem zulässigen Gesamtgewicht von mehr als 3,5 t, aber nicht mehr als 7,5 t, nicht mehr als acht Sitzplätzen ohne Fahrer und einem Anhänger mit nicht mehr als 750 kg tzG.
Klasse C1E:
Kombination aus Zugfahrzeug (Klasse C1) und Hänger der nicht unter Klasse C1 fällt, sofern der Hänger das Leergewicht des Zugfahrzeugs nicht übersteigt oder das tzG des Zuges nicht mehr als 12 t beträgt.

### Die Reisemobil-Versicherung

Der Halter eines Kraftfahrzeuges (über 6 km/h bauartbedingter Höchstgeschwindigkeit) mit regelmäßigem Standort im Inland ist nach § 1 des Pflichtversicherungsgesetztes verpflichtet, für sich, den Eigentümer und den Fahrer eine Haftpflichtversicherung für Personen-, Sach- und sonstige Vermögensschäden, die durch den Gebrauch dieses Fahrzeuges entstehen, abzuschließen. Also, die Haftpflichtversicherung ist Pflicht, die Kaskoversicherung bei so wertvollen Fahrzeugen mit viel Zubehör und Anbauteilen sicher ein Muss. Mit der EU-Harmonisierung des Versicherungsmarktes wurde 1994 das Genehmigungsverfahren für die »Allgemeinen Bedingungen für die Kraftfahrtversicherungen« (AKB) abgeschafft und die Tarifbindung aufhoben.

### Für das Reisemobil gibt es Spezialversicherer

Ohne professionelle Hilfe ist der Durchblick zum günstigsten Tarif bei größtmöglicher Risikoabdeckung nicht mehr möglich. Generell gilt aber: Viele große Gesellschaften haben den Boom in der Reisemobilbranche verschlafen und bieten keine speziellen Angebote für Reisemobilfahrer an, das heißt: Der Gang zum Versicherungsbüro an der Ecke kann teuer werden. Deshalb ist es auf jeden Fall sinnvoll, sich einen Versicherer oder Versicherungsmakler zu suchen, der sich auf den Schutz von Reisemobilen spezialisiert hat. Er handelt für die Bedürfnisse der Reisemobil-Eigner bei den Gesellschaften sogenannte Gruppentarife aus und kann so maßgeschneiderten Versicherungsschutz zu günstigen Prämien anbieten.

## Neues Schadensersatzrecht in BGB und StVG

Am 1. August 2002 trat das »2. Gesetz zur Änderung schadensrechtlicher Vorschriften« in Kraft. Es brachte wesentliche Änderungen im Bürgerlichen Gesetzbuch BGB und im Straßenverkehrsrecht StVG bei der Schadensregulierung von Unfällen im Straßenverkehr.

- Die Haftungsbefreiung gem. § 7 Abs. 2 StVG bei einem »unabwendbaren Ereignis« und den damit einhergehenden Entlastungsgrund für Schäden durch diese Ereignisse gibt es nicht mehr, es wurde dafür der Begriff »höhere Gewalt« eingeführt. Folge davon ist der neue Passus in § 7 StVG: »Eine Ersatzpflicht ist ausgeschlossen, wenn der Unfall durch höhere Gewalt (wie Sturm, Erdbeben, Hochwasser ...) verursacht wird«.
- Nach § 11 StVG gibt es nunmehr Schmerzendgeld auch bei Gefährdungshaftung, das heißt im Gesetzestext: »Ein Schaden, den nicht ein Vermögensschaden ist, kann auch eine billige Entschädigung in Geld gefordert werden.«
- Die straßenverkehrsrechtliche Gefährdungshaftung besteht nun auch gegenüber unentgeltlich mitbeförderte Personen, wie zum Beispiel Beifahrer, Insassen oder Tramper in Reisemobilen.
- Die Haftungshöchstgrenze bei der Gefährdungshaftung des StVG – unabhängig vom BGB mit unbeschränkter Höhe – ist nach 20 Jahren erhöht worden. § 12 StVG sieht vor: »Bei Tötung oder Verletzung eines Menschen jetzt 600.000,- Euro (vorher 300.000,-), höchstmögliche Jahresrente 36.000,- Euro (30.000,-), Haftungshöchstbetrag bei mehreren Verletzten 3 Mio Euro (750.000,-)«
- Kinder zwischen dem vollendeten 7. und dem vollendeten 10. Lebensjahr sind grundsätzlich von eine Haftung für Unfallschäden mit KfZ befreit. Da bei dieser Kindergruppe auch eine Haftung des Aufsichtspflichtigen nach dem BGB nicht in Betracht kommt, muss man als Fahrzeugführer selbst bei unverschuldeten Unfällen seinen Schaden selber tragen oder sich gegen dieses Risiko entsprechend versichern.
- Auch der Halter eines Anhängers haftet nach dem neuen §7, Abs. 1 StVG jetzt mit. Neben dem Halter des KFZ ist nun auch der Halter des Anhängers bei einem Schadensfall dem Geschädigten zum Schadensersatz verpflichtet, wenn zum Zeitpunkt des Unfalls der Anhänger mit dem KFZ verbunden war. Ausnahmen: Höhere Gewalt, unbefugte Benutzung des Hängers und wenn der Schaden nachweislich ausschließlich durch das Zugfahrzeug hervorgerufen wurde.

# Wichtige Adressen

## Händler und Hersteller

Action Mobil GmbH
Leoganger Straße 53
A-5760 Saalfelden
Tel. 0043/6582/727120,
Fax 727129
www.actionmobil.at
Expeditionsmobile, Österreich

Adria Caravan Deutschland
Boschring 10
D-63329 Egelsbach
Tel. 06103/400520, Fax 40059
www.adria-mobil.si
Reisemobile, Slowenien

Arca Deutschland, Trigano VDL
Katzheide 2a
D-48231 Warendorf
Tel. 02581/9271830, Fax 9271859
www.arcaspa.it
Reisemobile, Italien

Autostar Deutschland, Trigano VDL
Katzheide 2a
D-48231 Warendorf
Tel. 02581/9271830, Fax 9271859
www.autostar.fr
Reisemobile, Frankreich

AZ Systeme Silverdream Deutschland
Lindengarten 16-18
D-73265 Dettingen/Teck
Tel. 07021/980200, Fax 9802029
www.wanner-gmbh.de
Reisemobile, Italien

Bavaria-Camp Freizeitmobile
Elias Holl Straße 2
D-86836 Obermeitingen
Tel. 08232/959610, Fax 959615
www.bavariacamp.de
Reisemobile, Kastenwagenausbau

Bawemo Barnickel GmbH
Sebastianstraße 27
D-91058 Erlangen-Tennenlohe
Tel. 09131/77890, Fax 604400
www.bawemo.de
Reisemobile

Benimar Deutschland
Steinbrückstraße 15
D-25524 Itzehoe
Tel. 04821/68050, Fax 880521
www.koch-freizeit-fahrzeuge.de
Reisemobile, Spanien

Bimobil Reisemobile
Aich 15
D-85667 Oberpframmern
Tel. 08106/99690, Fax 996969
www.bimobil.com
Kastenwagen, Caravans, Pick Up Kabinen

Bocklet Fahrzeugbau
Marienfeldstraße 15
D-56070 Koblenz
Tel. 0261/802504, Fax 805624
www.bocklet.de
Reisemobile, Kabinenbau

Bravia Mobil Deutschland
Ingolstädter Landstraße 100
D-85748 Garching
Tel. 089/37508056, Fax 37508054
www.bravia-mobil.de
Reisemobile, Kastenwagenausbau

Burow Mobil
Am Mühlanger 13
D-86415 Mering
Tel. 08233/4500, Fax 4880
www.burow-mobil.com
Reisemobile, Kastenwagenausbau

Bürstner GmbH
Weststraße 33
D-77694 Kehl
Tel. 07851/850, Fax 85201
www.buerstner.com
Caravans, Reisemobile, Mobilheime

Campmobil Schwerin
Schlossstraße 3
D-19067 Leezen
Tel. 03866/544, Fax 470360
www.campmobil-schwerin.de
Reisemobile, Kastenwagenausbau

Carado GmbH
Holzstraße 19
D-88339 Bad Waldsee
Tel. 07524/9990, Fax 999220
www.carado.de
Caravans, Reisemobile

Caravan Moncayo Deutschland
Industriestraße 4a
D-56581 Kurtscheid
Tel. 02634/2990, Fax 921246
www.moncayointernacional.com
Reisemobile, Spanien

Carthago Reisemobilbau
Gewerbegebiet 3
D-88213 Ravensburg-Schmalegg
Tel. 0751/791210, Fax 94543
www.carthago.com
Reisemobile

Challenger Deutschland, Trigano VDL
Katzheide 2a
D-48231 Warendorf
Tel. 02581/9271830, Fax 9271859
www.trigano.fr
Reisemobile, Frankreich

Chausson Deutschland
Steinbrückstraße 15
D-25524 Itzehoe
Tel. 04821/68050, Fax 880521
www.koch-freizeit-fahrzeuge.de
Reisemobile, Frankreich

CI Deutschland GmbH, Trigano VDL
Katzheide 2a
D-48231 Warendorf
Tel. 02581/9271830, Fax 9271859
www.caravansinternational.it
Reisemobile, Italien

Concorde Reisemobile GmbH
Concorde Straße 2-4
D-96132 Schlüsselfeld-Aschbach
Tel. 09555/92250, Fax 922544
www.concorde-reisemobile.de
Luxus-Reisemobile

CS Reisemobile
Krögerskoppel 5
D-24558 Henstedt-Ulzburg
Tel. 04193/76230, Fax 762262
www.cs-reisemobile.de
Reisemobile, Kastenwagenausbau

CSB Caravan Service Bresler
Zwickauer Straße 78
D-08393 Niederschindmaas
Tel. 03763/78161, Fax 488937
www.caravan-bresler.de
Reisemobile, Kastenwagenausbau

Daimler AG – Mercedes-Benz
Potsdamer Straße 7
D-10785 Berlin
Tel. 030/26940, Fax 2694299
www.mercedes-benz.de
Freizeitmobile, Kastenwagenausbau

Dethleffs GmbH
Arist-Dethleffs Straße 12
D-88316 Isny/Allgäu
Tel. 07562/9870, Fax 987101
www.dethleffs.de
Caravans, Reisemobile

Dipa Reisemobilbau
Siemensstraße 5
D-73622 Nürtingen
Tel. 07022/65901, Fax 61056
www.dipa-reisemobile.de
Reisemobile, Kastenwagenausbau

Dopfer Reisemobilbau
Sudetenstraße 7
D-86476 Neuburg/Kammel
Tel. 08283/2610, Fax 2663
www.dopfer-reisemobile.de
Reisemobile, Expeditions-/Rollstuhlmobile

Elnagh Deutschland
Leutkircher Straße 18
D-88316 Isny
Tel. 07562/9765840, Fax 97658440
www.elnagh.it
Reisemobile, Italien

Esterel Deutschland
Albert-Schweizer Weg 5
D-88471 Laupheim
Tel. 07392/911177, Fax 911179
www.esterel.fr
Reisemobile, Frankreich

Eura-Mobil GmbH
Kreuznacher Straße 78
D-55576 Sprendlingen
Tel. 06701/2033710, Fax 203379
www.euramobil.de
Reisemobile

Fendt-Caravan GmbH
Gewerbepark Ost 26
D-86690 Mertingen
Tel. 09078/96880, Fax 9688406
www.fendt-caravan.de
Caravans, Reisemobile

Fiat Professional
Hanauer Landstraße 176
D-60134 Frankfurt / Main
Tel. 0800/34280000
www.fiat-professional.de
Basisfahrzeug

Fischer Wohnmobile
Lembergstraße 50
D-72766 Reutlingen
Tel. 07121/44540, Fax 45842
www.fischer-wohnmobile.de
Reisemobile, Kastenwagenausbau

Ford Werke AG
Henry-Ford Straße 1
D-50735 Köln
Tel. 0221/901, Fax 9012987
www.ford.de
Freizeit-Reisemobile, Basisfahrzeug

FR-Mobil
Liemker Straße 27
D-33758 Schloss Holte
Tel. 05207/95008015, Fax
95004430
www.fr-mobil.com
Reisemobile

Frankia Fahrzeugbau Pilote GmbH
Bernecker Straße 12
D-95509 Marktschorgast
Tel. 09227/7380, Fax 73833
www.frankia.de
Reisemobile

Globecar
Gewerbestraße 20
D-83404 Ainring
Tel. 08654/46940, Fax 469429
www.poessl-mobile.de
Reisemobile, Kastenwagenausbau

H.R.Z. Reisemobile
Stettiner Straße 27
D-74613 Öhringen
Tel. 07941/986860, Fax 986869
www.hrz-reisemobile.de
Reisemobile, Kastenwagenausbau

Hehn Mobile
Schauenstraße 30
D-47228 Duisburg
Tel. 02065/77160, Fax 66402
www.hehnmobil.de
Reisemobile, Rollstuhlmobile

Heku Fahrzeugbau GmbH
Bunzlauer Straße 6
D-33719 Bielefeld
Tel. 0521/200066, Fax 203857
www.heku-fahrzeugbau.de
Reisemobile

Hobby Wohnwagenwerk
Harald-Striewski Str. 1
D-24787 Fockbek
Tel. 04331/6060, Fax 606400
www.hobby-caravan.de
Caravans, Reisemobile

Hymer AG
Holzstraße 19
D-88339 Bad Waldsee
Tel. 07524/9990, Fax 999220
www.hymer.com
Caravans, Reisemobile, Zubehör

Itineo Reisemobile
16, avenue Fontaine
F-49070 Beaucouzé
Tel. 0033/241191310, Fax
241723891
www.itineo.com
Reisemobile, Frankreich

Kabe Deutschland
Lindestraße 62
D-42287 Wuppertal
Tel. 0202/4600280, Fax 4602823
www.freizeit-ag.de
Caravans, Reisemobile

Karmann-Mobil
Kreuznacher Straße 78
D-55576 Sprendlingen
Tel. 06701/2033710, Fax 203379
www.karmann-mobil.de
Reisemobile

Knaus-Tabbert Group GmbH
H.-Knaus Straße 1
D-94118 Jandelsbrunn
Tel. 08583/2110, Fax 2145
www.knaus.de
Caravans, Reisemobile

Knobloch Reisemobile
Matschenstraße 10
D-02733 Cunewald
Tel. 035877/25211, Fax 25210
www.wohnmobile-mk.de
Reisemobile, Kastenwagenausbau

Kubus Reisemobile
Mehlbydiek 18
D-24376 Kappeln
Tel. 04642/826473, Fax 922034
www.kubus-reisemobile.de
Reisemobile, Kastenwagenausbau

La Strada Fahrzeugbau
Am Sauerborn 19
D-61209 Echzell
Tel. 06008/91110, Fax 911120
www.lastrada-mobile.de
Reisemobile, Kastenwagenausbau

Laika Caravans S.P.A.
Via B. Cellini 210
I-50028 Tavernelle Val di Pesa
Tel. 0039/558070141,
Fax 558070144
www.laika.it
Reisemobile, Italien

Le Voyageur Frankia-Pilote
Bernecker Straße 12
D-95509 Marktschorgast
Tel. 09227/7380, Fax 73833
www.frankia.de
Reisemobile

LMC Caravan GmbH
R.-Diesel Straße 4
D-48336 Sassenberg
Tel. 02583/270, Fax 27138
www.lmc-caravan.de
Caravans, Reisemobile

Maesss Motorhomes NV
Steenbrugstraat 120
B-8530 Harlebeke
Tel. 0032/56/225144, Fax 216131
www.maesss.be
Reisemobile, Belgien

McLouis SEA Deutschland
Leutkircher Straße 18
D-88316 Isny
Tel. 07562/9765840, Fax 97658440
www.sea-de.de
Caravans, Reisemobile

Mobilvetta Design Deutschland
Leutkircher Straße 18
D-88316 Isny
Tel. 07562/9765840, Fax 97658440
www.sea-de.de
Caravans, Reisemobile

Niesmann & Bischoff GmbH
Clou Straße 1
D-56751 Polch/Eifel
Tel. 02654/933-0, Fax 933100
www.niesmann-bischoff.com
Reisemobile

NordstarSteinfeld
Südstraße 11
D-66386 St.-Ingbert
Tel. 06894/7589, Fax 870480
www.nordstar.de
Polar Caravans, Pick Up Kabinen

Ormocar Reisemobil GmbH
Alte B 10
D-76846 Hauenstein
Tel. 06392/993375, Fax 993380
www.ormocar.de
Expeditionsmobile, Kabinenbau, Pick Up

Phönix Reisemobile Schell kg
Sandweg 1
D-96132 Aschbach
Tel. 09555/92290, Fax 922929
www.phoenix-reisemobile.de
Luxus-Reisemobile

Pössl Sport u. Freizeit GmbH
Gewerbestraße 20
D-83404 Ainring
Tel. 08654/46940, Fax 469429
www.poessl-mobile.de
Reisemobile, Kastenwagenausbau

Rapido Deutschland
Friedrich-Hölderlin Weg 17
D-88471 Laupheim
Tel. 07392/91177, Fax 91179
www.rapido.fr
Reisemobile, Frankreich

Reimo Reisemobil-Center
Boschring 10
D-63329 Egelsbach
Tel. 06103/400520, Fax 40059
www.reimo.de
Reisemobile, Kastenwagenausbau

Renault Deutschland
Renault-Nissan Stra0e 6-10
D-50321 Brühl
Tel. 02232/730, Fax 739226
www.renault.de
Basisfahrzeug

Rimor Autocaravans
Via Piemonte 3
I-53036 Poggibonsi
Tel. 0039/0577/98851, Fax 988305
www.rimor.it
Caravans, Reisemobile

RMB-Pilote GmbH Reisemobilbau
Bernecker Straße 12
D-95509 Marktschorgast
Tel. 09227/7380, Fax 73833
www.frankia.de
Luxus-Reisemobile

Robel-Mobil Fahrzeugbau
Wankelstraße 1
D-48488 Emsbüren
Tel. 05903/939933, Fax 939999
www.robel.de
Reisemobile

Roller-Team Deutschland
Katzheide 2a
D-48231 Warendorf
Tel. 02581/9271830, Fax 9271859
www.rollerteam.it
Reisemobile, Italien

SEA Deutschland
Leutkircher Straße 18
D-88316 Isny
Tel. 07562/9765840, Fax 97658440
www.sea-de.de
Caravans, Reisemobile

Seitz-Tikro
Allmersbacher Straße 50
D-71546 Aspach
Tel. 07148/3653, Fax 3651
www.tikro.info
Reisemobile

Spacecamper / RW Fahrzeugbau
Haasstraße 4-6
D-64293 Darmstadt
Tel. 06151/7808449, Fax
0800/101096113
www.spacecamper.de
Reisemobile, Kastenwagenausbau

Stauber-Motorhomes
Hauptstraße 31
D-56244 Goddert/Westerwald
Tel. 02626/7351, Fax 5498
www.stauber-motorhomes.com
Reisemobile

Sunlight
Arist-Dethleffs Straße 12
D-88316 Isny/Allgäu
Tel. 07562/9870, Fax 987101
www.dethleffs.de
Caravans, Reisemobile

Swift Deutschland
Illerstraße 31
D-87463 Dietmannsried
Tel. 08374/588004, Fax 588005
www.swift-reisemobile.de
Reisemobile England

T.E.C. Caravan GmbH
R.-Dieselstraße 4
D-48336 Sassenberg
Tel. 02583/93060, Fax 930699
www.tec-caravan.com
Caravans, Reisemobile

Tartaruga Travel Mobils AG
Gewerbestraße 1
CH-8451 Kleinandelfingen
Tel. 0041/523174040, Fax 3174060
www.tartaruga.ch
Expeditionsmobile, Kabinenbau

Tischer GmbH Freizeitmobile
Frankenstraße 3
D-97892 Kreuzwertheim
Tel. 09342/8159, Fax 5089
www.tischer-trail.de
Reisemobile, Pick Up Kabinen

Trigano Deutschland
Katzheide 2a
D-48231 Warendorf
Tel. 02581/9271830, Fax 9271859
www.trigano.fr
Reisemobile, Italien, Frankreich

TSL Touring-Sport Landsberg
Breninger Straße 19
D-53913 Swisttal-Heimerzheim
Tel. 02254/82061, Fax 81064
www.tsl-rockwood-motorhomes.de
Reisemobile, USA

Vario Mobil Fahrzeugbau
Bremer Straße
D-49193 Bohmte
Tel. 05471/95110, Fax 951159
www.vario-mobil.com
Luxus-Reisemobile

Volkner Mobil GmbH
Simonshöfchen 41
D-42327 Wuppertal
Tel. 0202/273350, Fax 732899
www.volkner-mobil.de
Luxus-Reisemobile

Volkswagen AG Nutzfahrzeuge
Mecklenheidestraße 74
D-30419 Hannover
Tel. 01802/666372, Fax 666370
www.vw-nutzfahrzeuge.de
Freizeitmobile, Basisfahrzeug

Weinsberg Knaus Tabbert Group
H.-Knaus Straße 1
D-94118 Jandelsbrunn
Tel. 08583/2110, Fax 2145
www.weinsberg.de
Reisemobile, Expeditionsfahrzeuge

Westfalia-Van Conversion GmbH
Franz Knöbel Straße 34
D-33378 Rheda-Wiedenbrück
Tel. 05242/150, Fax 15470
www.westfalia-van.de
Freizeit-Reisemobile, Kastenwagenausbau

Wingamm Reisemobile
Via Leonardo da Vinci
I-34020 Arbizzano di Negrar
Tel. 0039(045/7513715,
Fax 6020487
www.wimgamm.com
Reisemobile, Italien

Wochner Reisemobil GmbH
Robert-Bosch Straße 12
D-88677 Markdorf
Tel. 07544/71744, Fax 72524
www.wochnermobil.de
Reisemobile, Rollstuhlmobile

Woelcke Fahrzeugbau
Schafwäsche 2
D-71296 Heimsheim
Tel. 07033/390994, Fax 390982
www.woelcke.de
Reisemobile, Kastenwagenausbau

Zooom Manufactur GmbH
Am Lerchenberg 5
D-86504 Merching
Tel. 08233/736201, Fax 736203
www.zooom.biz
Reisemobile, Kastenwagenausbau

## Verbände und Organisationen

### Freizeitmessen in Deutschland

Reise, Freizeit, Caravan; Cottbus
CMT; Stuttgart
boot; Düsseldorf
C & T; Frankfurt
Reise & Camping; Essen
Freizeit + Reisen; Oldenburg
ABF; Hannover
Reisen & Freizeit; Halle/Saale
Freizeit Berlin; Berlin
Reisen Hamburg; Hamburg
F-re-e; München
Freizeit, Garten, Touristik; Nürnberg
Caravan; Bremen
Auto; Rostock

ITB; Berlin
Camping und Freizeit; Freiburg
Caravan Salon; Villingen-Schwenningen
AMI; Leizig
Camping, Reise, Freizeit; Bexbach
Caravan Salon; Düsseldorf

### Messeplätze in Deutschland

Messe Essen GmbH
Postfach 10165
D-45001 Essen
Tel. 0201/71440, Fax 7244249
www.messe-essen.de

Messe Frankfurt GmbH
Ludwig-Erhard-Anlage 1
D-60062 Frankfurt/Main
Tel. 069/75750, Fax 7575-6433
www.messe-frankfurt.com

Messe München GmbH
Messegelände-Riem
D-81823 München
Tel. 089/94901, Fax 94909
www.messe-muenchen.de

Messe- und Ausstellungs-GmbH Köln
Messeplatz 1
D-50532 Köln
Tel. 02211/8 210, Fax 8212574
www.koelnmesse.de

Leipziger Messe GmbH
Messeallee 1
D-04007 Leipzig
Tel 0341/6780, Fax. 6788762
www.leipziger-messe de

Messe Berlin GmbH
Messedamm 22
D-14055 Berlin
Tel. 030/3038-0, Fax 30382325
www.messe-berlin.de

Messe Düsseldorf GmbH
Stockumer Kirchstraße 61
D-41001 Düsseldorf
Tel. 0211/456001, Fax 4560668
www.messe-duesseldorf.de

Landesmesse Stuttgart GmbH
Messepiazza
D-70629 Stuttgart
Tel. 0711/25890
www.messe.stuttgart.de

### Reiseveranstalter für geführte Touren

Dreyer-Tours
Elser Heide 28
D-33106 Paderborn
Tel. 05254/66599, Fax 662313
www.dreyer-campingreisen.de

Ewert-Reisen
Im Klei 8
D-31848 Bad Münder
Tel. 05042/504017, Fax 4309021
Mobil 0170/4309020

I.B.E.A.-Tours
Ringstraße 14
D-71556 Althütte
Tel. 07183/428260, Fax 41655
www.ibea-tours.de

IN-Touristik
M.-Buber Straße 7
D-52337 Leverkusen
02171/765144, Fax 765146
www.intouristik.com

Kuga-Tours Camping-Reisen
Pörbitscher Hang 21
D-95326 Kulmbach
Tel. 09221/84110, Fax 84130

Mader Mobiltours
Griesweg 26
D-86520 Schrobenhausen
Tel. 08252/89226, Fax 89227

Mafra-Tours
Trockener Weiher 44
D-52222 Stolberg
Tel. 02402/82978, Fax 85791
www.mafratours.com

Paynes-Reisen
Karlsteiner Straße 16
D-21629 Neu-Wulmstorf
Tel. 04168/8616, Fax 1402
www.payynes.de

Perestroika-Tours GmbH
Camping Schinderhannes 1
D-56291 Hausbay
Tel. 06746/80280, Fax 802814
www.mir-tours.de

Reim-Tours
Maria Reim
Tel. 0821/662723, Fax 662723
www.reim-tours.de

Reisebüro Eschwege
R. Fehling
Tel. 05651/70077, Fax 70742

Reisedienst Sylt
A. + D. Prössel
Inken-Michels Weg 16
D-25980 Westerland/Sylt
Tel. 04651/6576, Fax 929467
www.reisedienst-sylt.de

RSC-Reise-Service
Harleßstraße 1a
D-40239 Düsseldorf
Tel. 0211/964710, Fax 61511
www.rsi-reiseservice.com

Seabridge for Motorhomes
Tulpenweg 36
D-40231 Düsseldorf
Tel. 0211/2108083, Fax 2108097
www.seabridge-tours.de

Siwa-Tours
Postfach 1845
D-88440 Biberach
Tel. 07351/13023, Fax 13025
www.siwatours.de

Sun Classis Tours
Veronika Tetzlaff
Tel. 05130/582903
www.sun-classic-tours.de

Wenzel GmbH Mobiltours
Im Kressgraben 33
D-74257 Untereisesheim
Tel. 0179/6983562, Fax
07132/990388

Weltenbummler Reisen
Tel. 0451/4998551
Email weltenbummler@navitec.de

## Verbände und Organisationen

ADAC
Am Westpark 8
D-81373 München
Tel. 089/76760, Fax 76762500
www.adac.de
Allgemeiner Deutscher Automobil-Club,
größter Automobil-Club in Deutschland,
Herausgeber des ADAC-Campingführer
und diverser Schriftreihen (CAM) zu Reisen mit dem Mobil.

BVCD
Kaiserin-Augusta-Allee 86
D-10589 Berlin
Tel. 030/33778320, Fax 33778321
www.bvcd.de
Bundesverband der Campingwirtschaft in
Deutschland

CIVD
Königsberger Straße 27
60487 Frankfurt/Main
Tel. 069/7040390, Fax 70403923
www.civd.de
Der Caravaning Industrie Verband

Deutschland vertritt deutsche und internationale Reisemobil- und Caravan-Hersteller, Importeure, Zubehörfirmen und Zulieferer als Industrie-Interessenverband. Der CIVD vertritt seine Mitglieder gegenüber Dritten, Behörden und Ministerien.

DCHV
Holderäckerstraße 13
D-70499 Stuttgart
Tel. 0711/8873928, Fax 8874967
www.dchv.de
Der Deutsche Caravan Handels-Verband
versteht sich als Fachverband für Caravan-Fachhändler, Vermieter und Servicebetriebe.

DCC
Mandlstraße 28
D-80802 München
Tel. 089/3801420, Fax 334737
www.camping-club.de
Der Deutsche Camping-Club ist in Landesverbänden organisiert und betreut Camper, Caravaner und Reisemobilfahrer und gibt einen Europa-Campingführer heraus.

Dekra AG
Handwerkstraße 15
D-70565 Stuttgart
Tel. 0711/78610, Fax 78612240
www.dekra.de
Die Dekra ist unter anderem eine Kfz-Prüforganisation und berät auch bei technischen Belangen rund um Caravan und Reisemobil.

Reisemobil Union
Walderbenweg 49
D-47269 Duisburg
Tel. + Fax 0203/761779
www.reisemobil-union.de
Die Reisemobil-Union ist der Dachverband der Reisemobilfahrer, ein Zusammenschluss deutscher Reisemobil-Clubs und Reisemobil-Touristen.

VdTÜV
Kurfürstenstraße 56
D-45038 Essen
Tel. 0201/89870, Fax 8987120
www.vdtuev.de
Der Verband der Technischen Überwa-
chungsvereine ist der Dachverband der
TÜV-Organisationen.

### Fachzeitschriften

Promobil Reisemobil-Magazin
www. promobil-online.de

Caravaning
www.caravaning-online.de
Motor-Presse Stuttgart
Tel. 07152/941519, Fax 941599

Reisemobil International
www.reisemobil-international.de

Camping, Cars & Caravans
www.camping-cars-caravans.de
CDS-Verlag
Tel. 0711/134660, Fax 1346668.

Mobil-Total – Das Reisemobil-Service
Magazin
www.mobiltotal.de
Mobil Szene aktuell, Club-Magazin der
Reisemobil Union e.V.
www.reisemobil-union.de
VMS-Verlag, Königswinter
Tel. 02223/27318, Fax 4316

Camp24-Magazin
www.Camp24.de
Cellemedia Celle
Tel. 05141/8888710

Wohnmobil & Reisen
Trend Medien Verlag Stuttgart
Tel. 0711/187900, Fax 1879045

Camping – Das DCC-Magazin
www.dcc.de
DCC-Wirtschaftsdienst München
Tel. 089/3801420, Fax 334737

### Zubehör

Alko Kober GmbH
Ichenhauser Straße 14
D-89359 Kötz
Tel. 08221/971, Fax 97390
www.al-ko.de
Chassis, Zubehör

Alde Deutschland GmbH
Mühläckerstraße 11
D-97520 Röthlein
Tel. 09723/911660, Fax 911666
wwwalde-deutschland.de
Reisemobil-Zubehör Heizung

Barwig Wasserversorgung
An der Fliede
D-34385 Bad Karlshafen
Tel. 05672/2310, Fax 1401
Wasser-Armaturen

Omnistore-Thule
Kortrijkstraat 343
B-8930 Menen
Tel. 0032/56528899, Fax 56510205
www.omnistor.com
Markisen, Trittstufen

MultiMan Hygiene + Pflegeprodukte
Boschstraße 6
D-82178 Puchheim
Tel. 089/80065813, Fax 80065858
www.multiman.de
Wasserhygiene, Reinigung
Calira Apparatebau-Truma
Lerchenfeldstraße 9
D-87586 Kaufbeuren
Tel. 08341/97460, Fax 67806
www.calira.de
Elektro-Kontrollsysteme

Comet-Pumpen
Industriestraße 5
D-37308 Pfaffschwende
Tel. 036082/4360, Fax 43634
www.comet-pumpen.de
Wasser-Armaturen

Dometic GmbH
In der Steinwiese 16
D-57010 Siegen
Tel. 0271/692-0, Fax 692302
www.dometic.com
Reisemobil-Zubehör Kühlschränke

Dwt-Zelte
Harzweg 11
D-34225 Baunatal
Tel. 0561/948770, Fax 9487722
www.dwt-zelte.de
Zelte, Markisen

Exide Sonnenschein GmbH
Thiergarten
D-63654 Büdingen
Tel. 06042/810, Fax 81538201
www.exide.com
Bord-/Start-Akkus

Froli Kunststoffwerk
Liemker Straße 27
D-33758 Schloss Holte
Tel. 05207/9500, Fax 950061
www.froli.com
Zubehör Kunststoffe, Betten

G+S Sitz- und Polstermöbel GmbH
Untere Gewerbestraße 1
D-55546 Pfaffen-Schwabenheim
Tel. 06701/7969, Fax 3194
www.diepolstermacher.de
Polsterei, Zubehör Innen

GOK Regler und Armaturengesellschaft
Obernbreiter Straße 2-16
D-97505 Marktbreit
Tel. 09332/4040, Fax 40449
www.gok-online.de
Gastanks, Armaturen

Goldschmitt Techmobil AG
Dornberger Straße 6-10
D-74746 Höpfingen
Tel. 06283/22290, Fax 225699
www.goldschmitt.de
Fahrzeugtechnik, Federn, Zubehör

GUG Gastanks
Von-Braun-Straße 21
D-48683 Ahaus
Tel. 02561/97132, Fax 971324
www.gug-ahaus.de
Gastanks, Geräte

Hella kgaA, Huek & Co.
Rixbecker Straße 75
D-59557 Lippstadt
Tel. 02941/380, Fax 387133
www.hella.com
Scheinwerfer, Zubehör Leuchten

Herzog Zelte GmbH
Max-Eyth-Straße 8
D-74366 Kirchheim
Tel. 07143/89440, Fax 92950
www.herzog-freizeit.de
Vorzelte, Outdoor-Bedarf

InterCaravaning GmbH
Kurfürstenstraße 37
D-56068 Koblenz
Tel. 0261/1005454, Fax 1005455
www.intercaravaning.de
Zubehör

Keddo Biochemische Produkte
Innungstraße 45
D-50354 Hürth-Gleuel
Tel. 02233/36155, Fax 36560
www.dr.keddo.de
Reinigungsmittel

Kuhn's Auto Technik
Gewerbegebiet Ürziger Mühle
D-54492 Zeltingen-Rachtig
Tel. 06532/1006, Fax 1229
www.kuhn-autotechnik.de
Fahrzeugtechnik, Federn

Linnepe GmbH
Brinkerfeld 11
D-58256 Ennepetal
Tel. 02333/98590, Fax 985930
www.a-linnepe.de
Fahrzeugtechnik, Zubehör

Lilie GmbH Mobiltechnik
Max-Eyth-Straße 6
D-74354 Besigheim
Tel. 07143/96230, Fax 962323
www.lilie.com
Zubehör

SCA, C. F. Maier Polymertechnik
Industriestraße 10
D-91583 Schillingsfürst
Tel. 07328/81102, Fax 801104
www.sca.com
Kunststoff-Dächer

Maxview Vertriebs GmbH
Augsburgerstraße 11
D-82291 Mammendorf
Tel. 08145/8840, Fax 8845
www.maxview.de
Sat-Anlagen, Zubehör

Ormocar Reisemobil GmbH
Alte B 10
D-76846 Hauenstein
Tel. 06392/993375, Fax 993380
www.ormocar.de
Kabinenbau, Expeditionsmobile

Pieper & Co Zubehör
Sandstraße 14
D-45964 Gladbeck
Tel. 02043/69937, Fax 66961
www.pieper-freizeit.de
Reisemobil-Zubehör

Paulchen Heckträger
Postfach 530268
D-22549 Hamburg
Tel. 040/8329590, Fax 83295929
www.paulchen.de
Fahrradträger

Polyroof Fahrzeugbau
In der Dehne 6
D-37127 Dransfeld
Tel. 05502/2574, Fax 2425
www.polyroof.de
Kunststoff-Dächer

Reich GmbH
Ahornweg 37
D-35713 Eschenburg
Tel. 02774/93050, Fax 930590
www.reich-web.com
Wassertechnik/Armaturen

Reimo GmbH
Boschring 10
D-63329 Egelsbach
Tel. 06103/40052, Fax 400527
www.reimo.de
Reisemobil-Zubehör

Reisch Freizeit GmbH
Mühläckerstraße 11
D-97520 Röthlein
Tel. 09723/91160, Fax 911666
www.r-freizeit-reisch.de
Reisemobil-Zubehör, Entsorgung

Reisemobil Versicherungsdienst
Lindenweg 7
D-16727 Schwante
Tel. 033055/9850, Fax 70693
www.horbach-reisemobil.de
Reisemobil-Versicherungen

Sawiko Fahrzeugzubehör GmbH
Gewerbegebiet A1
D-49434 Neuenkirchen-Vörden
Tel. 05493/99220, Fax 992222
www.sawiko.de
Reisemobil-Zubehör

Dometic-Seitz GmbH
Altkrautheimer Straße 28
D-74238 Krautheim
Tel. 07148/9070, Fax 90740
www.dometic.com
Fenster, Dachhauben

SMV-Metall GmbH
Bruchheide 8
D-49163 Bohmte
Tel. 05471/95830, Fax 958320
www.smvmetall.de
Zubehör, Lastträger, Federn

SOG Entlüftungssysteme
In der Mark 2
D-56332 Löf
Tel. 02605/952762, Fax 952763
www.sog.-dahmann.de
Entlüftungssysteme

Sportscraft Fahrzeugtechnik
Baumbachstraße 5R
D-81245 München
Tel. 089/8572059, Fax 8575412
www.sportscraft.de
Fahrzeugsitze/-bänke, Zubehör

Stengel Lichttechnik GmbH
Martin Schleyer Straße 25
D-47877 Willich-Schiefbahn
Tel. 02154/91157, Fax 911573
www.stengel.de
Lichttechnik

Sunset Energietechnik GmbH
Industriestraße 8-22
D-91325 Adelsdorf
Tel. 09195/94940, Fax 949429
www.sunset-solar.de
Solartechnik, Zubehör

Solara AG
Behringstraße 16
D-22765 Hamburg
Tel. 040/ 3910650, Fax 39105699
www.solara.de
Solartechnik, Zubehör

Teleco Deutschland
Franz-Josef-Strauss Straße 41
D-82041 Deisenhofen
Tel. 08031/ 98939, Fax 98949
www.telecogroup.com
Sat-Anlagen, Klimaanlagen

Tecpower
Sinziger Straße 34
D-53424 Remagen
Tel. 02642/903872, Fax 903874
www.tec-power.de
Chiptuning

Telma Retarder
Neckargröningerstraße 23
D-71640 Ludwigsburg
Tel. 07141/29450, Fax 294545
www.telma.de
Retarder

Ten Haaft GmbH
Oberer Strietweg 8
D-75245 Neulingen
Tel. 07237/48550, Fax 485550
www.ten.haaft.com
Sat-Anlagen, Zubehör

Thetford GmbH
Schallbruch 14
D-42781 Haan
Tel. 02129/94250, Fax 942525
www.thetford.com
Toiletten, Kühlschränke, Zubehör

Traumfabrik Maiers Bettwaren OHG
Reuteweg 1
D-73087 Bad Boll
Tel. 07164/902390, Fax 902392
www.traum-fabrik.de
Matratzen, Roste, Sonderanfertigung

Truma Gerätetechnik GmbH
W.-von Braun Straße 12
D-85637 Putzbrunn
Tel. 089/4617-0, Fax 4617116
www.truma.de
Heizungstechnik, Klimaanlagen

Dometic Waeco International GmbH
Hünfeldstraße 63
D-48282 Emsdetten
Tel. 02572/879-0, Fax 879300
www.waeco.de
Zubehör, Kühlung, Klimaanlagen

Votronic Electronic-Systeme GmbH
Ilbehäuser Straße 4
D-36355 Grebenhain
Tel. 06644/96110, Fax 961120
www.votronic.de
Zubehör Elektronik, Panele

Webasto AG
Kraillinger Straße 5
D-82131 Stockdorf
Tel. 089/857940, Fax 85794448
www.webasto.de
Kraftstoffheizsysteme

Wynen Gas GmbH
Freiheitsstraße 242
D-41747 Viersen
Tel. 02162/35669, Fax 14040
www. wynen-gas.de
Gastanks, Zubehör

Zurrschienen.com
Mistelweg 5
D-70599 Stuttgart
Tel. 0711/45999716, Fax 4560013
www.zurrschienen.com
Zubehör Heckgaragen

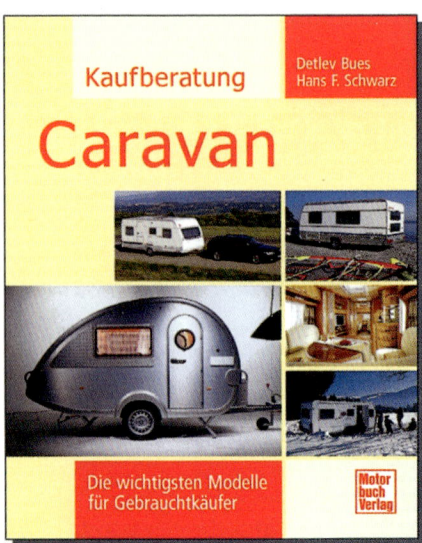

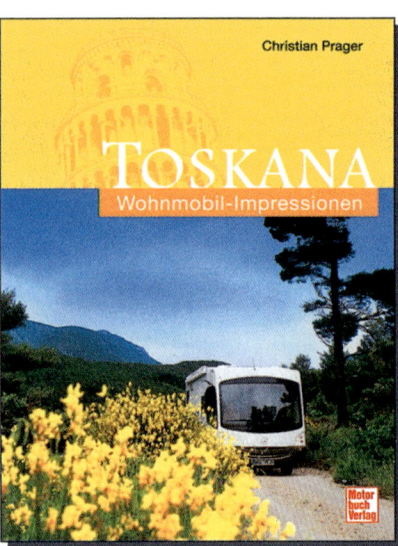